Das Buch enthält Seiten aus Mathematik 8, erarbeitet von:

Jochen Herling, Karl-Heinz Kuhlmann, Bernd Liebau, Uwe Scheele, Wilhelm Wilke, Jenny Zentarra

Zum Schülerband erscheint:
Arbeitsheft 8, Bestell-Nr. 121943
Arbeitsheft Individuelles Fördern und Fordern 8, Bestell-Nr. 121944
Lösungen 8, Bestell-Nr. 121972
BiBox Digitale Lehrermaterialien 8
Online-Jahres-Einzellizenz, Bestell-Nr. 121945
Online-Kollegiumslizenz, Bestell-Nr. 121963

Diagnostizieren. Fördern. Evaluieren.
Die OnlineDiagnose zu diesem Lehrwerk testet die wichtigsten Kompetenzen und erstellt individuelle Fördermaterialien und Arbeitshefte zum Downloaden oder Bestellen. Nähere Informationen unter **www.onlinediagnose.de**

© 2017 Bildungshaus Schulbuchverlage
Westermann Schroedel Diesterweg Schöningh Winklers GmbH,
Georg-Westermann-Allee 66, 38104 Braunschweig
www.westermann.de

Druck A[5] / Jahr 2024
Alle Drucke der Serie A sind im Unterricht parallel verwendbar.

Redaktion: Gerhard Strümpler
Typografie, Layout und Umschlaggestaltung:
piou kunst + grafik, Jennifer Kirchhof
Satz: media service schmidt, Hildesheim
Druck und Bindung: Westermann Druck GmbH,
Georg-Westermann-Allee 66, 38104 Braunschweig

ISBN 978-3-14-**121942**-5

Zur Konzeption des neuen Unterrichtswerks Mathematik

Das neue Buch **Mathematik** lädt ein zum Entdecken, Lernen, Üben und Handeln.

Jedes Kapitel ist in fünf Abschnitte eingeteilt:

1. Das Kapitel beginnt mit einer **Lernumgebung** als Einstieg. Nach der offen gestalteten Doppelseite, die sich als Denkanstoß zum projektorientierten Arbeiten eignet, können die Schülerinnen und Schüler realitätsnahe Anwendungssituationen erkunden.

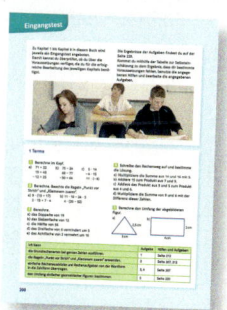

Zu jedem Kapitel wird ein kurzer **Eingangstest** angeboten. Hier können die Schülerinnen und Schüler überprüfen, ob sie über die vorausgesetzten Kompetenzen verfügen. Bei Bedarf werden sie in der Tabelle zur Selbsteinschätzung auf entsprechende Hilfen und Aufgaben verwiesen. Die Lösungen sind am Ende des Buches angegeben.

2. Anschließend werden die **grundlegenden Inhalte** erarbeitet und so anhand von strukturierten Übungsaufgaben die Grundvorstellungen bei den Schülerinnen und Schülern gefestigt.

Besonderer Wert wird auf eine klare **Aufgabendifferenzierung** gelegt.

1 **Grüne** Kennzeichnung: Inhalte und Übungen auf Grundniveau, grundlegende Anforderungen

2 **Blaue** Kennzeichnung: Inhalte und Übungen auf höherem Niveau, erweiterte Anforderungen

3 **Rote** Kennzeichnung: Inhalte und Übungen auf hohem Niveau, zusätzliche Anforderungen

$3250 + 50 = 3300$

Wichtige **Definitionen** und **Merksätze** stehen auf einem farbigen Fond, **Musteraufgaben** auf Karopapier, **Beispiele** sind hellgrün unterlegt.

3. Das **Wissen kompakt** enthält wichtige Ergebnisse und nützliche Verfahren des Kapitels, die passend zum Anforderungsniveau gekennzeichnet sind.

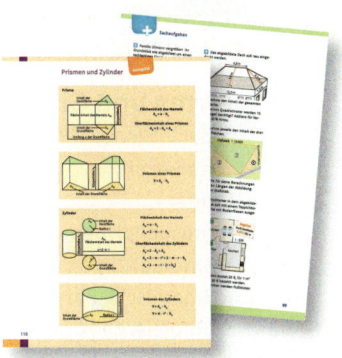

4. **Üben und Vertiefen** unterstützt nachhaltiges Lernen. Es werden Lernangebote auf drei Niveaustufen angeboten. Das erworbene Wissen wird auf einfache, anspruchsvolle und problemhaltige Aufgaben angewendet, die bisweilen auch andere Sozialformen und Unterrichtsmethoden verlangen.

5. Mit den **Ausgangstests** können die Schülerinnen und Schüler überprüfen, ob sie die in den Kapiteln vermittelten Kompetenzen erworben haben. In der Tabelle zur Selbsteinschätzung werden weitere Hilfen und Aufgaben angeboten.
Die Lösungen sind zur Selbstkontrolle am Ende des Buches angegeben.

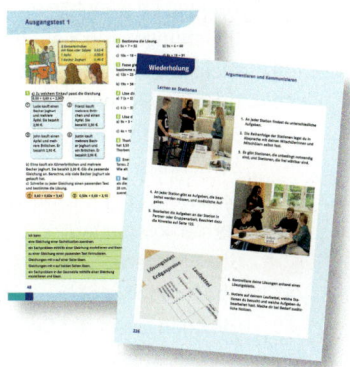

Der Abschnitt **Wiederholung** enthält Grundwissen und Übungsaufgaben der vergangenen Schuljahre. Nach der Wiederholung grundlegender Inhalte werden auch Seiten zum Erwerb prozessbezogener Kompetenzen angeboten.

In der **mathematischen Reise** können die Schülerinnen und Schüler Gesetzmäßigkeiten spielerisch entdecken.

Inhalt

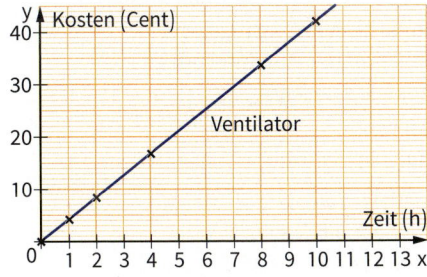

Wiederholung

Mathematische Zeichen und Gesetze

Mengen

$M = \{4, 5, 6, 7\}$ Menge aus den Elementen 4, 5, 6 und 7 in aufzählender Form

$\mathbb{N} = \{0, 1, 2, 3, \dots\}$ Menge der natürlichen Zahlen

$\mathbb{Z}$ Menge der ganzen Zahlen

$\mathbb{Q}$ Menge der rationalen Zahlen

L Lösungsmenge für eine Gleichung bzw. Ungleichung

$\{\ \}$ leere Menge

Beziehungen zwischen Zahlen $\approx$ nahezu gleich

$a = b$ a gleich b $a > b$ a größer als b

$a \neq b$ a ungleich b $a < b$ a kleiner als b

Verknüpfungen von Zahlen

$a + b$ Summe *(lies: a plus b)* $a \cdot b$ Produkt *(lies: a mal b)*

$a - b$ Differenz *(lies: a minus b)* $a : b$ Quotient *(lies: a geteilt durch b)*

Rechengesetze

Vertauschungsgesetz (Kommutativgesetz)

$3 + 7 = 7 + 3$ $3 \cdot 7 = 7 \cdot 3$

Verbindungsgesetz (Assoziativgesetz)

$3 + (7 + 5) = (3 + 7) + 5$ $3 \cdot (7 \cdot 5) = (3 \cdot 7) \cdot 5$

Verteilungsgesetz (Distributivgesetz)

$6 \cdot (8 + 5) = 6 \cdot 8 + 6 \cdot 5$ $6 \cdot (8 - 5) = 6 \cdot 8 - 6 \cdot 5$

Geometrie

$A, B, C, \dots$ Punkte

$\overline{AB}$ Strecke mit den Endpunkten A und B

AB Gerade durch die Punkte A und B

$\overrightarrow{AB}$ Strahl

$g, h, k, \dots$ Geraden

$g \parallel k$ g ist parallel zu h

$g \perp h$ g ist senkrecht zu k

$P\,(3 \mid 4)$ Punkt im Koordinatensystem mit den Koordinaten
            3 (x-Wert) und 4 (y-Wert)

$\left.\begin{array}{l} \alpha, \beta, \gamma, \delta \\ \sphericalangle\, ASB \\ \sphericalangle\, (a, b) \end{array}\right\}$ Winkel

1 Zinsrechnung

Im Mittelalter gab es an wichtigen Handelsplätzen Geldwechsler. Kaufleute konnten dort ihre Münzen in Münzen anderer Währungen tauschen.

In Norditalien war der Handel besonders rege. Der Tisch, auf dem die Münzen zum Wechseln ausgebreitet wurden, hieß „banca".

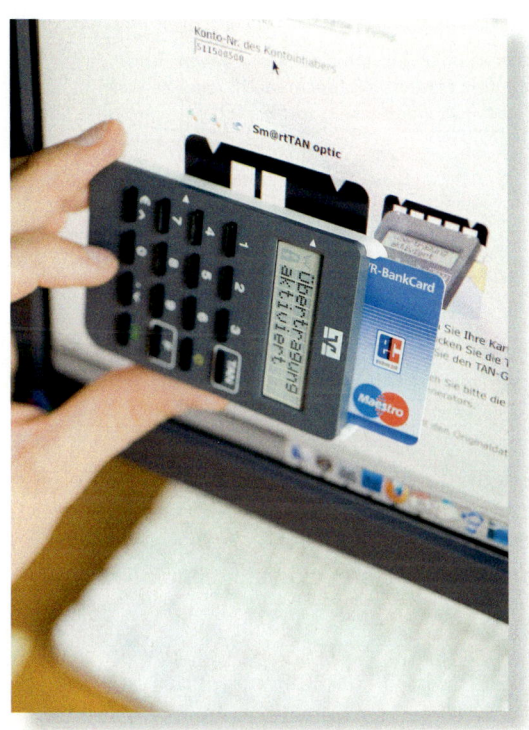

Banken regeln einen großen Teil des Zahlungsverkehrs. Bei Waren oder Dienstleistungen, die nicht sofort bar bezahlt werden, sorgt die Bank dafür, dass das Geld vom Konto des Käufers auf das Konto des Verkäufers überwiesen wird. Die Monatsgehälter der Angestellten werden auch nicht bar ausgezahlt, sondern auf ein Konto überwiesen. Auf diese Weise entsteht ein Geldkreislauf. „Giro" ist das italienische Wort für Kreis. Konten, über die diese Zahlungen abgewickelt werden, heißen deshalb „Girokonten".

Aktuell: 37 Millionen Bundesbürger in Deutschland ab 14 Jahren setzen auf das Online Banking.

Zinsen von der Bank

Geld sparen

Geld leihen

Zinsen an die Bank

BANK

Wer Geld hat und es nicht sofort ausgeben möchte, kann es sparen. Dazu zahlt er es bei einer Bank ein. Eine Familie, die sich eine Wohnung oder ein Haus kaufen möchte, leiht sich häufig Geld bei einer Bank. Wer bei der Bank Geld einzahlt und spart, erhält Zinsen, wer Geld leiht, nimmt einen Kredit auf und muss dafür Zinsen bezahlen.

Berichtet über eure Erfahrungen mit eurem Jugendgirokonto und möglichen Geldgeschäften.

Das Gruppenpuzzle: Geldgeschäfte

Ich möchte mein Taschengeld mit einem Girokonto verwalten.

Meine Eltern müssen für den Kauf eines neuen Autos einen Kredit aufnehmen. Sie möchten wissen, wie viel das Auto dann insgesamt kostet.

Ich würde gern mein Konfirmations- und Geburtstagsgeld bei einer Bank sparen.

1 Sammelt Informationsmaterial bei verschiedenen Banken, der Sparkasse oder im Internet zu den Themen „Mein Geld verwalten", „Mein Geld anlegen" und „Einen Kredit aufnehmen".

2 Bearbeitet folgende Fragen als Gruppenpuzzle mithilfe des Informationsmaterials:
a) Wie kann ich Geld mithilfe eines Girokontos selbst verwalten?
b) Welche Möglichkeiten gibt es erspartes Geld anzulegen?
c) Zu welchen Bedingungen und Kosten kann ich einen Kredit aufnehmen?

Mich interessiert, wie ich mein Geld anlegen kann.

Ich informiere mich über Kredite.

Ich würde gern ein Girokonto verwalten.

1. In der Stammgruppe lesen wir die Aufgabe gemeinsam und teilen die drei Teilaufgaben untereinander auf.

2. Jeder bearbeitet seine Teilaufgabe mithilfe des Informationsmaterials.

Wir sind die Experten für das Thema „Einen Kredit aufnehmen".

Ich habe herausgefunden, dass ich bei der Realbank für einen Anschaffungskredit 5,2 % Zinsen bezahlen muss.

Die Konkretbank verlangt 4,7 % Zinsen.

1. Wir stellen uns gegenseitig in der Expertengruppe unsere Ergebnisse vor und ergänzen uns.

2. Wir einigen uns auf die wichtigsten Informationen und bereiten einen kurzen Vortrag vor.

Einen Kredit erhält man nur, wenn man volljährig ist.

Für einen Anschaffungskredit muss man 4,7 % bis 5,2 % bezahlen.

1. Jeder Experte stellt in der Stammgruppe sein Ergebnis vor. Dabei hören wir uns gegenseitig aufmerksam zu.

2. Wir halten unsere Ergebnisse schriftlich fest.

Stammgruppe

1. Die Schülerinnen und Schüler werden in Gruppen mit jeweils 3 – 6 Mitgliedern aufgeteilt.

2. Die Arbeitszeit für jede der drei Phasen wird genau festgelegt.

3. Alle Gruppen haben dieselbe Aufgabenstellung. Die Aufgabe besteht aus mehreren einzelnen Aufgaben oder einer umfangreichen Aufgabe mit mehreren Teilaufgaben. Jedes Gruppenmitglied übernimmt eine eigene Aufgabe oder Teilaufgabe.

4. Jeder beschäftigt sich zunächst alleine mit seiner Aufgabe und erarbeitet eine Lösung.

Expertengruppe

1. Die Schülerinnen und Schüler werden in neue Gruppen aufgeteilt. In jeder neuen Gruppe treffen sich die Schülerinnen und Schüler, die dieselbe Aufgabe bearbeitet haben.

2. Nacheinander stellen die einzelnen Gruppenmitglieder ihre Lösung vor.

3. Die Gruppenmitglieder besprechen die einzelnen Lösungsvorschläge, verbessern Fehler und einigen sich auf eine gemeinsame Lösung.

4. Jedes Gruppenmitglied bereitet einen kurzen Vortrag über die Aufgabe und die gemeinsam erarbeitete Lösung vor.

Gruppe A

Gruppe B

Gruppe C

Gruppe D

Stammgruppe

1. Die Schülerinnen und Schüler kehren in ihre ursprünglichen Gruppen zurück. Jedes Gruppenmitglied ist jetzt Experte für die von ihm erarbeitete Aufgabe.

2. Nacheinander stellen die Experten ihre Aufgabe und deren Lösung vor.

3. Die übrigen Gruppenmitglieder hören dem Vortrag des Experten aufmerksam zu und überlegen, welche Fragen sie anschließend noch stellen wollen.

4. Alle Gruppenmitglieder halten die Ergebnisse fest, zum Beispiel indem sie diese in ihrem Heft notieren oder ein Plakat anfertigen.

Geld sparen und leihen

Sparkasse Neustadt	Direktbank
Sparbuch mit dreimonatiger Kündigungsfrist 0,1 % Zinssatz	Festgeld 12 Monate ab 5000 € 0,2 % ab 20 000 € 0,3 % ab 50 000 € 0,4 %
Easy-Bank Anschaffungsdarlehen 6000 € Rückzahlung in 12 Monatsraten zu je 520 €	**Finanzierungsangebot der Autobank** Solo Cabrio Preis: 25900 € Anzahlung 11900 € + 36 Monatsraten zu je 399 €
Volksbank Zuwachssparen Laufzeit 4 Jahre 1. Jahr 1,3 % 3. Jahr 2,0 % 2. Jahr 1,5 % 4. Jahr 2,2 %	**Hypobank Immobilienfinanzierung** Darlehen bis 500 000 € Laufzeit 10 Jahre Zinssatz 0,4 %

1 Erklärt die Begriffe, die in den oben genannten Angeboten vorkommen. Benutzt ein Lexikon oder das Internet.

2 Benjamins Großmutter legt für ihren Enkel bei der Sparkasse Neustadt ein Sparbuch mit 1 000 € an. Wie viel Euro Zinsen erhält Benjamin nach einem Jahr?

Erstellt ein Plakat, auf dem die Fachbegriffe der Zinsrechnung erklärt werden.

Wir können die Aufgaben bereits mithilfe der Prozentrechnung lösen.

Die Regeln der Prozentrechnung findet ihr auf Seite 215.

3 Frau Meis legt 5 500 € für vier Jahre bei der Volksbank an. Die Zinsen werden jährlich ausbezahlt.
a) Wie viel Euro Zinsen erhält sie im ersten (zweiten, dritten und vierten) Jahr?
b) Wie viel Euro Zinsen erhält sie insgesamt?

4 Frau Gerhard nimmt bei der Easy-Bank ein Darlehen von 6 000 € auf.
a) Wie viel Euro zahlt sie in zwölf Monaten insgesamt zurück?
b) Wie viel Prozent des Darlehens zahlt sie mehr?

Die Zinsrechnung ist eine Anwendung der Prozentrechnung.

Der Grundwert heißt **Kapital** (K).

Der Prozentwert heißt **Zinsen** (Z).

Der Prozentsatz heißt **Zinssatz** (p%).

Wenn nicht anders vereinbart, bezieht sich der Zinssatz auf den Zeitraum von einem Jahr.

Grundaufgaben der Zinsrechnung

1

Kapital, Zinsen, Zinssatz?

Was ist gegeben? Was ist gesucht?

a) Frau Bauer legt 75 000 € zu 0,5 % an.
b) Bei einem Zinssatz von 1,8 % erhält Jessica 15,75 € Zinsen.
c) Für seine Ersparnisse in Höhe von 880 € erhält Mehmet 17,60 € Zinsen.
d) Zur Finanzierung seines Hauses hat Herr Nowak einen Kredit von 110 000 € aufgenommen. Er zahlt jährlich 3 610 € Zinsen.
e) Frau Schmidhuber hat eine Erbschaft von 45 000 € angelegt. Sie erhält 2 475 € Zinsen im Jahr.
f) Eine Spareinlage von 12 000 € wird mit 1,5 % verzinst.

2 Zur Konfirmation bekommt Laura Geldgeschenke von insgesamt 1 400 €. In einem Jahr möchte sie sich ein Mofa kaufen. Sie zahlt das Geld bei der Sparkasse ein und erhält 2 % Zinsen.

%	€
100	1 400
1	$\frac{1400}{100}$
2	$\frac{1400 \cdot 2}{100} = 28$

(: 100) (· 2) .... (: 100) (· 2)

$Z = \frac{1400\ €\cdot 2}{100} = 28\ €$

$Z = 28\ €$

Bei einem Zinssatz von 2 % bekäme Laura 28 € Zinsen.
Wie viel Euro Zinsen bekäme Laura bei einem Zinssatz von 3 %?

> Das Kapital K entspricht immer 100 %.
> $K \triangleq 100\,\%$

3 Ein Kapital K wird zu p % angelegt. Begründe, dass du die Zinsen Z mithilfe der Formel $Z = \frac{K \cdot p}{100}$ berechnen kannst.

4 Im folgenden Beispiel werden die Zinsen Z mithilfe der Formel $Z = \frac{K \cdot p}{100}$ berechnet.

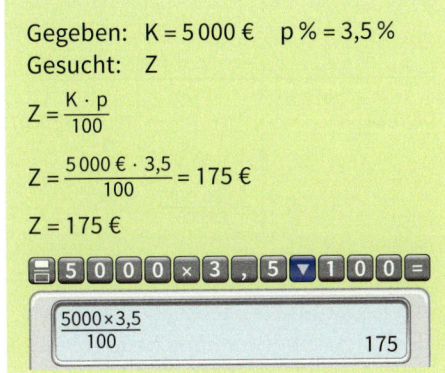

> Gegeben: K = 5 000 €   p % = 3,5 %
> Gesucht: Z
>
> $Z = \frac{K \cdot p}{100}$
>
> $Z = \frac{5000\ €\cdot 3,5}{100} = 175\ €$
>
> $Z = 175\ €$
>
> 5 0 0 0 × 3 , 5 ▼ 1 0 0 =
>
> $\frac{5000 \times 3,5}{100}$ 175

Berechne die Zinsen für ein Kapital von 4 000 € (860 €, 10 500 €) und einem Zinssatz von 1,5 %.

S⇔D-Taste

5 Berechne die Zinsen.
a) 2 % von 200 € (150 €, 500 €, 3 000 €).
b) 0,5 % (1,5 %, 2 %, 2,5 %) von 2 000 €.

6 Berechne die Zinsen.

	a)	b)	c)
Kapital	5 000 €	22 000 €	75 000 €
Zinssatz	1,1 %	1,2 %	1,35 %

	d)	e)	f)
Kapital	85 000 €	120 000 €	300 000 €
Zinssatz	1,5 %	1,65 %	2,1 %

7 Frau Nolting kauft ein neues Auto. Dazu nimmt sie ein Darlehen bei der Autobank in Höhe von 8 000 € auf. Der Zinssatz beträgt 2,5 %. Wie viel Euro muss sie nach einem Jahr an die Bank zurückzahlen?

Grundaufgaben der Zinsrechnung

8 Frau Grund legt ihren Lottogewinn von 80 000 € bei der Bank an und erhält im Jahr 2 400 € Zinsen. Berechne den Zinssatz.

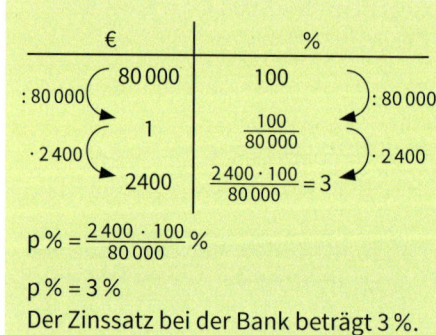

$$p\% = \frac{2\,400 \cdot 100}{80\,000}\%$$

$$p\% = 3\%$$

Der Zinssatz bei der Bank beträgt 3 %.

Für ihr Guthaben von 30 000 € zahlt die Sparkasse Frau Beyer im Jahr 600 € Zinsen. Berechne den Zinssatz.

9 Für ein Kapital K erhältst du die Zinsen Z. Begründe, dass du den Zinssatz p % mithilfe der Formel $\boxed{p\% = \frac{Z \cdot 100}{K}\%}$ berechnen kannst.

10 Im Beispiel wird der Zinssatz p % mithilfe der Formel berechnet.

Gegeben: K = 3 000 €   Z = 45 €
Gesucht: p %

$$p\% = \frac{Z \cdot 100}{K}\%$$

$$p\% = \frac{45\,€ \cdot 100}{3\,000\,€}$$

$$p\% = 1,5\%$$

$\frac{45 \times 100}{3000}$	Math ▲
	1,5

Berechne den Zinssatz für ein Kapital von 2 500 € und 25 € (30 €, 55 €) Zinsen.

● **11** Berechne den Zinssatz.

	a)	b)	c)
Kapital	8 000 €	25 000 €	60 000 €
Zinsen	96 €	500 €	1 350 €

	d)	e)	f)
Kapital	86 000 €	120 000 €	500 000 €
Zinsen	2 150 €	2 100 €	9 500 €

Lösungen zu Aufgabe 11:
1,75   1,2   2,0   2,25   2,5   1,9

12 Für ihr Sparguthaben erhält Franziska 2 % Zinsen. Am Ende des Jahres werden ihr 25,50 € Zinsen gutgeschrieben. Wie viel Euro hat Franziska am Anfang des Jahres angelegt?

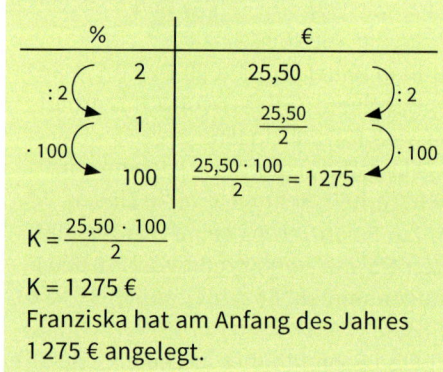

$$K = \frac{25,50 \cdot 100}{2}$$

$$K = 1\,275\,€$$

Franziska hat am Anfang des Jahres 1 275 € angelegt.

Bei einem Zinssatz von 2 % erhält Frau Meis 800 € Zinsen. Wie viel Euro hat sie angelegt?

13 Für ein Kapital K, das zu einem Zinssatz p % angelegt ist, erhältst du die Zinsen Z. Begründe, dass du das Kapital K mithilfe der Formel $\boxed{K = \frac{Z \cdot 100}{p}}$ berechnen kannst.

14 Im Beispiel wird das Kapital K mithilfe der Formel berechnet.

Gegeben: Z = 50 €   p % = 2,5 %
Gesucht: K

$$K = \frac{Z \cdot 100}{p}$$

$$K = \frac{50\,€ \cdot 100}{2,5}$$

$$K = 2\,000\,€$$

$\frac{50 \times 100}{2,5}$	Math ▲
	2000

Berechne das Kapital bei einem Zinssatz von 1,8 % (1,5 %; 1,2 %) und 90 € Zinsen.

15 Berechne das Kapital.

	a)	b)	c)	d)
Zinssatz	1,5 %	2 %	2,5 %	3 %
Zinsen	540 €	320 €	440 €	165 €

Tageszinsen

1 Frau Lang möchte ein Sonderangebot nutzen, um sich einen neuen Computer zu kaufen. Weil sie ihr Gehalt erst in zehn Tagen erhält, möchte sie ihr Girokonto für diese Anzahl der Tage um 720 € überziehen. Ihre Bank berechnet einen Zinssatz von 9,5 %. Berechne die Überziehungszinsen.

Gegeben: K = 720 €   p % = 9,5 %
          n = 10 Tage
Gesucht: Z

Zinsen für ein Jahr: $Z = \frac{720\,€ \cdot 9,5}{100}$

                Z = 68,40 €

Zinsen für 1 Tag: $Z = \frac{720\,€ \cdot 9,5}{100} \cdot \frac{1}{360}$

                Z = 0,19 €

Zinsen für 10 Tage: $Z = \frac{720\,€ \cdot 9,5}{100} \cdot \frac{10}{360}$

                Z = 1,90 €
Frau Lang muss 1,90 € Zinsen bezahlen.

Wie viel Euro Zinsen muss Frau Lang bezahlen, wenn sie ihr Konto nur für acht Tage um 630 € überzieht?

2 Ein Konto wird für n Tage bei einem Zinssatz von p % überzogen.
Begründe, dass du die Überziehungszinsen für ein Kapital K mithilfe der Formel
$Z = \frac{K \cdot p}{100} \cdot \frac{n}{360}$ berechnen kannst.

3 Berechne die Zinsen.

	a)	b)	c)
Kapital	2 700 €	3 000 €	750 €
Zinssatz	6 %	7,5 %	12 %
Zeit	18 Tage	8 Tage	25 Tage

	d)	e)	f)
Kapital	2 910 €	3 540 €	9 000 €
Zinssatz	13 %	7,2 %	8 %
Zeit	12 Tage	20 Tage	29 Tage

Lösungen zu Aufgabe 3:
8,10   5   6,25   14,16   58   12,61

In der Zinsrechnung gilt:
1 Jahr = 360 Tage   1 Tag = $\frac{1}{360}$ Jahr
Ein Kapital K wird zu p % angelegt.
Zinsen für n Tage: $Z = \frac{K \cdot p}{100} \cdot \frac{n}{360}$

4 Die Commabank verlangt 13,5 % Überziehungszinsen. Berechne wie im Beispiel die Tageszinsen.

Herr Höfel überzieht sein Girokonto für 12 Tage um 2 000 €.

Gegeben: K = 2 000 €   p % = 13,5 %
          n = 12 Tage
Gesucht: Z

$Z = \frac{K \cdot p}{100} \cdot \frac{n}{360}$

$Z = \frac{2\,000\,€ \cdot 13,5}{100} \cdot \frac{12}{360}$

Z = 9 €
Herr Höfel zahlt 9 € Tageszinsen.

a) Frau Albers überzieht ihr Girokonto für 20 Tage um 900 €.
b) Herr Niemann überzieht sein Girokonto für 12 Tage um 1 500 €.

5 Herr Weirich bezahlt eine Rechnung über 4 800 € erst 54 Tage nach dem vereinbarten Zahlungstermin. Die Lieferfirma berechnet 5 % Verzugszinsen. Welchen Betrag muss er überweisen?

6 Ein Guthaben von 27 000 € wird zu 2 % verzinst. Berechne die Zinsen
a) vom 1. bis 16. Januar
b) vom 8. bis 27. Dezember
c) vom 7. April bis 19. Mai.

7 Frau Renner hat es am Freitag versäumt, die Tageseinnahmen ihres Geschäfts in Höhe von 6 600 € zur Bank zu bringen. Sie zahlt das Geld erst am Montag ein. Wie hoch ist der Zinsverlust, wenn die Bank 0,4 % Zinsen zahlt?

8 Vom 5. Juni bis zum 21. Juli hat Frau Werthmann 90 000 € als Tagesgeld zu 1,25 % angelegt. Wie viel Euro Zinsen erhält sie?

Der Auszahlungstag wird mitgerechnet, der Einzahlungstag nicht.

Mit dem Zinsfaktor rechnen

1 Tims Vater legt 11 000 € an. Der Zinssatz beträgt 2 %.
a) Berechne zunächst die Zinsen. Über wie viel Euro verfügt Tims Vater insgesamt nach einem Jahr?
b) Tim möchte das Gesamtguthaben nach einem Jahr auf eine andere Art berechnen. Vergleiche beide Lösungswege.

Anfangskapital ≙ 100 %	Zinsen ≙ 2 %
Kapital nach einem Jahr (K_1) ≙ 102 %	

$$K_1 = \frac{11\,000 \cdot 102}{100} \, € = 11\,220 \, €$$

c) Wie hoch ist das Gesamtguthaben nach einem Jahr bei einem Zinssatz von 3 %? Entscheide dich für einen Lösungsweg.

2 Lauras Mutter hat ein Kapital von 8 000 € angelegt. Der Zinssatz beträgt 1,5 %. Im Beispiel wird das Kapital nach einem Jahr berechnet. Vergleiche die folgenden Lösungswege.

1. Lösungsweg

$$Z = \frac{8\,000 \, € \cdot 1,5}{100}$$

Z = 120 €

1,5 % von 8 000 € sind 120 €

Kapital nach einem Jahr:
$K_1 = 8\,000 \, € + 120 \, €$
$K_1 = 8\,120 \, €$

2. Lösungsweg

Prozentsatz: 100 % + 1,5 % = 101,5 %

$K_1 = 8\,000 \, € \cdot \frac{101,5}{100}$

$K_1 = 8\,000 \, € \cdot \boxed{1,015}$

$K_1 = 8\,120 \, €$

Das Kapital von Lauras Mutter beträgt nach einem Jahr 8 120 €.

> 1,015 ist der Zinsfaktor

3 Ein Kapital von 5 000 € wird zu 2 % (1,5 %, 2,2 %, 2,5 %, 3 %) angelegt. Gib den Zinsfaktor an und berechne damit das Kapital nach einem Jahr.

4 Herr Alltag hat 4 500 € für ein Jahr angelegt. Wie viel Euro Zinsen erhält er bei den verschiedenen Banken?

Toggobank	WW Bank	Commdirect
0,6 %	0,15 %	0,1 %

5 a) Frau Müller hat 10 000 € geerbt und das Geld zu 1,2 % angelegt.

10 000 € —— · 1,012 ——▶ ▪

Wie viel Euro besitzt Frau Müller nach einem Jahr?
b) Herr Eggenwirth hat auch eine Erbschaft zu 1,2 % angelegt. Nach einem Jahr beträgt sein Guthaben 8 096 €.

▪ ◀—— : 1,012 —— 8 096 €

Wie viel Euro hat Herr Eggenwirth geerbt? Erkläre, wie du diesen Beitrag berechnen kannst.

6 Berechne das Anfangsguthaben.

Zinssatz	3 %	1,5 %	2,25 %
Guthaben nach einem Jahr	7 519 €	527,80 €	4 601,25 €

7 Bei abgezinsten Sparbriefen wird nicht der Geldbetrag angegeben, der zu Beginn der Laufzeit eingezahlt wird, sondern der Betrag, der am Ende der Laufzeit zurückgezahlt wird.

Toggobank	Abgezinster Sparbrief Ausgabe 1.7.15
Laufzeit:	1 Jahr
Zinssatz:	1,5 %
Rückzahlungsbetrag:	15 225 €

Wie viel Euro muss Frau Krupp für den Sparbrief einzahlen, den die Toggobank anbietet?

8 Herr Leiß möchte in einem Jahr für 24 900 € ein neues Auto kaufen. Seine Bank bietet für eine einjährige Anlage 1,75 % Zinsen an. Wie viel Euro muss er anlegen, um mit dem Gesamtguthaben nach einem Jahr das Auto kaufen zu können?

Zinseszinsen

1 Lina hat zum 15. Geburtstag von ihren Großeltern ein Bankguthaben von 5 000 € erhalten. Sie darf über das Geld erst verfügen, wenn sie 18 Jahre alt ist. Die Bank zahlt jährlich 2 % Zinsen. Lina überlegt, wie groß ihr Guthaben nach drei Jahren ist.

 *Die Zinsen eines Jahres werden im folgenden Jahr zusammen mit dem Kapital verzinst.*

Erkläre Linas Rechnung:

Gegeben: $K = 5\,000\,€$ $p\,\% = 2\,\%$
Zinsfaktor: 1,02

Gesucht: K_3

Kapital nach einem Jahr:
$K_1 = 5\,000\,€ \cdot 1{,}02$
$K_1 = 5\,100\,€$

Kapital nach zwei Jahren:
$K_2 = 5\,100\,€ \cdot 1{,}02$
$K_2 = 5\,202\,€$

Kapital nach drei Jahren:
$K_3 = 5\,202\,€ \cdot 1{,}02$
$K_3 = 5\,306{,}04\,€$

2 a) Sarah hat auf ihrem Sparkonto ein Guthaben von 1500 €. Der Zinssatz beträgt 0,5 %. Wie hoch ist das Guthaben nach vier Jahren?
b) Herr Seidel legt 20 000 € für fünf Jahre zu 0,8 % an. Wie groß ist sein Kapital am Ende dieses Zeitraums?

3 Frau Beckord und Frau Arens haben jeweils 5 000 € auf ihrem Sparkonto. Beide bekommen 0,2 % Zinsen. Frau Beckord lässt die Zinsen auf ihrem Konto, Frau Arens hebt sie am Ende des Jahres ab. Wie viel Euro Zinsen hat Frau Beckord nach vier Jahren insgesamt erhalten, wie viel Frau Arens?

Wenn man die Zinsen eines Guthabens nicht abhebt, werden sie im nächsten Jahr zusammen mit dem Guthaben verzinst.
Diese Zinsen heißen **Zinseszinsen.**

4 Herr Bauer legt 40 000 € bei einem Zinssatz von 0,5 % für vier Jahre an. Erkläre, wie Herr Bauer das Kapital nach vier Jahren berechnet hat.

Gegeben: $K = 40\,000\,€$ $p\,\% = 0,5\,\%$
Zinsfaktor: 1,005

Gesucht: K_4

$K_1 = 40\,000\,€ \cdot 1{,}005$

$K_2 = 40\,000\,€ \cdot 1{,}005 \cdot 1{,}005$

$K_3 = 40\,000\,€ \cdot 1{,}005 \cdot 1{,}005 \cdot 1{,}005$

$K_4 = 40\,000\,€ \cdot 1{,}005 \cdot 1{,}005 \cdot 1{,}005 \cdot 1{,}005$

$K_4 = 40\,000\,€ \cdot 1{,}005^4 \approx 40\,806{,}02\,€$

Kapital nach vier Jahren:
$K_4 \approx 40\,806{,}02\,€$

$\approx$ heißt ungefähr

5 Im Beispiel wird das Kapital am Ende der Laufzeit mithilfe einer Potenz des Zinsfaktors bestimmt.

Herr Compes legt 25 000 € zu einem Zinssatz von 0,6 % für acht Jahre an.

Gegeben:
$K = 25\,000\,€$ $p\,\% = 0,6\,\%$ $n = 8$ Jahre

Gesucht: $K\,8$
$K_8 = 25\,000\,€ \cdot 1{,}006^8$

$K_8 \approx 26\,225{,}50\,€$

Nach acht Jahren beträgt das Kapital ungefähr 26 225,50 €.

$x^{\blacksquare}$-Taste

a) Ein Kapital von 17 500 € wird zu einem Zinssatz von 0,8 % angelegt. Berechne das Kapital nach zehn Jahren.
b) 30 000 € werden für zwölf Jahre zu einem Zinssatz von 0,9 % angelegt. Wie groß ist das Kapital am Ende der Laufzeit?

6 Frau Then legt 10 000 € zu 1,5 % an.
a) Nach wie vielen Jahren ist ihr Guthaben größer als 10 500 €?
b) Nach wie vielen Jahren hat sich ihr Guthaben verdoppelt?

Zinsrechnung

Die Zinsrechnung ist eine Anwendung der Prozentrechnung.

Der Grundwert heißt	Der Prozentwert heißt	Der Prozentsatz heißt
Kapital (K).	Zinsen (Z).	Zinssatz (p %).

Wenn nicht anders vereinbart, bezieht sich der Zinssatz auf den Zeitraum von einem Jahr.

Herr Schuh hat bei der Sparkasse 8 500 € angelegt. Der Zinssatz beträgt 4 %.

Wie viel Euro Zinsen erhält er im Jahr?

Herr Schuh erhält 340 € Zinsen.

Gegeben: $K = 8\,500\;€ \quad p\,\% = 4\,\%$ Gesucht: Z

%	€
100	8 500
1	$\frac{8\,500}{100}$
4	$\frac{8\,500 \cdot 4}{100} = 340$

$$Z = \frac{K \cdot p}{100}$$
$$Z = \frac{8\,500\;€ \cdot 4}{100}$$
$$= 340\;€$$

Für ihr Guthaben von 6 000 € erhält Frau Schmidhuber jährlich 180 € Zinsen.

Wie hoch ist der Zinssatz?

Der Zinssatz beträgt 3 %.

Gegeben: $K = 6\,000\;€ \quad Z = 180\;€$ Gesucht: $p\,\%$

€	%
6 000	100
1	$\frac{100}{6\,000}$
180	$\frac{100 \cdot 180}{6\,000} = 3$

$$p\,\% = \frac{Z \cdot 100}{K}\,\%$$
$$p\,\% = \frac{180\;€ \cdot 100}{6\,000\;€}$$
$$= 3\,\%$$

Herr Mau hat ein Sparguthaben zu einem Zinssatz von 4,5 % angelegt. Er erhält 540 € Zinsen im Jahr. Wie viel Euro beträgt das Sparguthaben?

Das Sparguthaben beträgt 12 000 €.

Gegeben: $p\,\% = 4,5\,\% \quad Z = 540\;€$ Gesucht: K

%	€
4,5	540
1	$\frac{540}{4,5}$
100	$\frac{540 \cdot 100}{4,5} = 12\,000$

$$K = \frac{Z \cdot 100}{p}$$
$$K = \frac{540\;€ \cdot 100}{4,5}$$
$$= 12\,000\;€$$

Frau Speckmann überzieht ihr Girokonto für 15 Tage um 4 000 €. Der Zinssatz beträgt 12 %.
Wie viel Euro Zinsen muss sie zahlen?

Sie muss 20 € Zinsen bezahlen.

Gegeben: $K = 4\,000\;€,$
$\qquad\quad p\,\% = 12\,\%,$
$\qquad\quad n = 15$ Tage

Zinsen für ein Jahr:
480 €

Zinsen für 15 Tage:
$Z = 480\;€ \cdot \frac{15}{360} = 20\;€$

Zinsen für n Tage:

$$Z = \frac{K \cdot p}{100} \cdot \frac{n}{360}$$
$$Z = \frac{4000\;€ \cdot 12}{100} \cdot \frac{15}{360} = 20\;€$$

Üben und Vertiefen

1 a) 2 000 € werden zu 1 % (1,2 %, 2,1 %, 2,5 %) angelegt. Berechne die Zinsen.
b) Für ein Guthaben von 4 000 € werden 240 € (69 €, 180 €, 160 €) Zinsen gezahlt. Bestimme den Zinssatz.
c) Ein Kapital ist zu 2,2 % angelegt. Die Zinsen betragen 600 € (50 €, 80 €, 750 €). Wie groß ist das Kapital?

Lösungen zu Aufgabe 1:
20; 2272,72; 50; 24; 3636,36; 42; 34 090,90; 6; 1,725; 4; 4,5; 27 272,72

2 a) Ein Guthaben von 20 000 € (6 500 €, 120 000 €, 7 200 €) wird zu 1,6 % angelegt. Berechne die Zinsen.
b) Für ein Kapital von 8 000 € (6 000 €, 5 000 €, 7 200 €) werden 120 € Zinsen gezahlt. Bestimme den Zinssatz.
c) Für ein Sparguthaben werden 480 € Zinsen gezahlt. Der Zinssatz beträgt 1,4 % (2,3 %, 2,5 %, 2,8 %). Wie groß ist das Guthaben?

Lösungen zu Aufgabe 2:
320; 1,5; 34 285,71; 104; 2; 20 869,57; 1 920; 2,4; 19 200; 115,20; 1,7; 17 142,86

3
> *Berechne jeweils die Zinsen.*

a) 840 € zu 6 % für 40 Tage
5 750 € zu 8 % für 90 Tage
4 800 € zu 9 % für 100 Tage

b) 7 380 € zu 7,5 % für 40 Tage
8 400 € zu 8,5 % für 90 Tage
13 500 € zu 10,5 % für 36 Tage

c) 9 600 € zu 12 % für 20 Tage
13 200 € zu 15 % für 15 Tage
18 000 € zu 14 % für 60 Tage

Lösungen zu Aufgabe 3:
5,60; 420; 115; 82,50; 120; 64; 61,50; 141,75; 178,50

4 Herr Giseler hat ein Darlehen in Höhe von 30 000 € aufgenommen. Nach einem Jahr zahlt er insgesamt 32 400 € zurück. Wie hoch ist der Zinssatz?

5 Herr Schlemminger hat ein Darlehen von 5 400 € aufgenommen. Nach einem halben Jahr zahlt er einschließlich Zinsen 5 602, 50 € zurück. Bestimme den Zinssatz.

6 Sven hatte vor einem Jahr auf seinem Sparbuch ein Guthaben von 1 750 €. Inzwischen ist es auf 1 771 € angewachsen. Berechne die Zinsen und den Zinssatz.

7 Frau Schumann hat es am Freitag versäumt, die Tageseinnahmen ihres Geschäfts in Höhe von 12 500 € zur Bank zu bringen. Sie zahlt das Geld erst am Montag ein. Wie hoch ist der Zinsverlust, wenn ihr die Bank 0,6 % Zinsen zahlt?

8 Frau Stein möchte eine Eigentumswohnung kaufen. Sie rechnet aus, dass sie für ein Darlehen im Jahr höchstens 4 000 € Zinsen zahlen kann. Wie hoch darf das Darlehen bei einem Zinssatz von 1,45 % höchstens sein?

9 Maren besitzt ein Sparbuch mit einem Guthaben von 800 €. Der Zinssatz beträgt zu Beginn des Jahres 1 %. Am 1. Juli wird er auf 0,8 % verringert. Wie viel Euro Zinsen erhält Maren am Ende des Jahres?

10 Herr Rudolph kauft einen Wohnwagen. Er leistet zunächst eine Anzahlung von 8 000 € und zahlt nach einem Jahr 15 096 €. Bestimme den Zinssatz des Darlehens.

22 800 €

Du kannst die Aufgaben auch als Gruppenpuzzle bearbeiten.

15 Frau Niemann will 10 000 € anlegen. Sie prüft zwei Angebote. Bei beiden Sparbriefen werden die Zinsen des ersten Jahres im zweiten Jahr mitverzinst.

Sparbrief I Zinssatz	**Sparbrief II** Zinssatz
im 1. Jahr **2%** im 2. Jahr **2%**	im 1. Jahr **1%** im 2. Jahr **3%**

11 Vergleiche die Angebote. Welches ist am günstigsten? Begründe.

Für welches Angebot sollte sich Frau Niemann entscheiden? Begründe.

Informiere dich nach den aktuellen Bedingungen für Kredite und Sparbriefe.

Barkredit 3000 € Rückzahlung nach einem Jahr	**Barkredit 3000 €** Rückzahlung nach einem Jahr
7,2 % Zinssatz	**195 €** Zinsen

16 Wie hoch ist der Zinssatz?

Leihst du mir 10 €?

Ich verlange einen Cent Zinsen täglich.

12 Wenn Frau Lind ihr Girokonto überzieht, zahlt sie 11 % Überziehungszinsen. Im vergangenen Jahr hat sie ihr Konto vom 16. bis 30. April um 600 €, vom 9. bis 30. Juni um 1500 € und vom 2. September bis zum 14. Oktober um 500 € überzogen. Wie viel Euro Zinsen musste sie insgesamt bezahlen?

13 Herr Lennartz hat ein neues Ledersofa für 5000 € bestellt. Wenn er die Rechnung sofort bezahlt, gewährt ihm das Möbelhaus einen Preisnachlass von 2 %. Aber dafür müsste er sein Girokonto für 24 Tage um 3000 € überziehen. Dafür berechnet seine Bank 9,5 % Zinsen. Überlege, welche die günstigste Variante für Herrn Lennartz ist.

14 Frau Bauer kauft für 25 000 € ein neues Auto. Die Hälfte des Preises zahlt sie bar, die andere Hälfte möchte sie nach einem halben Jahr zahlen. Der Händler verlangt 12 800 € als Restzahlung. Die Bank bietet ihr einen Kredit zu 6,4 % an. Wie soll sie sich entscheiden?

17 Leon träumt von einem sorgenfreien Leben.

Ich möchte so viel Geld haben, dass ich von den Zinsen leben kann.

1 500 € im Monat reichen mir.

Wie viel Euro muss er bei einem Zinssatz von 0,8 % anlegen, um sich seinen Traum erfüllen zu können?

Für die Zinsrechnung merke ich mir nur die Formel $Z = \frac{K \cdot p}{100}$.

Daraus kann ich die anderen Formeln bearbeiten.

In der Zinsrechnung wird mit Zinsen, Kapital und Zinssatz gerechnet. Sind zwei dieser Größen gegeben, kannst du die dritte Größe jeweils mithilfe einer Formel bestimmen.

1 Leni bekommt bei ihrem 1-jährigen Sparbrief für einen Zinssatz von 1,7 % 42,50 € Zinsen gutgeschrieben.
a) Erkläre, wie aus der Formel $Z = \frac{K \cdot p}{100}$ das Kapital von Leni berechnet wird.

Gegeben: Z = 42,50 €   p % = 1,7 %

Gesucht: K

$$Z = \frac{K \cdot p}{100}$$

$$42{,}50\ € = \frac{K \cdot 1{,}7}{100} \qquad |\cdot 100$$

$$42{,}50\ € \cdot 100 = K \cdot 1{,}7 \qquad |:1{,}7$$

$$\frac{42{,}50\ € \cdot 100}{1{,}7} = K$$

$$2\,500\ € = K$$

Das Kapital von Leni beträgt zu Beginn 2 500 €.

b) Laura bekommt 59,50 € Zinsen gutgeschrieben. Berechne wie im Beispiel das Kapital K von Laura.
c) Bestimme den Zinssatz p % durch Umformen der Formel $Z = \frac{K \cdot p}{100}$.

2 Frau Pirente überzieht ihr Girokonto für 64 Tage um 4 500 €. Dafür berechnet ihre Bank 120 € Zinsen. Um den Zinssatz bestimmen zu können, formt sie die Formel zur Berechnung der Tageszinsen nach p % um.
a) Erkläre die Umformung.

Gegeben: Z = 120 €   K = 4 500 €
        n = 64 Tage

Gesucht: p %

$$Z = \frac{K \cdot p}{100} \cdot \frac{n}{360}$$

$$120 = \frac{4500 \cdot p}{100} \cdot \frac{64}{360} \qquad |\cdot 100$$

$$120 \cdot 100 = 4500 \cdot p \cdot \frac{64}{360} \qquad |\cdot 360$$

$$120 \cdot 100 \cdot 360 = 4500 \cdot p \cdot 64 \qquad |:4500$$

$$\frac{120 \cdot 100 \cdot 360}{4500} = p \cdot 64 \qquad |:64$$

$$\frac{120 \cdot 100 \cdot 360}{4500 \cdot 64} = p$$

$$p = 15$$

Der Zinssatz beträgt 15 %.

b) Herr Seippel überzieht sein Girokonto für 30 Tage zu einem Zinssatz von 12 % und muss 50 € Zinsen zahlen. Bestimme das Kapitel K durch Umformen der Formel $Z = \frac{K \cdot p}{100} \cdot \frac{n}{360}$.

3 Frau Sünnen hat ihren Garten neu gestalten lassen. Um die Rechnung des Gartenbaubetriebes rechtzeitig bezahlen zu können, überzieht sie für 16 Tage ihr Girokonto. Bei einem Zinssatz von 12,5 % berechnet die Sparkasse für die Kontoüberziehung 5 € Zinsen. Um wie viel Euro hat Frau Sünnen ihr Girokonto überzogen? Forme zunächst die Formel für die Tageszinsen nach K um.

1 Berechne die Zinsen.

Kapital	14 500 €	6 400 €
Zinssatz	2 %	4,5 %

2 Berechne den Zinssatz.

Kapital	1 800 €	15 000 €
Zinsen	45 €	450 €

3 Berechne das Kapital.

Zinssatz	1,5 %	2 %
Zinsen	480 €	2 048 €

4 Ihren Totogewinn von 12 500 € legt Frau Hirt bei der Sparkasse an. Der Zinssatz beträgt 1,2 %. Berechne die Zinsen.

5 Herr Wessel nimmt ein Darlehen von 6 000 € auf, um ein neues Auto zu kaufen. Er zahlt dafür jährlich 282 € Zinsen. Berechne den Zinssatz.

6 Frau Hebel hat ihr Sparguthaben zu 4,5 % angelegt. Sie erhält jährlich 693 € Zinsen. Berechne das Sparguthaben.

7 Herr Sobeck überzieht sein Girokonto für 15 Tage um 800 €. Der Zinssatz beträgt 12 %. Wie viel Euro muss Herr Sobeck zahlen?

8 Beim Kauf ihres Hauses nimmt Familie Kreß für 180 Tage einen Kredit von 50 000 € auf. Der Zinssatz beträgt 4 %. Wie viel Euro muss Familie Kreß bezahlen?

9 Vergleiche die Angebote. Welches ist am günstigsten?

Barkredit 4000 €	Barkredit 4000 €
Rückzahlung nach einem Jahr	Rückzahlung nach einem Jahr
5,8% Zinssatz	**199€** Zinsen

10 Saskia hatte zu Beginn des Jahres ein Sparguthaben von 825 €. Am Ende des Jahres beträgt das Guthaben einschließlich Zinsen 858 €. Bestimme den Zinssatz.

Ich kann	Aufgabe	Hilfen und Aufgaben
die Zinsen berechnen.	1	Seite 13
den Zinssatz berechnen.	2	Seite 14
das Kapital berechnen.	3	Seite 14
Tageszinsen berechnen.	7, 8	Seite 15
einfache Sachaufgaben zur Zinsrechnung lösen.	4, 5, 6, 9, 10	Seite 13 – 15

Ausgangstest 2

1 Frau Schmidt hat 4 500 € für vier Jahre angelegt. Wie viel Euro Zinsen erhält sie im ersten (zweiten, dritten, vierten) Jahr?

Sparbrief	jährliche Auszahlung der Zinsen		
1. Jahr	2. Jahr	3. Jahr	4. Jahr
0,8%	**1,2%**	**2,0%**	**2,4%**
Zinssatz	Zinssatz	Zinssatz	Zinssatz

2 Zu Beginn des Jahres hat Herr Haas ein Sparguthaben von 14 800 €, am Ende des Jahres beträgt sein Guthaben einschließlich Zinsen 15 170 €. Berechne den Zinssatz.

3 Fabian möchte so viel Geld haben, dass er von den Zinsen leben kann. Wie viel Euro muss er bei einem Zinssatz von 5 % (4 %, 2,5 %) anlegen, um 30 000 € Zinsen im Jahr zu erhalten?

4 Frau Corneille überzieht ihr Girokonto vom 4. bis 22. August um 1 120 € und vom 3. September bis zum 9. Oktober um 1 640 €. Ihre Bank berechnet einen Zinssatz von 12,5 %. Wie viel Euro Zinsen muss Frau Corneille insgesamt bezahlen?

5 Frau Schull möchte in einem Jahr eine Weltreise für 16 000 € unternehmen. Ihre Bank bietet ihr für eine einjährige Anlage 1,9 % Zinsen an. Wie viel Euro muss sie anlegen, um mit dem Gesamtguthaben nach einem Jahr ihre Reise bezahlen zu können? Verwende den Zinsfaktor.

6 Ein Kapital von 18 500 € wird zu einem Zinssatz von 4,8 % angelegt. Berechne das Kapital einschließlich Zinseszinsen nach sechs Jahren.

7 Herr Heinen legt 8 000 € zu 5 % an.
a) Nach wie vielen Jahren ist sein Guthaben größer als 10 000 €?
b) Nach wie vielen Jahren hat sich sein Guthaben verdoppelt?

8 Frau Greb bezahlt eine Rechnung über 2 520 € erst 96 Tage nach dem vereinbarten Zahlungstermin. Daher fallen Verzugszinsen an. Sie überweist 2 546,88 €. Berechne den Zinssatz.

Ich kann	Aufgabe	Hilfen und Aufgaben
bei Sachaufgaben Zinsen, Zinssatz und Kapital berechnen.	1, 2, 3	Seite 13, 14
Tageszinsen berechnen.	4	Seite 15
mit dem Zinsfaktor rechnen.	5, 7	Seite 16
Zinseszinsen berechnen.	6	Seite 17
bei Tageszinsen den Zinssatz berechnen.	8	Seite 16, 17

Ben, Simon, Jonas und Lucas entscheiden sich insgesamt für eine kleine, zwei mittlere, eine große Pizza und vier Getränke.
Gib einen Term für den Gesamtpreis an.
Wie viel Euro muss der Trainer insgesamt bezahlen?

Die abgebildeten drei Gleichungen beschreiben jeweils eine Bestellung. Wofür werden die Variablen x, y und z verwendet?
Überlege, welche Zahl du für jede Variable einsetzen musst.

$$x \cdot 1{,}50 \,€ = 6{,}00 \,€$$

$$z \cdot 6{,}50 \,€ + 4 \cdot 1{,}50 \,€ = 25{,}50 \,€$$

$$4 \cdot 3{,}00 \,€ + y \cdot 4{,}00 \,€ = 20{,}00 \,€$$

Stelle eine eigene Bestellung durch eine Gleichung mit einer Variablen dar und lasse sie von einer Mitschülerin oder einem Mitschüler aufschreiben.

Pizzadienst

jede kleine Pizza (Ø 20 cm)   4,50 €
jede normale Pizza (Ø 26 cm)   6,00 €
jede Riesenpizza (Ø 30 cm)   7,00 €
jedes Nudelgericht   6,00 €
gemischter Salat   3,50 €

kostenlose Lieferung bei einer Bestellung von mehr als 25 €

1 Familie Müller bestellt mehrere kleine Pizzas und drei Salate.
a) Begründe, dass du mithilfe des Terms $x \cdot 4,50 € + 3 \cdot 3,50 €$ den Gesamtpreis berechnen kannst.
b) Berechne den Gesamtpreis für vier Pizzas.
c) Wie viele Pizzas sind bei einem Gesamtpreis von 42 € gekauft worden? Stelle eine Gleichung auf.

2 Zu welcher Bestellung passt die Gleichung $\boxed{6x + 7 = 37}$?

① Kim und ihre Freundinnen bestellen mehrere normale Pizzas und zwei Salate. Sie bezahlen insgesamt 37 €.

② Familie Kirchhoff bestellt mehrere Nudelgerichte und zwei Salate. Der Preis beträgt insgesamt 37 €.

③ Tobias und seine Freunde bestellen mehrere normale Pizzas und eine Riesenpizza. Dafür bezahlen sie insgesamt 37 €.

④ Für die Gäste seiner Geburtstagsparty bestellt Elina mehrere kleine Pizzas und eine Riesenpizza. Sie bezahlt insgesamt 37 €.

3 Stelle eine Gleichung mit der Variablen x auf und bestimme die Lösung.
a) Für alle, die ihr beim Umzug geholfen haben, bestellt Frau Körner mehrere normale Pizzas und fünf Salate. Sie bezahlt 65,50 €.
b) Der Pizzadienst liefert Familie Bartsch mehrere Nudelgerichte, eine Riesenpizza und einen Salat. Er erhält 34,50 €.
c) Nach dem Training essen die Mitglieder von Fabians Fußballmannschaft mehrere Riesenpizzas und zwei Nudelgerichte. Der Preis beträgt insgesamt 96 €.
d) Der Pizzadienst liefert fünf Nudelgerichte, zwei Riesenpizzas und mehrere normale Pizzas aus. Er erhält dafür insgesamt 80 €.

4 Stelle eine passende Gleichung mit Variablen auf.
a) Schreibe eine Bestellung auf, die genau 28,50 € kostet.
b) Formuliere eine Bestellung, bei der der Pizzabote bei Bezahlung mit einem 50-€-Schein 25 € zurück gibt.

5

Gib zu jeder Gleichung eine Bestellung an.

ⓐ $6x + 14 = 80$
ⓑ $3,50x + 24 = 52$
ⓒ $21 + 4,50x + 12 = 42$
ⓓ $36 + 7x + 7 = 78$
ⓔ $10,50 + 12 + 2x = 36,50$
ⓕ $5x + 11,50 = 29$

6 Familie Richter will für die Pizzalieferung nicht mehr als 40 € ausgeben. Wie viele kleine Pizzen (normale Pizzen, Riesenpizzen) können noch bestellt werden, wenn drei gemischte Salate dabei sein sollen?

Terme

Zahlen und Variablen sind Terme. Summen, Differenzen, Produkte, Quotienten von Termen sind auch Terme.

$4 \cdot x + 7$ $x : 10$ $2 \cdot x - 4 \cdot y + 1$

31 a^2 $2 \cdot a + 2 \cdot b$

Addition

Text	Term
Die Summe aus 5 und einer Zahl	$5 + x$
Eine Zahl vermehrt um 8	$x + 8$
Zu einer Zahl 2 addieren	$x + 2$

Subtraktion

Text	Term
Die Differenz aus 7 und einer Zahl	$7 - x$
Eine Zahl vermindert um 6	$x - 6$
Von einer Zahl 3 subtrahieren	$x - 3$

Multiplikation

Text	Term
Das Produkt aus 9 und einer Zahl	$9 \cdot x$
Das Achtfache einer Zahl	$8 \cdot x$
Eine Zahl mit 7 multiplizieren	$7 \cdot x$

Division

Text	Term
Der Quotient aus einer Zahl und 4	$x : 4$
Die Hälfte einer Zahl	$x : 2$
8 durch eine Zahl dividieren	$8 : x$

1 Ordne jedem Term den passenden Text zu.

$x : 2$ $2 \cdot x + 15$ $100 - 3 \cdot x$ $\frac{1}{x}$

$x : 4$ $x + 17$ $x - 11$ $13 - x$

$7 + x$ $8 \cdot x + 11 \cdot x$ $9 \cdot x$ x^2

a) das Neunfache einer Zahl
b) eine Zahl vermehrt um 17
c) eine Zahl vermindert um 11
d) die Summe aus 7 und einer Zahl
e) die Differenz aus 13 und einer Zahl
f) die Hälfte einer Zahl
g) die Summe aus dem Doppelten einer Zahl und 15
h) die Summe aus dem Achtfachen und dem Elffachen einer Zahl
i) der vierte Teil einer Zahl
k) die Differenz aus 100 und dem Dreifachen einer Zahl
l) das Quadrat einer Zahl
m) der Kehrwert einer Zahl

2 Schreibe als Term.
a) die Summe aus 23 und einer Zahl
b) die Differenz aus 29 und einer Zahl
c) das Zwölffache einer Zahl
d) die Differenz aus dem Sechsfachen und dem Vierfachen einer Zahl
e) ein Drittel einer Zahl
f) das Dreifache einer Zahl vermehrt um 8
g) das Siebenfache einer Zahl vermindert um 16
h) das Doppelte einer Zahl vermehrt um die Hälfte dieser Zahl

3 Drücke jeweils den Term in Worten aus.

a) $x + 9$ b) $9 \cdot x$ c) $4 \cdot x + 6$
   $x - 11$ $x : 5$ $7 \cdot x - 2$

d) $30 - 2 \cdot x$ e) $\frac{4}{x}$ f) $4 \cdot x + 9 \cdot x$
   $40 + 8 \cdot x$ x^2 $10 \cdot x - 2 \cdot x$

4 Wenn du bei einem Term für die Variable eine Zahl einsetzt und die Rechenoperationen ausführst, erhältst du den **Wert des Terms.**

x	$7 \cdot x - 5$	Wert des Terms
1	$7 \cdot 1 - 5$	2
2	$7 \cdot 2 - 5$	9
3	$7 \cdot 3 - 5$	▪
4	▪	▪
5	▪	▪

Vervollständige die Tabelle.

5 Setze für die Variablen die angegebenen Zahlen ein und berechne den Wert der Terme.

x	$5x$	$30 - x$	$x : 2$	$2x + 1$	x^2
4	▪	▪	▪	▪	▪
10	▪	▪	▪	▪	▪
20	▪	▪	▪	▪	▪

a	b	$a + b$	$a - b$	ab	$2ab$
5	2	▪	▪	▪	▪
8	−4	▪	▪	▪	▪
−2	6	▪	▪	▪	▪

Statt $5 \cdot x$ schreibt man einfach $5x$.

Terme

6 Vervollständige die Wertetabelle. Setze dazu für x nacheinander 1, 2 … 10 ein. Bestimme den Wert des Terms.

a)
x	2x + 3x
1	▨
2	▨
⋮	⋮
10	▨

b)
x	12 − x
1	▨
2	▨
⋮	⋮
10	▨

c)
x	5x − 3
1	▨
2	▨
⋮	⋮
10	▨

7 Wähle für die Variable x die Zahlen −1, −2, −3, −4, −5, −0,5, −1,5, −2,5, −0,2, −0,1 und berechne jeweils den Wert des Terms. Lege eine Wertetabelle an.

① $4x$ ② $5x + 1$ ③ $3x - 8$
④ $50 - x$ ⑤ $x : 2$ ⑥ $x^2 + 1$

8 Ordne jedem Term die passende Wertetabelle zu.

A $\boxed{x^2 + 11}$ B $\boxed{10 - x}$ C $\boxed{12 : x}$
D $\boxed{12x}$ E $\boxed{5x + 7}$ F $\boxed{3x + 6}$
G $\boxed{2x - 1}$ H $\boxed{20 - 2x}$ I $\boxed{x + 6}$

①
x	▨
1	7
2	8
3	9
4	10

②
x	▨
1	9
2	12
3	15
4	18

③
x	▨
1	12
2	15
3	20
4	27

④
x	▨
1	12
2	24
3	36
4	48

⑤
x	▨
1	18
2	16
3	14
4	12

⑥
x	▨
1	1
2	3
3	5
4	7

⑦
x	▨
1	9
2	8
3	7
4	6

⑧
x	▨
1	12
2	17
3	22
4	27

⑨
x	▨
1	12
2	6
3	4
4	3

9 In die Terme $\boxed{2x + 6x}$ und $\boxed{8x}$ werden nacheinander verschiedene Zahlen für x eingesetzt. Vergleiche jeweils die Werte der beiden Terme.

x	2x + 6x	8x
1	$2 \cdot 1 + 6 \cdot 1 = 8$	$8 \cdot 1 = 8$
2	$2 \cdot 2 + 6 \cdot 2 = 16$	$8 \cdot ▨ = ▨$
3	$2 \cdot 3 + 6 \cdot 3 = 24$	$8 \cdot ▨ = ▨$
4	$2 \cdot ▨ + 6 \cdot ▨ = ▨$	$8 \cdot ▨ = ▨$

10 In die Terme $\boxed{2 \cdot (x + 7)}$ und $\boxed{2x + 14}$ werden nacheinander verschiedene Zahlen für x eingesetzt. Vergleiche jeweils die Werte der beiden Terme.

x	2 · (x + 7)	2 · x + 14
1	$2 \cdot (1 + 7) = 16$	$2 \cdot 1 + 14 = 16$
2	$2 \cdot (2 + 7) = 18$	$2 \cdot ▨ + 14 = ▨$
3	$2 \cdot (3 + 7) = 20$	$2 \cdot ▨ + 14 = ▨$
4	$2 \cdot (▨ + 7) = ▨$	$2 \cdot ▨ + 14 = ▨$

Terme sind **äquivalent** (gleichwertig), wenn sie bei jeder Einsetzung von Zahlen für die Variablen denselben Wert haben.
Terme, die durch Zusammenfassen gleichartiger Summanden oder durch Ausmultiplizieren einer Klammer entstehen, sind äquivalent.
$6x + 4 - 2x + 5 = 4x + 9$
$7 (x + 6) = 7x + 42$

11 Ordne äquivalente Terme einander zu.

Ⓐ $3 (x - 5)$ Ⓑ $4x \cdot 12$ Ⓒ $9x + 36$
Ⓓ $6x - 5x + 2x$ Ⓔ $5x + 1 - 2x + 7$
① $3x$ ② $3x + 8$ ③ $9 (x + 4)$
④ $4 (x - 3)$ ⑤ $3x - 15$

12 Gib einen Term an, der zu der Wertetabelle passt.

a)
x	▨
1	11
2	22
3	33
4	44

b)
x	▨
1	13
2	26
3	39
4	52

c)
x	▨
1	3
2	5
3	7
4	9

d)
x	▨
1	4
2	7
3	10
4	13

e)
x	▨
1	1
2	4
3	9
4	16

f)
x	▨
1	24
2	12
3	8
4	6

g)
x	▨
1	9
2	8
3	7
4	6

h)
x	▨
1	4
2	9
3	14
4	19

i)
x	▨
1	0,25
2	0,5
3	0,75
4	1

Terme umformen

Bei einem Produkt aus Variablen lasse ich den Malpunkt weg.

Statt 1x schreibe ich einfach x.

Bei einem Produkt ordne ich die Variablen alphabetisch. Die Zahlen stelle ich an den Anfang.

1 Ordne die Variablen und vereinfache den Term wie in den Beispielen.

> $2 \cdot x \cdot 5 = 2 \cdot 5 \cdot x = 10 \cdot x = 10x$
> $5 \cdot b \cdot 3 \cdot a = 5 \cdot 3 \cdot a \cdot b = 15ab$
> $2 \cdot v \cdot 6 \cdot u = 2 \cdot 6 \cdot u \cdot v = 12uv$

a) $7 \cdot b \cdot 2 \cdot a$
$5 \cdot r \cdot s \cdot 4$
$3 \cdot x \cdot 2 \cdot y$

b) $8 \cdot b \cdot 5 \cdot a$
$5 \cdot u \cdot 7 \cdot v$
$11 \cdot p \cdot q \cdot 4$

c) $6 \cdot x \cdot 2 \cdot y \cdot 2$
$3 \cdot s \cdot 9 \cdot t \cdot 4$
$8 \cdot c \cdot 2 \cdot d \cdot 5$

d) $3 \cdot b \cdot 2 \cdot a \cdot 2$
$4 \cdot u \cdot v \cdot 7 \cdot 2$
$2 \cdot 5 \cdot p \cdot 4 \cdot q$

e) $4 \cdot c \cdot 3 \cdot a \cdot 5 \cdot b \cdot 2 \cdot 5$
$7 \cdot t \cdot 11 \cdot s \cdot 5 \cdot 10 \cdot r$
$v \cdot 2 \cdot 3 \cdot w \cdot 6 \cdot u \cdot 2 \cdot 2$

2 Vereinfache den Term.

> $2 \cdot a \cdot 0{,}5 \cdot a = 2 \cdot 0{,}5 \cdot a \cdot a = 1 \cdot a^2 = a^2$
> $4 \cdot (-a) \cdot 2 \cdot (-b) = 4 \cdot 2 \cdot (-a) \cdot (-b) = 8ab$
> $3 \cdot b \cdot a \cdot 2 \cdot (-b) = -3 \cdot 2 \cdot a \cdot b \cdot b = -6ab^2$

a) $2 \cdot x \cdot 0{,}5 \cdot x$
$0{,}5 \cdot z \cdot 4 \cdot z$
$5 \cdot u \cdot 0{,}2 \cdot u$

b) $-4 \cdot a \cdot 5 \cdot a \cdot 3$
$6 \cdot b \cdot (-3) \cdot b \cdot 5$
$-7 \cdot c \cdot 5 \cdot c \cdot (-4)$

c) $2 \cdot v \cdot 3 \cdot (-w) \cdot 4 \cdot (-w) \cdot 6 \cdot v \cdot 2$
$r \cdot 7 \cdot (-s) \cdot t \cdot 4 \cdot t \cdot r \cdot 9 \cdot s \cdot (-1)$
$4 \cdot u \cdot w \cdot (-3) \cdot (-v) \cdot w \cdot (-2) \cdot v$

d) $-2 \cdot a \cdot (-b) \cdot a \cdot (-b) \cdot (-6) \cdot a \cdot 2$
$-x \cdot 7 \cdot (-x) \cdot y \cdot 5 \cdot y \cdot 2 \cdot y \cdot (-2)$
$-3 \cdot (-u) \cdot u \cdot (-v) \cdot (-v) \cdot w \cdot (-5) \cdot w$

3 Fasse gleichartige Summanden zusammen.

> $5x + 7x = 12x$
> $11x + 16 - 3x - 7 = 8x + 9$
> $4a + 5b - 7a + 2b = -3a + 7b$

a) $8x + 5x$
$9x - 2x$
$3x + 8x$

b) $12x - 2x$
$20x - 9x$
$15x + 6x$

c) $23x - 4x$
$31x + 6x$
$16x - 9x$

d) $11a - 3a + 7a$
$19b - 5b - 2b$
$20v - 13v + 8v$

e) $21t - 8t - 3t$
$11c + 5c - 9c$
$9k - 8k + 12k$

f) $12x + 6 - 2x + 17 + 4x$
$5b - 7a + 6b - 3a + b$
$3y - 17z + 5y - 3z + 2y$

g) $9t + 8 + 7t - 5 + t - 3 - 2t + 11 - 7t$
$12u - 5u + 20v - 8u - 13v + 12v$
$11w + 9z - 6w - 4 - 3z - 5w + 11$

h) $25a + 7b + 2b - 8a - 13a + 5b$
$12 + 5r - 8 + 16r - 13r - 4 + r$
$5x + 20y + 18 - 13y + 2x - y - 2$

4 Erkläre jeweils, welchen Fehler David beim Zusammenfassen gemacht hat. Notiere dann die Umformung des Terms richtig in deinem Heft.

> ① $5x + 2z + 3x = 10x$
> ② $3a + 7a + 2 = 12a$
> ③ $9s \_ 8s + 3s = 20s$
> ④ $8t + 6s + 4t \_ 2s = 12t + 8s$
> ⑤ $5a + 2b + 7 + 3b = 12a + 5b$

5 Multipliziere die Klammern aus.

> $2\,(x + y) = 2x + 2y$
> $5\,(x + 3) = 5x + 15$
> $4\,(a - b) = 4a - 4b$
> $6\,(x - 8) = 6x - 48$

Statt $2 \cdot (x + y)$ schreibt man einfach $2\,(x + y)$.

a) $7\,(x + y)$
$2\,(a - b)$
$6\,(x + 3)$

b) $3\,(r + s)$
$2\,(6 + y)$
$8\,(u - 1)$

c) $9\,(v - 8)$
$4\,(t - 6)$
$11\,(1 + x)$

d) $3\,(a + b + c)$
$5\,(x + y - 4)$
$4\,(p - q + 5)$

e) $5\,(x - y + z)$
$9\,(r - s + 5)$
$2\,(t + u - 13)$

Terme umformen

6 Multipliziere die Klammern aus.

> $3(2a + 5b) = 6a + 15b$
> $7(3x - 6) = 21x - 42$

a) $7(3x + 4y)$
$\quad 11(2a - 3b)$
$\quad 9(5u + 3v)$

b) $3(5a + 9)$
$\quad 6(8t - 3)$
$\quad 4(9r - 12)$

c) $3(2a + 3b + c)$
$\quad 5(x + 3y - 4)$
$\quad 6(3p - 2q + 8)$

d) $5(2x - 4y + 3z)$
$\quad 9(r - 2s + 11t)$
$\quad 7(2u + 7v - 3)$

7 Multipliziere aus. Achte auf das Minuszeichen vor der Klammer.

> $-(a + 13) = -a - 13$
> $-(y - 12) = -y + 12$
> $-3(4x + 2) = -12x - 6$
> $-4(5s - 6) = -20s + 24$

a) $-(x + 9)$
$\quad -(y - 7)$
$\quad -(u + 1)$

b) $-(2x + y)$
$\quad -(3a + b)$
$\quad -(5s - t)$

c) $-3(2x + 9)$
$\quad -5(3z - 4)$
$\quad -2(8 + 5w)$

d) $-(p - q + r)$
$\quad -(a + b - 3)$
$\quad -(x + 6 - y)$

e) $-2(2r + 7s - 3t)$
$\quad -5(4u - 3v + 2w)$
$\quad -3(x - 3y - 4z)$

f) $-7(4a + 7b - 8c - 11)$
$\quad -3(2u - 8 + 5v - 6w)$
$\quad -11(m + 3n - 4p - 6q + 1)$

8

In jeder Aufgabe ist ein Fehler.

> ① $5(x + 4z) = 5x + 4z$
> ② $-(4a - 5) = -4a - 5$
> ③ $-2(3x - 8) = -6x - 16$
> ④ $8(r + 6s - 2t) = 8r + 6s - 2t$
> ⑤ $-3(x - 5y) = 3y + 15y$
> ⑥ $-4(2p - 5q) = -8q + 40p$

Erkläre jeweils, welchen Fehler Lina gemacht hat. Notiere dann die Umformung des Terms richtig in deinem Heft.

9 Multipliziere die Klammern aus. Fasse dann gleichartige Summanden zusammen.

> $\quad 3(x + 7) - 2(x - 2)$
> $= 3x + 21 - 2x + 4$
> $= x + 25$

a) $2(x + 8) + 9(5 + x)$
$\quad 4(y + 2) + 7(3 + y)$
$\quad 5(z + 3) + 11(z + 5)$

b) $4(x + 3) + 5(x - 2)$
$\quad 11(x - 4) + 2(x - 3)$
$\quad 5(x - 7) - 3(x - 10)$

c) $9(x - y) + 6(x - y) - 2(x + y)$
$\quad 8(2a + b) + 2(5a + 2b) + (a - b)$
$\quad 5(v - 2w) + 7(3w - v) - (w + v)$

10

Ersetze jeweils die Platzhalter.

a) $5x + 10 = \blacksquare \cdot (x + 2)$
$\quad 8x + 48 = \blacksquare \cdot (x + 6)$
$\quad 5 - 15x = \blacksquare \cdot (1 - 3x)$

b) $15x - 30 = \blacksquare \cdot (x - \blacksquare)$
$\quad 12x + 60 = \blacksquare \cdot (x + \blacksquare)$
$\quad 25 - 15x = \blacksquare \cdot (\blacksquare - 3x)$

c) $8u + 16v - 40w = \blacksquare \cdot (u + \blacksquare \cdot v - \blacksquare \cdot w)$
$\quad 5p - 15q + 20r = \blacksquare \cdot (p - \blacksquare \cdot q + \blacksquare \cdot r)$
$\quad 8a - 24b + 4c = \blacksquare \cdot (\blacksquare \cdot a - \blacksquare \cdot b + c)$

11 Klammere aus.

> $11a + 11b = 11(a + b)$
> $7x + 56 = 7(x + 8)$
> $4u - 28v = 4(u - 7v)$
> $16r - 44s + 12t = 4(4r - 11s + 3t)$

a) $3x + 3y$
$\quad 12r + 12s$
$\quad 7y - 7z$

b) $5x - 10$
$\quad 6a + 18$
$\quad 4v - 24$

c) $8z - 48$
$\quad 5u - 25$
$\quad 7r + 21$

d) $3x + 12y$
$\quad 2r + 6s$
$\quad 7y - 70z$

e) $5x - 30y$
$\quad 7a + 35b$
$\quad 4v - 36w$

f) $7x - 14y$
$\quad 9p - 81q$
$\quad 5s + 75t$

g) $2x + 6y + 8z$
$\quad 5p - 10q + 25r$
$\quad 7u + 28v - 21w$

h) $12x - 18y + 6z$
$\quad 9a + 15b + 6c$
$\quad 12r + 16s - 32t$

Ausmultiplizieren von Summen

1 a) Der Flächeninhalt des abgebildeten Rechtecks soll auf zwei verschiedene Arten berechnet werden.

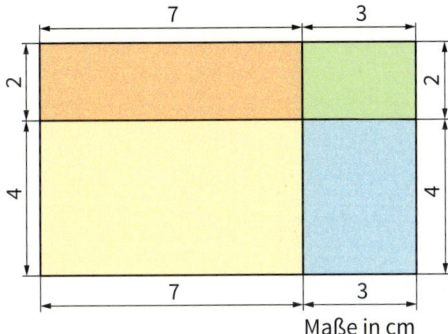

Maße in cm

Länge:	7 cm + 3 cm = 10 cm
Breite:	▪ + ▪ = ▪
Flächeninhalt:	10 cm · ▪ cm = ▪ cm²

gelbes Rechteck: 7 cm · 4 cm = 28 cm²
rotes Rechteck: 7 cm · 2 cm = ▪ cm²
blaues Rechteck: ▪ · ▪ = ▪ cm²
grünes Rechteck: ▪ · ▪ = ▪ cm²

gesamter Flächeninhalt: ▪ cm²

Vervollständige beide Rechnungen in deinem Heft.

b) Begründe:
$(7 + 3) \cdot (4 + 2) = 7 \cdot 4 + 7 \cdot 2 + 3 \cdot 4 + 3 \cdot 2$

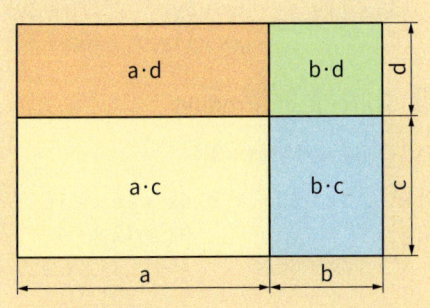

$(a + b) \cdot (c + d) = a \cdot c + a \cdot d + b \cdot c + b \cdot d$

Eine Summe wird mit einer Summe multipliziert, indem jeder Summand der ersten Summe mit jedem Summanden der zweiten Summe multipliziert wird und die Teilprodukte addiert werden.

2 Begründe die Gleichungen mithilfe der Rechenregeln für negative Zahlen.
$(9 + 3) \cdot (8 - 5) = 9 \cdot 8 - 9 \cdot 5 + 3 \cdot 8 - 3 \cdot 5$
$(7 - 4) \cdot (6 + 2) = 7 \cdot 6 + 7 \cdot 2 - 4 \cdot 6 - 4 \cdot 2$
$(8 - 5) \cdot (9 - 3) = 8 \cdot 9 - 8 \cdot 3 - 5 \cdot 9 + 5 \cdot 3$

$(a + b) \cdot (c - d) = a \cdot c - a \cdot d + b \cdot c - b \cdot d$
$(a - b) \cdot (c + d) = a \cdot c + a \cdot d - b \cdot c - b \cdot d$
$(a - b) \cdot (c - d) = a \cdot c - a \cdot d - b \cdot c + b \cdot d$

Beim Ausmultiplizieren von zwei Summen oder Differenzen gelten die Rechengesetze für rationale Zahlen.

3 Ordne jedem Term aus dem linken Kasten den äquivalenten Term aus dem rechten Kasten zu.

Ⓐ $(a - 4)(b + 3)$	① $ab + 3a + 4b + 12$
Ⓑ $(a + 3)(b - 4)$	② $ab + 4a + 3b + 12$
Ⓒ $(b + 4)(a + 3)$	③ $ab + 3a - 4b - 12$
Ⓓ $(4 - a)(b + 3)$	④ $ab - 4a - 3b + 12$
Ⓔ $(a + 4)(b + 3)$	⑤ $-ab - 3a + 4b + 12$
Ⓕ $(b - 4)(a - 3)$	⑥ $ab - 4a + 3b - 12$
Ⓖ $(3 - a)(b - 4)$	⑦ $ab - 4a - 3b - 12$
Ⓗ $(3 - a)(4 - b)$	⑧ $-ab + 4a + 3b - 12$

4 Multipliziere die Summen aus.

$(r + s)(u - v) = ru - rv + su - sv$

$(a - 3)(b + 2) = ab + 2a - 3b - 6$

$(2a + 3b)(3c - 4d) = 6ac - 8ad + 9bc - 12bd$

a) $(x + y)(u - v)$ b) $(x - 5)(y - 3)$
  $(p - q)(m - n)$ $(r - 3)(s - 3)$
  $(a - b)(r - s)$ $(t + 11)(s - 7)$

c) $(4x + y)(u + 3v)$ d) $(7v + 2w)(3s + t)$
  $(a + 3b)(6c - d)$ $(2p - 5q)(4r - 7s)$
  $(2t - z)(x + 8y)$ $(6a - 2b)(4c - 2d)$

e) $(11p - 4)(2q + 3)$ f) $(9x + 4)(8y - 15)$
  $(20 + 6t)(9 - 2s)$ $(14 + w)(7v + 8)$
  $(5m + 10)(7n + 8)$ $(25 - 2y)(2 + 6z)$

Zwischen zwei Klammern kann ich den Malpunkt weglassen.

1 a) Begründe, dass du mit dem Term $(a + b) \cdot (a + b)$ den Flächeninhalt des gesamten Quadrats berechnen kannst.

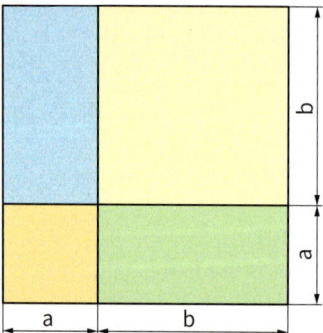

b) Gib einen weiteren Term zur Berechnung des Flächeninhalts an. Bilde dazu die Terme für die Flächeninhalte der eingezeichneten Teilflächen.

2 Schreibe den Term als Produkt. Multipliziere aus und fasse zusammen.

$$(a + b)^2 = (a + b)\,(a + b)$$
$$= a^2 + ab + ab + b^2$$
$$= a^2 + 2ab + b^2$$

a) $(r + s)^2$ b) $(u + v)^2$ c) $(x + y)^2$

a + b, x + y … sind Binome.

Die Quadrate von Binomen kann man mit einer Formel schneller berechnen.

1. binomische Formel
$(a + b)^2 = a^2 + 2ab + b^2$

3 Wende die 1. binomische Formel an.

$$(u + v)^2 = u^2 + 2uv + v^2$$

a) $(x + y)^2$ b) $(v + w)^2$ c) $(r + s)^2$
   $(s + t)^2$ $(p + q)^2$ $(e + f)^2$
   $(m + n)^2$ $(k + l)^2$ $(c + d)^2$

4 Schreibe als Summe.

$$(x + 7)^2 = x^2 + 2 \cdot 7x + 7^2 = x^2 + 14x + 49$$

a) $(x + 8)^2$ b) $(y + 1)^2$ c) $(3 + x)^2$
   $(x + 5)^2$ $(z + 4)^2$ $(11 + x)^2$
   $(x + 9)^2$ $(x + 6)^2$ $(10 + x)^2$

d) $(y + 2)^2$ e) $(t + 13)^2$ f) $(100 + v)^2$
   $(y + 15)^2$ $(z + 20)^2$ $(50 + w)^2$
   $(14 + y)^2$ $(u + 30)^2$ $(17 + s)^2$

5 Ergänze die Platzhalter.

a) $(x + \blacksquare)^2 = x^2 + 18x + 81$
   $(x + \blacksquare)^2 = x^2 + 24x + 144$
   $(x + \blacksquare)^2 = x^2 + \blacksquare x + 25$

b) $(x + \blacksquare)^2 = x^2 + \blacksquare x + 100$
   $(x + \blacksquare)^2 = x^2 + 12x + \blacksquare$
   $(x + \blacksquare)^2 = x^2 + 16x + \blacksquare$

6 Verwende zum Ausmultiplizieren die 1. binomische Formel.

$$(3x + 4y)^2 = (3x)^2 + 2 \cdot 3x \cdot 4y + (4y)^2$$
$$= 3x \cdot 3x + 2 \cdot 3 \cdot 4 \cdot x \cdot y + 4y \cdot 4y$$
$$= 9x^2 + 24xy + 16y^2$$

a) $(3x + 5)^2$ b) $(2y + 1)^2$ c) $(2x + y)^2$
   $(2x + 9)^2$ $(5y + 3)^2$ $(3x + y)^2$
   $(6 + 5x)^2$ $(1 + 9y)^2$ $(x + 9y)^2$

d) $(2a + 7)^2$ e) $(2x + 7y)^2$ f) $(5s + 2t)^2$
   $(3a + 11)^2$ $(6x + 5y)^2$ $(7u + 3v)^2$
   $(6 + 2a)^2$ $(2x + 11y)^2$ $(8p + 3q)^2$

7 Schreibe als Produkt.

$$x^2 + 18x + 81 = (x + 9)^2$$

a) $x^2 + 16x + 64$ b) $4x^2 + 16x + 16$
   $x^2 + 10x + 25$ $9x^2 + 12x + 4$
   $x^2 + 12x + 36$ $16x^2 + 24x + 9$

8 Manche Quadratzahlen kannst du mithilfe der 1. binomischen Formel einfacher berechnen.

$$31^2$$
$$= (30 + 1)^2$$
$$= 30^2 + 2 \cdot 30 \cdot 1 + 1^2$$
$$= 900 + 60 + 1$$
$$= 961$$

a) 41^2 b) 32^2
   51^2 62^2
   91^2 82^2

c) 101^2 d) 103^2
   301^2 105^2
   402^2 203^2

2. Binomische Formel

1 Schreibe den Term als Produkt. Multipliziere aus und fasse zusammen.

$$(a - b)^2 = (a - b)\,(a - b)$$
$$= a^2 - ab - ab + b^2$$
$$= a^2 - 2ab + b^2$$

a) $(c - d)^2$ b) $(r - s)^2$ c) $(u - v)^2$

2. binomische Formel
$$(a - b)^2 = a^2 - 2ab + b^2$$

2 Wende die 2. binomische Formel an.

$$(p - q)^2 \qquad\qquad (x - 7)^2$$
$$= (p - q)\,(p - q) \qquad = (x - 7)\,(x - 7)$$
$$= p^2 - pq - pq + q^2 \qquad = x^2 - 7x - 7x + 7 \cdot 7$$
$$= p^2 - 2\,p\,q + q^2 \qquad = x^2 - 14\,x + 49$$

a) $(x - y)^2$ b) $(r - s)^2$ c) $(v - w)^2$
$(c - d)^2$ $(m - p)^2$ $(t - z)^2$
$(u - v)^2$ $(k - l)^2$ $(e - f)^2$

d) $(x - 5)^2$ e) $(x - 9)^2$ f) $(y - 1)^2$
$(x - 8)^2$ $(x - 11)^2$ $(z - 4)^2$
$(x - 4)^2$ $(x - 10)^2$ $(v - 8)^2$

g) $(12 - x)^2$ h) $(p - 3)^2$ i) $(1 - q)^2$
$(20 - x)^2$ $(r - 15)^2$ $(w - 16)^2$
$(7 - y)^2$ $(50 - z)^2$ $(30 - u)^2$

3 Ergänze die Platzhalter.
a) $(x - \blacksquare)^2 = x^2 - 16x + 64$
$(x - \blacksquare)^2 = x^2 - 50x + 625$
$(x - \blacksquare)^2 = x^2 - 36x + 324$

b) $(\blacksquare - y)^2 = 16 - 8y + y^2$
$(z - \blacksquare)^2 = z^2 - \blacksquare z + 49$
$(x - \blacksquare)^2 = x^2 - \blacksquare x + 225$

4 Verwende zum Ausmultiplizieren die zweite binomische Formel.

$$(3x - 4y)^2 = (3x)^2 - 2 \cdot 3x \cdot 4y + (4y)^2$$
$$= 3x \cdot 3x - 2 \cdot 3 \cdot 4 \cdot x \cdot y + 4y \cdot 4y$$
$$= 9x^2 - 24x\,y + 16y^2$$

a) $(2a - 7)^2$ b) $(2m - 1)^2$ c) $(2x - 5y)^2$
$(3a - 11)^2$ $(5m - 3)^2$ $(7x - 3y)^2$
$(6 - 2a)^2$ $(1 - 8m)^2$ $(4x - 9y)^2$

5 Schreibe als Produkt.

$$x^2 - 16x + 64 = (x - 8)^2$$

a) $x^2 - 20x + 100$ b) $4x^2 - 12x + 9$
$x^2 - 14x + 49$ $25x^2 - 10x + 1$
$x^2 - 30x + 225$ $9x^2 - 42xy + 49y^2$
$x^2 - 18x + 81$ $100x^2 - 20xy + y^2$

6 Manche Quadratzahlen kannst du mithilfe der 2. binomischen Formel einfacher berechnen.

$$29^2$$
$$= (30 - 1)^2$$
$$= 30^2 - 2 \cdot 30 \cdot 1 + 1^2$$
$$= 900 - 60 + 1$$
$$= 841$$

a) 39^2 b) 99^2
49^2 59^2
89^2 19^2

c) 28^2 d) 199^2
98^2 599^2
47^2 999^2

7 Den Flächeninhalt des grünen Quadrats kannst du mit dem Term $(a - b)\,(a - b)$ beschreiben. Begründe mithilfe der Zeichnung, dass auch der Term $a^2 - 2ab + b^2$ den Flächeninhalt des grünen Quadrats beschreibt.

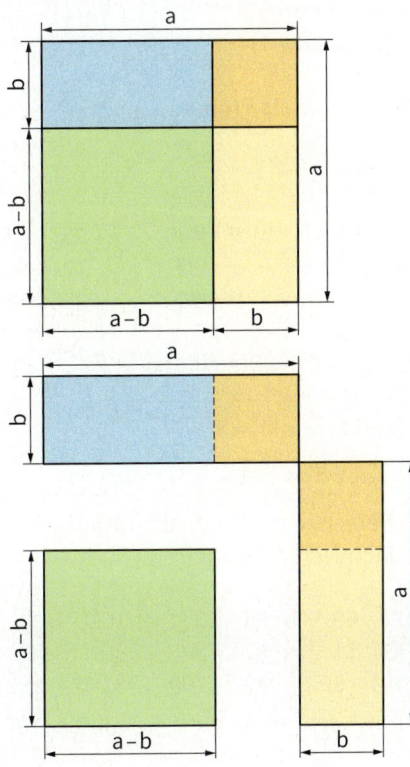

3. binomische Formel

1 Multipliziere aus und fasse zusammen.

$$(a + b)\,(a - b) = a^2 - ab + ab - b^2$$
$$= a^2 - b^2$$

a) $(u + v)\,(u - v)$ b) $(s + t)\,(s - t)$

---

3. binomische Formel
$(a + b)\,(a - b) = a^2 - b^2$

---

2 Wende die 3. binomische Formel an.

$$(w + z)\,(w - z) = w^2 - z^2$$
$$(a + 5)\,(a - 5) = a^2 - 25$$
$$(2x + 7)\,(2x - 7) = 4x^2 - 49$$

a) $(a + n)\,(a - n)$ b) $(y + x)\,(y - x)$
 $(b + c)\,(b - c)$ $(u - v)\,(u + v)$
 $(r + s)\,(r - s)$ $(p - q)\,(p + q)$

c) $(a + 7)\,(a - 7)$ d) $(x - 3)\,(x + 3)$
 $(y + 9)\,(y - 9)$ $(5 + u)\,(5 - u)$
 $(b - 11)\,(b + 11)$ $(6 - t)\,(6 + t)$

e) $(2a + 5)\,(2a - 5)$ f) $(9 - 2r)\,(9 + 2r)$
 $(3x + 2)\,(3x - 2)$ $(3 + 4a)\,(3 - 4a)$
 $(5t - 1)\,(5t + 1)$ $(6s - 5)\,(6s + 5)$

3 Schreibe als Produkt.

$$x^2 - 16 = (x + 4)\,(x - 4)$$

a) $x^2 - 16$ b) $z^2 - 400$ c) $25 - 4x^2$
 $x^2 - 100$ $u^2 - 64$ $121 - 9p^2$
 $x^2 - 196$ $s^2 - 900$ $225s^2 - t^2$

4 Ergänze die Platzhalter.
a) $(x + 8)\,(x - \blacksquare) = x^2 - \blacksquare$
b) $(x - 11)\,(x + \blacksquare) = x^2 - \blacksquare$
c) $(x + \blacksquare)\,(x - 3y) = x^2 - \blacksquare$

5 Berechne die Produkte mithilfe der 3. binomischen Formel.

$$81 \cdot 79$$
$$= (80 + 1)\,(80 - 1)$$
$$= 80^2 - 1$$
$$= 6\,400 - 1$$
$$= 6\,399$$

a) $71 \cdot 69$ b) $88 \cdot 92$ c) $103 \cdot 97$
 $49 \cdot 51$ $82 \cdot 78$ $204 \cdot 196$
 $101 \cdot 99$ $202 \cdot 198$ $3\,002 \cdot 2\,998$

6 Multipliziere die Klammern aus, indem du die 3. binomische Formel anwendest.

$$(3x + 2y)\,(3x - 2y) = 9x^2 - 4y^2$$
$$(3x - 2y)\,(3x + 2y) = 9x^2 - 4y^2$$
$$(2y + 3x)\,(3x - 2y) = 9x^2 - 4y^2$$
$$(-3x + 2y)\,(-3x - 2y) = 9x^2 - 4y^2$$
$$(-2y - 3x)\,(2y - 3x) = 9x^2 - 4y^2$$

a) $(11x - 2y)\,(11x + 2y)$
 $(20x + 9y)\,(20x - 9y)$
 $(7x - 2y)\,(2y + 7x)$

b) $(5x - 7y)\,(5x + 7y)$
 $(6x + 13y)\,(6x - 13y)$
 $(10x - 3y)\,(10x + 3y)$

c) $(11p - 2q)\,(11p + 2q)$
 $(3w + 13z)\,(13z - 3w)$
 $(5b + 8a)\,(8a - 5b)$

d) $(-2y - 7z)\,(2y - 7z)$
 $(9a - 2b)\,(-9a - 2b)$
 $(-11u + 4v)\,(4v + 11u)$

7 a) Begründe, dass die gesamte grüne Fläche in beiden Zeichnungen denselben Flächeninhalt hat.
b) Erkläre mithilfe der beiden Zeichnungen die 3. binomische Formel.

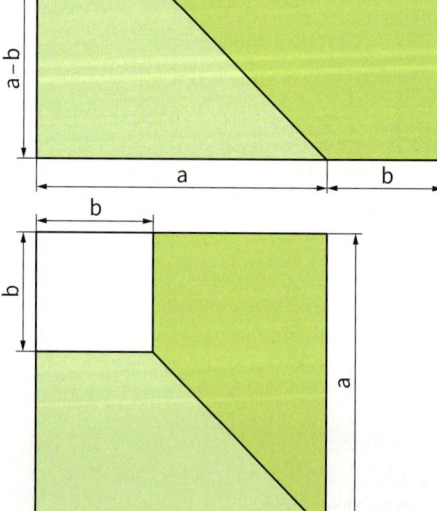

Waagen im Gleichgewicht

1 Mit der abgebildeten Waage kann man das Gewicht von Gegenständen bestimmen. Dazu müssen beide Seiten der Waage im Gleichgewicht sein, d.h. die beiden „Zungen" in der Mitte befinden sich genau gegenüber.

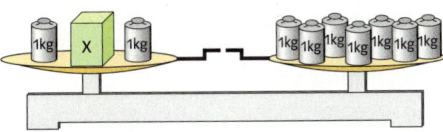

Notiere einen Term für die linke Seite und einen Term für die rechte Seite. Wie kannst du das Gewicht der Schachtel bestimmen?

2 Paul und Leni stellen zu der abgebildeten Waage eine Gleichung auf.

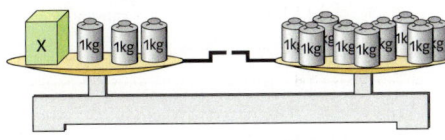

linke Waagschale

zugehöriger Term: $x + 3$

rechte Waagschale

zugehöriger Term: 9

Waage im Gleichgewicht

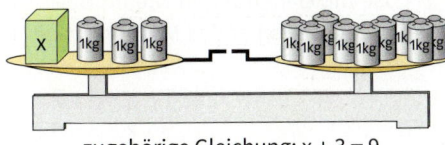

zugehörige Gleichung: $x + 3 = 9$

Löse die Gleichung.

> Verbindet man zwei Terme mit dem Gleichheitszeichen, so erhält man eine **Gleichung**:
> $8x + 6 = 4x + 10$

3 Welche Gleichung passt zu welcher Waage?

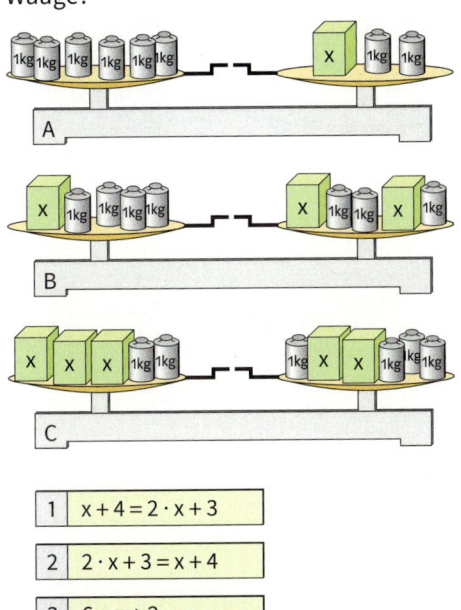

1	$x + 4 = 2 \cdot x + 3$
2	$2 \cdot x + 3 = x + 4$
3	$6 = x + 2$
4	$6 \cdot x = 1 + 2 \cdot x$
5	$3 \cdot x + 2 = 2 \cdot x + 4$

4 Stelle die zur Waage passende Gleichung auf.
Bestimme das Gewicht der Schachtel.

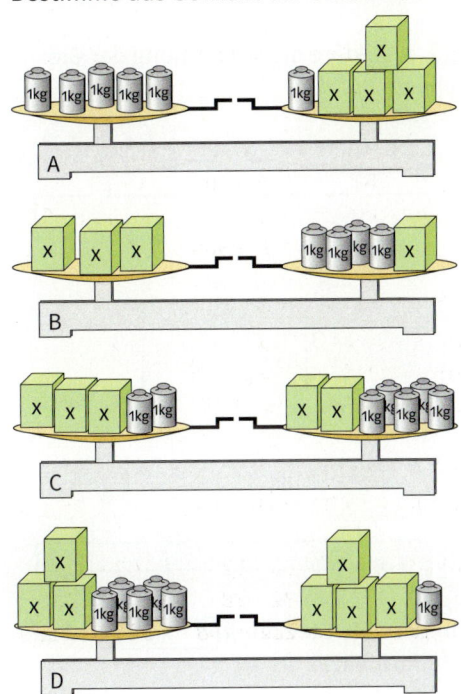

Gleichungen mit x auf einer Seite

1 a) Wie wird das Gewicht der Schachtel bestimmt? Erkläre die Umformung der Gleichung.

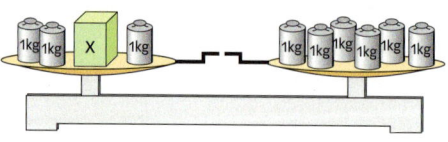

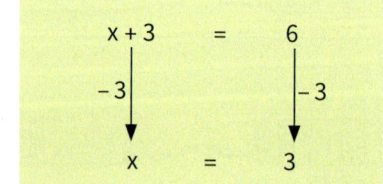

$$x + 3 \quad = \quad 6$$
$$-3 \downarrow \qquad \qquad -3 \downarrow$$
$$x \quad = \quad 3$$

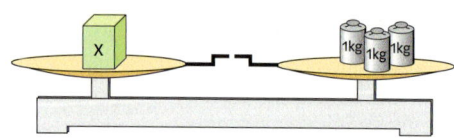

b) Löse die Gleichung $\boxed{x + 3 = 5}$ durch Umformen.

2 Löse die Gleichungen durch Umformen.

a) x + 5 = 8
   x + 4 = 5
   x + 7 = 13
   x + 9 = 9

b) 19 + x = 31
   22 = x + 11
   47 = 11 + x
   15 + x = 53

3 a) Erkläre die Umformung der Gleichung.

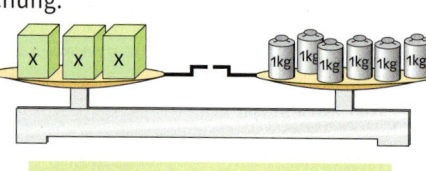

$$3 \cdot x \quad = \quad 6$$
$$:3 \downarrow \qquad \qquad :3 \downarrow$$
$$x \quad = \quad 2$$

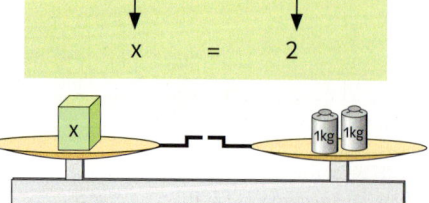

b) Löse die Gleichung $\boxed{4 \cdot x = 12}$ durch Umformen.

4 Löse die Gleichungen durch Umformen.

a) 5 · x = 35
   6 · x = 36
   8 · x = 72

b) 96 = x · 4
   x · 7 = 77
   51 = x · 3

5 Schreibe zu jeder Waage die entsprechende Gleichung auf und gib die Umformungsschritte an.

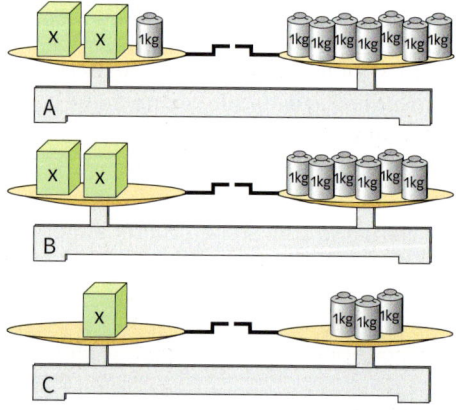

A

B

C

6 Löse die Gleichungen durch Umformen.

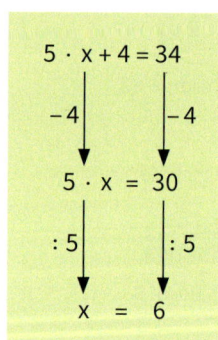

$$5 \cdot x + 4 = 34$$
$$-4 \downarrow \qquad -4 \downarrow$$
$$5 \cdot x = 30$$
$$:5 \downarrow \qquad :5 \downarrow$$
$$x = 6$$

a) 2 · x + 5 = 15
   5 · x + 4 = 24
   7 · x + 2 = 65

b) 11 · x + 5 = 49
   12 · x + 7 = 55
   8 · x + 4 = 68

c) 14 · x + 6 = 76
   20 · x + 10 = 90
   15 · x + 13 = 88

7 Löse die Gleichungen wie im Beispiel. Beachte dabei das Minuszeichen.

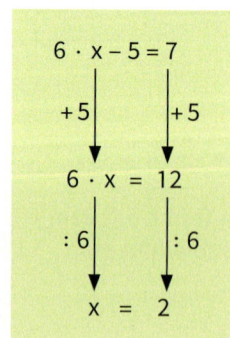

$$6 \cdot x - 5 = 7$$
$$+5 \downarrow \qquad +5 \downarrow$$
$$6 \cdot x = 12$$
$$:6 \downarrow \qquad :6 \downarrow$$
$$x = 2$$

a) 7 · x – 5 = 2
   9 · x – 3 = 42
   5 · x – 4 = 36

b) 11 · x – 13 = 53
   12 · x – 10 = 38
   15 · x – 7 = 23

c) 16 · x – 5 = 43
   13 · x – 8 = 44
   14 · x – 15 = 69

An den Pfeilen stehen die Umformungsschritte.

Gleichungen mit x auf einer Seite

8 In den Beispielen siehst du, wie das Umformen in Kurzform aufgeschrieben wird. Den Malpunkt kannst du weglassen. Statt $4 \cdot x$ schreibe einfach $4x$.

$4x + 3 = 19 \quad \mid -3$	$18 = 5x - 7 \quad \mid +7$
$4x = 16 \quad \mid :4$	$25 = 5x \qquad \mid :5$
$x = 4$	$5 = x$

Hinter dem Befehlsstrich schreibst du auf, wie du die beiden Seiten der Gleichung veränderst.
Forme die Gleichungen um und bestimme die Lösung.

a) $6x + 14 = 32$ b) $5x - 10 = 35$
    $9x - 7 = 65$ $7x + 14 = 70$
    $8x + 15 = 47$ $6x - 15 = 39$

c) $13 = 12x - 23$ d) $13x - 11 = 54$
    $46 = 11x + 13$ $18x + 22 = 76$
    $32 = 8x - 8$ $14x - 8 = 34$

9 a) Vergleiche die beiden Lösungswege.

$\frac{1}{6}x = 4 \quad \mid \cdot 6$	$\frac{1}{6} \cdot x = 4 \quad \mid : \frac{1}{6}$
$6 \cdot \frac{1}{6}x = 4 \cdot 6$	$\frac{1}{6} \cdot \frac{6}{1} \cdot x = 4 \cdot \frac{6}{1}$
$x = 24$	$x = 24$

b) Löse die Gleichungen.

$\frac{1}{2} \cdot x = 3$ $\frac{1}{4} \cdot x = 7$

$\frac{1}{3} \cdot x = 8$ $\frac{1}{10} \cdot x = 4$

10 Welche Fehler hat Jonas gemacht?

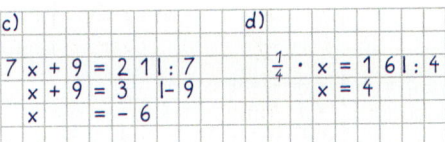

11 Erkläre die Umformung der Gleichung und bestimme die Lösung.

a) $\underbrace{5x + 7x} + 4 = 40$
     $12x + 4 = 40$

b) $\underbrace{8x - 3x} + 11 = 21$
    $5x + 11 = 21$

12 Bestimme jeweils die Lösung.

a) $2x + 9x = 33$ b) $3x + 4x + 6 = 41$
c) $12x - 8x = 28$ d) $6x - 3x - 2 = 25$

13 Erkläre, wie die linke Seite der Gleichung umgeformt wird.

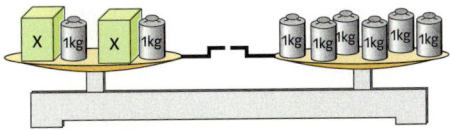

$$2 \cdot (x + 1) = 6$$

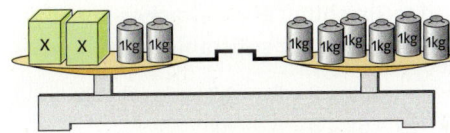

$$2 \cdot x + 2 \cdot 1 = 6$$
$$2 \cdot x + 2 = 6$$

Gib die Lösung an.

14 Erkläre die Umformung und bestimme die Lösung.

a) $5 \cdot (x + 4) = 60$
    $5x + 20 = 60$

b) $3 \cdot (x - 7) = 21$
    $3x - 21 = 21$

Findest du noch einen anderen Lösungsweg?

15 Bestimme jeweils die Lösung.

a) $2 \cdot (x + 3) = 18$ b) $7 \cdot (x - 4) = 14$
c) $5 \cdot (x + 6) = 45$ d) $8 \cdot (x - 5) = 24$

Gleichungen mit x auf beiden Seiten

1 Wie wird das Gewicht einer Schachtel bestimmt? Schreibe zu jeder Waage die entsprechende Gleichung auf und erkläre die einzelnen Schritte beim Umformen.

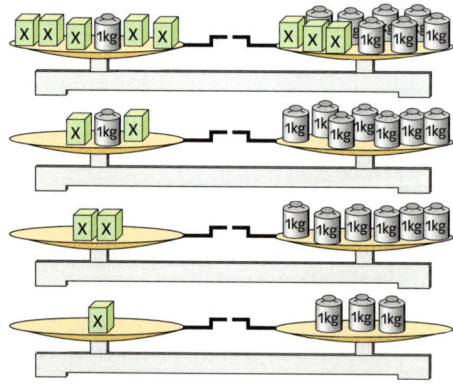

Eine Gleichung mit x auf beiden Seiten kannst du in eine Gleichung mit x auf einer Seite umformen. Dazu musst du auf beiden Seiten der Gleichung ein Vielfaches von x addieren oder subtrahieren.

$$12x - 8 = 5x + 13 \qquad |-5x$$
$$12x - 5x - 8 = 5x - 5x + 13$$
$$7x \quad - 8 = 13$$

$$7x - 6 = 12 - 2x \qquad |+2x$$
$$7x + 2x - 6 = 12 - 2x + 2x$$
$$9x \quad - 6 = 12$$

---

2 Forme die Gleichungen um und bestimme x.

a) $8x + 4 = 6x + 20$
   $4x + 3 = 2x + 17$
   $9x + 7 = 3x + 43$

b) $4x - 6 = 3x + 4$
   $7x - 9 = 4x + 3$
   $9x - 8 = 5x + 4$

c) $8 + 4x = 10 + 2x$
   $6 + 7x = 39 + 4x$
   $1 + 9x = 36 + 2x$

d) $13x - 80 = 4x + 1$
   $7x - 19 = x + 71$
   $11x - 9 = 3x + 7$

e) $5x - 9 = 3x + 5$
   $2x - 30 = 15 - 7x$
   $2x + 18 = 83 - 3x$

f) $5 + 2x = 13 + x$
   $41 - 3x = 53 - 4x$
   $28 - x = 98 - 6x$

Lösungen zu Aufgabe 2:
1 2 3 4 5 5 6 7 7 8 8 9 10 11 12 13 14 15

---

3 Fasse zuerst gleichartige Summanden zusammen. Löse dann die Gleichungen.

a) $12x - 5x - 21 = 2x + 9$
   $17x - 3x - 16 = 5x + 20$
   $9x + 12 - 3x - 5 = 2x + 23$

b) $4x + 7x - 12 = 6x - 3x + 36$
   $6x + 2x + 12 = 10x - 4x + 20$
   $11x - 5 + 6x + 8 = 3x + 31$

4 Im Beispiel siehst du zwei unterschiedliche Lösungswege. Was stellst du fest?

(1)	$5x + 20 = 6x + 17$	$\mid -6x$
	$-x + 20 = 17$	$\mid -20$
	$-x = -3$	$\mid \cdot (-1)$
	$x = 3$	
(2)	$5x + 20 = 6x + 17$	$\mid -5x$
	$20 = x + 17$	$\mid -17$
	$3 = x$	

Löse die Gleichungen. Entscheide dich für einen Lösungsweg.

a) $7x - 8 = 9x - 14$
   $9 - 3x = 5x - 23$
   $11 - 5x = 8x + 24$

b) $7 - 4x - 40$
   $22 - x = 8 + x$
   $17 - 2x = 29 + 2x$

5 Bestimme jeweils die Lösung der Gleichung. Löse zunächst die Klammern auf.

$4(x + 5) = 3x + 25$
$8(x - 7) = 5x + 4$
$11(x + 2) = 4x + 43$
$15x - 26 = 8(x + 9)$

6 Beim Lösen der zwei Gleichungen hat Demir Fehler gemacht. Erkläre.

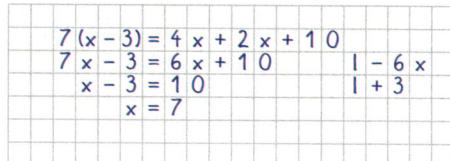

Gleichungen mit x auf beiden Seiten

7 Löse die Gleichungen wie im Beispiel.

$$5\,(x-4) = 8x + 16 - 6x + 6$$
$$5x - 20 = 2x + 22 \qquad |-2x$$
$$3x - 20 = 22 \qquad\quad |+20$$
$$3x = 42 \qquad\qquad\; |:3$$
$$x = 14$$

a) $11x - 4\,(x+3) = 2\,(x-8) + 19$
$\;\; 6\,(x+2) - 15 = 3 - 2\,(x-1)$
$\;\; 8\,(x-5) - 16 = 5\,(x+1) + 11$

b) $5\,(x-9) - 11 = 15 - 7\,(x-7)$
$\;\; 1 + 4\,(x+8) = 85 - 2\,(x+10) + 16$
$\;\; 42 + 8\,(x-9) - 6 = 12\,(12-x)$

c) $6\,(x+3) - 8\,(x-7) = 88 - 9x$
$\;\; 4\,(x-3) = 40 + 3\,(x-7) - 11$
$\;\; 2\,(14-2x) + 12 = 10\,(12-2x)$

d) $11x + 7 = 4x + 7x - 3x + 40$
$\;\; 12\,(x+2) = 5x + 36 + 4x$
$\;\; 20x - 3x - 7x + 5 = 9\,(x+1)$

Lösungen zu Aufgabe 7:
1, 2, 3, 4, 4, 5, 8, 9, 10, 11, 20, 24

8 Durch die **Probe** kannst du überprüfen, ob du die richtige Lösung einer Gleichung bestimmt hast. Dazu setzt du in der Ausgangsgleichung für die Variable die Lösung ein. Wenn dadurch eine wahre Aussage entsteht, ist deine Lösung richtig.

Umformen der Gleichung	Probe
$5x - 6 = 3x + 2 \;\;|-3x$	$5 \cdot \boxed{4} - 6 = 3 \cdot \boxed{4} + 2$
$2x - 6 = 2 \qquad\;\; |+6$	$20 - 6 = 12 + 2$
$2x = 8 \qquad\quad |:2$	$14 = 14$
$x = 4$	**wahr!**

Löse jeweils die Gleichungen und mache die Probe.

a) $7x + 14 = 5x + 18$
$\;\; 13x - 15 = 4x + 12$

b) $\;\, 8x + 4x + 3 = 3x + 21$
$\;\; 15x - 6x - 5 = 2x + 23$

c) $5\,(x+3) = 3x + 27$
$\;\; 8\,(x-4) = 2x + 10$

9 a) Begründe, warum die Gleichung $2x + 1 = 2x + 3$ keine Lösung haben kann.
b) Gib zwei weitere Gleichungen an, die keine Lösung haben.

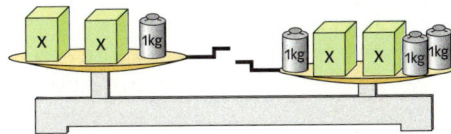

Wenn beim Umformen einer Gleichung eine falsche Aussage entsteht, hat die Gleichung keine Lösung.

$$3x + 5 = 3x + 2 \qquad |-3x$$
$$5 = 2 \qquad\qquad\; \textbf{falsch!}$$

$$4\,(x-5) = 4x - 7$$
$$4x - 20 = 4x - 7 \qquad |-4x$$
$$-20 = -7 \qquad\qquad \textbf{falsch!}$$

10 Begründe, warum die Waage im Gleichgewicht ist, egal wie groß das Gewicht der Schachtel ist.

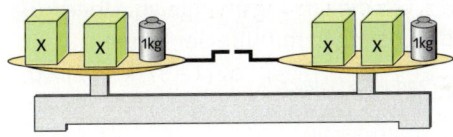

11 Setze in die Gleichung
$$\boxed{2\,(x+3) = 2x + 6}$$
für x nacheinander 1, 2, 3, 4, 5, 6 ein. Was stellst du fest?
Setze auch $-1, -2, -3, -4$ ein.

Wenn beim Umformen einer Gleichung eine Aussage entsteht, die immer wahr ist, dann ist jede Zahl Lösung der Gleichung.
Die Gleichung ist **allgemeingültig**.

$$2\,(x+3) = 2x + 6$$
$$2x + 6 = 2x + 6 \qquad |-2x$$
$$6 = 6 \qquad\qquad\; \textbf{wahr!}$$

12 Welche Gleichung ist allgemeingültig, welche hat keine Lösung?
Ⓐ $4\,(x+2) = 7x - 3x + 8$
Ⓑ $11x - 3x + 17 = 8x + 2$
Ⓒ $7\,(x+4) = 7\,(x-3)$

Gleichungen mit Klammern

1 Durch Probieren hat Kevin herausgefunden, dass 5 eine Lösung der Gleichung $(x - 5) \cdot (x - 7) = 0$ ist.

Gleichung: $(x - 5) \cdot (x - 7) = 0$
Setze $x = 5$: $(5 - 5) \cdot (5 - 7) = 0$
$0 \cdot (-2) = 0$ wahr!

a) Begründe, dass 7 auch eine Lösung dieser Gleichung ist.
b) Gib zu jeder Gleichung die Lösungen an und mache die Probe.
$(x - 2)(x - 9) = 0$
$(x - 13)(x - 4) = 0$
$(x + 1)(x + 5) = 0$

Alle Lösungen einer Gleichung werden in einer **Lösungsmenge** zusammengefasst.
Gleichung: $(x - 3)(x - 5) = 0$
Lösungsmenge: $L = \{3, 5\}$

2 Gib die Lösungsmenge an. Überprüfe die Lösungen mithilfe der Probe.

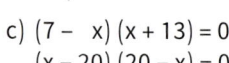
Ein Produkt ist gleich null, wenn mindestens ein Faktor gleich null ist.

a) $(x - 3)(x - 12) = 0$
$(x + 1)(x + 9) = 0$

b) $(x + 11)(x - 2) = 0$
$(12 - x)(x - 4) = 0$

c) $(7 - x)(x + 13) = 0$
$(x - 20)(20 - x) = 0$

3 Schreibe die Gleichung und die Lösungsmenge vollständig ins Heft.
a) $(x - \blacksquare)(x - \blacksquare) = 0$ $L = \{6, 7\}$
$(x - \blacksquare)(x + \blacksquare) = 0$ $L = \{-2, 3\}$

b) $(x + \blacksquare)(x - 11) = 0$ $L = \{-5, \blacksquare\}$
$(x - \blacksquare)(x - 1) = 0$ $L = \{\blacksquare, 9\}$

c) $x(x + \blacksquare) = 0$ $L = \{-7, \blacksquare\}$
$(x - \blacksquare)(x - \blacksquare) = 0$ $L = \{2\}$

4 Gib jeweils eine Gleichung an, die die angegebene Lösungsmenge hat.
a) $L = \{8, 14\}$ b) $L = \{-7, -8\}$
$L = \{-5, 9\}$ $L = \{-1, 1\}$
$L = \{0, 16\}$ $L = \{6\}$

5 Bestimme jeweils die Lösungsmenge der Gleichung wie im Beispiel.

$(x + 1)(x + 3) = (x + 7)(x - 1)$
$x^2 + 3x + x + 3 = x^2 - x + 7x - 7$
$x^2 + 4x + 3 = x^2 + 6x - 7$ $| -x^2$
$4x + 3 = 6x - 7$ $| -6x$
$-2x + 3 = -7$ $| -3$
$-2x = -10$ $| : (-2)$
$x = 5$
$L = \{5\}$

a) $(x + 4)(x + 6) = (x + 1)(x + 12)$
$(x + 3)(x + 8) = (x + 2)(x + 11)$

b) $(x + 1)(x + 8) = (x + 3)(x + 5)$
$(x + 1)(x + 2) = (x - 1)(x + 7)$

c) $(x - 2)(x + 3) = (x - 1)(x + 1)$
$(x - 4)(x - 6) = (x + 2)(x - 8)$

Lösungen zu Aufgabe 5:

1, 3, 4, 5, 7, 10

6 Löse die Gleichungen mithilfe der binomischen Formeln wie im Beispiel.

$(x + 1)^2 = (x - 7)^2$
$x^2 + 2x + 1 = x^2 - 14x + 49$ $| -x^2$
$2x + 1 = -14x + 49$ $| +14x$
$16x + 1 = 49$ $| -1$
$16x = 48$ $| : 3$
$x = 3$
$L = \{3\}$

a) $(x + 5)^2 = (x - 7)^2$ b) $(x - 5)^2 = (x - 3)^2$
$(x + 1)^2 = (x - 5)^2$ $(x - 4)^2 = (x - 8)^2$

c) $(x + 2)^2 = (x - 8)^2$ d) $(x + 9)^2 = (x - 7)^2$
$(x + 5)^2 = (x + 1)^2$ $(x - 6)^2 = (x - 4)^2$

Lösungen zu Aufgabe 6:

1, 2, 3, 4, 5, 6, -1, -3

7 Bestimme die Lösungsmenge.
a) $x(x + 5) = (x + 2)^2$
$(x + 24)x = (x + 6)^2$
$(x - 2)^2 = (x - 8)(x + 8)$

b) $(x - 5)(x - 6) = x(x - 8)$
$(x + 2)^2 = (x + 6)(x - 6)$
$(x + 12)(x - 12) = (x - 4)^2$

Lösungen zu Aufgabe 7:

3, 4, 17, 10, 20, -10

Sachaufgaben

1 Christian und Tobias unternehmen eine zweitägige Fahrradtour. Am zweiten Tag schaffen sie 12 km mehr als am ersten. Insgesamt haben sie 92 km zurückgelegt.
a) Wie viel Kilometer sind sie am ersten Tag gefahren, wie viel am zweiten?

> am ersten Tag zurückgelegte Strecke (km):   x
>
> am zweiten Tag zurückgelegte Strecke (km):   x + 12
>
> Gleichung: $x + x + 12 = 92$

b) Christian und Tobias haben für ihre Fahrradtour insgesamt 30 kg Gepäck mitgenommen. Christian transportiert 6 kg mehr als Tobias. Mit wie viel Kilogramm Gepäck fährt jeder der beiden?

2 Beim Sponsorenlauf ist Ben drei Runden mehr gelaufen als John. Beide zusammen haben elf Runden zurückgelegt.

3 Özge und Kim legen ihr Geld zusammen, um gemeinsam eine Pizza zu kaufen. Sie haben 7,40 €. Özge hat 1,60 € mehr als Kim. Wie viel Euro hat jedes Mädchen?

4 Beim Torwandschießen haben Sinan und Paul insgesamt 19 Treffer erzielt. Sinan hatte fünf Treffer mehr. Wie viel Mal hat jeder getroffen?

5 Beim Verteilen eines Lottogewinns von 2600 € erhält Frau Bauer 200 € mehr als Frau Then. Frau Kruppa erhält doppelt so viel wie Frau Then.
Wie viel Euro bekommt jede von ihnen?

> Anteil von Frau Then: x
>
> Anteil von Frau Bauer
> (200 € mehr als Frau Then):   x + 200
>
> Anteil von Frau Kruppa
> (doppelt so viel wie Frau Then): 2x
>
> Gleichung: $x + x + 200 + 2x = 2600$

Bestimme die Anteile.

6 Familie Beyer pflastert die Terrasse.

Insgesamt werden 400 Steine benötigt. Familie Beyer muss mehrfach in den Baumarkt fahren, damit ihr Auto nicht überlastet wird. Bei der zweiten Fahrt transportieren sie 50 Steine mehr als bei der ersten Fahrt. Dann fehlen noch 240 Steine. Wie viele Steine hatten sie jeweils geladen?

7 Bei der Wahl des Klassensprechers werden 29 gültige Stimmen abgegeben. Corinna erhält drei Stimmen weniger als Shari, Saskia fünf Stimmen mehr als Shari. Wie viele Stimmen erhält jede von ihnen? Wer wird zur Klassensprecherin gewählt?

8 Kristina war vier Tage in der Jugendherberge. In dieser Zeit hat sie von ihrem Taschengeld 11 € ausgegeben: am Dienstag 2 € mehr als am Montag, am Mittwoch 2,50 € mehr als am Montag und am Donnerstag 1,50 € weniger als am Montag.
Berechne, wie viel Euro sie an jedem Tag ausgegeben hat.

Zahlenrätsel

1

Ich denke mir eine Zahl. Das Dreifache dieser Zahl vermehrt um 8 ist genauso groß wie das Vierfache der Zahl vermindert um 4.

die gesuchte Zahl: x
das Dreifache der Zahl: 3x
das Dreifache der Zahl
vermehrt um 8: 3x + 8
das Vierfache der Zahl: 4x
das Vierfache der Zahl
vermindert um 4: 4x – 4
Gleichung: 3x + 8 = 4x – 4

Löse die Gleichung.

2 Schreibe jedes Zahlenrätsel als Gleichung und löse sie.
a) Das Fünffache einer Zahl vermehrt um 8 ergibt 43.
b) Vermindert man das Siebenfache einer Zahl um 11, so erhält man 38.

3 Welche Gleichung passt zu welchem Rätsel? Ordne zu und bestimme die Lösung.

Ⓐ Das Doppelte einer Zahl vermindert um 7 ergibt 3.

Ⓑ Das Doppelte einer Zahl vermehrt um 7 ergibt 3.

Ⓒ Die Summe aus dem Doppelten einer Zahl und 7 ergibt das Dreifache der Zahl.

Ⓓ Das Doppelte der Summe einer Zahl und 7 ergibt das Dreifache dieser Zahl vermehrt um 6.

① 2x + 7 = 3x ② 2x – 7 = 3

③ 2x + 7 = 3 ④ 2 (x + 7) = 3x + 6

⑤ 2 (x + 7) = 3 (x + 6) ⑥ 2x + 7 = 3x + 6

4 Vervierfachst du die Summe aus der gesuchten Zahl und 8, so erhältst du 36.

*4(x + 8) = 36
Die gesuchte Zahl ist 1.*

*4x + 8 = 36
Mein Ergebnis ist 7.*

Wer hat das Rätsel richtig gelöst, wo steckt der Fehler? Bestimme die Lösung.

5 Löse die Zahlenrätsel mithilfe einer Gleichung.
a) Multipliziere die Summe aus der gesuchten Zahl und 3 mit 8, so erhältst du die Summe aus dem Zwölffachen dieser Zahl und 4.
b) Verdopple die Summe aus der gesuchten Zahl und 5. Du erhältst 24.
c) Addierst du zum Fünffachen einer Zahl 8, so erhältst du das Zehnfache der Zahl vermehrt um 13.
d) Verminderst du das Produkt aus 9 und einer Zahl um 12, so erhältst du das Sechsfache dieser Zahl.

6 Finde die gesuchte Zahl. Stelle zunächst eine Gleichung auf.
a) Multipliziere die gesuchte Zahl mit 9, addiere das Doppelte der Zahl. Du erhältst 22.
b) Verdopple die Summe aus der gesuchten Zahl und 13. Du erhältst das Vierfache der Summe aus der gesuchten Zahl und 3 vermehrt um 2.

7 Schreibe zu jeder Gleichung ein passendes Zahlenrätsel und bestimme die Lösung.
a) 5x – 2 = 73
b) 7x + 12 = 54
c) 3x – 5 = 6x – 23
d) 4x = 2 (x + 8)

Gleichungen mit x im Nenner

Dividiert man die Masse m eines Körpers durch sein Volumen V, so erhält man die Dichte ρ des Körpers.

$$\text{Dichte} = \frac{\text{Masse}}{\text{Volumen}} \qquad \rho = \frac{m}{V}$$

Dichte einiger Stoffe ($\frac{g}{cm^3}$)

Beton	2,2	Glas	2,5	Eisen	7,9
Blei	11,3	Gold	19,3	Papier	0,9

1 Der ICE erreicht auf der 540 Kilometer langen Strecke von Köln nach Berlin eine Durchschnittsgeschwindigkeit von 120 $\frac{km}{h}$. Welche Zeit benötigt er für die Strecke von Köln nach Berlin?

Gegeben: Geschwindigkeit $\quad$ 120 $\frac{km}{h}$
$\qquad\qquad$ Strecke (Weg) $\qquad$ 540 km
Gesucht: Zeit $\qquad\qquad\qquad$ x

$$\text{Geschwindigkeit} = \frac{\text{Weg}}{\text{Zeit}}$$

Gleichung: $\boxed{120 = \frac{540}{x}}$

a) Erkläre, dass du die Zeit mithilfe der angegebenen Gleichung berechnen kannst.
b) Löse die Gleichung. Beschreibe deinen Lösungsweg.

2 a) Jenna hat ausgerechnet, welche Zeit ein ICE bei einer Durchschnittsgeschwindigkeit von 140 $\frac{km}{h}$ für eine 315 km lange Strecke benötigt. Erkläre die Umformung der Gleichung.

$$140 = \frac{315}{x} \qquad | \cdot x$$
$$140x = \frac{315 \cdot x}{x}$$
$$140x = 315 \qquad | : 140$$
$$x = 2,25$$
Der Zug benötigt $2\frac{1}{4}$ h oder 2 h 15 min.

b) In welcher Zeit legt ein ICE eine Strecke von 440 km zurück, wenn seine Durchschnittsgeschwindigkeit 160 $\frac{km}{h}$ beträgt?

3 Ein Goldbarren wiegt 1000 g. Welches Volumen hat er?

Gegeben: Masse $\qquad\qquad$ 1000 g
$\qquad\qquad$ Dichte von Gold $\quad$ 19,3 $\frac{g}{cm^3}$
Gesucht: Volumen $\qquad\qquad$ x

Gleichung: $\boxed{19,3 = \frac{1000}{x}}$

Löse die Gleichung und gib das Volumen des Goldbarrens an.

4 Bestimme jeweils das Volumen von zwei Kilogramm Blei, Glas und Papier.

5 a) Frau Burghofs Auto verbraucht durchschnittlich 7,2 l Benzin auf 100 km. Der Benzintank des Wagens fasst 54 Liter. Welche Strecke kann sie mit einer Tankfüllung zurücklegen?

Der durchschnittliche Benzinverbrauch auf 100 km ist gleich ...

$$\frac{\text{Benzinmenge} \cdot 100}{\text{Weg}}$$

Stelle eine Gleichung auf und löse sie.
b) Herr Haas hat 49 Liter Benzin getankt. Der durchschnittliche Verbrauch seines Wagens beträgt 5,6 l Benzin auf 100 km.

Durch Null darfst du nicht dividieren.

6 a) Löse die Gleichung $\frac{12}{x-4} = 6$ durch Probieren. Beschreibe deinen Lösungsweg. Warum kannst du für x die Zahl 4 nicht einsetzen?

b) Löse die Gleichungen. Überlege jeweils, welche Zahl du für x nicht einsetzen darfst.

$$\frac{15}{x-4} = 5 \qquad \frac{30}{x-2} = 5$$

$$\frac{24}{x-3} = 4 \qquad \frac{18}{x-1} = 3$$

Alle rationalen Zahlen, die für x eingesetzt werden können, bilden den **Definitionsbereich** der Gleichung.

Gleichung: $\frac{10}{x-4} = 5$

Definitionsbereich: $D = \mathbb{Q} \setminus \{4\}$

Lies: Der Definitionsbereich ist die Menge aller rationalen Zahlen ohne die Zahl 4.

$\mathbb{Q}$ bezeichnet die Menge der rationalen Zahlen.

Zum Beispiel 6, -4, $\frac{1}{4}$ oder 0,5.

Der Schrägstrich \ bedeutet „ohne".

7 Gib jeweils den Definitionsbereich an.

a) $\frac{16}{x+3} = 4$ b) $\frac{12}{2x-4} = 3$

$\frac{15}{7-x} = 3$ $\frac{18}{3x-3} = 2$

$\frac{20}{x-2} = 4 \qquad D = \mathbb{Q} \setminus \{2\}$

Eine Gleichung, bei der eine Variable im Nenner vorkommt, heißt **Bruchgleichung**.

Die Terme im Nenner dürfen nicht den Wert Null annehmen, da durch Null nicht dividiert werden darf.

Der Definitionsbereich einer Bruchgleichung enthält alle Zahlen, für die beim Einsetzen kein Nenner Null wird.

8 Bestimme den Definitionsbereich. Löse dann die Gleichung wie im Beispiel. Überprüfe, ob das Ergebnis in dem Definitionsbereich enthalten ist und gib die Lösungsmenge an.

$$\frac{15}{x-2} = 3 \qquad\qquad D = \mathbb{Q} \setminus \{2\}$$

$$\frac{15}{x-2} = 3 \qquad\qquad | \cdot (x-2)$$

$$\frac{15 \cdot (x-2)}{x-2} = 3 \cdot (x-2)$$

$$\frac{15 \cdot (x-2)}{x-2} = 3 \cdot (x-2)$$

$$\begin{array}{lll} 15 & = 3x - 6 & | + 6 \\ 21 & = 3x & | : 3 \\ 7 & = x & \end{array}$$

$7 \in D$ (*lies:* 7 ist Element von D.)

$$L = \{7\}$$

a) $\frac{7}{x-3} = 1$ b) $\frac{20}{9-x} = 5$

c) $\frac{4}{x-1} = 1$ d) $\frac{8}{x+3} = 2$

e) $\frac{3x}{x+2} = 2$ f) $\frac{5x}{x+9} = 2$

g) $6 = \frac{8x}{x+2}$ h) $2 = \frac{x+3}{x-1}$

9 Erkläre, wie die Gleichung $\boxed{\frac{3x-3}{x-1} = 2}$ umgeformt wird. Begründe, warum die Lösungsmenge leer ist.

$$\frac{3x-3}{x-1} = 2 \qquad\qquad D = \mathbb{Q} \setminus \{1\}$$

$$\frac{3x-3}{x-1} = 2 \qquad\qquad | \cdot (x-1)$$

$$\frac{(3x-3) \cdot (x-1)}{x-1} = 2 \cdot (x-1)$$

$$\frac{(3x-3) \cdot (x-1)}{x-1} = 2x - 2$$

$$\begin{array}{lll} 3x - 3 & = 2x - 2 & | -2x \\ x - 3 & = -2 & | +3 \\ x & = 1 & \end{array}$$

$1 \notin D$ (*lies:* 1 ist nicht Element von D.)

$L = \{\ \}$ (*lies:* Die Lösungsmenge ist leer.)

Terme kompakt

Zahlen und Variablen sind Terme. Summen, Differenzen, Produkte, Quotienten von Termen sind auch Terme.	$4 \cdot x + 7 \qquad x : 10 \qquad 2 \cdot x - 4 \cdot y + 1$ $31 \qquad\qquad a^2 \qquad\qquad 2 \cdot a + 2 \cdot b$

Wenn du bei einem Term für die Variablen Zahlen einsetzt und die Rechenoperationen ausführst, erhältst du den Wert des Terms.	Term: $2x + 1$ Wert des Terms für $x = 5$: $\quad 2 \cdot 5 + 1 = 11$ Wert des Terms für $x = 11$: $\quad 2 \cdot 11 + 1 = 23$

Terme sind äquivalent (gleichwertig), wenn sie bei jeder Einsetzung von Zahlen für die Variablen denselben Wert haben.

x	$4x + 2x$	$6x$
1	$4 \cdot 1 + 2 \cdot 1 = 6$	$6 \cdot 1 = 6$
2	$4 \cdot 2 + 2 \cdot 2 = 12$	$6 \cdot 2 = 12$
3	$4 \cdot 3 + 2 \cdot 3 = 18$	$6 \cdot 3 = 18$
…	…	…

$$4x + 2x = 6x$$

Der Wert eines Terms ändert sich nicht, wenn gleichartige Summanden zusammengefasst werden.	$6x + 4 - 2x + 5 = 4x + 9$ $3u + 6v - 2v + 8u = 11u + 4v$

Der Wert eines Terms ändert sich durch Ausmultiplizieren einer Klammer nicht.	$7 (x + 6) = 7x + 42$ $5 (8 - 4z) = 40 - 20z$
Der Wert eines Terms ändert sich durch Ausklammern eines gemeinsamen Faktors nicht.	$4a + 12b = 4 (a + 3b)$ $15x - 35 = 5 (3x - 7)$

Eine Summe wird mit einer Summe multipliziert, indem jeder Summand der ersten Summe mit jedem Summanden der zweiten Summe multipliziert wird und die Teilprodukte addiert werden.	$(u + v) (x + y) = ux + uy + vx + vy$ $(x - 5) (y - 3) = xy - 3x - 5y + 15$ $(2x + 1) (3y - 2) = 6xy - 4x + 3y - 2$

1. binomische Formel $(a + b)^2 = a^2 + 2ab + b^2$	$(x + 5)^2 = x^2 + 10x + 25$ $(3u + 4v)^2 = 9u^2 + 24uv + 16v^2$
2. binomische Formel $(a - b)^2 = a^2 - 2ab + b^2$	$(x - 7)^2 = x^2 - 14x + 49$ $(5t - 4)^2 = 25t^2 - 40t + 16$
3. binomische Formel $(a + b) (a - b) = a^2 - b^2$	$(x + 3) (x - 3) = x^2 - 9$ $(2p + 3q) (2p - 3q) = 4p^2 - 9q^2$

Gleichungen

Die Lösung einer Gleichung ändert sich nicht, wenn du auf beiden Seiten der Gleichung denselben Term addierst (subtrahierst).

$$5x - 7 = 4x + 8 \quad | -4x$$
$$x - 7 = 8 \quad | +7$$
$$x = 15$$

Die Lösung einer Gleichung ändert sich nicht, wenn du beide Seiten der Gleichung mit derselben Zahl (ungleich null) multiplizierst oder durch dieselbe Zahl (ungleich null) dividierst.

$$\tfrac{1}{2}x = 10 \quad | \cdot 2$$
$$x = 20$$

$$3x = 15 \quad | : 3$$
$$x = 5$$

Die Lösungen einer Gleichung werden in einer Lösungsmenge zusammengefasst.

Gleichung: $(x - 2)(x - 7) = 0$
Lösungsmenge: $L = \{2, 7\}$

Wenn beim Umformen einer Gleichung eine falsche Aussage entsteht, hat die Gleichung keine Lösung. Ihre Lösungsmenge ist leer.

$$5x + 11 = 5x + 3 \quad | -5x$$
$$11 = 3 \qquad \text{falsch!}$$
$$L = \{\ \}$$

Wenn beim Umformen einer Gleichung eine wahre Aussage entsteht, ist jede Zahl aus der Definitionsmenge Lösung der Gleichung. Die Gleichung ist allgemeingültig.

$$4(x + 2) = 4x + 8$$
$$4x + 8 = 4x + 8 \quad | -4x$$
$$8 = 8 \qquad \text{wahr!}$$

Bei der Probe setzt du in der Ausgangsgleichung für die Variable die Lösung ein und überprüfst, ob eine wahre Aussage entsteht.

Gleichung: $9x - 3 = 42$
Lösung: $x = 5$
Probe: $9 \cdot 5 - 3 = 42$
$ 42 = 42 \quad$ wahr!

Alle rationalen Zahlen, die für x eingesetzt werden können, bilden den Definitionsbereich der Gleichung. Eine Gleichung, bei der eine Variable im Nenner vorkommt, heißt Bruchgleichung.

Gleichung: $\dfrac{12}{x - 3} = 6$

Definitionsbereich: $D = \mathbb{Q} \setminus \{3\}$

Üben und Vertiefen

1 Schreibe als Term.
a) die Summe aus 23 und einer Zahl
b) die Differenz aus 29 und einer Zahl
c) das Zwölffache einer Zahl
d) der Quotient aus 15 und einer Zahl
e) die Differenz aus dem Sechsfachen und dem Vierfachen einer Zahl
f) das Dreifache einer Zahl vermehrt um 8
g) das Siebenfache einer Zahl vermindert um 16
h) das Doppelte einer Zahl vermehrt um die Hälfte dieser Zahl

2 Drücke jeweils den Term in Worten aus.
a) $x + 9$ b) $4x + 6$ c) $4x + 9x$
   $x - 11$ $7x - 2$ $5x - 2x$
   $11x$ $x : 5$ $x^2 + 3$

3 Vervollständige die Wertetabelle in deinem Heft.

a)
x	11x
1	▦
2	▦
3	▦
⋮	⋮
10	▦

b)
x	$x^2 + 2x$
1	▦
2	▦
3	▦
⋮	⋮
10	▦

c)
x	4x − 3
0,5	▦
1	▦
1,5	▦
⋮	⋮
5	▦

4 Gib die beiden äquivalenten Terme an.
a) ① $3 - 6a$ ② $6a - 3$ ③ $3(2a - 1)$
b) ① $4x + 5x$ ② $9x$ ③ $20x^2$
c) ① $4(r - 2)$ ② $4r - 2$ ③ $4r - 8$
d) ① $6 - y$ ② $6 - 2y$ ③ $2(3 - y)$
e) ① $7t + 15$ ② $7 + 15t$ ③ $15 + 7t$

5 Ordne die Variablen und vereinfache den Term.
a) $4 \cdot c \cdot 3 \cdot a \cdot b \cdot 2 \cdot 5$
   $3 \cdot t \cdot 11 \cdot s \cdot 5 \cdot 10 \cdot r$
   $v \cdot 2 \cdot 3 \cdot w \cdot 6 \cdot u \cdot 10$

b) $7 \cdot r \cdot 5 \cdot s \cdot r \cdot 3 \cdot 2 \cdot s$
   $5 \cdot 2 \cdot x \cdot 10 \cdot x \cdot (-2) \cdot x \cdot 2$
   $(-1) \cdot u \cdot v \cdot u \cdot 4 \cdot u \cdot v \cdot 3$

c) $2 \cdot t \cdot 6 \cdot s \cdot r \cdot (-3) \cdot 6$
   $5 \cdot x \cdot 10 \cdot z \cdot (-2) \cdot y \cdot 3$
   $(-2) \cdot p \cdot 2 \cdot r \cdot 4 \cdot q \cdot (-2)$

6 Fasse gleichartige Summanden zusammen.
a) $5x + 15x$ b) $11a - 3a + 7a$
   $23x - 12x$ $19b - 5b - 2b$
   $43x - 20x$ $20v - 13v + 8v$

c) $9t + 8 + 7t - 5 + t - 3 - 2t + 11 - 7t$
   $12u - 5u + 20v - 8u - 13v + 12v$
   $11w + 9z - 6w - 4 - 3z - 5w + 11$

d) $12m + 8n + 4m - 5n + m - 2n - 2m + n$
   $16 + 5u + 20v - 8v - 3u + 12v - 5$
   $15a + 19 - 6a - 4 - 3a - 5a + 11a - 11$

7 Multipliziere die Klammern aus.
a) $7 (x + 4)$ b) $3 (a + b)$
   $2 (x - 11)$ $- (x + y)$
   $- (x - 7)$ $- 5 (u - 1)$

c) $3 (a + b + c)$ d) $5 (x - y + z)$
   $5 (x + y - 4)$ $- 9 (r - 2s)$
   $- (p - q + 5)$ $- (2t + 7u - 3v)$

8 Multipliziere die Klammern aus. Fasse dann gleichartige Summanden zusammen.
a) $2 (x + 8) + 9 (5 + x)$
   $4 (a + b) + 7 (a - b)$
   $5 (y - 2) + 11 (y + 5)$

b) $6 (y + 3) + 7 (y - 2) + 4 (y + 1)$
   $11 (a + b) + 3 (2a - b) + 7 (a + 2b)$
   $20 (x + 3) - 5 (2x + 4) - 3 (x + 9)$

9 Klammere aus.

> $10x + 30y = 10 (x + 3y)$

a) $3x + 3y$ b) $5x - 30$
   $12r + 12s$ $6a + 18$
   $7y - 7z$ $4v - 24$

c) $2x + 6y + 8z$ d) $12x - 18y + 6z$
   $5p - 10q + 25r$ $9a + 15b + 6c$
   $7u + 28v - 21w$ $12r + 16s - 32t$

10 Schreibe jede Umformung richtig in dein Heft.

> ① $5x + 4z - 3x = 6x$
> ② $2 (3x - 8) = 5x - 16$
> ③ $9 (a - 8) = 9a + 72$
> ④ $8t + 6s + 4t - 2s = 12t + 8s$
> ⑤ $20x - 5y = 4 (5x - y)$

Jede Umformung enthält einen Fehler.

Üben und Vertiefen

> Multipliziere jeden Summanden der ersten Klammer mit jedem Summanden der zweiten Klammer.

11 Schreibe als Summe und fasse gleichartige Summanden zusammen.

$$(x - 2)(x + 4) = x^2 + 4x - 2x - 8$$
$$= x^2 + 2x - 8$$

a) $(x + 3)(x + 4)$
$(x - 8)(x + 10)$
$(x - 2)(x - 3)$

b) $(y - 7)(y + 8)$
$(a + 7)(a - 2)$
$(b + 3)(b - 9)$

c) $(z + 5)(5 - z)$
$(w - 11)(w + 8)$
$(x - 5)(x - 13)$

d) $(t - 7)(3t - 2)$
$(s - 8)(4s - 1)$
$(b + 3)(3b - 9)$

12 Wende die binomischen Formeln an.

a) $(x - 6)^2$
$(y + 8)^2$
$(w + 4)^2$

b) $(r - 7)(r + 7)$
$(1 + z)(1 - z)$
$(5 + t)(t - 5)$

c) $(a + 11)^2$
$(w - 5)^2$
$(10 + t)^2$

d) $(r - \frac{1}{2})^2$
$(\frac{1}{3}u + 3)^2$
$(4z + \frac{1}{2})^2$

e) $(x + \frac{1}{2})(x - \frac{1}{2})$
$(\frac{1}{2}a + \frac{2}{3})(\frac{1}{2}a - \frac{2}{3})$
$(\frac{1}{5}s + \frac{1}{3}t)(\frac{1}{5}s - \frac{1}{3}t)$

13 Schreibe als Produkt, indem du die binomischen Formeln anwendest.

$$x^2 + 10x + 25 = (x + 5)^2$$
$$4a^2 - b^2 = (2a + b)(2a - b)$$

a) $x^2 + 12x + 36$
$x^2 + 20x + 100$
$x^2 + 16x + 64$

b) $x^2 - 8x + 16$
$x^2 - 14x + 49$
$x^2 - 121$

14 Welcher Term ist äquivalent zu $9x^2 - 16y^2$?

① $(3x - 4y)(3x + 4y)$ ② $(4y - 3x)(3x + 4y)$
③ $(3x - 4y)(4y + 3x)$ ④ $(4y - 3x)(-4y - 3x)$
⑤ $(3x + 4y)(4y - 3x)$ ⑥ $(4y + 3x)(3x - 4y)$

15 Welche Fehler hat Paul beim Anwenden der binomischen Formeln gemacht?

① $(x - 5)^2 = x^2 - 10x - 25$
② $(x - 8)^2 = x^2 + 16x + 64$
③ $(a + 9)^2 = a^2 + 9a + 81$
④ $(b - 7)(b + 7) = b^2 + 49$
⑤ $(3x - 5y)^2 = 9x^2 - 15x + 25y^2$
⑥ $(11 - z)(z + 11) = z^2 - 121$

16 Löse die Gleichungen.

a) $4x - 6 = 10$
$3x + 7 = 49$
$9x - 8 = 19$

b) $7x + 5 = 68$
$11x + 2 = 79$
$12x - 5 = 67$

17 Bestimme x.

a) $3x - 9 = 2x - 7$
$9x - 4 = 5x + 8$
$7x - 8 = 5x + 4$

b) $2x + 12 = 28 + x$
$9x - 20 = 40 - 3x$
$5x - 19 = 21 + x$

c) $15x - 40 = 11x + 40$
$35x + 18 = 27x + 42$
$27x - 15 = 22x + 10$

d) $12 + 14x = 28 + 10x$
$64 + 12x = 69 + 11x$
$18x - 26 = 38 - 14x$

Lösungen zu Aufgabe 17:
2, 2, 3, 3, 20, 5, 5, 5, 6, 10, 10, 16

18 Löse die Gleichungen.

a) $2x - 7 = 4x - 1$
$9x + 2 = 11x + 12$
$5x - 2 = 3x + 16$

b) $4 - 7x = 2 - 6x$
$14 - 5x = 4x - 13$
$6x - 11 = 85 - 2x$

c) $1 - 9x = 4 - 6x$
$24 + 3x = 8 - 5x$
$12x - 16 = 17x - 1$

Lösungen zu Aufgabe 18:
$-3, -3, -2, -1, 2, 3, -5, 9, 12$

19 Finde die zum Text passende Gleichung und löse sie.

> Familie Meier kauft 10 Flaschen Saft zu je 0,99 €, 3 Tetrapaks Milch zu je 0,84 € und einige Schokoriegel für 1,25 €. Insgesamt bezahlt sie 19,92 €.

Ⓐ $19,92\ € = 10 \cdot 0,99\ € + 3 \cdot 0,84\ € + x \cdot 1,25\ €$

Ⓑ $3 \cdot 0,99\ € + 10 \cdot 0,84\ € + x \cdot 1,25\ € = 19,92\ €$

Ⓒ $19,92\ € = 10 \cdot 0,99\ € + 3 \cdot 0,84\ € + 1,25 \cdot x\ €$

Üben und Vertiefen

20 Löse die Aufgabe mithilfe einer Gleichung.

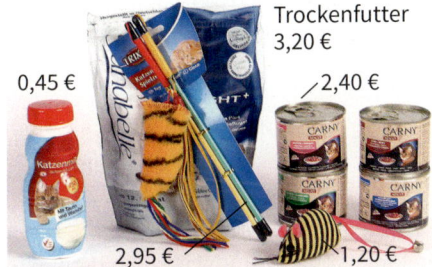

Trockenfutter
3,20 €

0,45 €

2,40 €

2,95 €

1,20 €

a) Emma kauft für ihre Katze mehrere Dosen Nassfutter und eine Spielzeugmaus für 1,20 €. Sie bezahlt insgesamt 10,80 €. Wie viele Dosen Nassfutter hat sie gekauft?

b) Ihre Freundin kauft Katzenmilch, zweimal Trockenfutter und eine Angel für 2,95 €. Sie bezahlt mit einem 20-€-Schein und erhält 8,85 € zurück. Wie viele Flaschen Katzenmilch hat sie gekauft?

21 Lena und Marie planen eine zweitägige Kanutour.

Die Gesamtstrecke beträgt 24 km. Am zweiten Tag fahren sie 4 km mehr als am ersten Tag. Wie viel Kilometer fahren sie jeweils am ersten und zweiten Tag?

22 Löse das Zahlenrätsel. Stelle zunächst eine Gleichung auf.

a) Multiplizierst du eine Zahl mit 7 und addierst 13, so erhältst du 69.

b) Subtrahierst du vom Zwölffachen einer Zahl 42, so erhältst du das Sechsfache der Zahl.

c) Verminderst du das Produkt aus 7 und einer Zahl um 5, so erhältst du die Summe aus dem Sechsfachen der Zahl und 1.

23 Ordne die Gleichungen nach der Größe ihrer Lösungen. Beginne mit der Gleichung, die die kleinste Zahl als Lösung hat. Wenn du die Buchstaben hinter den Gleichungen in dieser Reihenfolge liest, ergibt sich ein Satz.

$20 = 5(x - 9)$ SC	$8x - 3x - 4x = 6$ NL
$7(x + 3) = 4(x + 6)$ GL	
$8x + 2 = 4x + 10$ EI	$7x - 34 = 4x + 2$ HT
$2x - 10 = x + 4$ HW	$30 = 11x - 4x - 5x$ ER
$9(x - 2) = 18$ UN	$60 = 6(x + 3)$ ÖS
$4x + 7x - 9x + 1 = 19$ IS	
$5(x + 2) = 3(x + 10)$ TN	
$7x - 5 = 5x + 11$ EN	$6x - 9 = 4x + 1$ GE
$27 = 3x + 4x - 50$ IC	$x + 8x + x = 30$ CH

24 Löse die Gleichung.

a) $4x + 8x + 25 + 3x - 15 = 160$
   $14x + 8x + 19 - 2x + 9 = 128$
   $23x - 7x + 26 - 4x + 4 = 126$

b) $5(x - 4) = 55$ c) $7(x + 1) = 91$
   $2(x + 8) = 60$ $3(x + 4) = 63$
   $9(x - 7) = 36$ $8(x - 7) = 96$

Lösungen zu Aufgabe 24:
5, 8, 10, 11, 12, 15, 17, 19, 22

25 Bestimme x.

a) $-8(x - 3) = -6(x + 1)$
b) $-7x + 12 - 8x = 5x - 28$
c) $-15x - 6(x + 3) = 3(x + 2)$

26 Löse die Gleichung.

a) $(x + 3)^2 = (x - 5)^2$ b) $(x - 1)^2 = (x + 7)^2$

Lösungen zu Aufgabe 25 und 26:
-3, -1, 1, 2, 15

27 Bestimme die Lösungsmenge mithilfe der dritten binomischen Formel.

$$x^2 - 64 = 0$$
$$(x + 8) \cdot (x - 8) = 0$$
$$L = \{8, -8\}$$

a) $x^2 - 36 = 0$
b) $x^2 - 100 = 0$
c) $5x^2 - 20 = 0$
d) $3x^2 - 75 = 0$

Gleichungen in der Geometrie

Die Aufgaben auf dieser Seite könnt ihr auch als Ich-du-wir-Aufgaben bearbeiten.

1 Eine Seite eines Rechtecks ist 9 cm kürzer als die andere. Der Umfang des Rechtecks beträgt 62 cm.

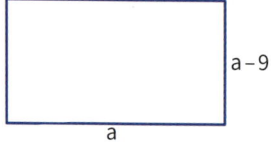

Wie lang sind die beiden Seiten?

2 Bei einem Rechteck mit dem Umfang 60 cm ist eine Seite doppelt (fünfmal) so lang wie die andere.
Berechne die Längen der beiden Seiten.

3 Ein Dreieck hat einen Umfang von 40 cm. Die Strecke $\overline{AC}$ ist 4 cm länger als die Strecke $\overline{AB}$. Die Strecke $\overline{BC}$ ist 6 cm länger als $\overline{AB}$.
Wie lang sind die drei Seiten des Dreiecks?

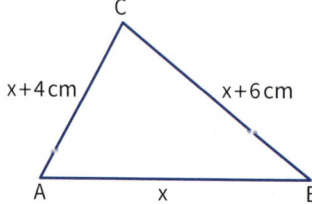

4 In einem Dreieck ist die Strecke $\overline{BC}$ um 3 cm kürzer als die Strecke $\overline{AB}$ und die Strecke $\overline{AC}$ um 6 cm länger als $\overline{AB}$. Der Umfang des Dreiecks beträgt 54 cm. Berechne die Längen der drei Strecken.

5 Die Schenkel eines gleichschenkligen Dreiecks ABC sind 8 cm länger als die Grundseite. Der Umfang des Dreiecks beträgt 64 cm.

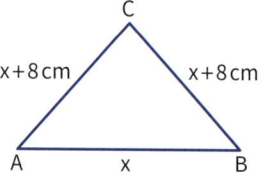

Wie lang ist die Grundseite, wie lang sind die Schenkel des Dreiecks?

6 In einem gleichschenkligen Dreieck mit dem Umfang 63 cm ist jeder Schenkel dreimal so lang wie die Grundseite. Berechne die Länge der Seiten des Dreiecks.

7 In einem Dreieck ABC ist der Winkel β um 35° größer als der Winkel α. Der Winkel γ ist um 25° größer als α. Wie groß sind α, β und γ?

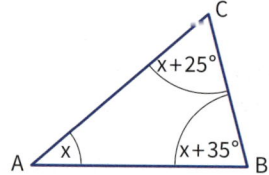

8 In einem Dreieck ABC ist der Winkel β um 13° kleiner als der Winkel α. Der Winkel γ ist um 17° kleiner als α. Bestimme α, β und γ.

Kommunizieren — Ich–du–wir–Aufgaben

Ich: Lies dir die Aufgabenstellung sorgfältig durch.
Überlege, in welchen Schritten du die Aufgabe lösen kannst.

Du: Sprich mit deinem Partner über die Aufgabe. Stelle ihm deinen Lösungsweg vor.

Wir: Informiere deine Klasse in einem kurzen Vortrag über die Aufgabe und deine Lösung.

9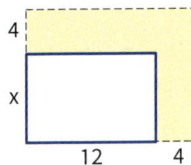

Ein Rechteck ist 12 cm lang. Beide Seiten werden um 4 cm verlängert.
Dadurch verdoppelt sich der Flächeninhalt des Rechtecks.
Wie breit ist das Rechteck?

	Rechteck	vergrößertes Rechteck
Länge (cm):	12	16
Breite (cm):	x	x + 4
Flächeninhalt (cm²):	12x	16 (x + 4)
Gleichung:	$2 \cdot 12x = 16\,(x + 4)$	

Löse die Gleichung. Gib die Breite des Rechtecks an.

10 Ein Rechteck ist 18 cm lang. Beide Seiten werden um 3 cm verkürzt.
Dadurch wird der Flächeninhalt des Rechtecks um 75 cm² verkleinert.
Wie breit ist das Rechteck?

11 Wenn man die Seiten eines Quadrats um 8 cm verlängert, vergrößert sich der Flächeninhalt des Quadrats um 224 cm².
Berechne die Länge der Seite des Quadrats.

12 Bei einem Quadrat wird eine Seite um 6 cm verkürzt und eine benachbarte Seite um 10 cm verlängert.
Dabei entsteht ein Rechteck, dessen Flächeninhalt genauso groß wie der des Quadrats ist.
Wie lang ist die Seite des Quadrats, wie lang sind die Seiten des Rechtecks?

13 Bei einem Rechteck ist eine Seite doppelt so lang wie die andere.
Die längere Seite wird um 1 cm verkürzt und die kürzere um 1 cm verlängert.
Dadurch verändert sich der Flächeninhalt des Rechtecks nicht.

14 Ein Rechteck hat einen Umfang von 20 cm.
Eine Seite des Rechtecks wird um 2 cm verlängert, die andere um 5 cm.
Der Flächeninhalt des vergrößerten Rechtecks ist 39 cm² größer als der des ursprünglichen Rechtecks.
Wie lang sind die Seiten der beiden Rechtecke?

	Rechteck	vergrößertes Rechteck
Länge (cm):	x	x + 2
Breite (cm):	10 − x	10 − x + 5
Flächeninhalt (cm²):	x (10 − x)	(x + 2) · (10 − x + 5)
Gleichung:	$x \cdot (10 - x) + 39 = (x + 2) \cdot (10 - x + 5)$	

Löse die Gleichung und gib die Seitenlängen der beiden Rechtecke an.

15 Bei einem Rechteck mit einem Umfang von 42 cm wird eine Seite um 9 cm verlängert und die andere um 6 cm verkürzt.
Dabei entsteht ein Rechteck, dessen Flächeninhalt genauso groß wie der des ursprünglichen Rechtecks ist.
Bestimme die Seitenlängen der beiden Rechtecke.

16 Die Kanten eines Würfels werden um 3 cm verlängert. Dadurch wird der Oberflächeninhalt des Würfels um 162 cm² vergrößert.
Wie lang sind die Kanten des Würfels?

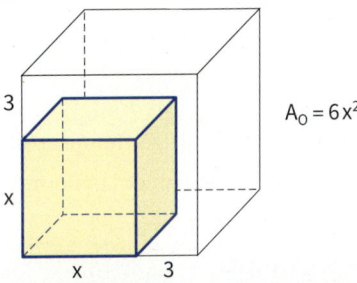

$A_O = 6x^2$

17 Verkürzt man die Kanten eines Würfels um 1 cm, so wird der Oberflächeninhalt des Würfels 18 cm² kleiner.
Berechne die Kantenlänge des Würfels.

1 Ordne jedem Term den passenden Text zu.

① x : 2   Ⓐ Das Dreifache einer Zahl

② x – 3   Ⓑ Das Doppelte einer Zahl vermehrt um 3

③ 2x + 3   Ⓒ Die Hälfte einer Zahl

④ 3x   Ⓓ Eine Zahl vermindert um 3

2 Schreibe als Term.
a) das Fünffache einer Zahl
b) eine Zahl vermindert um 10
c) das Dreifache einer Zahl vermehrt um 7
d) das Achtfache einer Zahl vermindert um das Doppelte dieser Zahl

3 Fasse gleichartige Summanden zusammen.
a) $5x + 6x + 9x$ b) $2y + 7 + 3y – 2$
   $3a + 8b + 4a + 9b$ $7x + 9 – 5 + 2x$
   $7u + 5v – 3v – 2u$ $8a – 7 + 10 – a$

4 Multipliziere die Klammern aus.
a) $2(x + 6)$ b) $7(a – 4)$ c) $11(r – s)$
   $5(a + b)$ $3(2a + 3)$ $12(v + 2w)$

5 Klammere aus.
a) $5a + 5b$ b) $3u + 3v$ c) $5x + 15$
   $7p – 7q$ $10r – 10s$ $11x – 22$

6 Bestimme die Lösung.
a) $5x + 7 = 32$ b) $9x + 6 = 60$
c) $10x – 18 = 62$ d) $8x + 19 = 91$

7 Fasse gleichartige Summanden zusammen und bestimme x.
a) $12x + 23 – 5x + 17 = 75$ b) $19x + 38 – 8x – 23 = 114$

8 Löse die Gleichung.
a) $7(x + 5) = 42$ b) $9(x – 1) = 81$
c) $4(x – 3) = 32$ d) $11(x + 3) = 55$

9 Löse die Gleichung.
a) $9x + 3 = 3x + 15$ b) $7x – 4 = 2x + 1$
c) $4x + 13 = 5 + 8x$ d) $5x + 6 = 34 – 2x$

10

2 Körnerbrötchen mit Käse oder Salami	0,60 €
1 Apfel	0,50 €
1 Becher Joghurt	0,40 €

Elina kauft ein Körnerbrötchen und mehrere Becher Joghurt. Sie bezahlt 2,20 €. Gib die passende Gleichung an. Berechne, wie viele Becher Joghurt sie gekauft hat.

11 Thorben und Lisa haben zusammen 12,50 €. Lisa hat 3,50 € mehr als Thorben. Wie viel Euro besitzt Thorben, wie viel Lisa?

12 Finde die gesuchte Zahl. Stelle zunächst eine Gleichung auf.
Verminderst du das Produkt aus einer Zahl und 7 um 17, so erhältst du das Dreifache der Zahl vermehrt um 19.

13 Bei einem Rechteck ist eine Seite 6 cm länger als die andere. Der Umfang des Rechtecks beträgt 28 cm. Wie lang sind die beiden Seiten? Fertige zuerst eine Skizze an.

Ich kann	Aufgabe	Hilfen und Aufgaben
Texte in Terme übersetzen.	1, 2	Seite 27
einen Term durch Zusammenfassen gleichartiger Terme umformen.	3	Seite 29
einen Term durch Ausmultiplizieren von Klammern umformen.	4	Seite 30
einen Term durch Ausklammern umformen.	5	Seite 30
Gleichungen mit x auf einer Seite lösen.	6, 7, 8	Seite 35, 36, 37
Gleichungen mit x auf beiden Seiten lösen.	9	Seite 38, 39
ein Sachproblem mithilfe einer Gleichung modellieren und lösen.	10, 11, 12	Seite 41, 42, 48, 49
ein Sachproblem in der Geometrie mithilfe einer Gleichung modellieren und lösen.	13	Seite 50, 51

Ausgangstest 2

1 Multipliziere die Klammern aus und fasse gleichartige Summanden zusammen.

a) $7(x+5)+6(x+11)$
$5(2a+b)+5(a-3b)$

b) $8(4y-z)-14(z+y)$
$-3(x-9)-4(x+6)$

c) $9(u-v)-4(2u+v)+8(u-2v)$
$-3(2p+5)-2(p-6)+9(p+3)$

d) $(a+3)(a+8)$
$(b-9)(b+1)$

e) $(x+4)(x-2)$
$(y+3)(5-y)$

2 Verwende zum Ausmultiplizieren die binomischen Formeln.

a) $(x+5)^2$
$(y-3)^2$

b) $(a-6)(a+6)$
$(b+2)(b-2)$

c) $(3z+1)^2$
$(5v-7)^2$

d) $(5x+2y)^2$
$(9a-2b)^2$

e) $(6u-5v)^2$
$(9x+11y)^2$

f) $(4p-3q)(4p+3q)$
$(11r+7s)(7s-11r)$

3 Welche Fehler hat Leon beim Anwenden der binomischen Formeln gemacht?

① $(a-9)^2 = x^2 + 18x + 81$
② $(x-7)^2 = x^2 - 14x - 49$
③ $(8-z)(z+8) = z^2 - 64$
④ $(5x-1)^2 = 25x^2 - 2x + 1$

4 Schreibe als Produkt.

a) $x^2 + 10x + 25$
$x^2 - 24x + 144$

b) $4x^2 + 20x + 25$
$9x^2 - 6x + 1$

5 Multipliziere die Klammern aus, fasse gleichartige Summanden zusammen und bestimme x.

a) $3x - 2(x-3) = 4(x+1) - 10$

b) $7(x+9) - 13 = 2(x-2) - 4x$

c) $3(8-2x) - 4 = 5(3x+1) - 6$

6 Löse die Gleichung mithilfe der binomischen Formeln.

a) $(x+7)^2 = (x-5)^2$

b) $(x-11)^2 = (x-3)^2$

c) $(x+2)^2 = (x+6)(x-6)$

7 Schreibe die Gleichung und die Lösungsmenge vollständig ins Heft.

a) $(x-5)(x+7) = 0$ $L = \{\blacksquare, \blacksquare\}$

b) $(x+\blacksquare)(x-\blacksquare) = 0$ $L = \{1, -7\}$

c) $(x+\blacksquare)(x-2) = 0$ $L = \{-6, \blacksquare\}$

8 Gib den Definitionsbereich an. Bestimme dann die Lösungsmenge.

a) $\frac{54}{x-1} = 6$

b) $\frac{24}{x+3} = 6$

9 Finde die gesuchte Zahl. Stelle zunächst eine Gleichung auf.
Multiplizierst du die Summe aus einer Zahl und 5 mit 8, so erhältst du das Vierfache der Summe aus dieser Zahl und 8.

10 Der Umfang eines Dreiecks ABC beträgt 80 cm. Die Seite $\overline{BC}$ ist 5 cm länger als die Seite $\overline{AB}$ und die Seite $\overline{AC}$ ist 3 cm kürzer als die Seite $\overline{AB}$.
Fertige eine Skizze an und stelle eine Gleichung auf. Wie lang ist jede der drei Seiten?

11 Frau Jahnke, Frau Dams und Frau Stein teilen sich einen Lottogewinn von 13 000 €. Frau Jahnke erhält doppelt so viel wie Frau Stein. Frau Dams erhält 1000 € weniger als Frau Stein.

12 Alle vier Seiten eines Quadrats werden um 5 cm verlängert. Der Umfang des vergrößerten Quadrats beträgt 120 cm. Wie lang waren die Seiten des ursprünglichen Quadrats?

Ich kann	Aufgabe	Hilfen und Aufgaben
einen Term durch Ausmultiplizieren von Klammern umformen.	1	Seite 30, 31
die binomischen Formeln anwenden.	2, 3, 4	Seite 32 – 34
Gleichungen mit Klammern lösen.	5, 6, 7	Seite 39, 40
Gleichungen mit x im Nenner lösen.	8	Seite 43, 44
eine Sachaufgabe mithilfe einer Gleichung modellieren und lösen.	9, 11	Seite 41, 42
ein Sachproblem in der Geometrie mithilfe einer Gleichung modellieren und lösen.	10, 12	Seite 50, 51

3 Kreisumfang und Kreisfläche

Fahrradcomputer „Run"
Fahrradfunktionen
– Aktuelle Geschwindigkeit
– Durchschnittsgeschwindigkeit
– Vergleich aktuelle Geschwindigkeit
 zu Durchschnittsgeschwindigkeit
– Maximalgeschwindigkeit
– Tageskilometer
– Gesamtkilometer

Zeitfunktionen
– Uhrzeit
– Fahrzeit

Wir müssen in den neuen Fahrradcomputer noch den Radumfang eingeben.

Auf dem Foto siehst du, wie Lena den Umfang eines Reifens bestimmt. Beschreibe eine andere Möglichkeit, den Umfang eines Rades zu ermitteln.

Gilt diese Aussage für alle Reifengrößen?

In der Bedienungsanleitung steht, dass wir den Außendurchmesser des Reifens nur mit 3,14 multiplizieren müssen, um den Radumfang zu erhalten.

Umfang eines Kreises

1 Schülerinnen und Schüler der Klasse 8a wollen den Zusammenhang zwischen Durchmesser und Umfang verschieden großer Fahrradreifen untersuchen.

a) Beschreibe, wie in den Abbildungen der Außendurchmesser und der Reifenumfang bestimmt werden.

b) Die Ergebnisse werden in einer Tabelle festgehalten. Ergänze die Tabelle in deinem Heft.

	I	II	III	IV
Außendurchmesser d (cm)	46	51	61	66
Radumfang u (cm)	145	160	192	207
$\frac{\text{Radumfang u}}{\text{Außendurchmesser d}}$	▪	▪	▪	▪

Wie oft passt der Durchmesser des Reifens in den Reifenumfang? Was stellst du fest?

2 Die Schülerinnen und Schüler führen Messungen an Gegenständen mit Kreisflächen durch.

a) Beschreibe, welche Messungen sie an den Gegenständen vornehmen.

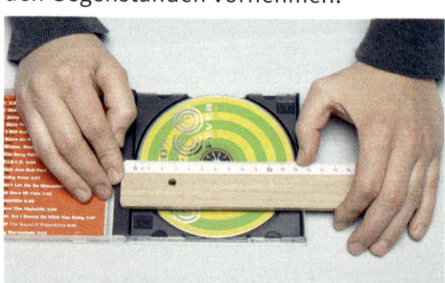

Die Ergebnisse ihrer Messungen notieren sie in einer Tabelle.

Gegenstand	Durchmesser d (cm)	Umfang u (cm)
Dose	7,5	23,3
Teller	10,0	31,5
CD	12,0	37,8
Papierkorb	32,0	100,0
Schale	19,5	56,5
Topf	21,5	67,5
Münze	2,5	7,8
Glas	6,0	18,8
MTB-Reifen	66,0	207,0

b) Vervollständige die Tabelle in deinem Heft. Sind alle Messungen genau durchgeführt worden? Begründe deine Antwort.

Gegenstand	$\frac{\text{Umfang u}}{\text{Durchmesser d}}$
Dose	$\frac{23,3}{7,5} \approx 3,11$
Teller	$\frac{31,5}{10,0} \approx 3,15$
CD	▪

Umfang eines Kreises

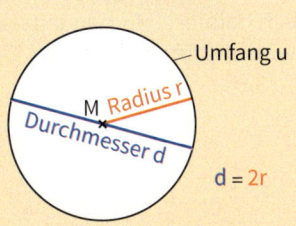

Die Kreiszahl π

Umfang u

M Radius r

Durchmesser d

d = 2r

Das Verhältnis von Umfang u und Durchmesser d ist bei allen Kreisen gleich.

Das **Verhältnis u : d** heißt **Kreiszahl** und wird mit dem griechischen Buchstaben **π** (lies: pi) bezeichnet.

$$\frac{u}{d} = π \qquad\qquad π ≈ 3,14$$

Umfang eines Kreises

$$u = π \cdot d \qquad π ≈ 3,14 \cdot d$$
$$u = 2 \cdot π \cdot r$$

Die Kreiszahl π lässt sich nicht als endliche oder als periodische Dezimalzahl schreiben:

$π ≈ 3,14159265358979323846264 …$

3 a) Wie viele Nachkommastellen liefert dein Taschenrechner, wenn du die π-Taste drückst?

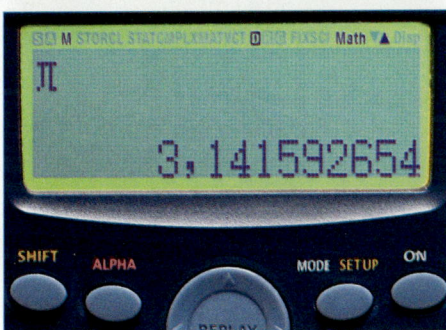

b) Vergleiche den Wert in der Anzeige des Taschenrechners mit dem oben angegebenen Wert. Was stellst du fest?

4 Im Beispiel siehst du, wie du mithilfe der π-Taste deines Taschenrechners den Umfang eines Kreises berechnen kannst.

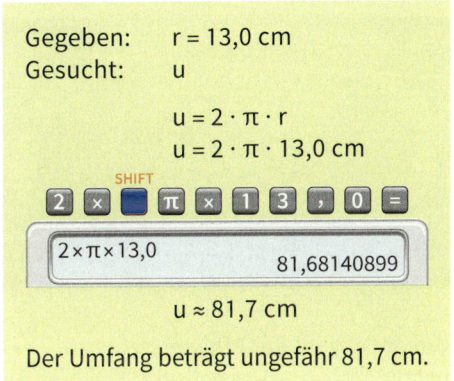

Gegeben: r = 13,0 cm
Gesucht: u

$$u = 2 \cdot π \cdot r$$
$$u = 2 \cdot π \cdot 13,0 \text{ cm}$$

SHIFT

2 × □ π × 1 3 , 0 =

2×π×13,0   81,68140899

$$u ≈ 81,7 \text{ cm}$$

Der Umfang beträgt ungefähr 81,7 cm.

Berechne den Umfang des Kreises. Runde sinnvoll.

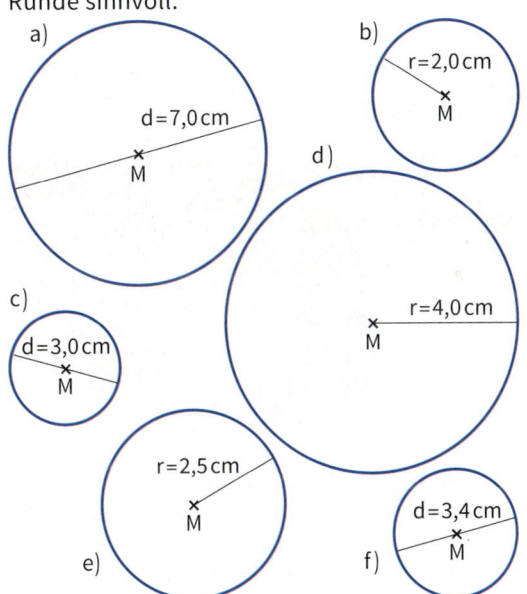

a)

d=7,0 cm
M

b)
r=2,0 cm
M

d)

r=4,0 cm
M

c)
d=3,0 cm
M

r=2,5 cm
M

d=3,4 cm
M

e)

f)

5 Berechne den Umfang des Kreises.

	a)	b)	c)	d)
d	64 m	▫	7,5 dm	▫
r	▫	4,8 m	▫	0,08 m

	e)	f)	g)	h)
d	2,8 m	▫	3,5 km	▫
r	▫	0,65 m	▫	32 mm

Flächeninhalt eines Kreises

1 Familie Becker möchte auf ihrem Grundstück einen Kreis mit r = 50 cm und einen weiteren Kreis mit r = 96 cm aus Pflastersteinen legen.

Um die Anzahl der Pflastersteine zu bestimmen, muss jeweils der Flächeninhalt der Kreise berechnet werden. In einer Tabelle eines Betonwerkes finden sie die folgenden Angaben.

Betonwerke Hartmann						
Radius (m)	0,385	0,50	0,615	0,73	0,845	0,96
Kreisfläche (m²)	0,47	0,79	1,19	1,67	2,24	2,89

Die Formel für den Flächeninhalt eines Kreises lautet: $A = \pi \cdot r^2$.

a) Überprüfe, ob die in der Tabelle angegebenen Flächeninhalte jeweils mit der Formel berechnet wurden.
b) Auf einen Quadratmeter Fläche werden 100 Pflastersteine benötigt. Wie viele Steine muss Familie Becker mindestens einkaufen?

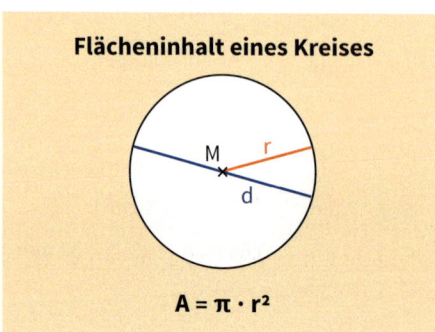

Flächeninhalt eines Kreises

$A = \pi \cdot r^2$

2 In der Abbildung wird ein Kreis in gleich große Teile zerlegt. Ein Teil wird zusätzlich halbiert. Mit den einzelnen Teilen wird wie abgebildet eine Figur gelegt.

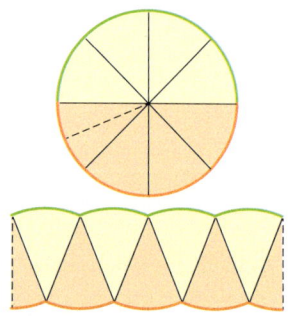

Wenn der Kreis in immer mehr Teile zerlegt wird, dann nähert sich die Figur einem Rechteck an.
a) Erläutere, wie im folgenden Beispiel der Flächeninhalt des Kreises mit r = 4,0 cm bestimmt wird.

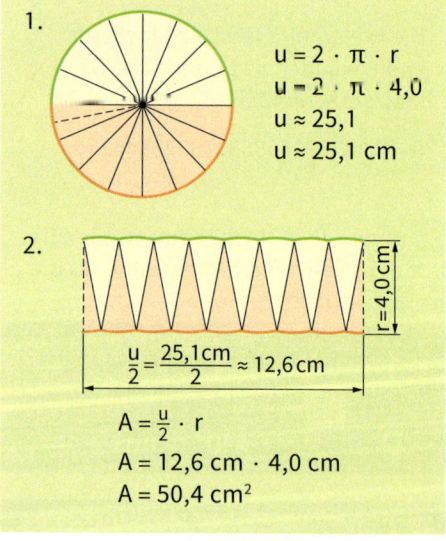

1.
$u = 2 \cdot \pi \cdot r$
$u = 2 \cdot \pi \cdot 4,0$
$u \approx 25,1$
$u \approx 25,1$ cm

2.
$\frac{u}{2} = \frac{25,1 \, cm}{2} \approx 12,6 \, cm$

$A = \frac{u}{2} \cdot r$
$A = 12,6 \, cm \cdot 4,0 \, cm$
$A = 50,4 \, cm^2$

b) Erläutere, wie im Folgenden die Formel $A = \pi \cdot r^2$ entwickelt wird.

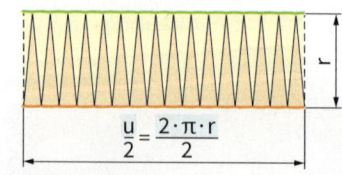

$\frac{u}{2} = \frac{2 \cdot \pi \cdot r}{2}$

$A = \frac{u}{2} \cdot r = \frac{\cancel{2} \cdot \pi \cdot r}{\cancel{2}} \cdot r$

$A = \pi \cdot r \cdot r = \pi \cdot r^2$

Flächeninhalt eines Kreises

3 In dem folgenden Beispiel wird mithilfe eines Taschenrechners der Flächeninhalt des Kreises mit r = 1,65 m berechnet.

Gegeben: r = 1,65 m
Gesucht: A

$A = \pi \cdot r^2$

$A = \pi \cdot (1,65\ m)^2$

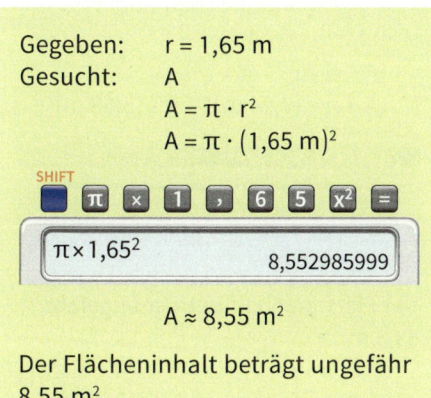

$\pi \times 1{,}65^2$

8,552985999

$A \approx 8{,}55\ m^2$

Der Flächeninhalt beträgt ungefähr 8,55 m².

Bestimme den Flächeninhalt des Kreises. Runde sinnvoll.

a)

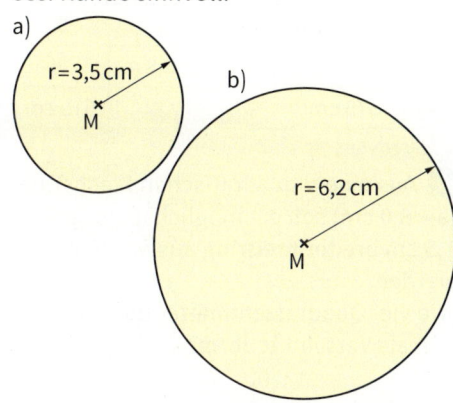

r = 3,5 cm
M

b)

r = 6,2 cm
M

4 Bestimme den Flächeninhalt des Kreises.
a) r = 16 m b) r = 120 cm c) r = 760 mm
d) r = 10 m e) r = 2,40 m f) r = 0,85 dm

5 In dem Beispiel wird der Flächeninhalt des Kreises mit d = 14,80 m berechnet.

1. d = 14,80 m   2. $A = \pi \cdot r^2$

$r = \dfrac{d}{2}$ $A = \pi \cdot (7{,}40\ m)^2$

$r = \dfrac{14{,}80\ m}{2}$ $A \approx 172\ m^2$

$r = 7{,}40\ m$

Berechne den Flächeninhalt des Kreises.
a) d = 38 cm b) d = 5,80 m c) d = 200 mm

6 Auf einem Grundstück soll eine kreisförmige Fläche (d = 5 m) mit farbigen Steinen gepflastert werden. Für einen Quadratmeter werden 50 Steine benötigt.

7 Die kreisförmige Fläche (d = 28 m) des Verkehrskreisels soll mit Rasen eingesät werden.

Auf einen Quadratmeter müssen dafür 24 g Saatgut verteilt werden.

8 Bekirs Familie beabsichtigt einen kreisförmigen Teppich (d = 2,00 m) reinigen zu lassen.

Für die Teppichreinigung werden 24,50 € pro Quadratmeter berechnet.
Wie viel Euro müssen für die Reinigung des Teppichs bezahlt werden?

9 a) Aus einer quadratischen Blechplatte (a = 1,00 m) soll eine möglichst große kreisförmige Scheibe geschnitten werden.

Wie viel Quadratmeter Blech bleiben als Verschnitt übrig?
b) Berechne den Verschnitt, wenn aus der Platte derselben Größe vier möglichst große Kreise ausgestanzt werden.

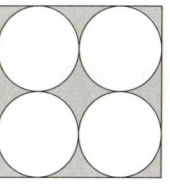

1 Um den abgebildeten kreisrunden Brunnen wurde ein 2,40 m breiter Streifen gepflastert.

1,60 m

Wie viel Quadratmeter Fläche mussten gepflastert werden? Beschreibe deinen Lösungsweg.

2 Berechne den Flächeninhalt des farbigen Kreisrings. Erläutere deinen Lösungsweg.

a)

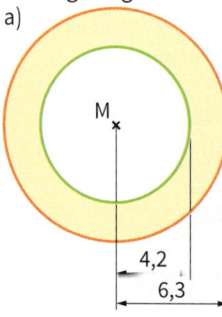

4,2
6,3

b)

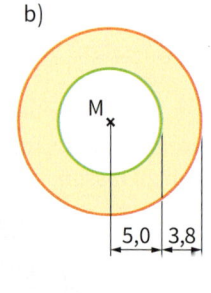

5,0 3,8

Maße in cm

c)

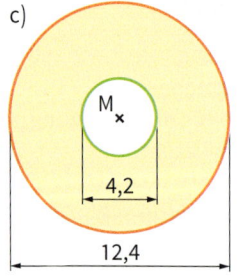

4,2
12,4

d)

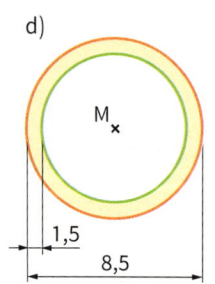

1,5
8,5

Flächeninhalt eines Kreisrings

Kreisring

Innenradius r_i

Außenradius r_a

$$A = \pi \cdot r_a^2 - \pi \cdot r_i^2$$
$$A = \pi \left(r_a^2 - r_i^2 \right)$$

3 Berechne den Flächeninhalt eines Kreisrings. Runde sinnvoll.

Gegeben: $r_a = 7{,}24$ m, $r_i = 5{,}68$ m
Gesucht: A

$$A = \pi \cdot r_a^2 - \pi \cdot r_i^2$$
$$A = \pi \cdot (7{,}24 \text{ m})^2 - \pi \cdot (5{,}68 \text{ m})^2$$

SHIFT   SHIFT

π × 7 , 2 4 x^2 − π × 5 , 6 8 x^2 =

$\pi \times 7{,}24^2 - \pi \times 5{,}68^2$
                    63,31942825

$A = 63{,}3$ m²

Der Flächeninhalt beträgt ungefähr 63,3 m².

	r_a	r_i	d_a	d_i
a)	3,6 cm	2,3 cm	▨	▨
b)	▨	▨	5,4 cm	3,6 cm
c)	0,87 m	0,78 m	▨	▨
d)	▨	3,9 m	10,8 m	▨
e)	375 cm	▨	▨	610 cm

4 Aus einem quadratischen Blechstück ($a = 8{,}0$ cm) soll ein möglichst großer 1,5 cm breiter Kreisring ausgeschnitten werden.
Wie viel Quadratzentimeter Blech bleiben als Verschnitt übrig?

5 Um eine Buche mit 1,20 m Durchmesser soll eine 40 cm breite Sitzbank aus Holz gebaut werden.

a) Berechne den Flächeninhalt der Sitzfläche.
b) Wie viel Quadratmeter Holz werden für die Herstellung benötigt? Für Verschnitt werden 30 % hinzugerechnet.

6 Der äußere Umfang eines Kreisrings beträgt 12,60 m, der innere Umfang 9,50 m. Berechne den Flächeninhalt des Kreisrings.

Kreisausschnitt, Kreisbogen

1 Die Schülerinnen und Schüler der Klasse 8d wollen für ein Schulfest mehrere Glücksräder bauen.

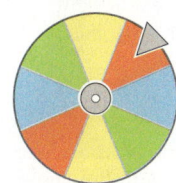

a) Die abgebildete Kreisscheibe des Glücksrades ist in gleich große Felder unterteilt. Wie groß ist jeder Winkel am Mittelpunkt des Kreises?
b) Welche Winkelgröße muss gewählt werden, um Glücksräder mit 10 (12, 15) gleich großen Feldern anzufertigen?

2 a) In dem abgebildeten Kreis sind ein Kreisausschnitt und der zugehörige Kreisbogen farbig gekennzeichnet.

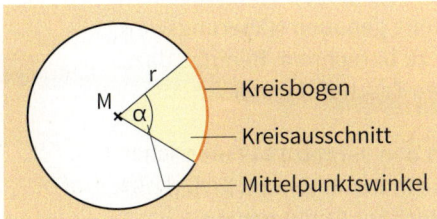

Wovon hängen die Größe des Kreisausschnitts und die Länge des Kreisbogens ab?

3 Beschreibe, wie sich in den abgebildeten Kreisen I bis VI jeweils der Flächeninhalt A_s des Kreisausschnitts und die Länge b des zugehörigen Kreisbogens bestimmen lässt.

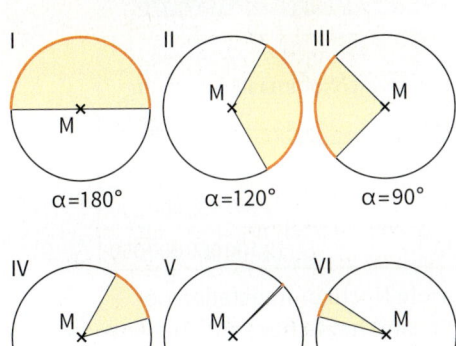

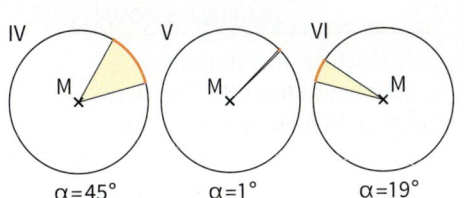

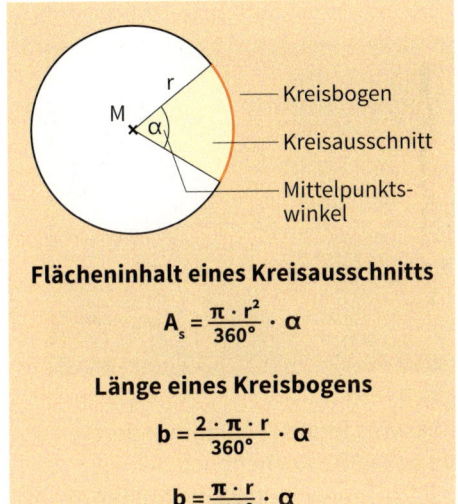

Flächeninhalt eines Kreisausschnitts

$$A_s = \frac{\pi \cdot r^2}{360°} \cdot \alpha$$

Länge eines Kreisbogens

$$b = \frac{2 \cdot \pi \cdot r}{360°} \cdot \alpha$$

$$b = \frac{\pi \cdot r}{180°} \cdot \alpha$$

4 Berechne den Flächeninhalt des Kreisausschnitts und die Länge des Kreisbogens.

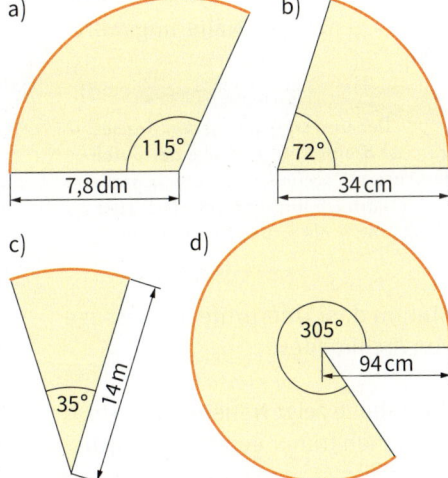

a) 115° 7,8 dm

b) 72° 34 cm

c) 35° 14 m

d) 305° 94 cm

5 Berechne den Flächeninhalt A_s und die Bogenlänge b des Kreisausschnitts.
a) r = 16 cm; α = 58° b) r = 1 m; α = 270°
c) d = 2,6 m; α = 36° d) d = 96 mm; α = 112°

6 Ein Baukran besitzt einen 14 m langen Tragarm. Der Kran schwenkt um 55°.
a) Bestimme den Inhalt der Fläche, die dabei vom Tragarm überstrichen wird.
b) Berechne die Länge der Strecke, die die Spitze des Tragarms dabei zurücklegt.

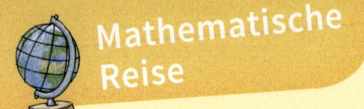
Die Kreiszahl π

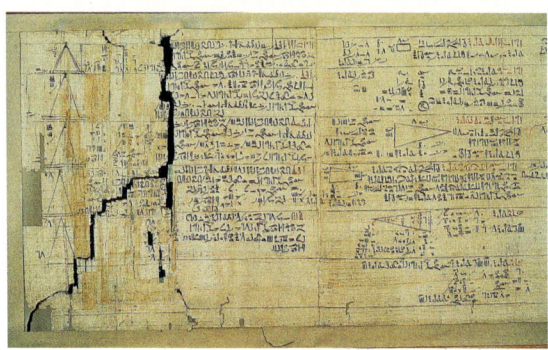

Gottfried Wilhelm Leibniz
1646 – 1716

1 Das altägyptische Papyrus Rhind (17. Jahrhundert v. Chr.) gilt als das älteste bekannte Rechenbuch der Welt. Beide Seiten des etwa 5,5 m langen und 32 cm breiten Papyrus sind mit über 80 Aufgaben und beispielhaften Lösungen beschrieben.
In einer dieser Aufgaben wird für die Zahl π der Näherungswert $\left(\frac{16}{9}\right)^2 \approx 3{,}16$ ermittelt.

Der Grieche Archimedes stellte 250 v. Chr. systematische Berechnungen an, um einen genaueren Näherungswert für die Zahl π zu erhalten.

2 Der Philosoph und Mathematiker stellte die folgende Reihe auf, die sich beliebig weit fortsetzen lässt und sich dabei dem Wert von π immer besser annähert.

$$\frac{\pi}{4} = 1 - \frac{1}{3} + \frac{1}{5} - \frac{1}{7} + \frac{1}{9} - \frac{1}{11} + \cdots$$

Versuche einen auf eine Nachkommastelle genauen Näherungswert für π zu berechnen. Benutze dazu deinen Taschenrechner.

3 In den Jahren 1943 bis 1946 wurde in Pennsylvania in den USA der Rechner ENIAC gebaut.
Er berechnete im Jahr 1949 für die Zahl π über 2000 Stellen.

Der Umfang eines jeden Kreises ist dreimal so groß wie der Durchmesser und noch um etwas größer, nämlich um weniger als $\frac{1}{7}$, aber mehr als $\frac{10}{71}$ des Durchmessers.

Stimmt das? Überprüfe die Aussage von Archimedes.

Archimedes von Syrakus Mathematiker

Die Tabelle zeigt Näherungswerte, mit denen früher gerechnet wurde.

	Näherungswert für π
Babylonier (2000 v. Chr.)	$\frac{10}{3}$
Ägypter (1650 v. Chr.)	$\left(\frac{16}{9}\right)^2$
Archimedes (287–212 v. Chr.)	$\frac{22}{7}$
Ptolemäus (85–165)	$\frac{377}{120}$
Tsu Ch`ung Chi (430–510)	$\frac{355}{113}$

Leonard Euler (1707 – 1783) verwendete erstmals den griechischen Buchstaben „pi" (von perimetros, dt. Umfang).

Wandle die Werte jeweils in eine Dezimalzahl um. Runde auf die vierte Nachkommastelle. Was stellst du fest?

	Anzahl der bekannten Nachkommastellen von π
1961	100 265
1987	134 217 700
2002	1 241 100 000 000
2013	12 100 000 000 050

Wie viele Nachkommastellen der Zahl π sind heute bekannt? Die Antwort findest du im Internet.

Arbeiten mit dem Computer: Die Kreiszahl π

1 Mithilfe eines Geometrieprogramms wird auf dieser Seite die Kreiszahl π auf mehrere Nachkommastellen genau bestimmt.
Dazu benötigst du auch das folgende Werkzeug.

Regelmäßiges Vieleck
Wähle zwei Punkte und gib die Anzahl der Ecken ein

Die Abbildung zeigt einen Kreis, in dem ein regelmäßiges Sechseck (ein regelmäßiges Zwölfeck, ein regelmäßiges Vierundzwanzigeck) einbeschrieben ist.

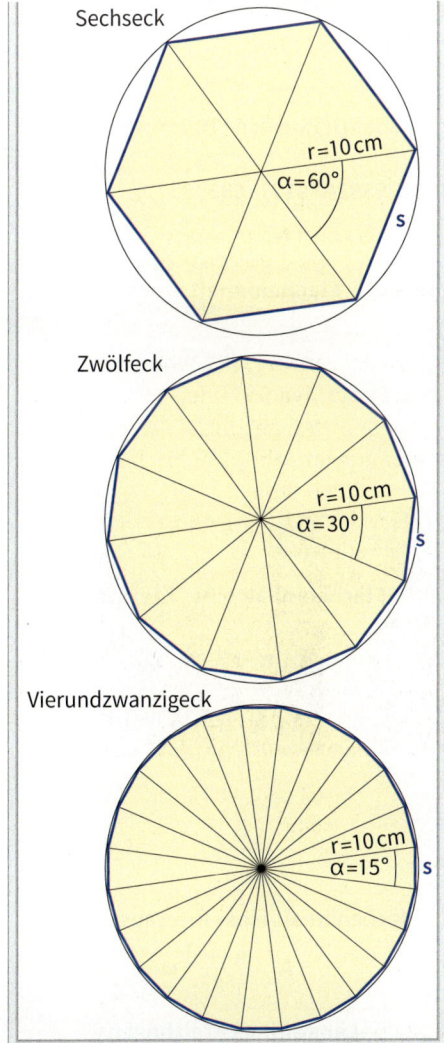

Sechseck

$r = 10\,\text{cm}$
$\alpha = 60°$
s

Zwölfeck

$r = 10\,\text{cm}$
$\alpha = 30°$
s

Vierundzwanzigeck

$r = 10\,\text{cm}$
$\alpha = 15°$
s

Vergleiche jeweils den Umfang des Sechsecks, des Zwölfecks und des Vierundzwanzigecks mit dem Umfang des Kreises. Was stellst du fest?

2 a) Lisa zeichnet mithilfe ihres Geometrieprogramms zunächst wie abgebildet einen Kreisausschnitt und misst die Seitenlänge s des zugehörigen regelmäßigen Sechsecks.

Kreissektor
Wähle den Mittelpunkt und zwei Punkte

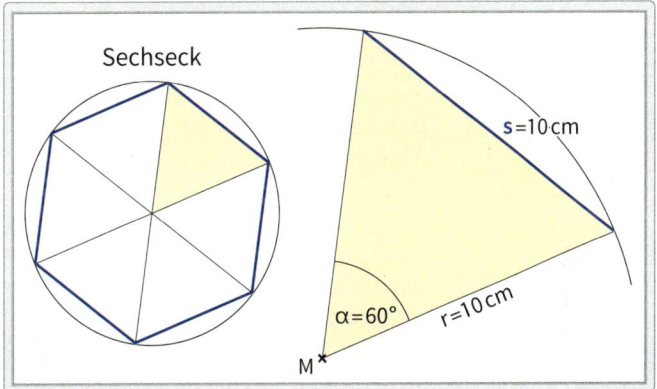

Sechseck

$s = 10\,\text{cm}$

$\alpha = 60°$ $r = 10\,\text{cm}$

M

Erläutere, wie Lisa anschließend mit der Seitenlänge s = 10 cm einen Näherungswert für π berechnet hat.

1. $u = 6 \cdot s$ 2. $\pi = \dfrac{u}{d}$

$u = 6 \cdot 10\,\text{cm}$ $\pi = \dfrac{60}{20}$

$u = 60\,\text{cm}$ $\pi = 3$

b) Um einen weiteren Näherungswert für π zu bestimmen, zeichnet Lisa den abgebildeten Kreisausschnitt.

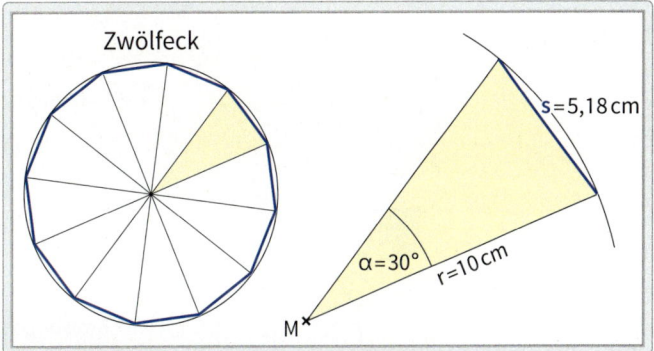

Zwölfeck

$s = 5,18\,\text{cm}$

$\alpha = 30°$ $r = 10\,\text{cm}$

M

Berechne einen weiteren Näherungswert für π.
Benutze dazu die Seitenlänge s = 5,18 cm des Zwölfecks.

Kreis

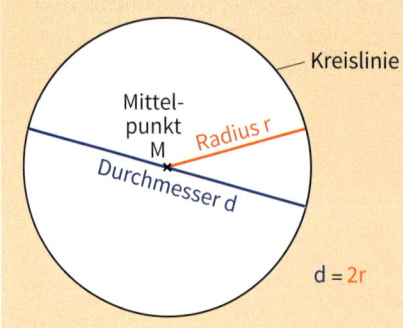

Eine Strecke vom **Mittelpunkt M** zu einem Punkt der Kreislinie heißt **Radius r**.

Der **Durchmesser d** verläuft durch den Mittelpunkt des Kreises.

Der Durchmesser d ist doppelt so lang wie der Radius r.

$d = 2r$

Das Verhältnis des Umfangs u eines Kreises zu seinem Durchmesser d ist bei allen Kreisen gleich. Der **Quotient u : d** heißt **Kreiszahl** und wird mit dem griechischen Buchstaben **π** (lies: pi) bezeichnet.

$$\frac{u}{d} = \pi$$

Die Kreiszahl π lässt sich nicht als abbrechende oder periodische Dezimalzahl darstellen: π ist eine irrationale Zahl.

$$\pi = 3{,}14159265358979323846264338327950288419716939937\ldots$$

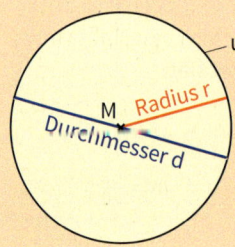

Umfang eines Kreises

$$u = \pi \cdot d$$

$$u = 2 \cdot \pi \cdot r$$

Flächeninhalt eines Kreises

$$A = \pi \cdot r^2$$

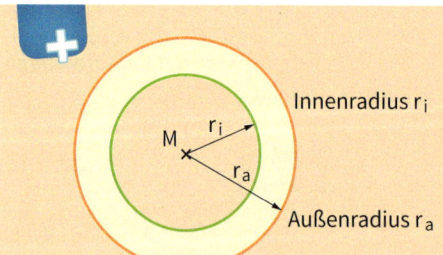

Flächeninhalt eines Kreisrings

$$A = \pi \cdot r_a^2 - \pi \cdot r_i^2$$

$$A = \pi \cdot (r_a^2 - r_i^2)$$

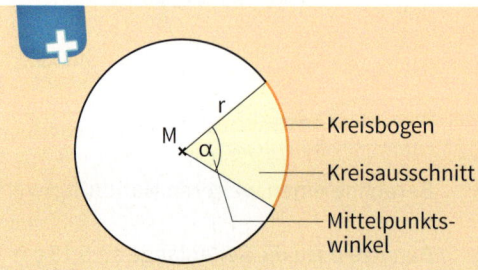

Flächeninhalt eines Kreisausschnitts

$$A_s = \frac{\pi \cdot r^2}{360°} \cdot \alpha$$

Länge eines Kreisbogens

$$b = \frac{\pi \cdot r}{180°} \cdot \alpha$$

Üben und Vertiefen

1 Berechne den Umfang des Kreises. Runde sinnvoll.

	a)	b)	c)	d)
r	34 m	6,6 dm	▦	▦
d	▦	▦	5,2 cm	0,9 m

2 Berechne den Flächeninhalt des Kreises.

	a)	b)	c)	d)
r	96 cm	3,8 m	▦	▦
d	▦	▦	84 cm	6,8 m

3 Berechne den Flächeninhalt des Kreisringes.

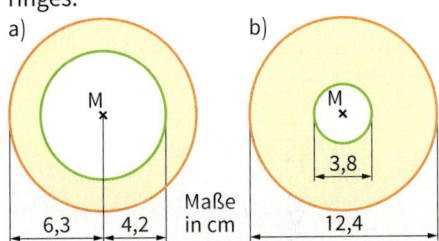

a) 6,3   4,2   Maße in cm

b) 3,8   12,4

4 Berechne den Umfang und den Flächeninhalt der Figur.

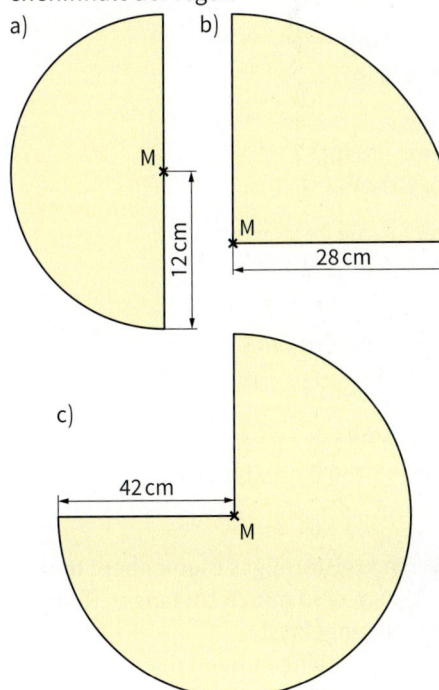

a)   M   12 cm

b)   M   28 cm

c)   42 cm   M

5 Berechne den Umfang und den Flächeninhalt der Figur.

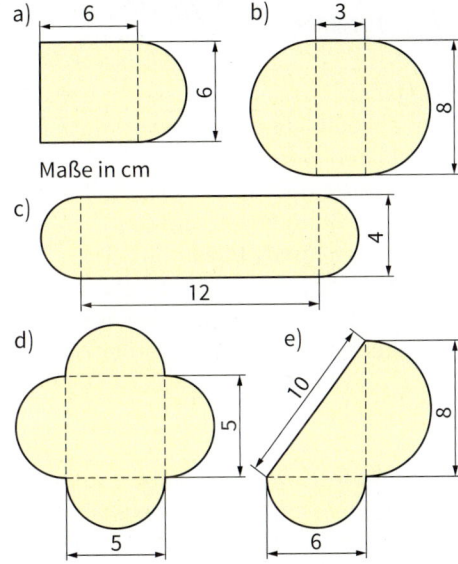

a) 6   6

Maße in cm

b) 3   8

c) 12   4

d) 5   5

e) 10   8   6

6 In dem Beispiel wird aus dem gegebenen Kreisumfang u der Radius r berechnet.

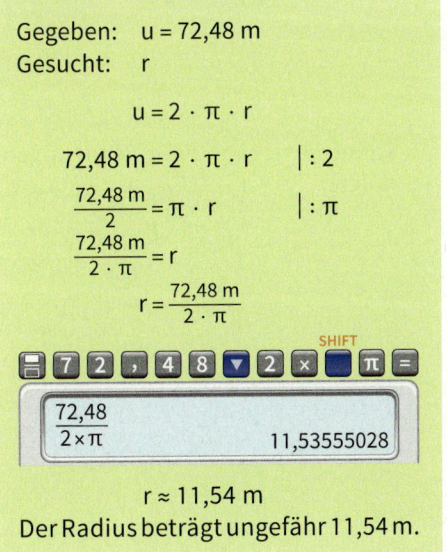

Gegeben: u = 72,48 m
Gesucht: r

$$u = 2 \cdot \pi \cdot r$$

$$72,48 \text{ m} = 2 \cdot \pi \cdot r \qquad | : 2$$

$$\frac{72,48 \text{ m}}{2} = \pi \cdot r \qquad | : \pi$$

$$\frac{72,48 \text{ m}}{2 \cdot \pi} = r$$

$$r = \frac{72,48 \text{ m}}{2 \cdot \pi}$$

SHIFT

⌨ 7 2 , 4 8 ▼ 2 × ■ π =

$$\frac{72,48}{2 \times \pi} \qquad 11,53555028$$

r ≈ 11,54 m
Der Radius beträgt ungefähr 11,54 m.

Bestimme jeweils die fehlenden Größen des Kreises. Runde sinnvoll.

	a)	b)	c)	d)
r	▦	▦	0,6 m	▦
d	▦	▦	▦	▦
u	96 m	4000 m	▦	670 m

Modellieren

Sachaufgaben zur Kreis-berechnung

Aufgabe:
Der abgebildete quadratische Platz soll gepflastert werden.
In der Mitte des Platzes wird ein kreisförmiges Blumenbeet angelegt.
Die Kosten für die Pflasterarbeiten betragen 42 € pro Quadratmeter.
Wie viel Euro müssen für die gesamten Pflasterarbeiten bezahlt werden?

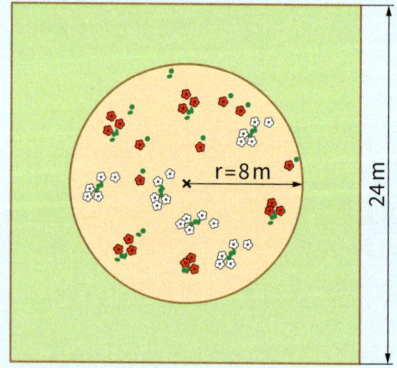

1. Stelle fest, welche Angaben du brauchst, um die Aufgabenstellung zu bearbeiten.

Seitenlänge des Quadrats: a = 24 m
Radius des Kreises: r = 8 m
Kosten pro Quadratmeter: 42 €

2. Überlege, welche Größen du berechnen musst.
   Notiere die zugehörigen Formeln.

Flächeninhalt eines Quadrats
$A = a^2$

Flächeninhalt eines Kreises
$A = \pi \cdot r^2$

3. Führe die notwendigen Rechnungen durch.

Quadrat
$A = (24 \text{ m})^2$
$A = 576 \text{ m}^2$

Kreis
$A = \pi \cdot (8 \text{ m})^2$
$A \approx 201 \text{ m}^2$

Fläche, die gepflastert wird:
$A = 576 \text{ m}^2 - 201 \text{ m}^2 = 375 \text{ m}^2$

Kosten:
42 € · 375 = 15 750 €

4. Formuliere eine Antwort.

Für die Pflasterarbeiten müssen insgesamt 15 750 € bezahlt werden.

1 Ein kreisförmiger Sitzplatz (d = 2,50 m) soll gepflastert werden.
Für einen Quadratmeter der Fläche werden 39 Steine benötigt. Berechne die Anzahl der benötigten Steine.

2 Ein kreisförmiges Blumenbeet mit r = 1,60 m wird mit 25 cm langen Rundsteinen eingefasst.
Wie viele Steine müssen dafür mindestens eingekauft werden?

Sachaufgaben

3 Um eine kreisrunde Rasenfläche mit d = 3,20 m ist ein 1,80 m breiter Streifen gepflastert.

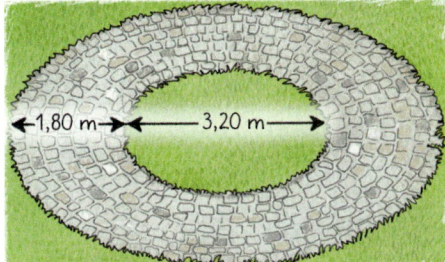

Wie viel Quadratmeter Fläche mussten dafür gepflastert werden?

4 Das Rad einer Lokomotive hat einen Durchmesser von 1,40 m.

Bestimme die Länge der Strecke, die das Rad bei einer Umdrehung zurücklegt.

5 Das Rotorblatt einer älteren Windkraftanlage ist 25 m lang.
Ein Rotorblatt aus dem Jahre 2017 ist doppelt so lang.
Vergleiche die Inhalte der Kreisflächen, die jeweils von den Rotoren überstrichen werden. Was stellst du fest?

6 Aus der abgebildeten Holzplatte soll eine möglichst große kreisförmige Scheibe geschnitten werden.

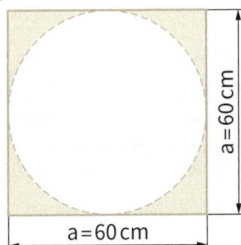

Berechne den Inhalt der Restfläche.

7 a) Ergänze die Tabelle im Heft.

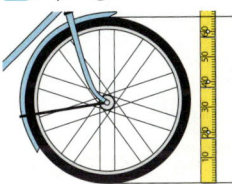

Außendurchmesser: 26 Zoll (26'')

Die Zollbezeichnung (z. B. 26 x 2.0) gibt den ungefähren Außendurchmesser mit 26 Zoll und die Reifenbreite mit 2.0 Zoll an. (Zoll: altes Längenmaß, 1" ≈ 2,54 cm)

Reifengröße (in Zoll)	24 x 1.75	26 x 1.9	28 x 1.5
Radumfang			

b) Emma findet auf einem Reifen die Größenangabe 28 x 1,75.
Bestimme die Länge der Strecke, die dieser Reifen bei 1000 Umdrehungen zurücklegt.

8 Die Bodenfläche des abgebildeten Schwimmbeckens soll mit Fliesen belegt werden.

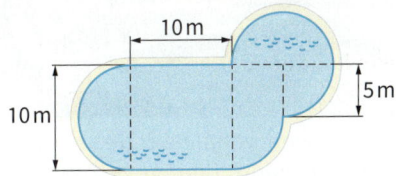

Wie viele Quadratmeter Bodenfläche müssen insgesamt gefliest werden?

9 Schätzt den Umfang und den Flächeninhalt der gepflasterten Kreisfläche.

Bearbeitet diese Aufgabe mit einem Partner.
Beschreibt, wie ihr dabei vorgegangen seid.

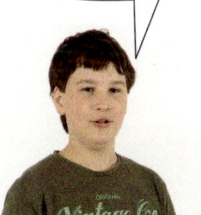

Die Aufgaben auf dieser Seite könnt ihr mit einem Partner bearbeiten.

Rund um das Fahrrad

1 Das Laufrad und das Hochrad waren Vorläufer unserer heutigen Fahrräder.

Laufrad von Drais 1817 (Draisine)

Hochrad 1880

Gegen Ende des 19. Jahrhunderts wurde zum ersten Mal ein Fahrrad mit einem Kettenhinterradantrieb konstruiert.

a) Der Außendurchmesser des abgebildeten Hinterrades beträgt 28 Zoll (1 Zoll ≈ 2,54 cm).
Berechne die Länge der Strecke, die das Fahrrad bei einer Umdrehung des Hinterrades zurücklegt.
b) Bestimme die Länge der Strecke, die ein Mountainbike (Außendurchmesser 26 Zoll) bei 100 Umdrehungen zurücklegt.
c) Berechne für jedes Rad die Anzahl der Umdrehungen auf der Strecke $\overline{AB}$.

	Außendurchmesser d	Länge der Strecke $\overline{AB}$
Klapprad	18"	3,5 km
Liegerad	20"	2,6 km
Kinder-MTB	24"	12,8 km
Rennrad	26"	88,4 km
Trekkingrad	28"	56,4 km

2 Das vordere Zahnrad eines Fahrrades wird als Kettenblatt, das hintere als Ritzel bezeichnet.
a) Erläutere, wie in dem folgenden Beispiel die Übersetzung eines Kettenantriebs bestimmt wird.

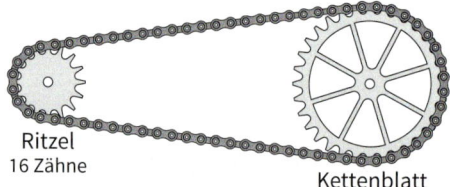

Ritzel
16 Zähne

Kettenblatt
32 Zähne

Übersetzung: $\frac{32}{16} = 2,00$

Gib auch an, wie viele Umdrehungen das Hinterrad bei einer Umdrehung des Kettenblattes macht.

3 Der Außendurchmesser des Vorder- und des Hinterrades beträgt jeweils 28 Zoll.

28er-Tourenrad	
27-Gang-Schaltung	Anzahl der Zähne
3 Kettenblätter	26, 36, 48
9 Ritzel	11, 12, 14, 16, 18, 21, 24, 28, 32

a) Gib an, welches Kettenblatt und welches Ritzel jeweils im kleinsten und im größten Gang benutzt werden.
b) Die bei einer Tretkurbelumdrehung zurückgelegte Strecke wird Entfaltung genannt.

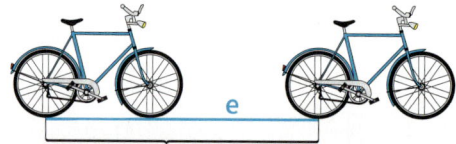

e

Weg bei einer vollen Pedalumdrehung

b) Berechne für den kleinsten und für den größten Gang jeweils die Übersetzung und die Entfaltung.

Rund um die Erde

1

Kennst du das nach mir benannte Sieb?

Eratosthenes von Kyrene
(279 – 194 v. Chr.)

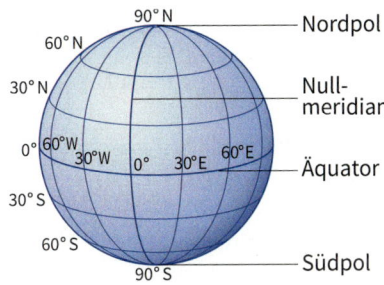

Am 21. Juni 224 v. Chr. stellte der Grieche Eratosthenes fest, dass die Sonne in Syene (heute Assuan) mittags genau senkrecht in einen Brunnen schien. Im etwa 800 km weiter nördlich auf ungefähr demselben Längenkreis gelegenen Alexandria bildete das parallel einfallende Sonnenlicht zum gleichen Zeitpunkt mit einem senkrechten Stab einen Winkel α von 7,2°.

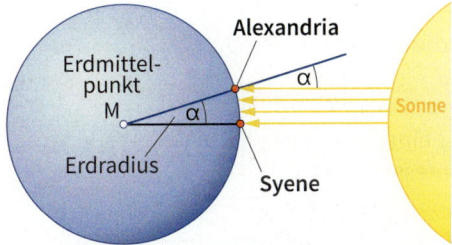

Beschreibe, wie Eratosthenes aus diesen Angaben einen Wert für den Erdumfang bestimmen konnte.

2 a) Mit welcher Geschwindigkeit (in $\frac{km}{h}$) bewegt sich ein Körper, der ruhig auf dem Äquator liegt (Erdradius: 6378 km)?
b) Der Mond umkreist die Erde als natürlicher Satellit auf einer nahezu kreisförmigen Bahn in etwa 27,3 Tagen.

Der mittlere Radius seiner Umlaufbahn beträgt 384 400 km. Berechne die Bahngeschwindigkeit des Mondes (in $\frac{km}{s}$).

Das **Gradnetz der Erde** dient der Orientierung und der Ortsbestimmung auf der Erde.
Die **Längenkreise** (die Meridiane) werden vom Nullmeridian von Greenwich (frühere Hauptsternwarte von London) aus nach Osten bzw. nach Westen bis zu 180° gezählt.
Die **Breitenkreise** zählt man vom Äquator (0°) aus nach Norden bzw. nach Süden zu den Polen.

3 a) Berechne die Entfernung zwischen den Punkten A und B auf dem Äquator.

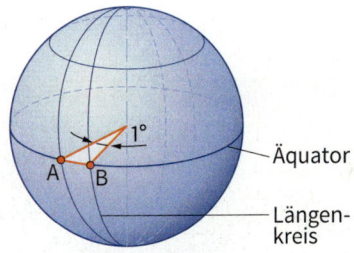

b) Bestimme die Bogenlänge, die auf dem Äquator zu einem Mittelpunktswinkel $\frac{1}{60}$° gehört. Die Bogenlänge heißt eine Seemeile (sm).
c) Die Städte Flensburg und Kassel liegen auf dem gleichen Längenkreis. Die geographische Breite von Kassel ist 51,3° Nord, die von Flensburg ist 54,8° Nord.

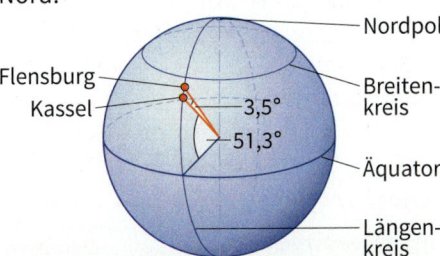

Bestimme die Entfernung zwischen den beiden Städten.
Überprüfe dein Ergebnis mithilfe eines Atlasses.

1 Berechne den Umfang des Kreises. Runde sinnvoll.
a) r = 14 cm   b) r = 4,5 cm   c) d = 8,40 m

2 Berechne den Flächeninhalt des Kreises.
a) r = 24 m   b) r = 100 dm   c) d = 6,20 m

3 Berechne den Flächeninhalt des Kreisringes.

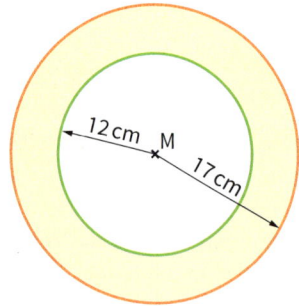

4 Berechne den Flächeninhalt und den Umfang der Figur.

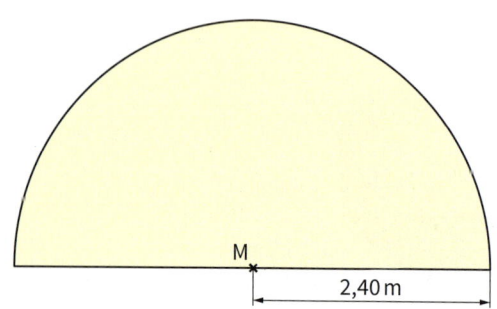

5 Berechne den Flächeninhalt und den Umfang der Figur.

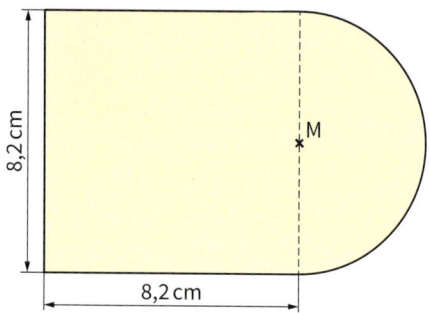

6 Aus der abgebildeten quadratischen Blechplatte soll eine möglichst große Kreisfläche geschnitten werden.

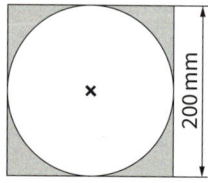

Wie viel Quadratzentimeter Blech bleiben als Verschnitt übrig?

7 Die Räder eines Fahrrades haben jeweils einen Außendurchmesser von 65 cm.

Berechne die Strecke (in km), die das Fahrrad bei 1000 Umdrehungen des Hinterrades zurücklegt.

Ich kann	Aufgabe	Hilfen und Aufgaben
den Umfang eines Kreises berechnen.	1	Seite 57
den Flächeninhalt eines Kreises berechnen.	2	Seite 58, 59
den Flächeninhalt eines Kreisringes berechnen.	3	Seite 60
den Flächeninhalt und den Umfang einer Kreisfigur bestimmen.	4, 5	Seite 61, 65
Sachaufgaben zum Flächeninhalt eines Kreises lösen.	6	Seite 59, 66
Sachaufgaben zum Umfang eines Kreises lösen.	7	Seite 66, 67, 68

Ausgangstest 2

1 Berechne den Umfang und den Flächeninhalt des Kreises. Runde sinnvoll.
a) r = 5,4 cm   c) d = 7,8 cm   c) d = 18,60 m

2 Berechne den Flächeninhalt des Kreisringes.

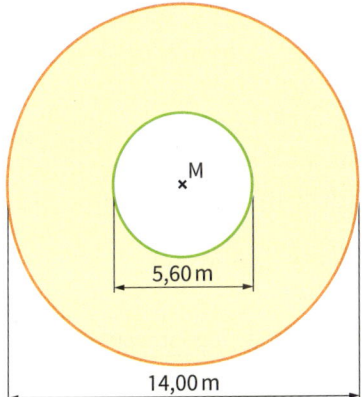

3 Berechne den Flächeninhalt und den Umfang der Figur.

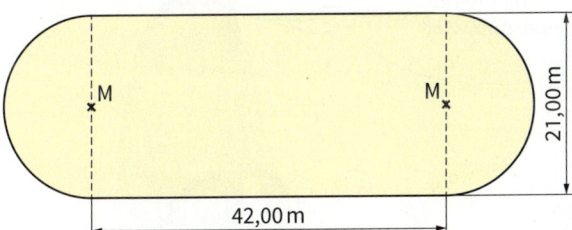

4 Das Rotorblatt einer Windkraftanlage ist 64 m lang. Berechne den Inhalt der Kreisfläche, die von den Rotorblättern überstrichen wird.

5 Das abgebildete Fenster (d = 1,50 m) erhält eine Scheibe aus Wärmeglas.

Ein Quadratmeter dieses Glases wiegt 25 kg. Bestimme die Masse der Fensterscheibe.

6 Aus dem abgebildeten quadratischen Blechstück soll wie abgebildet ein möglichst großer 2 cm breiter Kreisring geschnitten werden.

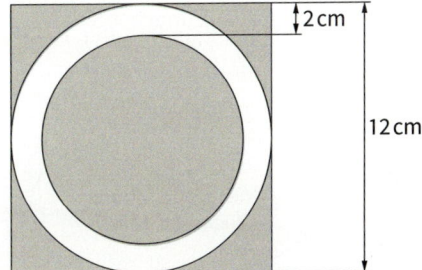

Berechne den Inhalt der Restfläche.

7 Berechne den Radius des Kreises mit dem Umfang u = 50,27 m. Runde sinnvoll.

Ich kann	Aufgabe	Hilfen und Aufgaben
den Umfang und den Flächeninhalt eines Kreises berechnen.	1	Seite 57 - 59
den Flächeninhalt eines Kreisringes berechnen.	2	Seite 60
den Flächeninhalt und den Umfang einer Kreisfigur bestimmen.	3	Seite 61, 65
Sachaufgaben zum Flächeninhalt eines Kreises lösen.	4, 5	Seite 59, 66
Sachaufgaben zum Flächeninhalt eines Kreisringes lösen.	6	Seite 60, 67
aus dem Umfang eines Kreises seinen Radius berechnen.	7	Seite 65

Einige Schülerinnen und Schüler der Klasse 8a wollen zusammen mit ihrer Mathematiklehrerin für das kommende Schulfest ein Glücksrad bauen.

Sie fertigen zunächst Skizzen an. Was ist beim Bau des Glücksrades zu beachten?

Wie groß soll das Glücksrad sein?

Welches Material nehmen wir?

Wie viele Felder soll das Glücksrad haben?

Die Schülerinnen und Schüler wollen das Glücksrad in acht Kreisausschnitte einteilen, die die Ziffern von 1 bis 8 tragen. Die Kreisausschnitte sollen zusätzlich noch grün, rot, blau und gelb gefärbt werden.

Gib mehrere mögliche Einteilungen des Glücksrades an.

Stelle jede Einteilung in einem Kreis mit dem Radius 5 cm dar.

Wir untersuchen Glücksräder

Reicht 50-mal Drehen für die Erprobung aus?

1 Die Schülerinnen und Schüler wollen das von ihnen gebaute Glücksrad ausprobieren.

Dazu wird das Glücksrad zunächst 50-mal gedreht.
Moritz hat die Ergebnisse in einer Strichliste festgehalten.

Strichliste

1	$\cancel{||||}\ ||||$
2	$||||$
3	$\cancel{||||}\ ||$
4	$\cancel{||||}\ |$
5	$|||$
6	$\cancel{||||}\ \cancel{||||}$
7	$\cancel{||||}$
8	$\cancel{||||}\ |$

Anna trägt die absolute Häufigkeit für das Ergebnis „Der Zeiger zeigt auf die 1" in eine Häufigkeitstabelle ein.
Sie berechnet auch die relative Häufigkeit.

relative Häufigkeit:

$$\frac{9}{50} = 0,18$$

relative Häufigkeit in Prozent: 18 %

Ergebnis : 1
absolute Häufigkeit: 9
Gesamtzahl der Versuche: 50

relative Häufigkeit : $\frac{9}{50} = 0,18$

a) Lege eine vollständige Häufigkeitstabelle an. Bestimme die relativen Häufigkeiten.
b) Berechne auch die Summe der relativen Häufigkeiten. Was stellst du fest?

Häufigkeitstabelle

Ergebnis	absolute Häufigkeit	relative Häufigkeit
1	9	0,18
2	▨	▨
3	▨	▨

2 Lena hat das Glücksrad 50-mal gedreht und dabei nur die Farben der einzelnen Kreisausschnitte festgehalten. Lege eine Häufigkeitstabelle an und trage die zugehörigen absoluten und relativen Häufigkeiten ein. Bestimme auch die Summen.

grün	$\cancel{||||}\ \cancel{||||}\ ||$
gelb	$\cancel{||||}\ \cancel{||||}\ \cancel{||||}\ |$
blau	$\cancel{||||}\ \cancel{||||}$
rot	$\cancel{||||}\ \cancel{||||}\ ||$

3 Das Glücksrad wurde insgesamt 200-mal gedreht. Johannes hat die absoluten Häufigkeiten der einzelnen Ergebnisse in einem Säulendiagramm dargestellt.

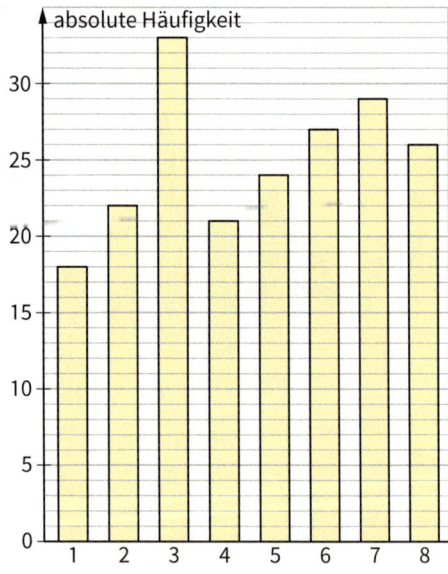

a) Lege eine Häufigkeitstabelle an. Berechne auch die relativen Häufigkeiten.
b) Gib die relativen Häufigkeiten auch in Prozent an.

4 Bei den 200 Drehungen des Glücksrades zeigte der Zeiger 27-mal auf den blauen Kreisausschnitt, 47-mal auf einen grünen, 51-mal auf einen roten und 75-mal auf einen gelben Kreisausschnitt.
a) Gib die relativen Häufigkeiten der einzelnen Ergebnisse als Bruch, Dezimalzahl und in Prozent an.
b) Stelle die relativen Häufigkeiten in einem Säulendiagramm dar.

Wir untersuchen Glücksräder

5 Die Schülerinnen und Schüler untersuchen, ob die Gewinnchancen für die einzelnen Ziffern in den Kreisausschnitten gleich groß sind. Sie führen deshalb das Zufallsexperiment „Drehen des Glücksrades" insgesamt 1000-mal durch und notieren auch nach 50 (200, 400, 500, 750) Versuchen die absoluten Häufigkeiten der einzelnen Ergebnisse.

Ergebnis	absolute Häufigkeiten		
1	9	18	41
2	4	22	46
3	7	33	55
4	6	21	38
5	3	24	58
6	10	27	44
7	5	29	61
8	6	26	57
Summe	50	200	400

Ergebnis	absolute Häufigkeiten		
1	54	80	116
2	50	87	127
3	61	112	135
4	57	79	115
5	72	106	134
6	52	84	118
7	80	100	129
8	74	102	126
Summe	500	▦	▦

Setze die Tabelle für 500, 750 und 1000 Versuche fort und ergänze sie.

Ergebnis	relative Häufigkeit		
1	0,18	0,09	▦
2	▦	▦	▦
3	▦	▦	▦
4	▦	▦	▦
5	▦	▦	▦
6	▦	▦	▦
7	▦	▦	▦
8	▦	▦	▦
Gesamtzahl der Versuche	50	200	400

6 a) Welche relativen Häufigkeiten für die einzelnen Ziffern erwartest du bei 10 000 (20 000, 50 000) Drehungen des Glücksrades?
b) Warum sind die Gewinnchancen für alle Ziffern gleich?

7 a) Berechne die relativen Häufigkeiten, mit denen die einzelnen Farben bei 50 (200, 400, …) Durchführungen angezeigt werden. Benutze die absoluten Häufigkeiten aus Aufgabe 5 und lege eine Tabelle an.

Ergebnis	relative Häufigkeit		
rot	0,16	▦	▦
gelb	▦	▦	▦
blau	▦	▦	▦
grün	▦	▦	▦
Gesamtzahl der Versuche	50	200	400

b) Welche relativen Häufigkeiten erwartest du für die einzelnen Farben bei 10 000 (20 000, 50 000) Durchführungen des Zufallsexperiments? Begründe.

8 Das unten abgebildete Glücksrad soll mehrere Male nacheinander gedreht werden.
Welche relativen Häufigkeiten erwartest du für die einzelnen angezeigten Ziffern (die einzelnen angezeigten Farben)? Begründe deine Antwort.

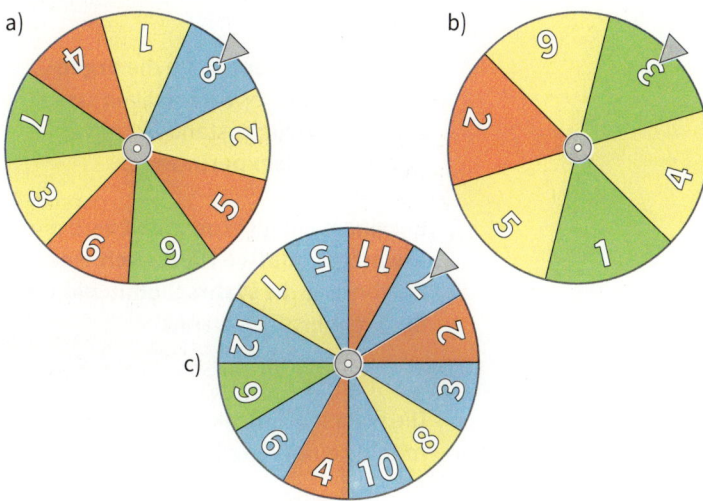

Wahrscheinlichkeit von Ergebnissen bestimmen

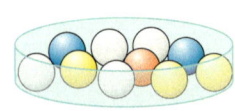

1 Steffi und Jonas haben mehrmals hintereinander mit einem Würfel gewürfelt und dabei festgehalten, wie häufig die Augenzahl „Sechs" gefallen ist.

Gesamtzahl der Versuche	absolute Häufigkeit von „Augenzahl Sechs"
10	1
50	11
100	20
200	30
500	85

a) Bestimme jeweils die relativen Häufigkeiten des Ergebnisses „Augenzahl Sechs" als Bruch und als Dezimalzahl.
b) Welche relativen Häufigkeiten erwartest du bei 3000 (6000, 15 000) Versuchen?

2 Aus der abgebildeten Urne soll mehrmals hintereinander gezogen werden. Jede gezogene Kugel wird sofort wieder in die Urne zurückgelegt.
Welche relativen Häufigkeiten erwartest du für die einzelnen Ergebnisse? Begründe deine Antwort.

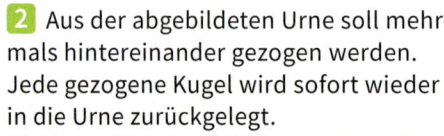

Ergebnisse: gelb, rot, weiß, blau
Anteil der gelben Kugeln: $\frac{3}{10} = 0{,}3$

erwartete relative Häufigkeit
für das Ergebnis „gelb": $\frac{3}{10} = 0{,}3$

3 a) Bestimme für jedes Glücksrad den Anteil der blauen Fläche an der Gesamtfläche.

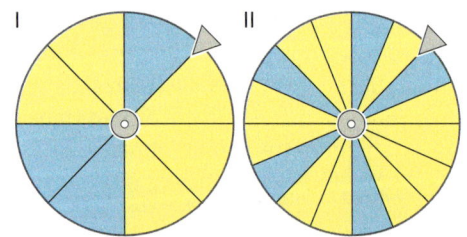

b) Beide Glücksräder sollen 2000-mal gedreht werden. Welche relativen Häufigkeiten erwartest du jeweils für das Ergebnis „blaues Feld"?

4 In einer Urne befinden sich 10 rote, 20 gelbe, 30 weiße und 40 blaue sonst gleichartige Kugeln. Es soll mehrmals eine Kugel aus der Urne gezogen und dann sofort wieder zurückgelegt werden. Welche relative Häufigkeit erwartest du für das Ergebnis „Die gezogene Kugel hat die Farbe rot (gelb, weiß, blau)"?

5 Welche relativen Häufigkeiten erwartest du für die Ergebnisse des folgenden Zufallsexperiments?
a) Eine 10-Cent-Münze wird mehrmals geworfen.
b) Eine 10-Cent-Münze und eine 20-Cent-Münze werden jeweils mehrmals geworfen.

Versuche, bei denen sich die **Ergebnisse** nicht sicher vorhersagen lassen, sondern zufällig zustande kommen, heißen **Zufallsexperimente.**

Bei einem Zufallsexperiment wird die **erwartete relative Häufigkeit** eines Ergebnisses die **Wahrscheinlichkeit P** des Ergebnisses genannt.

Die Wahrscheinlichkeit P lässt sich oft mithilfe eines Anteils ermitteln.

Zufallsexperiment: Drehen eines Glücksrades

Mögliche Ergebnisse: gelb, blau rot

Ergebnis: gelb
Anteil der gelben Kreisausschnitte: $\frac{3}{8}$

$P\,(\text{gelb}) = \frac{3}{8}$ (lies: P von gelb gleich …)

Wahrscheinlichkeit von Ergebnissen bestimmen

6 In einer Lostrommel befinden sich 180 Nieten, 19 Gewinne und ein Hauptgewinn.
Berechne die Wahrscheinlichkeiten für alle möglichen Ergebnisse.

7 In der Klasse 8 b wird ausgelost, welche Schülerin oder welcher Schüler sich an der Reinigung des Schulgebäudes beteiligt. Unter den 28 Schülerinnen und Schülern befinden sich 13 Mädchen.
a) Wie groß ist die Wahrscheinlichkeit, dass Tobias aus der 8 b ausgelost wird?
b) Wie groß ist die Wahrscheinlichkeit, dass ein Junge (ein Mädchen) an dieser Reinigungsaktion teilnimmt? Gib die Wahrscheinlichkeit als Bruch und als Dezimalzahl an. Runde auf zwei Nachkommastellen.

8 In der Klasse 8 a kommen 12 Schülerinnen und Schüler mit dem Fahrrad zur Schule, 11 benutzen öffentliche Verkehrsmittel, 6 gehen zu Fuß.
Wie groß ist die Wahrscheinlichkeit, dass ein zufällig ausgewähltes Mitglied der Klasse mit dem Fahrrad kommt (zu Fuß geht, öffentliche Verkehrsmittel benutzt)? Gib die Wahrscheinlichkeit als Bruch und als Dezimalzahl an. Runde auf zwei Nachkommastellen.

9 Berechne bei den folgenden Zufallsexperimenten die Wahrscheinlichkeit für jedes Ergebnis. Gib die Wahrscheinlichkeit auch in Prozent an. Runde auf zwei Nachkommastellen.
a) In einer Urne befinden sich 49 gleichartige Kugeln, die die Zahlen von 1 bis 49 tragen. Es wird einmal gezogen.
b) Aus einem Kartenspiel mit 32 Karten wird eine Karte gezogen.
c) Aus einer Klasse mit 14 Mädchen und 13 Jungen wird eine Person zufällig ausgewählt.
d) Ein Glücksrad mit 16 gleichgroßen Feldern, die die Zahlen von 1 bis 16 tragen, wird einmal gedreht.
e) Ein Würfel mit drei roten, zwei blauen und einer grünen Seitenfläche wird einmal geworfen.
f) Aus einer Lostrommel mit 190 Nieten und 10 Gewinnen wird ein Los gezogen.

Sind bei einem Zufallsexperiment alle Ergebnisse gleichwahrscheinlich, so beträgt die Wahrscheinlichkeit für jedes Ergebnis:

$$P\,(\text{Ergebnis}) = \frac{1}{\text{Anzahl aller Ergebnisse}}$$

Solche Zufallsexperimente werden **Laplace-Experimente** genannt.

10 In einer Urne befinden sich 50 gleichartige Kugeln, die gelb, blau oder rot gefärbt sind. Für die Wahrscheinlichkeit, mit der eine Kugel bestimmter Farbe gezogen wird, soll gelten: P (gelb) = 0,24, P (blau) = 0,64 und P (rot) = 0,12. Wie viele blaue (rote) Kugeln sind in der Urne?

P (gelb) = 0,24

Anteil der gelben Kugeln: 0,24

0,24 von 50 Kugeln: 0,24 · 50 = 12

Es sind 12 gelbe Kugeln in der Urne.

Zufallsexperiment

Ziehen einer Kugel

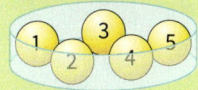

Ergebnisse:
1; 2; 3; 4; 5

Wahrscheinlichkeit für jedes Ergebnis:

$P\,(1) = P\,(2) =$
$P\,(3) = P\,(4) = P\,(5)$
$= \frac{1}{5} = 0,2 = 20\,\%$

Pierre Simon Laplace (1749–1827): französischer Mathematiker und Astronom

Recherchiere im Internet über Laplace.

Wahrscheinlichkeit von Ergebnissen schätzen

1 Sarah möchte wissen, wie groß die Wahrscheinlichkeit beim Werfen eines Sechser-Legosteins dafür ist, dass die Noppen nach oben zeigen.
Sie hat dazu mehrmals einen Sechser-Legostein geworfen und die absolute Häufigkeit für das Ergebnis „Noppen oben" in der Häufigkeitstabelle festgehalten.

Gesamtzahl der Versuche	absolute Häufigkeit für „Noppen oben"
20	9
50	16
100	36
200	72

a) Berechne zu jeder Gesamtzahl die zugehörige relative Häufigkeit.
b) Welche Wahrscheinlichkeit ordnest du dem Ergebnis „Noppen oben" zu? Begründe.

2 a) Versucht in Partnerarbeit einen Schätzwert für das Ergebnis „Noppen oben" beim Werfen von Zweier- (Vierer-, Achter-) Legosteinen zu ermitteln.
Führt dazu das Zufallsexperiment mehrmals durch und ermittelt die relativen Häufigkeiten.
b) Bestimmt alle möglichen Ergebnisse beim Werfen anderer Spielsteine und macht eine Aussage über deren Wahrscheinlichkeiten.

3 Bei Verkehrskontrollen wurden von der Polizei 1000 Lkws auf ihre Verkehrssicherheit überprüft. Das Ergebnis der Untersuchung wird in der Häufigkeitstabelle zusammengefasst.

Ergebnis	absolute Häufigkeit
keine Mängel	847
leichte Mängel	104
erhebliche Mängel	49

Wie groß ist die Wahrscheinlichkeit dafür, dass ein zufällig ausgewählter Lkw keine Mängel (leichte Mängel, erhebliche Mängel) aufweist?

4 Eine Umfrage zur Anzahl der Geschwister führte zu folgendem Ergebnis: 83 der befragten Schülerinnen und Schüler haben keine Geschwister, 124 eine Schwester oder einen Bruder, 32 zwei und 11 drei und mehr Geschwister. Wie groß ist die Wahrscheinlichkeit, dass ein zufällig ausgewählter Schüler keine (zwei) Geschwister hat?

Zufallsexperiment: Werfen einer Heftzwecke

Ergebnis: Die Heftzwecke liegt auf dem Kopf.

Untersuchungsergebnis bei 1000 Würfen

Ergebnis	absolute Häufigkeit
Kopf	435
Seite	565

Wahrscheinlichkeit für das Ergebnis: $P(\text{Kopf}) = \frac{435}{1000} = 0{,}435 = 43{,}5\,\%$

Können bei einem Zufallsexperiment die Wahrscheinlichkeiten nicht mithilfe geeigneter Anteile bestimmt werden, berechnet man die relativen Häufigkeiten der einzelnen Ergebnisse. Wurde das Zufallsexperiment bereits durchgeführt, nutzt man diese Daten, sonst führt man das Zufallsexperiment selbst durch.
Als **Schätzwert für die Wahrscheinlichkeit** eines Ergebnisses wird die dann ermittelte **relative Häufigkeit** des Ergebnisses genommen.

Ereignisse

1 Jasmin will feststellen, wie viele Ergebnisse folgendes Zufallsexperiment hat: Sie nimmt mit geschlossenen Augen nacheinander zwei Kugeln aus dem Gefäß und schreibt die zugehörigen Ziffern auf. Dann legt sie beide Kugeln zurück, mischt alles gut durch und nimmt erneut zwei Kugeln.

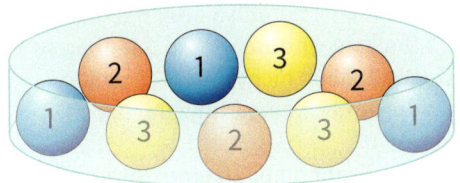

1. Ziehung: 3, 2

2. Ziehung: 2, 2

Welche anderen möglichen Ergebnisse kann Jasmin bei weiteren Ziehungen erhalten?

2 Gib alle möglichen Ergebnisse des Zufallsexperiments an.
a) Eine Münze wird zweimal geworfen.
b) Die erste Lottozahl wird gezogen.
c) Ein Glücksrad (10 Ziffern) wird einmal gedreht.
d) Die Blutgruppe einer zufällig ausgewählten Person wird bestimmt.
e) Eine zufällig ausgewählte Person wird nach ihrem Lebensalter (in Jahren) gefragt.
f) Aus einer Urne mit roten, blauen und schwarzen Kugeln werden nacheinander zwei Kugeln gezogen.

3 Aus einem Spiel mit 32 Karten wird eine Karte gezogen.

 Karo

 Herz

Pik

Kreuz

Das Ereignis E „Die gezogene Karte ist ein Bube" tritt ein, wenn der Karo-Bube, der Herz-Bube, der Pik-Bube oder der Kreuz-Bube gezogen wird.

E: Die gezogene Karte ist ein Bube.

Das Ereignis E lässt sich auch als Menge von Ergebnissen schreiben:

E = {Karo-Bube, Herz-Bube, Pik-Bube, Kreuz-Bube}

Gib das folgende Ereignis als Menge an:
Die gezogene Karte ist
a) ein rotes Bild,
b) eine Pik-Karte,
c) eine schwarze Acht,
d) das Kreuz-As,
e) eine Dame oder ein Bube,
f) kein Bild.

Zufallsexperiment: Ziehen einer Kugel

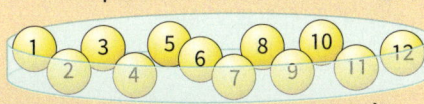

$S = \{1, 2, 3, 4, 5, 6, 7, 8, 9, 10, 11, 12\}$

E_1: Die gezogene Zahl ist durch 4 teilbar. $E_1 = \{4, 8, 12\}$

E_2: Die gezogene Zahl ist durch 7 teilbar. $E_2 = \{7\}$

Die **Menge aller möglichen Ergebnisse** eines Zufallsexperiments heißt **Ergebnismenge S.**

Ein **Ereignis** ist eine **Teilmenge** der Ergebnismenge S.

Ereignisse

4 Aus der abgebildeten Urne wird eine Kugel gezogen.

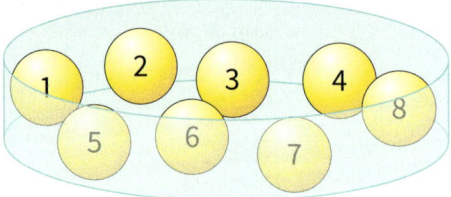

Gib wie im Beispiel jedes Ereignis als Menge von Ergebnissen an.

E_1: Die gezogene Zahl ist ungerade.
$E_1 = \{1, 3, 5, 7\}$

E_2: Die gezogene Zahl ist gerade.
E_3: Die gezogene Zahl ist größer als 4.
E_4: Die gezogene Zahl ist kleiner als 5.
E_5: Die gezogene Zahl ist größer als 5.
E_6: Die gezogene Zahl ist größer als 2 und kleiner als 6.

5 Ein Würfel wird einmal geworfen. Dabei kann es nicht passieren, dass die gewürfelte Augenzahl größer ist als 6. Das bedeutet, dass das Ereignis „E1: Die Augenzahl ist größer als 6." nicht eintreten kann. Die zugehörige Menge ist die leere Menge.
Gib das folgende Ereignis als Menge an.
E_4: Die Augenzahl ist höchstens 5.
E_5: Die Augenzahl ist mindestens 3.
E_6: Die Augenzahl ist durch 2 teilbar.
E_7: Die Augenzahl ist durch 7 teilbar.
E_8: Die Augenzahl ist kleiner als 10.
E_9: Die Augenzahl ist mindestens 1.
E_{10}: Die Augenzahl ist durch 3 teilbar.
E_{11}: Die Augenzahl ist mindestens 6.

> Ein Ereignis E, das nie eintreten kann, ist gleich der leeren Menge.
> Es wird daher **unmögliches Ereignis** genannt. **E = { }**
>
> Ein Ereignis E, das immer eintrifft, ist gleich der Ergebnismenge S.
> Es wird daher **sicheres Ereignis** genannt. **E = S**

E1: Die Augenzahl ist größer als 6.

$E_1 = \{\quad\}$

E_2: Die Augenzahl ist höchstens 4.

$E_2 = \{1, 2, 3, 4\}$

E_3: Die Augenzahl ist mindestens 4.

$E_3 = \{4, 5, 6\}$

6 In einer Urne befinden sich dreißig gleichartige Kugeln, die die Zahlen von 1 bis 30 tragen. Eine Kugel wird gezogen. Gib das Ereignis als Menge an.
E_1: Die Zahl ist durch 3 teilbar.
E_2: Die Zahl ist durch 5 teilbar.
E_3: Die Zahl ist durch 27 teilbar.
E_4: Die Zahl ist durch 39 teilbar.
E_5: Die Zahl ist durch 3 oder 5 teilbar.
E_6: Die Zahl ist durch 3 und 5 teilbar.
E_7: Die Zahl ist nicht durch 77 teilbar.
E_8: Die Zahl ist eine Primzahl.

7 Die Teilnehmer an einer internationalen Tagung kommen aus Italien, Frankreich, Großbritannien, der Bundesrepublik Deutschland, den USA, der Türkei, Spanien, Ägypten, Brasilien, Polen und China. Ein Teilnehmer wird zufällig ausgewählt. Gib das folgende Ereignis als Menge an.
E_1: Der Teilnehmer ist Europäer.
E_2: Der Teilnehmer kommt aus Afrika.
E_3: Der Teilnehmer kommt aus Asien.
E_4: Der Teilnehmer kommt aus der EU.
E_5: Der Teilnehmer ist kein Europäer.

8 In einer Urne befinden sich zwanzig gleichartige Kugeln, die die Zahlen von 1 bis 20 tragen. Eine Kugel wird gezogen. Beschreibe das angegebene Ereignis wie im Beispiel durch eine Aussage. Es sind mehrere Aussagen möglich.

> $E_1 = \{1, 2, 3, 4, 5\}$
>
> E_1: Die gezogene Zahl ist höchstens 5.
> E_1: Die gezogene Zahl ist kleiner als 6.

$E_2 = \{4, 12, 16, 20\}$
$E_3 = \{1, 3, 5, 7, 9, 11, 13, 15, 17, 19\}$
$E_4 = \{1, 2, 3, 4, 5, 6, 7, 8\}$
$E_5 = \{2, 3, 5, 7, 11, 13, 17, 19\}$
$E_6 = \{\quad\}$
$E_7 = \{15\}$
$E_8 = \{14, 15, 16, 17, 18, 19, 20\}$

Bei wie vielen zweistelligen Zahlen ist die Zehnerziffer größer als die Einerziffer?

Wahrscheinlichkeit von Ereignissen

1 In der Schule werden 250 zufällig ausgewählte Schülerinnen und Schüler nach der Anzahl ihrer Geschwister befragt. Das Ergebnis der Befragung wurde in der abgebildeten Häufigkeitstabelle zusammengefasst.

Anzahl der Geschwister	absolute Häufigkeit	relative Häufigkeit
0	103	0,412
1	128	0,512
2	12	0,048
3	5	0,020
4 und mehr	2	0,008
Summe	250	1,000

a) Wie viele der befragten Schülerinnen und Schüler haben zwei oder weniger Geschwister?
b) Berechne die relative Häufigkeit für zwei oder weniger Geschwister. Es gibt zwei Lösungswege.
c) Wie groß ist die Wahrscheinlichkeit, dass eine zufällig ausgewählte Schülerin oder ein zufällig ausgewählter Schüler zwei oder weniger Geschwister hat?

2 Aus der abgebildeten Urne wird eine Kugel gezogen. Dabei sind vier unterschiedliche Ergebnisse möglich: $S = \{1, 2, 3, 4\}$.

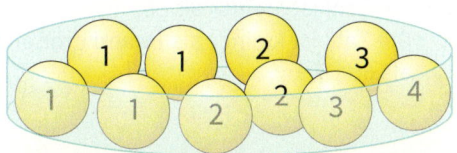

E_1: Die gezogene Zahl ist gerade.
$E_1 = \{2, 4\}$

$P(E_1) = P(2) + P(4)$

$P(E_1) = \frac{3}{10} + \frac{1}{10} = \frac{4}{10} = 0{,}4 = 40\,\%$

Berechne die Wahrscheinlichkeit des folgenden Ereignisses.
E_2: Die gezogene Zahl ist ungerade.
E_3: Die gezogene Zahl ist größer als 1.
E_4: Die gezogene Zahl ist höchstens 3.
E_5: Die gezogene Zahl ist mindestens 4.

Zufallsexperiment: Das Glücksrad wird einmal gedreht.

E: Die Gewinnzahl ist kleiner als 4.

$E = \{1, 2, 3\}$

$P(E) = P(1) + P(2) + P(3)$

$P(E) = \frac{2}{8} + \frac{3}{8} + \frac{2}{8}$

$P(E) = \frac{7}{8} = 0{,}875 = 87{,}5\,\%$

$S = \{1, 2, 3, 4\}$

Du berechnest die Wahrscheinlichkeit eines Ereignisses, indem du die Wahrscheinlichkeiten der zugehörigen Ergebnisse addierst.

3 In einer Urne befinden sich 27 gleichartige Kugeln, auf denen je ein Buchstabe des Wortes „Wahrscheinlichkeitsrechnung" steht. Eine Kugel wird gezogen.
a) Gib die Ergebnismenge S an und berechne die Wahrscheinlichkeit für jedes Ergebnis.
b) Gib das Ereignis „Der gezogene Buchstabe ist ein Vokal." als Menge von Ergebnissen an und berechne seine Wahrscheinlichkeit.

4 Bei einem Angelspiel können Fische oder Gegenstände geangelt werden. In dem Kasten, der den Teich darstellt, befinden sich Plastikfiguren für fünf Karpfen, drei Forellen, zwei Hechte, zwei Schuhe und einen Regenschirm. Es soll einmal geangelt werden.
a) Gib die Ergebnismenge S an und berechne die Wahrscheinlichkeit für jedes Ergebnis.
b) Gib das Ereignis „Es wird ein Fisch geangelt." als Teilmenge von S an und berechne seine Wahrscheinlichkeit.
c) Gib das Ereignis „Es wird kein Fisch geangelt." als Teilmenge von S an und berechne seine Wahrscheinlichkeit.
d) Vergleiche die berechneten Wahrscheinlichkeiten. Was fällt dir auf?

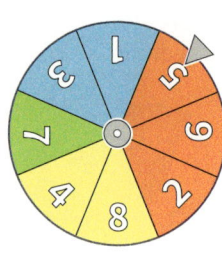

5 Das abgebildete Glücksrad wird einmal gedreht. Gib das folgende Ereignis als Menge von Ergebnissen an und berechne seine Wahrscheinlichkeit.

E_1: Der Zeiger zeigt auf ein rotes Feld.

E_2: Der Zeiger zeigt auf ein blaues oder ein gelbes Feld.

E_3: Der Zeiger zeigt nicht auf ein blaues Feld.

E_4: Der Zeiger zeigt auf ein schwarzes Feld.

6 In einer Lostrommel sind 50 Freilose, 50 Lose mit einem Gewinn von je 5 €, 10 Lose mit einem Gewinn von je 50 €, ein Los mit einem Gewinn von 100 € und 889 Nieten. Es wird ein Los gezogen. Gib das folgende Ereignis als Teilmenge von S an und berechne seine Wahrscheinlichkeit.

E_1: Es wird ein Gewinnlos gezogen.

E_2: Es wird keine Niete gezogen.

E_3: Es wird ein Los mit einem Gewinn von mindestens 50 € gezogen.

E_4: Es wird ein Los gezogen, das höchstens 5 € Gewinn erzielt.

7 Eine Umfrage im 8. Jahrgang zum Thema „Taschengeld" führte zu dem in der Tabelle festgehaltenen Ergebnis.

a) Ein zufällig ausgewählter Schüler des 8. Jahrgangs wird nach seinem monatlichen Taschengeld gefragt.

Gib die Ergebnismenge S an und berechne zu jedem Ergebnis die Wahrscheinlichkeit.

b) Gib das folgende Ereignis als Menge von Ergebnissen an und berechne seine Wahrscheinlichkeit.

E_1: Der Schüler bekommt höchstens 30 € Taschengeld.

E_2: Der Schüler bekommt mindestens 30 € Taschengeld.

E_3: Der Schüler erhält mehr als 20 € und weniger als 40 € Taschengeld.

E_4: Der Schüler erhält mehr als 20 € Taschengeld.

E_5: Der Schüler erhält nicht 30 € Taschengeld.

monatl. Taschengeld	absolute Häufigk.
15 €	36
20 €	48
30 €	60
40 €	18

8 In einer Urne befinden sich 20 gleichartige Kugeln, die die Zahlen von 1 bis 20 tragen.

Da alle Ergebnisse gleichwahrscheinlich sind, kannst du wie im Beispiel die Wahrscheinlichkeit eines Ereignisses berechnen, indem du die Anzahl der zugehörigen Ergebnisse bestimmst. Die zugehörigen Ergebnisse werden auch **die für das Ereignis günstigen Ergebnisse** genannt.

E_1: Die gezogene Zahl ist ungerade.

$E_1 = \{1, 3, 5, 7, 9, 11, 13, 15, 17, 19\}$

Anzahl der günstigen Ergebnisse: 10
Anzahl aller Ergebnisse : 20

$P(E_1) = \frac{10}{20} = \frac{1}{2} = 0,5 = 50\,\%$

Gib das folgende Ereignis als Menge von Ergebnissen an und berechne seine Wahrscheinlichkeit.

E_2: Die Zahl ist kleiner als 8.

E_3: Die Zahl ist höchstens 13.

E_4: Die Zahl ist mindestens 7.

E_5: Die Zahl ist 5.

E_6: Die Zahl ist eine Primzahl.

E_7: Die Zahl ist durch 3 teilbar.

E_8: Die Zahl ist durch 7 teilbar.

E_9: Die Zahl ist kleiner als 50.

E_{10}: Die Zahl ist kleiner als 15 und größer als 6.

Sind bei einem Zufallsexperiment alle Ergebnisse gleichwahrscheinlich **(Laplace-Experiment),** so beträgt die Wahrscheinlichkeit für jedes Ereignis E:

$$P(E) = \frac{\text{Anzahl der günstigen Ergebnisse}}{\text{Anzahl aller Ergebnisse}}$$

Die Regel zur Berechnung der Wahrscheinlichkeit von Ereignissen heißt **Laplace-Regel.**

1 Sarah und David wollen dreimal hintereinander eine Münze werfen. Sie überlegen, wie groß die Wahrscheinlichkeit dafür ist, dass dreimal hintereinander „Zahl" (zweimal Zahl und einmal Bild) fällt.
Mithilfe eines Baumdiagramms wollen sie alle möglichen Ergebnisse des Zufallsexperiments bestimmen.

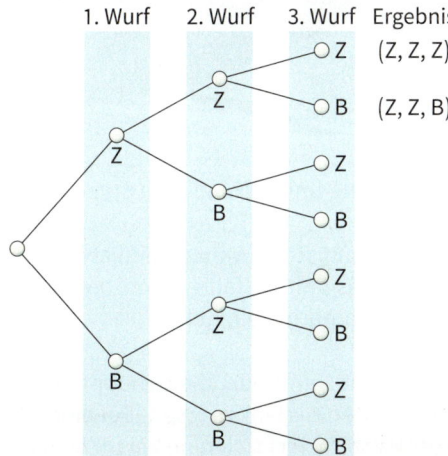

a) Wie kommst du mithilfe des Baumdiagramms zu allen möglichen Ergebnissen?
b) Übertrage das Baumdiagramm in dein Heft und bestimme S.
c) Kannst du Sarah und David bei der Bestimmung der Wahrscheinlichkeit helfen?

2 Das abgebildete Glücksrad soll viermal hintereinander gedreht werden.

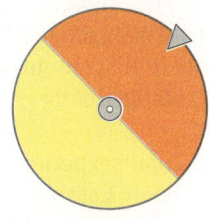

a) Zeichne das zugehörige Baumdiagramm und bestimme S.
b) Wie kannst du die Anzahl aller möglicher Ergebnisse mithilfe des Baumdiagramms berechnen?
c) Wie groß ist dann die Wahrscheinlichkeit für jedes Ergebnis?

Das abgebildete Glücksrad soll zweimal nacheinander gedreht werden. So kannst du das zugehörige Baumdiagramm zeichnen:

1. Zeichne von der Wurzel aus jeweils eine Strecke (einen Teilpfad) zu jedem möglichen Ergebnis bei dem ersten Drehen des Glücksrades.

2. Zeichne von jedem dieser Ergebnisse aus jeweils einen Teilpfad zu jedem möglichen Ergebnis bei dem zweiten Drehen des Glücksrades.

3. Jeder Pfad von der Wurzel bis zum Ende entspricht einem Ergebnis des Zufallsexperiments.

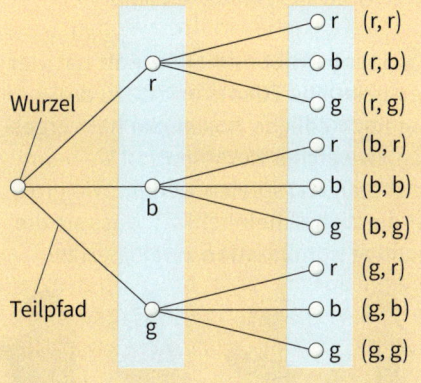

3 Aus der abgebildeten Urne soll eine Kugel gezogen, ihre Farbe notiert und dann wieder zurückgelegt werden. Nach einem Mischen der Kugeln soll dann eine weitere Kugel gezogen werden.

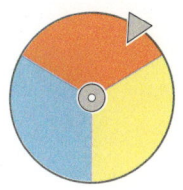

a) Zeichne das zugehörige Baumdiagramm und gib die Ergebnismenge S an.
b) Wie groß ist die Wahrscheinlichkeit für jedes Ergebnis?
c) Wie viele Ergebnisse gehören zu dem Ereignis E: „Genau eine gezogene Kugel ist rot"? Bestimme die Wahrscheinlichkeit für E.

4 Auf der Entbindungsstation eines Krankenhauses werden an einem Tag vier Kinder geboren. Die Wahrscheinlichkeit für die Geburt eines Mädchens oder Jungens ist dabei gleich.

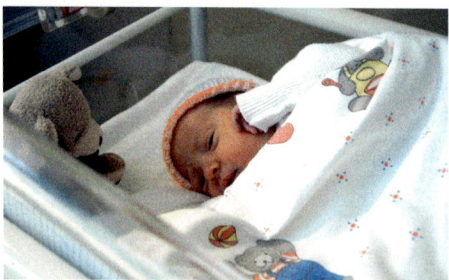

a) Zeichne das zugehörige Baumdiagramm (Junge oder Mädchen).
b) Wie groß ist die Wahrscheinlichkeit dafür, dass unter den vier Kindern genau zwei (drei, vier) Mädchen sind?

5 Jennys Fußballmannschaft hat vier verschiedene Trikots und dazu drei unterschiedliche Hosen. Sie hat vergessen, in welcher Kombination sie beim nächsten Mal spielen wollen. Wie groß ist die Wahrscheinlichkeit, dass sie die richtige Kombination zufällig errät?

6 Ein Glücksrad mit zehn gleichgroßen Feldern, die die Ziffern von 0 bis 9 tragen, wird zweimal gedreht.
a) Überlege, wie ein zugehöriges Baumdiagramm aussehen müsste. Wie viele unterschiedliche Ergebnisse gibt es?
b) Wie groß ist die Wahrscheinlichkeit dafür, dass die Zahl „67" gedreht wird?
c) Wie groß ist die Wahrscheinlichkeit, dass ein Vielfaches von 10 gedreht wird?

7 Bei dem abgebildeten Zahlenschloss kann man auf jedem einzelnen Ring die Ziffern von 0 bis 9 einstellen. Thilo möchte die richtige Kombination einstellen.

a) Wie viele unterschiedliche Ergebnisse gibt es?
b) Wie groß ist die Wahrscheinlichkeit dafür, dass Thilo zufällig sofort die richtige Kombination einstellt?

8 Es gibt Menschen, die behaupten, sie könnten Gedanken lesen. Bei einem Test konzentriert sich eine Versuchsperson dreimal nacheinander auf eines der abgebildeten Symbole.

Der „Gedankenleser" schreibt ohne Sichtkonktakt mit der Versuchsperson die Symbole der Reihe nach auf.
a) Zeichne das zugehörige Baumdiagramm und gib die Ergebnismenge S an.
b) Berechne die Wahrscheinlichkeit dafür, dass die drei Symbole in dieser Reihenfolge zufällig richtig geraten werden.
c) Spiele das Zufallsexperiment in Partnerarbeit nach. Lass dazu deinen Partner zunächst eine Auswahl der drei Symbole der Reihe nach aufschreiben, versuche dann die Symbole zu erraten und schreibe sie ebenfalls auf. Mit wie vielen Übereinstimmungen kannst du bei 50 Durchführungen des Zufallsexperiments rechnen? Kannst du auch Gedanken lesen?

Mit dem Zufall rechnen

Zufallsexperiment: Ziehen einer Kugel aus der Urne

Mögliche Ergebnisse: 1, 2, 3, 4

$$S = \{1, 2, 3, 4\}$$

Anteil der Kugeln, die die Ziffer 1 tragen: $\frac{4}{10} = 0,4 = 40\,\%$

Die Wahrscheinlichkeit für das Ziehen einer 1: $P(1) = 0,4 = 40\,\%$.

E: Die gezogene Zahl ist ungerade.

$$E = \{1, 3\}$$

$$P(E) = P(1) + P(3)$$
$$= 0,4 + 0,2$$
$$= 0,6 = 60\,\%$$

Die Wahrscheinlichkeit für das Ziehen einer ungeraden Zahl: $P(E) = 0,6 = 60\,\%$.

Versuche, bei denen sich die **Ergebnisse** nicht sicher vorhersagen lassen, sondern zufällig zustande kommen, heißen **Zufallsexperimente.**

Die Menge aller möglichen Ergebnisse wird **Ergebnismenge S** genannt.

Bei einem Zufallsexperiment wird die **erwartete relative Häufigkeit** eines Ergebnisses die **Wahrscheinlichkeit** des Ergebnisses genannt.

Die Wahrscheinlichkeit lässt sich oft mithilfe eines Anteils bestimmen.

Ein **Ereignis** ist eine **Teilmenge** der Ergebnismenge S.

Die Wahrscheinlichkeit eines Ereignisses wird berechnet, indem die Wahrscheinlichkeiten der zugehörigen Ergebnisse addiert werden.

Sind bei einem Zufallsexperiment alle Ergebnisse gleichwahrscheinlich, so beträgt die Wahrscheinlichkeit für jedes Ereignis E:

$$P(E) = \frac{\textbf{Anzahl der günstigen Ergebnisse}}{\textbf{Anzahl aller Ergebnisse}}$$

Laplace-Regel

Können die Wahrscheinlichkeiten nicht mithilfe geeigneter Anteile bestimmt werden, berechnet man die relativen Häufigkeiten der einzelnen Ergebnisse. Wurde das Zufallsexperiment bereits durchgeführt, nutzt man diese Daten, sonst führt man das Zufallsexperiment selbst durch.
Als **Schätzwert** für die Wahrscheinlichkeit eines Ergebnisses wird dann die vorher ermittelte relative Häufigkeit des Ergebnisses genommen.

Zufallsexperiment: Ein zufällig ausgewählter Pkw wird auf seine Verkehrssicherheit hin überprüft.

Ergebnis bei 1000 überprüften Pkws:

Ergebnis	absolute Häufigkeit
keine Mängel	815
leichte Mängel	154
schwere Mängel	31

Ergebnis: Der Pkw hat leichte Mängel.

Wahrscheinlichkeit für das Ergebnis:

$$P(\text{leichte Mängel}) = \frac{154}{1000} = 0,154$$
$$= 15,4\,\%$$

Üben und Vertiefen

1 In der Klasse 8 b sind 14 Mädchen und 15 Jungen. Für eine Veranstaltung soll aus jeder Klasse ein Vertreter ausgewählt werden. Die Schülerinnen und Schüler der 8 b wollen das Los entscheiden lassen.
a) Wie groß ist die Wahrscheinlichkeit, dass das Los auf Stefanie aus der 8 b fällt?
b) Wie groß ist die Wahrscheinlichkeit, dass ein Mädchen (Junge) ausgelost wird?

2 In einer Urne befinden sich zwanzig gleichartige Kugeln. Davon sind sechs rot, sieben weiß, drei schwarz und vier Kugeln blau gefärbt. Eine Kugel wird aus der Urne gezogen.
Gib die Ergebnismenge S an und berechne die Wahrscheinlichkeiten aller möglichen Ergebnisse.

3 In der Tabelle siehst du das Ergebnis einer Umfrage aus dem Jahre 2015 in Deutschland zum Thema „Rauchen".

Raucher und Nichtraucher 2015	
Nieraucher	54 %
regelmäßige Raucher	23 %
gelegentliche Raucher	4 %
frühere Raucher	19 %

Wie groß ist die Wahrscheinlichkeit dafür, dass eine zufällig ausgewählte Person regelmäßig raucht (nie geraucht hat, früher geraucht hat)?

Oktaeder

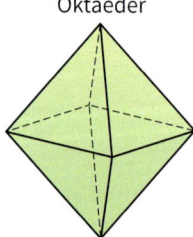

Dodekaeder

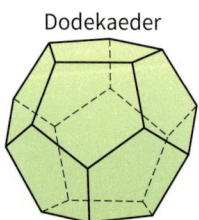

4 Ein Oktaeder ist ein regelmäßiger Körper, dessen Oberfläche aus acht gleichgroßen Dreiecken besteht, ein Dodekaeder ist ein regelmäßiger Körper, dessen Oberfläche aus 12 gleichgroßen Fünfecken besteht. Die Flächen tragen hier die Zahlen von 1 bis 8 (1 bis 12). Beide Körper werden einmal geworfen. Gib jeweils die Ergebnismenge S an und berechne die Wahrscheinlichkeit für jedes Ergebnis.

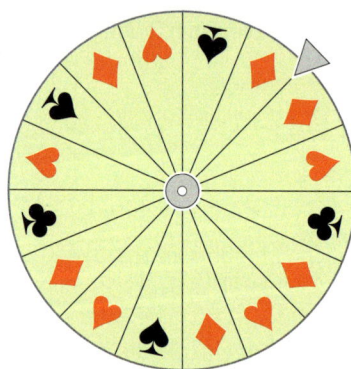

5 Das abgebildete Glücksrad wird einmal gedreht.
Gib die Ergebnismenge S an und berechne die Wahrscheinlichkeiten aller Ergebnisse.

6 Bei einer Umfrage im 8. Jahrgang zum Thema „Taschengeld" geben 21 Schülerinnen und Schüler an, dass sie 15 € im Monat erhalten, 29 erhalten 20 €, 40 Schülerinnen und Schüler erhalten 30 € und 10 sogar 40 €.
Eine zufällig ausgewählte Schülerin des 8. Jahrgangs wird nach ihrem monatlichen Taschengeld gefragt.
Wie groß ist die Wahrscheinlichkeit, dass sie 15 € (30 €) im Monat erhält?

7 Für ein Zufallsexperiment stehen dir eine Urne und gleichartige rote, blaue, grüne und weiße Kugeln zur Verfügung. Es soll eine Kugel aus der Urne gezogen werden. Die Wahrscheinlichkeit dafür, dass eine rote Kugel gezogen wird, soll 0,2 betragen, die Wahrscheinlichkeit für eine blaue Kugel 0,4, für eine weiße Kugel 0,1 und für eine grüne Kugel 0,3. Wie viele Kugeln von jeder Farbe musst du in die Urne legen, wenn die Urne insgesamt 20 (50, 80) Kugeln enthalten soll?

8 Ein Glücksrad soll in gleichgroße Felder eingeteilt werden, die entweder rot oder weiß oder grün sind. Welche Einteilung wählst du, wenn die Wahrscheinlichkeit für ein rotes Feld $\frac{1}{2}$, für ein grünes Feld $\frac{3}{8}$ und ein weißes Feld $\frac{1}{8}$ betragen soll?

Üben und Vertiefen

9 Entscheide, ob es sich um ein Zufallsexperiment handelt. Wenn ja, gib die Ergebnismenge S an.
a) Ein Würfel wird einmal geworfen.
b) Die Masse eines vorher festgelegten Körpers wird bestimmt.
c) Eine zufällig ausgewählte Person wird nach ihrem Familienstand gefragt.
d) An einem bestimmten Ort wird zu einem festen Zeitpunkt die Temperatur gemessen.
e) Aus einer Kiste mit brauchbaren und unbrauchbaren Schrauben wird eine Schraube herausgenommen.
f) Aus einer Lostrommel mit einem Hauptgewinn, mehreren Gewinnen und vielen Nieten wird ein Los gezogen.

10 Das abgebildete Glücksrad soll einmal gedreht werden.

Berechne die Wahrscheinlichkeiten der einzelnen Ereignisse wie im Beispiel. Gib das Ereignis zunächst als Menge von Ergebnissen an.

> E : Die Gewinnzahl ist gerade.
> E = {2, 4, 6}
> P (E) = P (2) + P (4) + P (6)
> $= \frac{3}{12} + \frac{2}{12} + \frac{1}{12}$
> $= \frac{6}{12} = \frac{1}{2} = 0,5 = 50\,\%$

E1: Die Gewinnzahl ist kleiner als 5.
E2: Die Gewinnzahl ist größer als 4.
E3: Die Gewinnzahl ist höchstens 6.
E4: Die Gewinnzahl ist mindestens 5.
E5: Die Gewinnzahl ist ungerade.
E6: Die Gewinnzahl ist keine Primzahl.
E7: Die Gewinnzahl ist größer als 9.

11 In einer Urne befinden sich 36 gleichartige Kugeln, die die Zahlen von 1 bis 36 tragen. Eine Kugel wird gezogen, die gezogene Zahl wird notiert.
a) Gib die Ereignisse jeweils als Menge an und berechne ihre Wahrscheinlichkeit.
E_1: Die Zahl ist durch 9 teilbar.
E_2: Die Zahl ist durch 6 teilbar.
E_3: Die Zahl ist durch 18 teilbar.
E_4: Die Zahl ist durch 3 teilbar.
E_5: Die Zahl ist durch 19 teilbar.
E_6: Die Zahl ist größer als 29.
E_7: Die Zahl ist kleiner als 39.
b) Beschreibe die angegebenen Ereignisse jeweils durch eine Aussage und berechne ihre Wahrscheinlichkeit. Es sind mehrere Aussagen möglich.
$E_8 = \{4, 8, 12, 16, 20, 24, 28, 32, 36\}$
$E_9 = \{1, 2, 3, 4, 5, 6, 7, 8, 9, 10, 11\}$
$E_{10} = \{6, 7, 8, 9, 10, 11, 12, 13, 14, 15\}$
$E_{11} = \{\quad\}$
$E_{12} = \{1, 2, 3, \dots 34, 35, 36\}$

12 10 000 Mädchen und 10 000 Jungen im Alter von 14 bis 15 Jahren wurden gefragt, wie häufig sie mit ihrem Smartphone Facebook aufrufen. Die Ergebnisse der Umfrage sind in der Tabelle dargestellt.

Wie häufig rufst du Facebook auf?

	Häufigkeit			
	mehrmals täglich	einmal pro Tag/ mehrmals pro Woche	einmal pro Woche/ seltener	nie
Mädchen	5320	2070	1810	800
Jungen	5080	1760	1590	1570

Ein Mädchen (ein Junge) im Alter von 14 bis 15 Jahren wird zufällig ausgewählt.
a) Wie groß ist die Wahrscheinlichkeit dafür, dass sie (er) mehrmals täglich Facebook aufruft?
b) Wie groß ist die Wahrscheinlichkeit, dass sie (er) mehr als einmal pro Woche Facebook aufruft?
c) Wie groß ist die Wahrscheinlichkeit, dass sie (er) überhaupt Facebook aufruft?

> Diese Aufgaben lassen sich auch in Gruppenarbeit bearbeiten. Beachte dazu die Hinweise auf der nächsten Seite.

> Informiere dich, wie häufig Jugendliche andere soziale Netzwerke benutzen.

Regeln für die Gruppenarbeit

1. Der Arbeitsplatz wird eingerichtet. Alle Arbeitsmaterialien werden zurechtgelegt.

2. Die Gruppenarbeit beginnt mit einer gemeinsamen Besprechung der Aufgabenstellung.

3. Der Arbeitsablauf wird organisiert. Dabei werden alle an der Arbeit beteiligt.

4. Alle Gruppenmitglieder notieren die wichtigsten Ergebnisse.

5. Der Vortrag der Ergebnisse wird gemeinsam vorbereitet. Alle sind für die Qualität der Arbeit verantwortlich.

Regeln für die Präsentation

1. Beginne nicht sofort, sondern warte ab, bis Ruhe herrscht.

2. Versuche frei zu sprechen und schaue das Publikum an. Benutze einen Notizzettel als Merkhilfe.

3. Stelle wichtige Informationen besonders heraus.
   Benutze dazu die Tafel, Folien, Plakate.

4. Warte am Ende ab, ob es noch Fragen oder Anmerkungen gibt.

Regeln für das Publikum

1. Wenn eine Gruppe ihre Ergebnisse vorträgt, hört das Publikum aufmerksam zu.

2. Jeder überlegt während der Präsentation:
   • Was kann ich bei dieser Präsentation lernen?
   • Welche Fragen habe ich noch?
   • Was hat mir gut gefallen, was könnte noch verbessert werden?

3. Das Publikum nimmt in der Nachbesprechung dazu Stellung.

Wahrscheinlichkeiten im Alltag

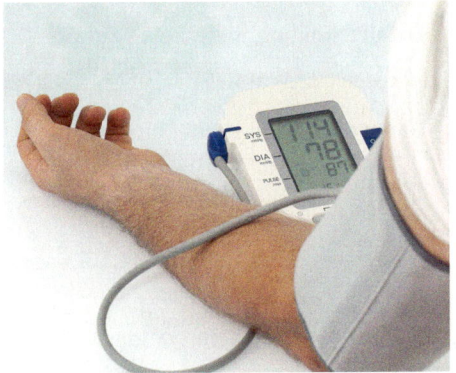

Milcheis
Schokolade
Vanille
Walnuss

Fruchteis
Zitrone
Erdbeere
Banane
Kiwi
Aprikose

1 Ein Medikament gegen Bluthochdruck wird bei 50 Patienten getestet, die unter Bluthochdruck leiden.
Bei 48 Patienten wird der Blutdruck durch das Medikament deutlich gesenkt. Bestimme die Wahrscheinlichkeit dafür, dass das Medikament bei einem Bluthochdruckpatienten wirkt.

2 Von 100 000 Einwohnern sterben in Deutschland 157 an einem Herzinfarkt, in Rumänien 322.
a) Bestimme jeweils die Wahrscheinlichkeit dafür, dass ein Einwohner an einem Herzinfarkt stirbt und vergleiche.
b) Raucher, die mehr als 15 Zigaretten pro Tag rauchen, haben ein viermal so großes Herzinfarktrisiko. Berechne die zugehörigen Wahrscheinlichkeiten.

3 Beurteile die folgenden Aussagen:
A Die Wahrscheinlichkeit für 6 Richtige beim Lotto beträgt 1 : 14 000 000.

B Die Wahrscheinlichkeit für einen tödlichen Autounfall beträgt 1 : 10 000 000.
C Die Wahrscheinlichkeit für einen tödlichen Blitzschlag beträgt 1 : 20 000 000.

4 a) Melissa hat sich zwei Kugeln Eis gekauft, eine Kugel Milcheis und eine Kugel Fruchteis. Hendrik kauft ebenfalls eine Kugel Milcheis und eine Kugel Fruchteis. Wie groß ist die Wahrscheinlichkeit, dass er zufällig dieselbe Kombination wählt wie Melissa?
b) Jana kauft ein Eis mit zwei verschiedenen Kugeln Fruchteis. Wie viele Möglichkeiten gibt es? Wie groß ist die Wahrscheinlichkeit, dass Sebastian zufällig die gleichen Sorten wählt?
Zeichne zunächst das zugehörige Baumdiagramm.

5 Arne, Mirko, Thilo und Serkan machen eine Fahrradtour. Am ersten Tag losen sie aus, welche beiden Jungen die Zelte transportieren müssen.

a) Zeichne das zugehörige Baumdiagramm mit den entsprechenden Wahrscheinlichkeiten.
b) Wie groß ist die Wahrscheinlichkeit dafür, dass Mirko und Arne jeweils ein Zelt transportieren müssen?

1 Jule und Niklas möchten Zufalls-experimente mithilfe eines Tabellenkal-kulationsprogramms simulieren.
Sie informieren sich, mithilfe welcher Befehle sie Zufallszahlen erhalten und damit andere Zahlen erzeugen können.
Zur Simulation eines Münzwurfes haben sie ein Tabellenblatt angelegt.

				Einfacher Münzwurf	
	A	B	C	D	E
1				Einfacher Münzwurf	
2					
3		Zahl: 0		Bild: 1	
4					absolute Häufigkeit
5	0		Zahl	0	24
6	0		Bild	1	26
7	1				
8	0				
9	0				
10	0				

A5 =GANZZAHL(ZUFALLSZAHL( )*2)

Zufallszahl ( ): liefert eine Zufalls-zahl zwischen 0 und 1

Ganzzahl (Zahl): rundet eine Zahl auf die nächstkleinere ganze Zahl ab
zum Beispiel:
Ganzzahl (1,56) = 1

Ganzzahl (Zufallszahl ( )*2):
liefert 0 oder 1

Ganzzahl (Zufallszahl ( )*2)+1:
liefert 1 oder 2

Ganzzahl (Zufallszahl ( )*6)+1:
liefert 1 oder 2 oder 3 oder 4 oder 5 oder 6

a) Welche Zuordnungen haben Jule und Niklas vorgenommen?
b) Sie haben dann die Formel aus A 5 in die Zellen A 6 bis A 54 kopiert, die abso-luten Häufigkeiten und die relativen Häufigkeiten für Zahl und Bild ermittelt und in einem Säulendiagramm darge-stellt.
Mit der Taste F 9 können sie nun immer neue Simulationen des Münzwurfs erzeugen.
Verfahre wie Jule und Niklas. Gehe dazu wie rechts beschrieben vor:

Bei der Funkti-on „Häufigkeit" kann man die Eingabe nicht einfach mit „Return" oder „OK" abschlie-ßen.

1. Schreibe die 0 und die 1 in die Zel-len D 5 und D 6.
2. Markiere die Zellen E 5 und E 6 und wähle unter dem Menüpunkt **„Formeln"** im Untermenü **„fx"** die Funktion **„Häufigkeit"**.
3. Gib in den angezeigten Feldern **„Daten"** die Zellen mit den **Daten (A5:A54)** und im Feld **„Klassen"** die Zellen mit 0 und 1 ein **(D5:D6)**.
4. Schließe die Eingabe mit **Strg + Shift + Enter** ab.
5. Erzeuge im Menü **„Einfügen"** das Säulendiagramm und gestalte es mithilfe der Diagrammtools.

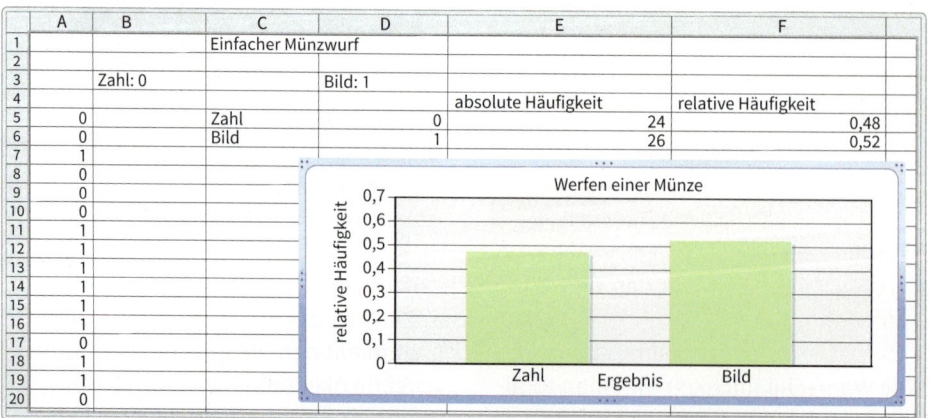

	A	B	C	D	E	F
1			Einfacher Münzwurf			
2						
3		Zahl: 0		Bild: 1		
4					absolute Häufigkeit	relative Häufigkeit
5	0		Zahl	0	24	0,48
6	0		Bild	1	26	0,52
7	1					
8	0					
9	0					
10	0					
11	1					
12	1					
13	1					
14	1					
15	1					
16	1					
17	0					
18	1					
19	1					
20	0					

c) Erweitere die Simulation auf 100 (500, 1000) Münzwürfe.

d) Simuliere auf ähnliche Weise das Wer-fen eines Würfels.

Roulette

Roulette (französisch: Rädchen) ist das am weitesten verbreitete Glücksspiel, das in Spielbanken angeboten wird. Bei diesem Spiel wird gewettet, auf welche Zahl die Kugel fallen wird. Mit der Aufforderung „Faites vos jeux." („Bitte, das Spiel zu machen.", engl. „Make your bets, please.") bittet der Croupier die Spieler um die Einsätze.

Dazu legen die Spieler ihre Jetons auf das Tableau (die Einsatzfelder). Sind die Einsätze getätigt, setzt der Croupier die Roulette-Scheibe in Bewegung und wirft die Kugel gegen die Drehrichtung in den Zylinder. Nach der Ansage „Rien ne va plus." („Nichts geht mehr.", engl. „No more bets, please.") darf nicht mehr gesetzt werden.

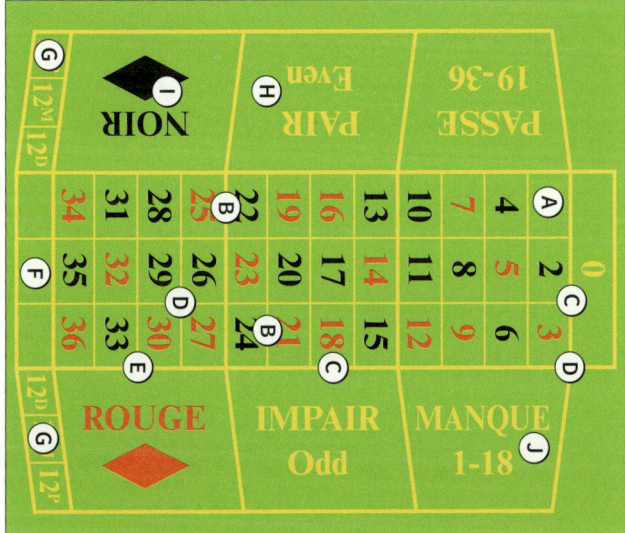

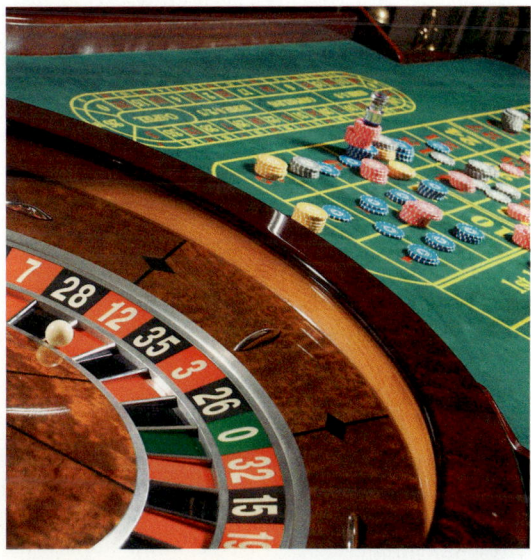

Setzmöglichkeiten	Gewinn
A: Plein (eine Zahl)	35-facher Einsatz
B: Cheval (zwei verbundene Zahlen)	17-facher Einsatz
C: Transversale Pleine (eine Querreihe von 3 Zahlen)	11-facher Einsatz
D: Carré (4 Zahlen)	8-facher Einsatz
E: Transversale simple (eine Querreihe von 6 Zahlen)	5-facher Einsatz
F: Kolonne (12 Zahlen)	2-facher Einsatz
G: Dutzend (12 Zahlen)	2-facher Einsatz
H: Einfache Chancen: Gerade/Ungerade (Pair/Impair)	1-facher Einsatz
I: Rot oder Schwarz	1-facher Einsatz
J: Manque (Nr. 1 bis 18), Passe (Nr. 19 bis 36)	1-facher Einsatz

Setzt du auf eine Zahl (Plein) und gewinnst, erhältst du deinen Einsatz zurück und dazu das 35-fache deines Einsatzes als Gewinn.

1 a) Berechne die Wahrscheinlichkeiten für die oben angegebenen Setzmöglichkeiten. Vergleiche die Wahrscheinlichkeiten mit den Gewinnmöglichkeiten.

b) Frau Kropp setzt 2 € auf Rot und 2 € auf Gerade. Wie groß ist die Wahrscheinlichkeit dafür, dass sie einen einfachen Gewinn erzielt (weder Gewinn noch Verlust erzielt, ihren Einsatz verliert)?

c) Herr Eckermann setzt 2 € auf das erste Dutzend (1 bis 12) und 2 € auf Ungerade. Was kann er gewinnen, was kann er verlieren? Wie groß sind die Wahrscheinlichkeiten für Gewinn und Verlust?

d) Wer wird auf Dauer beim Roulettespiel gewinnen? Begründe deine Meinung.

Vorbereiten auf eine Arbeit

1. Suche dir für die Vorbereitung auf die Arbeit Hilfen im Buch und in anderen Quellen.

Thema der Arbeit:	Mit dem Zufall rechnen
Lehrbuch:	Seite 72 bis Seite 95
	Wissen kompakt: Seite 85
	Ausgangstest Seite 94/95
	Lösungen zu den Ausgangstests Seite 232
Arbeitsheft:	Kapitel 4
andere Quellen:	Förderheft, Mathematik-Lexikon, Internetseiten, …

2. Ermittle alle für die Arbeit wichtigen Themen und Inhalte. Dabei kann dir eine Mindmap helfen.

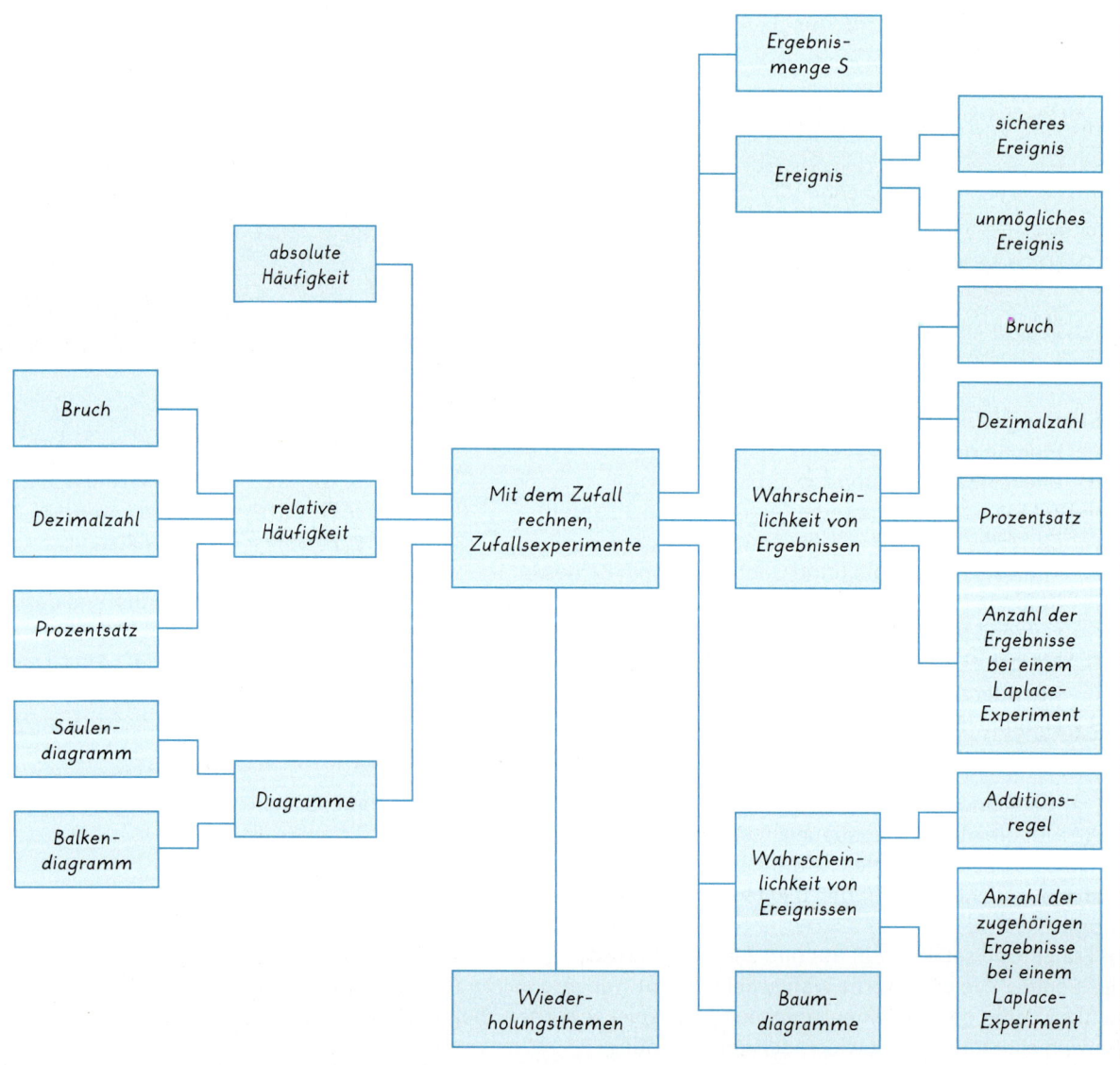

3. Überlege mithilfe der Mindmap und der anderen Hilfen, bei welchen Aufgaben du noch Schwierigkeiten hast. Suche, falls nötig, Unterstützung bei Eltern oder Klassenkameraden.

Unterthemen	Selbsteinschätzung		
	kann ich	muss ich noch üben	hier brauche ich Hilfe
absolute Häufigkeit	X		
relative Häufigkeit	X		
Diagramme			
– Säulendiagramm	X		
– Balkendiagramm	X		
Ergebnismenge S	X		
Ergebnisse	X		
Wahrscheinlichkeit von Ergebnissen			
– bestimmen		X	
– schätzen		X	
Wahrscheinlichkeit von Ereignissen			
– allgemein		X	X
– bei Laplace-Experimenten		X	X
Baumdiagramme		X	
Wiederholungsthema	X		

4. Überlege, wie viel Zeit dir zum Üben noch zur Verfügung steht.

heutiges Datum: 07.03
Datum der Arbeit: 12.03.
Verbleibende Tage: 5

5. Teile dir die zur Verfügung stehende Zeit richtig ein.

Datum	Was will ich üben?	Wo finde ich Aufgaben?
07.03.	Wahrscheinlichkeit von Ergebnissen bestimmen	Buch Seite 76, 77
08.03.	Wahrscheinlichkeit von Ergebnissen schätzen	Buch Seite 78
09.03.	Wahrscheinlichkeit von Ereignissen	Buch Seite 81, 82
10.03.	systematisches Zählen mithilfe von Baumdiagrammen	Buch Seite 83, 84
11.03.	alle Unterthemen noch einmal kurz	Arbeitsheft

1 In einer Urne befinden sich 20 gleichartige Kugeln. Davon sind acht Kugeln rot, fünf Kugeln weiß, drei Kugeln blau und vier Kugeln schwarz gefärbt. Eine Kugel wird aus der Urne gezogen. Berechne die Wahrscheinlichkeiten aller möglichen Ergebnisse.

2 Der Technische Überwachungsverein (TÜV) überprüfte ältere Gebrauchtwagen auf ihre Verkehrssicherheit. Die Häufigkeitstabelle zeigt das Resultat der Überprüfung.
Wie groß ist die Wahrscheinlichkeit dafür, dass ein zufällig ausgewählter älterer Gebrauchtwagen leichte Mängel (keine Mängel, erhebliche Mängel) aufweist?

Ergebnis	absolute Häufigkeit
keine Mängel	1275
leichte Mängel	875
erhebliche Mängel	3250
Summe	▪

3 Ein Glücksrad ist in 12 gleich große Kreisausschnitte eingeteilt, die rot, grün, gelb oder blau gefärbt sind. Für die Wahrscheinlichkeit der Ergebnisse „rot", „grün" und „gelb" soll gelten:
$P(rot) = \frac{1}{3}$, $P(grün) = \frac{1}{4}$, $P(gelb) = \frac{1}{6}$.
a) Bestimme für die vier Farben die Anzahl der zugehörigen Kreisausschnitte.
b) Wie groß ist die Wahrscheinlichkeit dafür, dass der Zeiger auf ein blaues Feld zeigt?

4 In einer Urne befinden sich 25 gleichartige Kugeln, die die Zahlen von 1 bis 25 tragen.
a) Gib die Ergebnismenge S an.
b) Gib das folgende Ereignis als Teilmenge von S an und berechne seine Wahrscheinlichkeit.
E_1: Die Zahl ist durch 5 teilbar.
E_2: Die Zahl ist durch 13 teilbar.
E_3: Die Zahl ist kleiner als 30.
E_4: Die Zahl ist durch 29 teilbar.
E_5: Die Zahl ist durch 3 oder 5 teilbar.
c) Beschreibe das angegebene Ereignis durch eine Aussage. Es sind mehrere Aussagen möglich.
$E_7 = \{6, 12, 18, 24\}$
$E_8 = \{19, 20, 21, 22, 23, 24, 25\}$

5 In einer Lostrommel sind 200 Freilose, 50 Lose mit einem Gewinn von je 5 €, 20 Lose mit einem Gewinn von je 50 €, ein Los mit einem Gewinn von 200 € und 1729 Nieten. Es wird ein Los gezogen.
a) Gib die Ergebnismenge S an und berechne zu jedem Ergebnis die Wahrscheinlichkeit.
b) Gib das folgende Ereignis als Teilmenge von S an und berechne seine Wahrscheinlichkeit.
E_1: Es wird ein Gewinnlos gezogen.
E_2: Es wird keine Niete gezogen.
E_3: Es wird ein Los mit einem Gewinn von mindestens 50 € gezogen.
E_4: Es wird ein Los gezogen, das höchstens 5 € Gewinn erzielt.

Ich kann	Aufgabe	Hilfen und Aufgaben
Wahrscheinlichkeiten von Ergebnissen berechnen.	1	Seite 76, 77
relative Häufigkeiten als Näherungswerte für Wahrscheinlichkeiten bestimmen.	2	Seite 78
von vorgegebenen Wahrscheinlichkeiten auf die Verteilung von Kugeln oder Feldern beim Zufallsexperiment schließen.	3	Seite 77
durch Aussagen beschriebene Ereignisse als Teilmenge von S angeben.	4	Seite 79, 80
Ereignisse als Teilmengen von S durch Aussagen beschreiben.	4	Seite 80
Wahrscheinlichkeiten von Ereignissen berechnen.	4, 5	Seite 81, 82

Ausgangstest 2

1 Eine Umfrage unter Schülerinnen und Schülern im 8. Jahrgang zum Thema „monatliches Taschengeld" führte zu dem im Diagramm dargestellten Ergebnis.

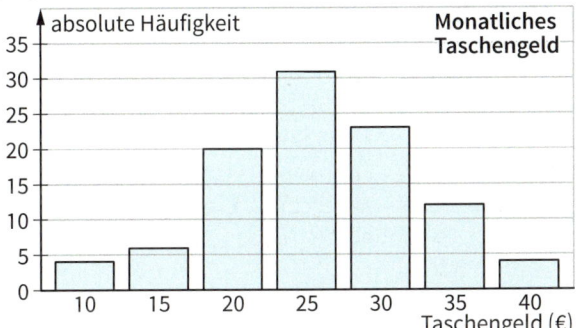

Berechne die Wahrscheinlichkeit dafür, dass ein zufällig ausgewählter Schüler höchstens 30 € (mindestens 25 €) Taschengeld monatlich erhält.

2 In einer Urne befinden sich 25 gleichartige Kugeln, die die Zahlen von 1 bis 25 tragen. Eine Kugel wird gezogen, die gezogene Zahl wird notiert. Beschreibe das angegebene Ereignis durch eine Aussage und berechne die Wahrscheinlichkeit.
a) $E_1 = \{5, 10, 15, 20, 25\}$
b) $E_2 = \{2, 3, 5, 7, 11, 13, 17, 19, 23\}$
c) $E_3 = \{\quad\}$
d) $E_4 = \{1, 2, 3, 4, \ldots\ldots, 20, 21, 22, 23, 24, 25\}$

Kürbiskern- oder Mehrkornbrötchen mit Käse, Schinken oder Salami
0,80 €

3 Yannick kauft im Schulkiosk ein belegtes Brötchen. Wie groß ist die Wahrscheinlichkeit, dass er zufällig das gleiche Brötchen kauft wie Jasmin?

4 Das abgebildete Glücksrad soll zweimal nacheinander gedreht werden.

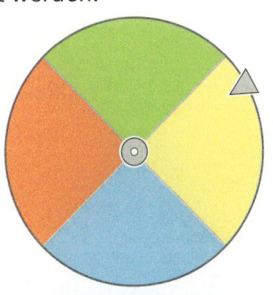

a) Zeichne das zugehörige Baumdiagramm und gib die Ergebnismenge S an.
b) Gib die folgenden Ereignisse jeweils als Teilmenge von S an und berechne ihre Wahrscheinlichkeit.
E_1: Der Zeiger zeigt zweimal auf ein grünes Feld.
E_2: Der Zeiger zeigt genau einmal auf ein rotes Feld.
E_3: Der Zeiger zeigt nie auf ein blaues Feld.

Ich kann	Aufgabe	Hilfen und Aufgaben
relative Häufigkeiten als Näherungswerte für Wahrscheinlichkeiten bestimmen.	1	Seite 78
Ereignisse, die als Menge von Ergebnissen angegeben sind, durch eine Aussssage beschreiben.	2	Seite 80
Wahrscheinlichkeiten von Ereignissen berechnen.	2	Seite 81, 82
Baumdiagramme zeichnen.	3, 4	Seite 83
Baumdiagramme zum systematischen Zählen benutzen.	3, 4	Seite 83, 84
Wahrscheinlichkeiten von Ergebnissen und Ereignissen bei Laplace-Experimenten berechnen.	3, 4	Seite 76, 81

5 *Prismen und Zylinder*

Auf den Bildern sind Gebäude abgebildet, die sich durch ungewöhnliche Formgebung und Gestaltung auszeichnen. Beschreibe die Form der Außenflächen. Kannst du geometrische Körper oder Teile davon entdecken?

Wasserturm auf Langeoog

Kranhäuser im Kölner Rheinauhafen

Musikhochschule in Stuttgart

Turm im Medienhafen in Düsseldorf

„The Shard" (die Scherbe) in London

BMW-Vierzylinder in München

Spiegelhaus in Hamburg

Gedächtniskirche in Berlin

Körper beschreiben

1 Auf den Bildern sind verschiedene Baumaterialien abgebildet.

Welche geometrischen Körper erkennst du?

2 Die Begrenzungsflächen von geometrischen Körpern können unterschiedliche Formen haben.

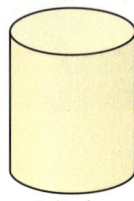  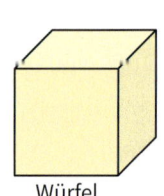

| Zylinder | Kegel | Würfel |

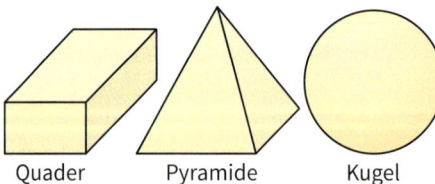

| Quader | Pyramide | Kugel |

 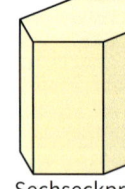

| Dreiecksprisma | Sechseckprisma |

Bei welchen Körpern findest du
a) rechteckige Begrenzungsflächen,
b) quadratische Begrenzungsflächen,
c) dreieckige Flächen,
d) runde Flächen?

3 Suche Gegenstände in deiner Umwelt und ordne ihnen geometrische Körper zu.

4 a) In der Abbildung siehst du einen prismaförmigen und einen zylinderförmigen Gegenstand. Beschreibe ihre Unterschiede.

b) Nenne weitere Gegenstände, deren Form du einem Prisma beziehungsweise einem Zylinder zuordnen kannst.

5 Die abgebildeten Werkstücke wurden aus Metall angefertigt.

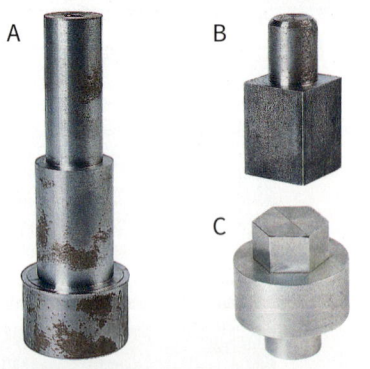

A   B

C

Aus welchen geometrischen Körpern setzen sich die einzelnen Werkstücke zusammen?

Eigenschaften eines Prismas

1 Die Abbildung zeigt ein **dreiseitiges** und ein **vierseitiges Prisma.**

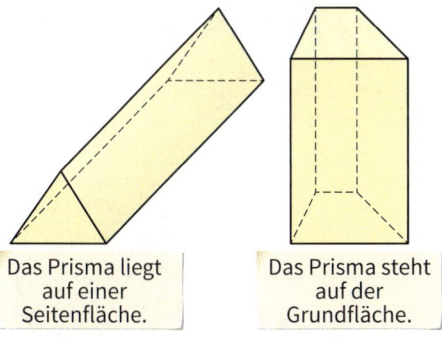

| Das Prisma liegt auf einer Seitenfläche. | Das Prisma steht auf der Grundfläche. |

Welche Formen haben die einzelnen Begrenzungsflächen? Gib auch jeweils ihre Anzahl an.

> Ein Körper heißt **gerades Prisma,** wenn er von zwei zueinander parallelen und kongruenten Vielecksflächen und von **rechteckigen Seitenflächen** begrenzt wird.
>
> Prismen werden oft nach der Anzahl ihrer rechteckigen Seitenflächen benannt (dreiseitiges, vierseitiges, fünfseitiges … Prisma).
>
> Stehen die Seitenflächen nicht senkrecht zur Grundfläche, so heißt der Körper **schiefes Prisma.**
>
> Der Abstand von Grund- und Deckfläche heißt **Höhe** des Prismas.
>
> gerades Prisma   schiefes Prisma
>
>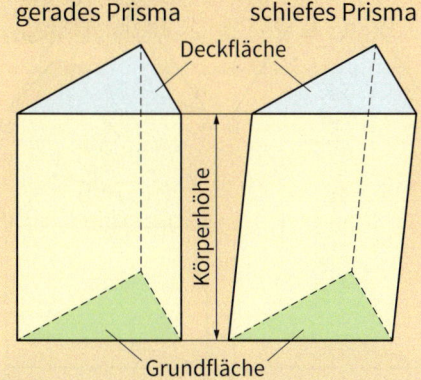

2 Nenne Gegenstände aus deiner Umgebung, die die Form eines Prismas haben.

3 Beschreibe die Begrenzungsflächen der abgebildeten Körper. Welche Körper sind gerade Prismen? Begründe deine Antwort.

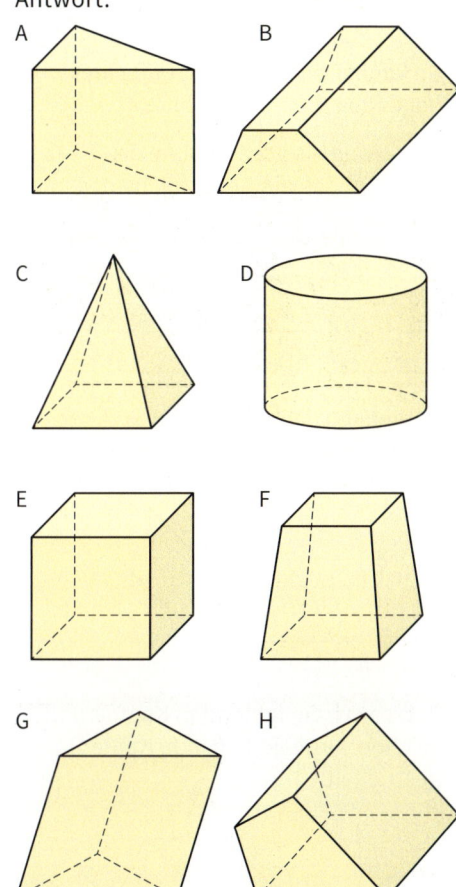

4 Beschreibe die Prismen, aus denen die abgebildeten Gebäude zusammengesetzt sind.

1 Körper werden in vielen Zeichnungen häufig als Schrägbild mit dem Verzerrungswinkel $\alpha = 45°$ und dem Verkürzungsverhältnis $q = \frac{1}{2}$ dargestellt.

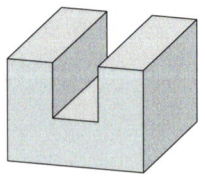

So kannst du das Schrägbild eines liegenden Prismas zeichnen:

1. Zeichne als Vorderfläche des Schrägbildes die Grundfläche des Prismas.

2. Zeichne nach hinten verlaufende Kanten um die Hälfte verkürzt unter einem Winkel von 45° zur Vorderkante.

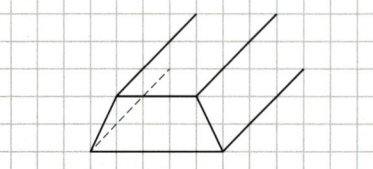

3. Ergänze die fehlenden Kanten und zeichne verdeckt liegende Kanten gestrichelt.

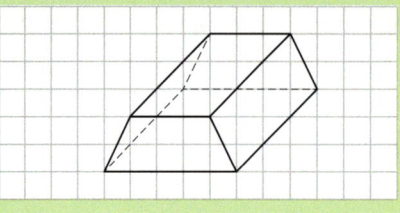

Zeichne ein Schrägbild des abgebildeten Körpers.

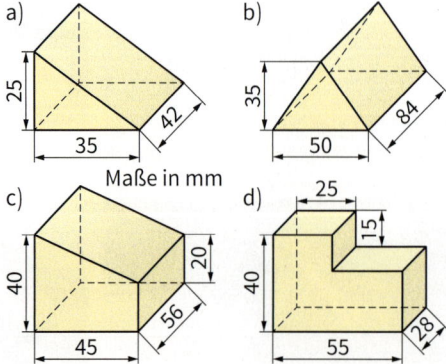

a) 25 35 42
b) 35 50 84
Maße in mm
c) 40 45 56 20
d) 25 15 40 55 28

2

Sind hier drei verschiedene Prismen dargestellt?

b) Zeichne von dem abgebildeten Prisma ein weiteres Schrägbild. Benutze dazu als Auflagefläche eine andere Seitenfläche.

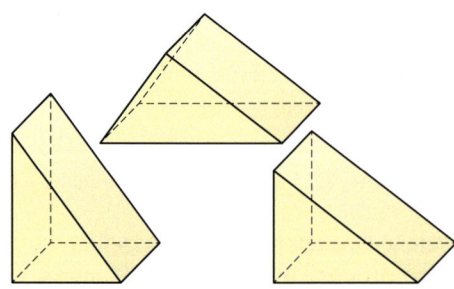

Maße in cm

4,0   3,0   6,0   3,0   5,0   8,0

3 a) Erläutere, wie in den folgenden Abbildungen das Schrägbild eines stehenden Prismas mit dreieckiger Grundfläche gezeichnet wird.

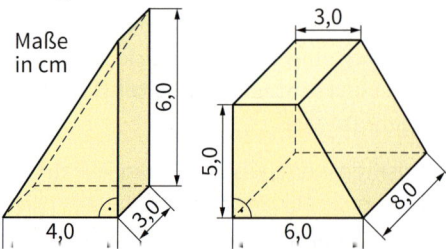

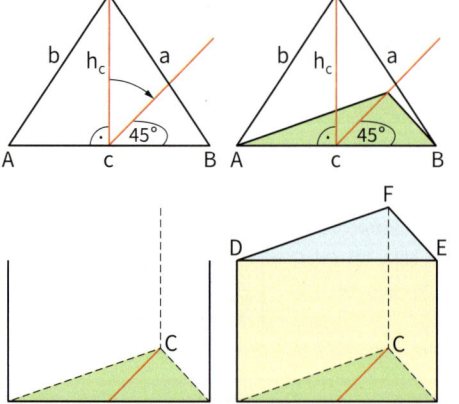

b) Zeichne das Schrägbild eines 5 cm hohen stehenden Prismas. Seine Auflagefläche ist ein gleichschenkliges Dreieck ($a = b = 5$ cm; $c = 6$ cm).

Prismen darstellen

1 In technischen Zeichnungen werden von einem Körper häufig die Draufsicht (**der Grundriss**) und die Vorderansicht (**der Aufriss**) dargestellt.

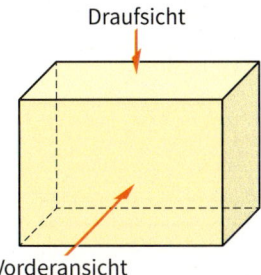

Draufsicht

Vorderansicht

Die folgenden Abbildungen zeigen dir, wie ein **Zweitafelbild** des Quaders gewonnen wird.

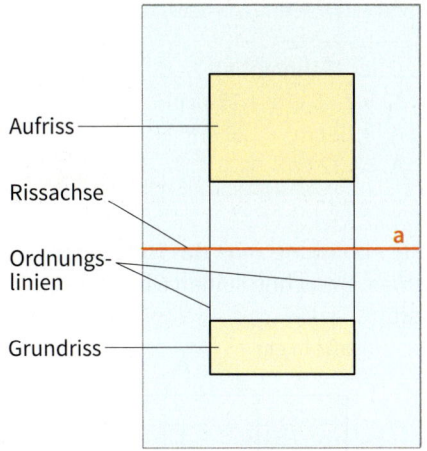

Aufriss-ebene

Aufriss

Grundriss-ebene

Riss-achse

a

Grundriss

Zweitafelbild des Quaders

Aufriss

Rissachse

Ordnungs-linien

Grundriss

a

Erläutere, warum für die Darstellung im Zweitafelbild ein Körper so gelegt wird, dass möglichst viele Kanten und Flächen parallel zur Grund- oder zur Aufrissebene verlaufen.

2 Vervollständige das Zweitafelbild des Quaders in deinem Heft.

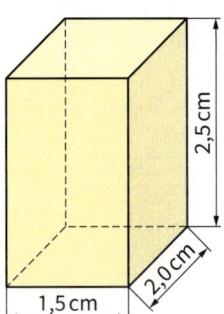

2,5 cm

1,5 cm

2,0 cm

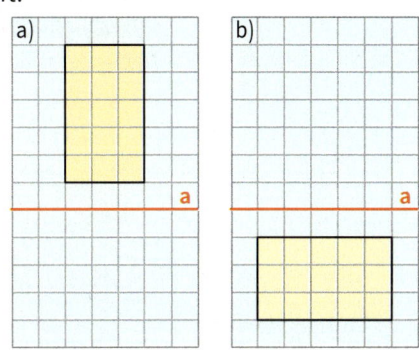

a) a

b) a

3 Zeichne zwei verschiedene Zweitafelbilder des abgebildeten Quaders. Der Abstand des Körpers zur Grund- und zur Aufrissebene soll jeweils 1 cm betragen.

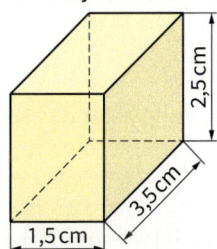

2,5 cm

3,5 cm

1,5 cm

4 a) Beschreibe die Flächen des Prismas, die im abgebildeten Zweitafelbild in wahrer Größe dargestellt werden.

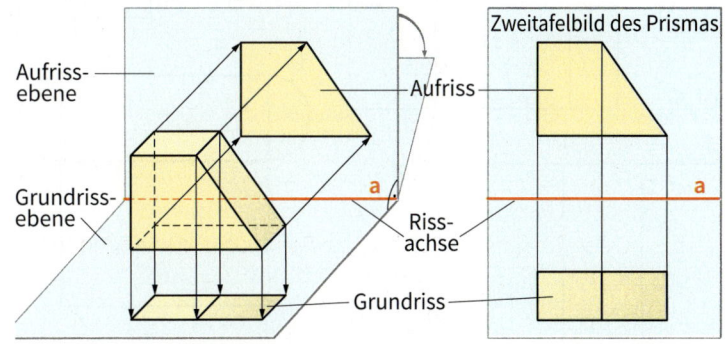

Aufriss-ebene

Aufriss

Grundriss-ebene

a

Riss-achse

Grundriss

Zweitafelbild des Prismas

a

b) Zeichne ein Zweitafelbild des Prismas.

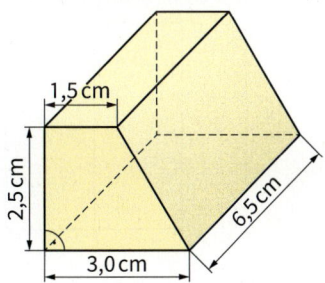

1,5 cm

2,5 cm

6,5 cm

3,0 cm

Oberflächeninhalt eines Prismas

1 Viele Verpackungen haben die Form eines Prismas. Wenn du sie auseinanderfaltest, erhältst du das Netz eines Prismas.

Welche Abbildung zeigt das Netz eines Prismas? Beschreibe seine Begrenzungsflächen.

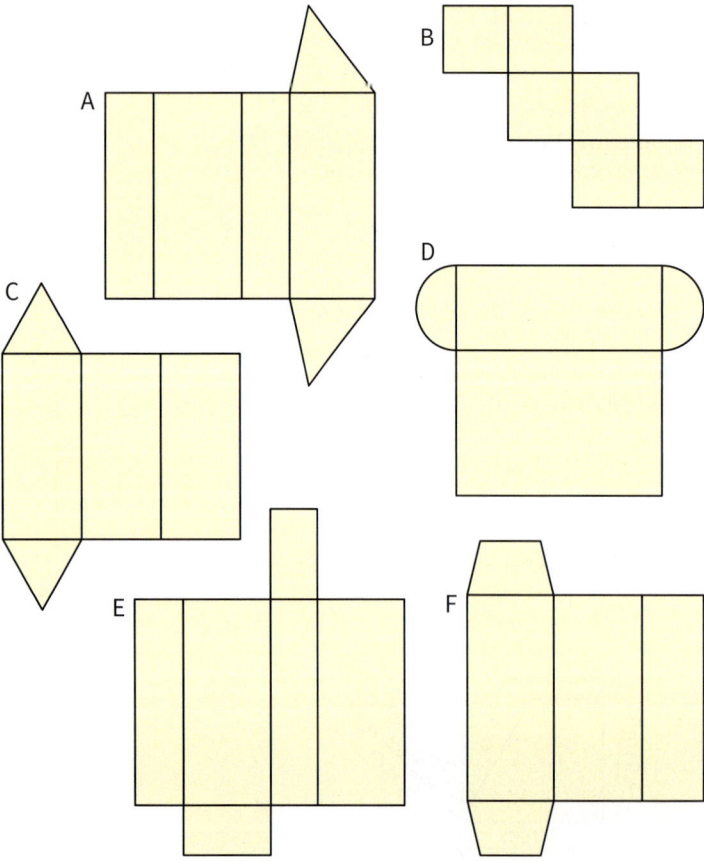

2 Um den Materialbedarf für die Herstellung einer prismenförmigen Verpackung zu ermitteln, muss ihr Oberflächeninhalt bestimmt werden.

a) Erläutere, wie der Oberflächeninhalt A_O des abgebildeten Prismas berechnet wird.

Maße in cm

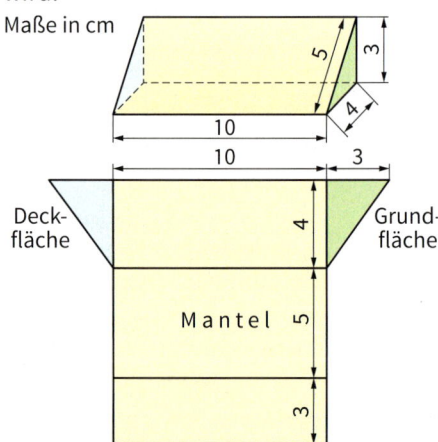

1. Flächeninhalt A_G der Grund- bzw. Deckfläche:

$$A_G = \frac{4\,\text{cm} \cdot 3\,\text{cm}}{2}$$

$$A_G = 6\,\text{cm}^2$$

2. Flächeninhalt A_M des Mantels:
$$A_M = (4\,\text{cm} + 5\,\text{cm} + 3\,\text{cm}) \cdot 10\,\text{cm}$$
$$A_M = 12\,\text{cm} \cdot 10\,\text{cm}$$
$$A_M = 120\,\text{cm}^2$$

3. Oberflächeninhalt A_O des Prismas:
$$A_O = 2 \cdot 6\,\text{cm}^2 + 120\,\text{cm}^2$$
$$A_O = 12\,\text{cm}^2 + 120\,\text{cm}^2$$
$$A_O = 132\,\text{cm}^2$$

b) Die Abbildung zeigt das Netz eines Prismas. Berechne seinen Oberflächeninhalt.

Maße in cm

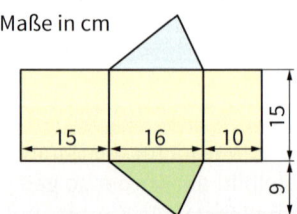

c) Notiere eine Formel für den Flächeninhalt des Mantels.

Oberflächeninhalt eines Prismas

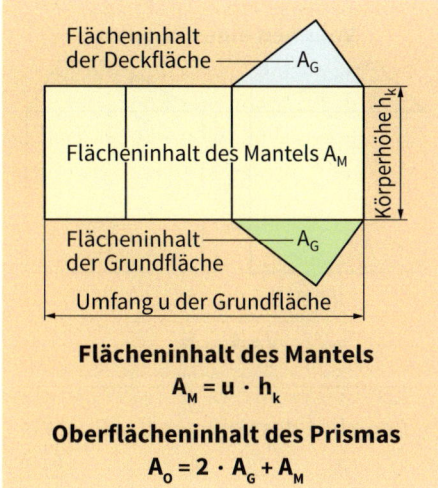

Flächeninhalt der Deckfläche — A_G

Flächeninhalt des Mantels A_M

Körperhöhe h_k

Flächeninhalt der Grundfläche — A_G

Umfang u der Grundfläche

Flächeninhalt des Mantels

$$A_M = u \cdot h_k$$

Oberflächeninhalt des Prismas

$$A_o = 2 \cdot A_G + A_M$$

3 Die Abbildung zeigt das Netz eines Prismas. Berechne den Oberflächeninhalt des Prismas.

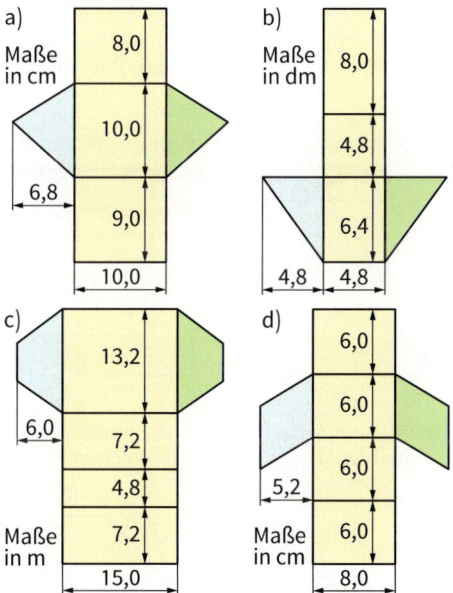

a) Maße in cm

8,0 — 10,0 — 9,0 — 10,0 — 6,8

b) Maße in dm

8,0 — 4,8 — 6,4 — 4,8 — 4,8

c) Maße in m

13,2 — 7,2 — 4,8 — 7,2 — 15,0 — 6,0

d) Maße in cm

6,0 — 6,0 — 6,0 — 6,0 — 5,2 — 8,0

4 Zeichne zunächst ein Netz des Prismas und berechne anschließend seinen Oberflächeninhalt.

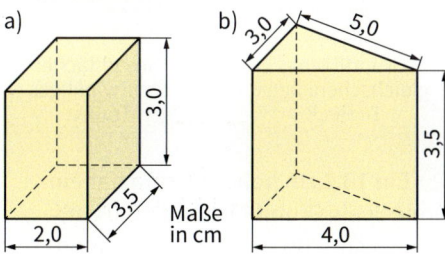

a) Maße in cm

3,0 — 3,5 — 2,0

b) 3,0 — 5,0 — 3,5 — 4,0

5 Berechne den Oberflächeninhalt des Prismas.

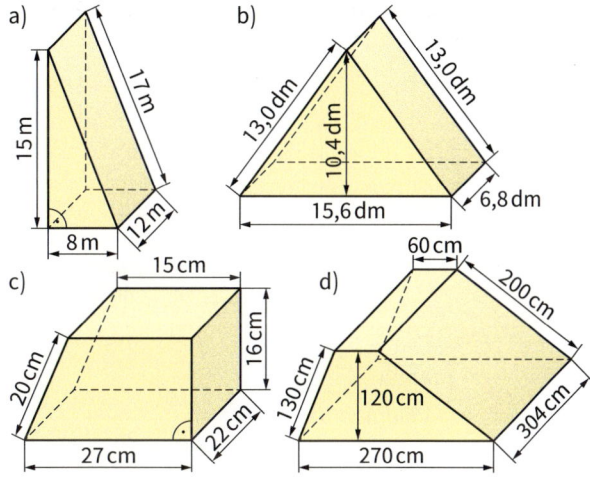

a) 15 m — 17 m — 8 m — 12 m

b) 13,0 dm — 13,0 dm — 10,4 dm — 15,6 dm — 6,8 dm

c) 15 cm — 16 cm — 20 cm — 27 cm — 22 cm

d) 60 cm — 200 cm — 130 cm — 120 cm — 270 cm — 304 cm

Lösungen zu Aufgabe 5:
2388 600 240 240 445,12

6 Die Abbildungen zeigen einen 3 m langen Eisenträger und seine Querschnittsfläche.

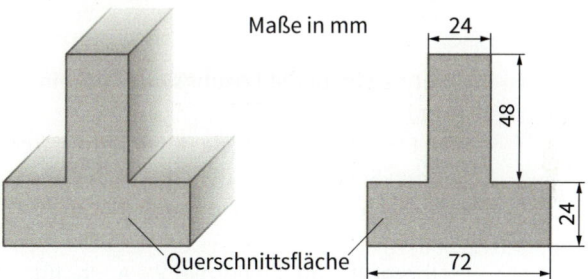

Maße in mm 24 — 48 — 24 — 72

Querschnittsfläche

Die Oberfläche des Eisenträgers soll mit einer Schutzfarbe gestrichen werden. Für 1 m² Fläche werden 0,2 kg Farbe benötigt. Wie viel Kilogramm Farbe werden insgesamt für den Träger benötigt?

7 Wie viel Quadratzentimeter Blech werden zur Herstellung des Behälters mindestens benötigt? Für Verschnitt müssen 10 % hinzugerechnet werden.

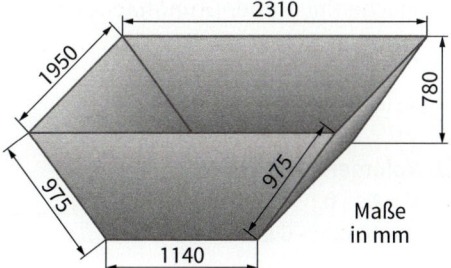

2310 — 1950 — 780 — 975 — 975 — 1140

Maße in mm

103

Volumen eines Prismas

1 a) Anna und Leon bestimmen jeweils das Volumen des Quaders.

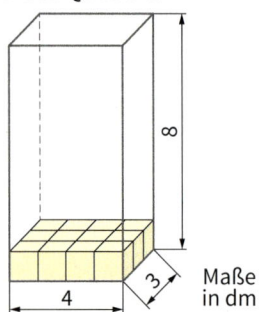

Maße in dm

Anna

Volumen des Quaders:
$V = 4\ dm \cdot 3\ dm \cdot 8\ dm = 96\ dm^3$

Leon

Inhalt der Grundfläche:
$A_G = 4\ dm \cdot 3\ dm = 12\ dm^2$

Volumen des Quaders:
$V = 12\ dm^2 \cdot 8\ dm = 96\ dm^3$

Vergleiche beide Lösungswege miteinander.

b) Ein Quader wird wie abgebildet durch einen Schnitt längs der Grundliniendiagonalen in zwei gleich große Prismen zerlegt.

Überprüfe, ob die Formel $V = A_G \cdot h_k$ für das Volumen eines Quaders auch für das Volumen eines Prismas zutrifft.

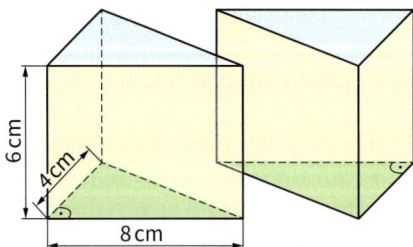

1. Flächeninhalt der Grundfläche:

$A_G = \dfrac{8\ cm \cdot 4\ cm}{2}$

$A_G = 16\ cm^2$

2. Volumen des Prismas:

$V = A_G \cdot h_k$
$V = 16\ cm^2 \cdot 6\ cm$
$V = 96\ cm^3$

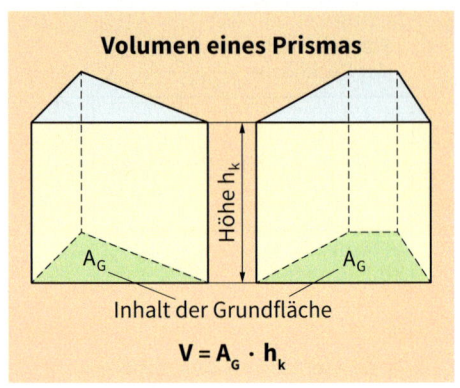

Volumen eines Prismas

Inhalt der Grundfläche

$$V = A_G \cdot h_k$$

2 Berechne das Volumen des Prismas.

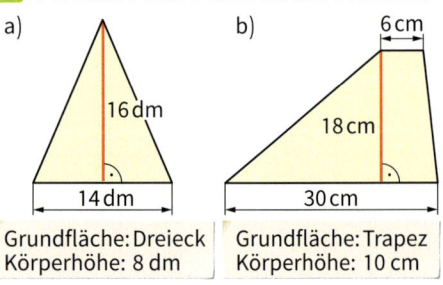

a) 16 dm, 14 dm — Grundfläche: Dreieck, Körperhöhe: 8 dm

b) 6 cm, 18 cm, 30 cm — Grundfläche: Trapez, Körperhöhe: 10 cm

3 Bestimme das Volumen des Prismas.

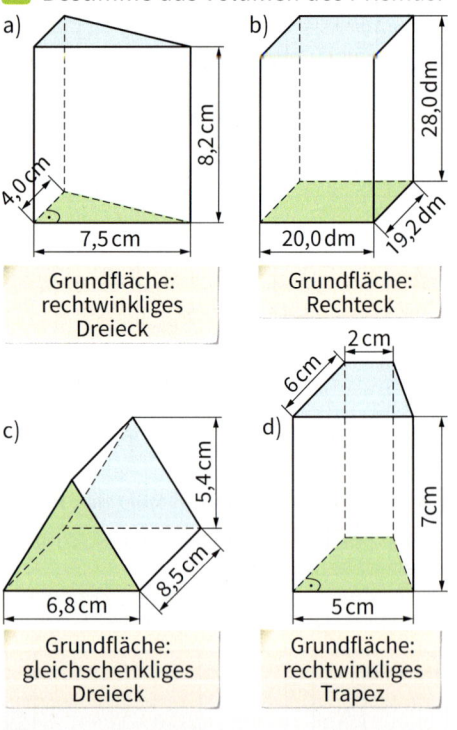

a) 4,0 cm, 7,5 cm, 8,2 cm — Grundfläche: rechtwinkliges Dreieck

b) 28,0 dm, 20,0 dm, 19,2 dm — Grundfläche: Rechteck

c) 6,8 cm, 8,5 cm, 5,4 cm — Grundfläche: gleichschenkliges Dreieck

d) 2 cm, 6 cm, 5 cm, 7 cm — Grundfläche: rechtwinkliges Trapez

4 Ein 10,2 cm hohes Prisma hat ein Dreieck als Grundfläche ($g = 3,0$ cm, $h_g = 2,5$ cm). Berechne sein Volumen.

Volumen von Prismen untersuchen

Wir untersuchen in einem Mathematikprojekt Prismen. Die Abbildungen auf dieser Seite zeigen dir eine andere Möglichkeit, das Volumen eines Prismas zu bestimmen.

1 Die Grundfläche des abgebildeten Prismas ist ein rechtwinkliges Dreieck.

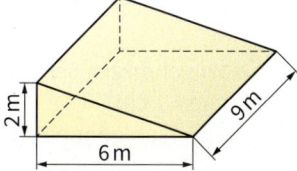

Berechne mithilfe der folgenden Abbildung das Volumen des Prismas. Erläutere deinen Lösungsweg.

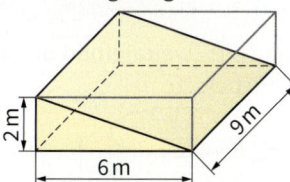

2 Die Grundfläche des abgebildeten Prismas ist ein gleichschenkliges Dreieck.

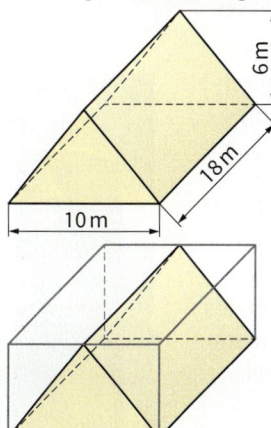

Berechne anhand der Abbildungen das Volumen des Prismas.

3 Berechne das Volumen des Prismas. Seine Grundfläche ist ein gleichschenkliges Dreieck.

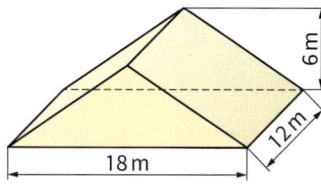

4 Die Grundfläche des Prismas ist ein unregelmäßiges Dreieck.

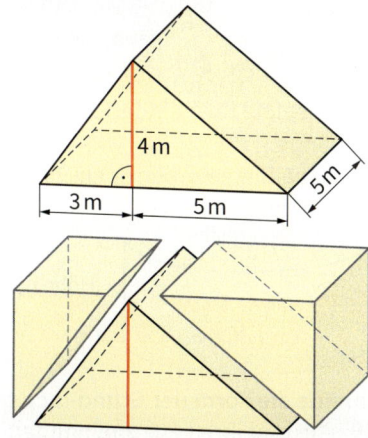

Berechne mithilfe der Abbildungen das Volumen des Prismas.

5 a) Die Grundfläche des abgebildeten Prismas ist ein gleichschenkliges Trapez.

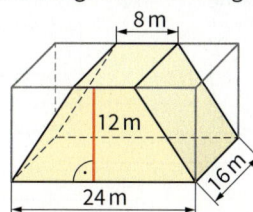

Bestimme mithilfe der Abbildung das Volumen des Prismas. Erläutere deinen Lösungsweg.
b) Berechne das Volumen eines 10 m hohen Prismas mit der abgebildeten Grundfläche.

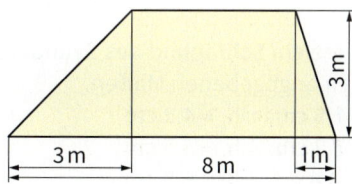

Bearbeite alle Aufgaben als Ich-du-wir-Aufgabe. Beachte dazu die Hinweise auf Seite 50.

Zylinder darstellen

1 a) Viele Gegenstände in deiner Umwelt haben die Form eines Zylinders.

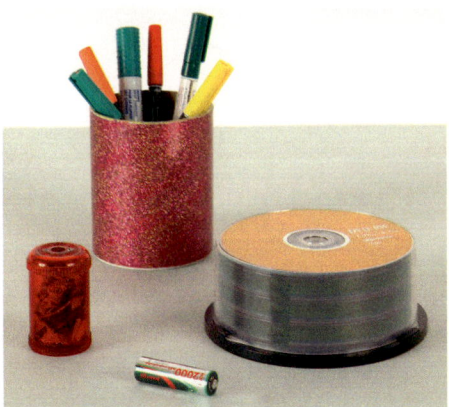

Nenne Beispiele für zylinderförmige Gegenstände.

b) Der abgebildete Körper ist ein Zylinder.

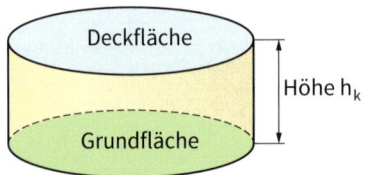

Beschreibe die Form der Grund- und der Deckfläche und ihre Lage zueinander.

2 In den Abbildungen siehst du, wie das Schrägbild eines Zylinders skizziert wird.

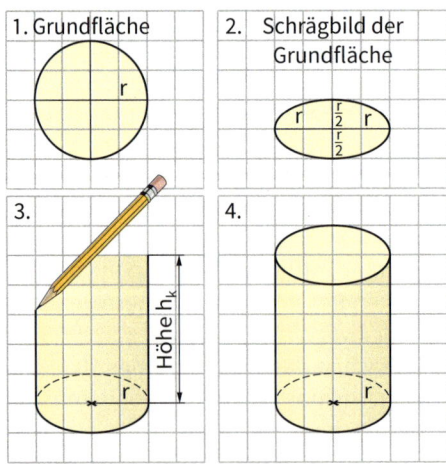

Skizziere ein Schrägbild des Zylinders mit den angegebenen Maßen.

a) $r = 1{,}5$ cm; $h_k = 4{,}2$ cm
b) $r = 2{,}2$ cm; $h_k = 5{,}5$ cm
c) $d = 4{,}8$ cm; $h_k = 6{,}5$ cm
d) $d = 0{,}6$ dm; $h_k = 0{,}4$ dm

3 a) In der Abbildung ist ein Zylinder in einem Zweitafelbild dargestellt.

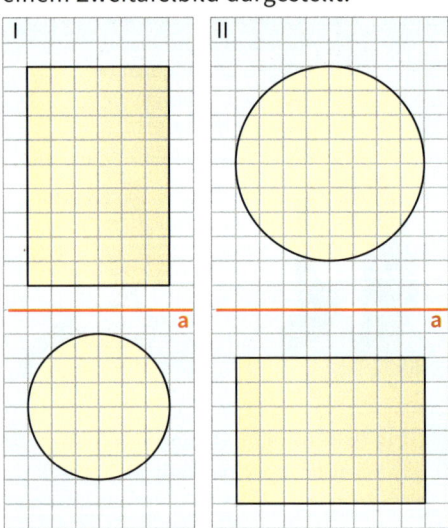

Zeichne ein dazugehöriges Schrägbild (1 Kästchenlänge $\triangleq$ 1 cm).

b) Zeichne zwei verschiedene Zweitafelbilder des Zylinders mit $r = 2$ cm und $h_k = 6$ cm. Der Abstand des Körpers zur Grund- und zur Aufrissebene soll jeweils 1 cm betragen.

4 Zeichne ein Zweitafelbild des abgebildeten Körpers.

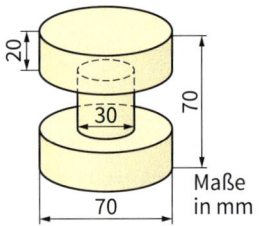

Maße in mm

5 Der Durchmesser eines Silos beträgt 2,80 m. Der Zylinder ist 6,60 m hoch. Skizziere ein Schrägbild des Silos in einem geeigneten Maßstab.

Oberflächeninhalt eines Zylinders

1 Um den Materialbedarf für die Herstellung einer zylinderförmigen Konservendose zu ermitteln, muss ihr Oberflächeninhalt berechnet werden.

Wie viele Quadratzentimeter Blech werden für die Herstellung der abgebildeten Konservendose mindestens benötigt?

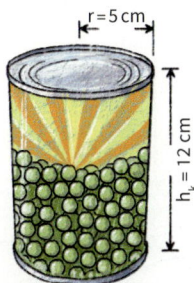

Diese Aufgabe könnt ihr auch als Ich-du-wir-Aufgabe bearbeiten.

2 Die Abbildung zeigt das Netz eines Zylinders.

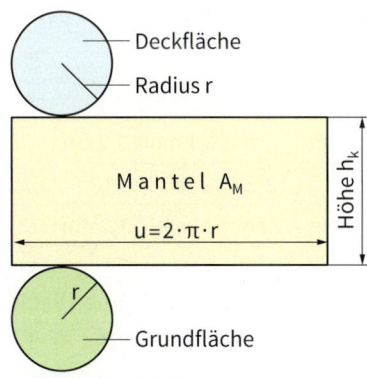

a) Beschreibe die Flächen, aus denen sich das Netz des Zylinders zusammensetzt.

b) Berechne mithilfe der Abbildung den Oberflächeninhalt des Zylinders mit $r = 18$ cm und $h_k = 24$ cm. Erläutere deinen Lösungsweg.

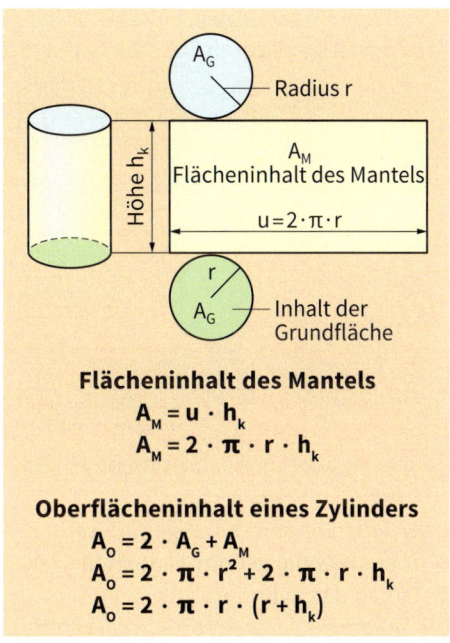

Flächeninhalt des Mantels

$$A_M = u \cdot h_k$$
$$A_M = 2 \cdot \pi \cdot r \cdot h_k$$

Oberflächeninhalt eines Zylinders

$$A_O = 2 \cdot A_G + A_M$$
$$A_O = 2 \cdot \pi \cdot r^2 + 2 \cdot \pi \cdot r \cdot h_k$$
$$A_O = 2 \cdot \pi \cdot r \cdot (r + h_k)$$

3 Berechne den Flächeninhalt des Mantels und den Oberflächeninhalt des Zylinders. Runde sinnvoll.

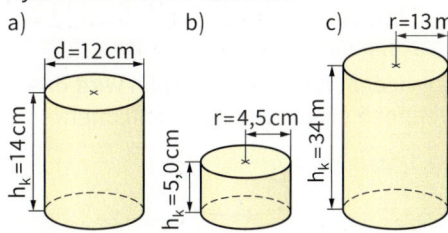

4 Berechne den Oberflächeninhalt des Zylinders wie im Beispiel. Runde sinnvoll.

a) $h_k = 11$ cm; $r = 4$ cm

b) $h_k = 3,4$ cm; $r = 4,1$ cm

Gegeben: $h_k = 6,12$ m
$\qquad\qquad r = 4,48$ m

$$A_O = 2 \cdot \pi \cdot r^2 + 2 \cdot \pi \cdot r \cdot h_k$$
$$A_O = 2 \cdot \pi \cdot (4,48 \text{ m})^2 + 2 \cdot \pi \cdot 4,48 \text{ m} \cdot 6,12 \text{ m}$$

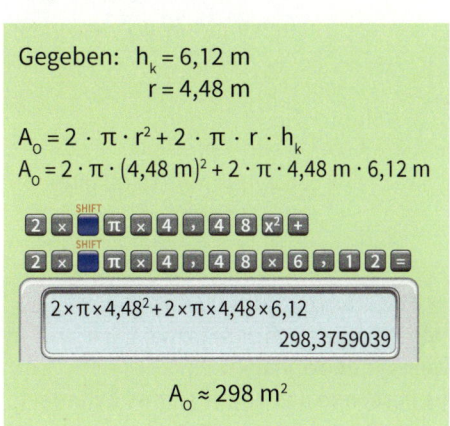

$$A_O \approx 298 \text{ m}^2$$

Volumen eines Zylinders

1 Gib einen Schätzwert für das Volumen des abgebildeten Zylinders an.

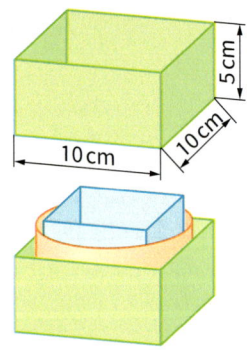
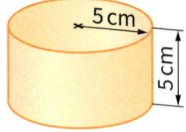
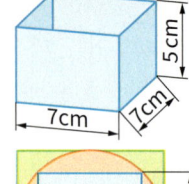
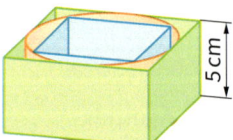
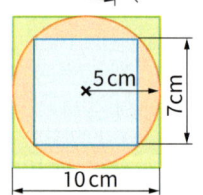

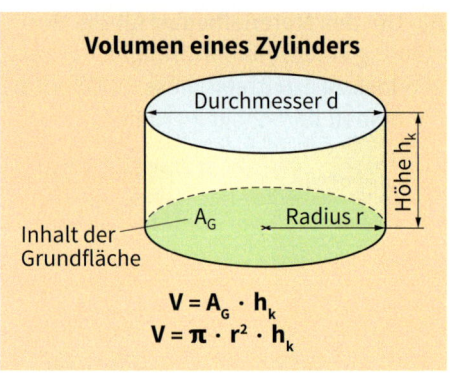

Volumen eines Zylinders

Durchmesser d

Höhe h_k

Inhalt der Grundfläche

A_G

Radius r

$$V = A_G \cdot h_k$$
$$V = \pi \cdot r^2 \cdot h_k$$

2 Für das Volumen eines Prismas gilt:

$$V = A_G \cdot h_k$$

Begründe anhand der abgebildeten Körper, dass diese Formel auch für das Volumen des Zylinders gilt.

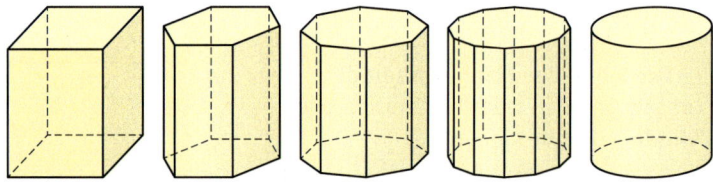

3 In dem folgenden Beispiel wird das Volumen eines Zylinders berechnet.

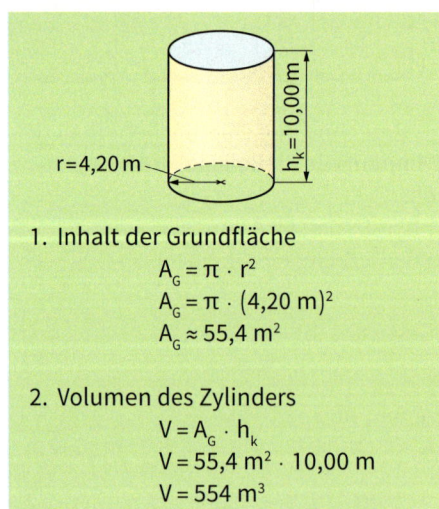

$h_k = 10,00\,m$

$r = 4,20\,m$

1. Inhalt der Grundfläche

$A_G = \pi \cdot r^2$

$A_G = \pi \cdot (4,20\,m)^2$

$A_G \approx 55,4\,m^2$

2. Volumen des Zylinders

$V = A_G \cdot h_k$

$V = 55,4\,m^2 \cdot 10,00\,m$

$V = 554\,m^3$

a) Erläutere, warum du das Volumen eines Zylinders mit der Formel $V = \pi \cdot r^2 \cdot h_k$ berechnen kannst.

b) Berechne das Volumen des Zylinders mit $r = 12\,m$ und $h_k = 20\,m$.

4 Berechne das Volumen des Zylinders. Runde sinnvoll.

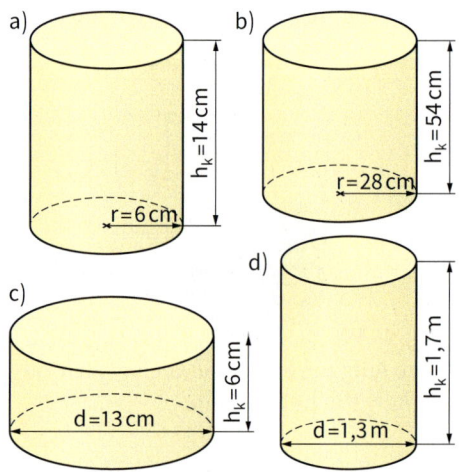

a) $h_k = 14\,cm$, $r = 6\,cm$

b) $h_k = 54\,cm$, $r = 28\,cm$

c) $h_k = 6\,cm$, $d = 13\,cm$

d) $h_k = 1,7\,m$, $d = 1,3\,m$

5 Berechne das Volumen des Zylinders. Achte auf die Einheiten.

	a)	b)	c)	d)	e)
r	5 cm	▪	6,1 mm	3,2 cm	▪
d	▪	12 cm	▪	▪	0,25 dm
h_k	4 cm	2 cm	1 cm	1,2 dm	12 cm

6 Schätzt jeweils das Volumen verschiedener zylinderförmiger Gegenstände.

Überprüft in Partnerarbeit eure Schätzung durch eine Rechnung.

Masse von Prismen und Zylindern

1 a) Beschreibe anhand der Fotos, wie die Masse und das Volumen eines Körpers bestimmt werden.

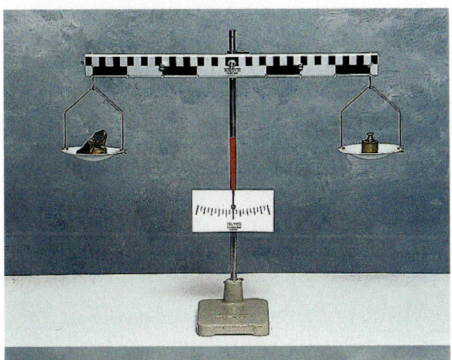

b) Im Physikunterricht sind die Masse und das Volumen verschiedener Körper ermittelt worden.
Die Messergebnisse findest du in der folgenden Tabelle.

Körper	Masse (g)	Volumen (cm)
A	41	15
B	249	22
C	49	18
D	242	34
E	136	12
F	178	20
G	206	29

Wie viel Gramm wiegt 1 cm³ des Körpers? Runde dein Ergebnis auf eine Nachkommastelle. Was fällt dir auf?

Jeder Stoff hat eine bestimmte Dichte.

$$\text{Dichte} = \frac{\text{Masse}}{\text{Volumen}}$$

$$\rho = \frac{m}{V}$$

Griechischer Buchstabe: rho (ρ)

Die Dichte gibt die Masse von einem Kubikzentimeter in Gramm an.

2 Um die Masse m eines Körpers zu berechnen, musst du die Dichte ρ des Körpers mit seinem Volumen V multiplizieren.

$$m = \rho \cdot V$$

In dem Beispiel wird die Masse eines Körpers aus Eisen bestimmt.

Gegeben: $V = 250\ cm^3$
$\rho = 7,8\ \frac{g}{cm^3}$ (Eisen)
Gesucht: m
$m = \rho \cdot V$
$m = 7,8\ \frac{g}{cm^3} \cdot 250\ cm^3$
$m = 1950\ g$
Der Eisenkörper hat eine Masse von 1950 g.

Berechne die Masse des abgebildeten Körpers. Bestimme dazu zunächst das Volumen des Körpers.

a)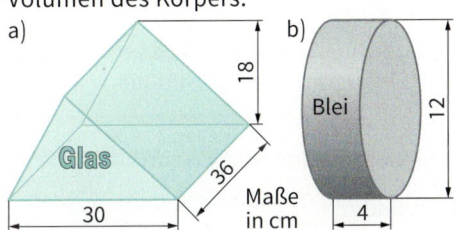
b)

Maße in cm

3 Bestimme die Masse (in kg) eines quadratischen Stahlstabes mit den angegebenen Abmessungen. Achte bei den Berechnungen auf die Einheiten.

Vierkantstahl   **Dichte:** $\rho = 7,85\ \frac{g}{cm^3}$

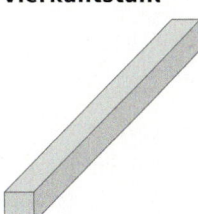

Volumen	Masse
1 cm³	7,85 g
1 dm³	7,85 kg
1 m³	7,85 t

Abmessungen:
20 mm x 20 mm x 6000 mm

4 Ein Rundstab besteht aus Aluminium. Berechne seine Masse in Gramm.

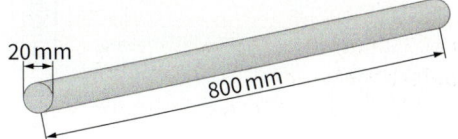

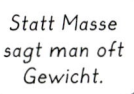
Stoff	Dichte in $\frac{g}{cm^3}$
Gold	19,3
Blei	11,3
Kupfer	8,9
Stahl	7,85
Aluminium	2,7
Quecksilber	13,6
Zink	7,1
Glas	2,5
Beton	1,8 bis 2,2
Holz	0,5 bis 0,9
Kork	0,2
Styropor	0,03 bis 0,04
Wasser	1

Prismen und Zylinder

Prisma

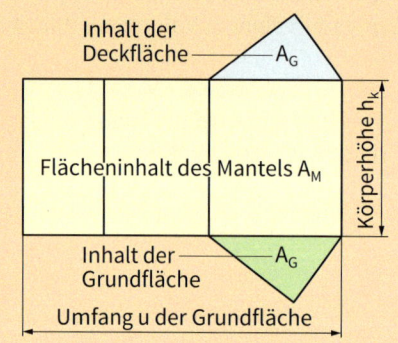

Flächeninhalt des Mantels

$$A_M = u \cdot h_k$$

Oberflächeninhalt eines Prismas

$$A_O = 2 \cdot A_G + A_M$$

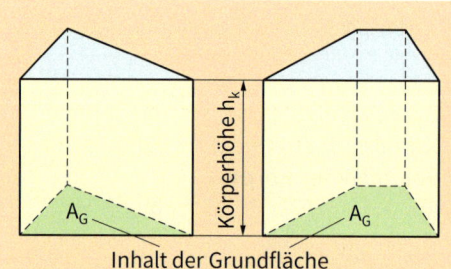

Volumen eines Prismas

$$V = A_G \cdot h_k$$

Zylinder

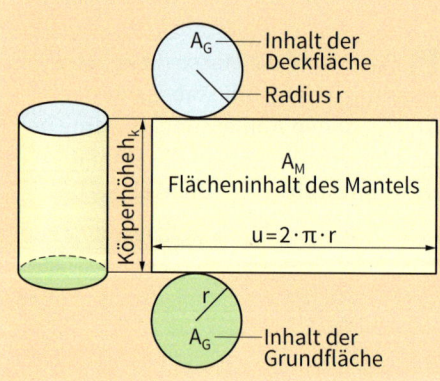

Flächeninhalt des Mantels

$$A_M = u \cdot h_k$$

$$A_M = 2 \cdot \pi \cdot r \cdot h_k$$

Oberflächeninhalt eines Zylinders

$$A_O = 2 \cdot A_G + A_M$$

$$A_O = 2 \cdot \pi \cdot r^2 + 2 \cdot \pi \cdot r \cdot h_k$$

$$A_O = 2 \cdot \pi \cdot r \cdot (r + h_k)$$

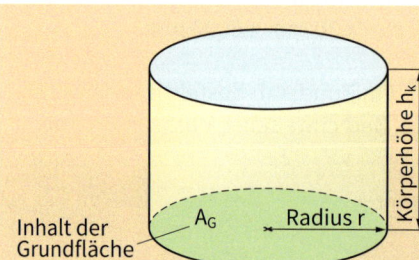

Volumen eines Zylinders

$$V = A_G \cdot h_k$$

$$V = \pi \cdot r^2 \cdot h_k$$

Üben und Vertiefen

1 Die Abbildung zeigt das Netz eines Prismas. Berechne seinen Oberflächeninhalt.

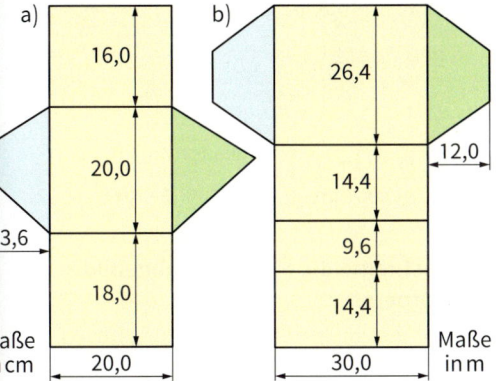

2 Zeichne von dem abgebildeten Körper zunächst ein Netz. Berechne anschließend den Oberflächeninhalt und das Volumen des Körpers.

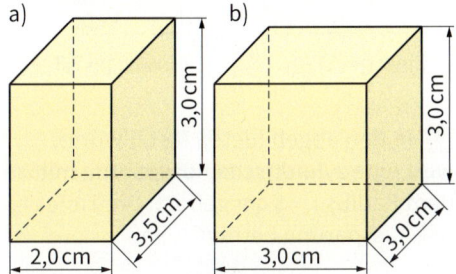

3 Bestimme den Oberflächeninhalt und das Volumen des Prismas.

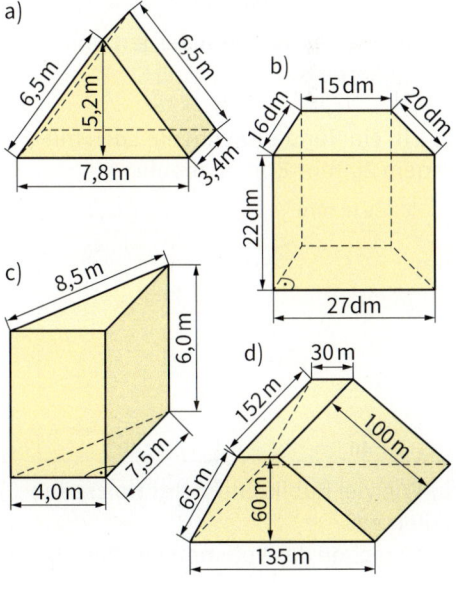

4 Bestimme das Volumen des Prismas.

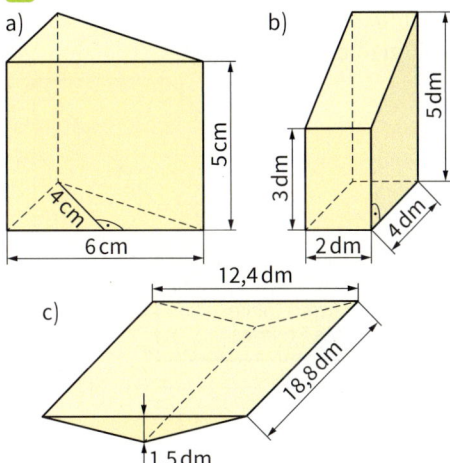

5 Berechne das Volumen, den Flächeninhalt des Mantels und den Oberflächeninhalt des Zylinders.

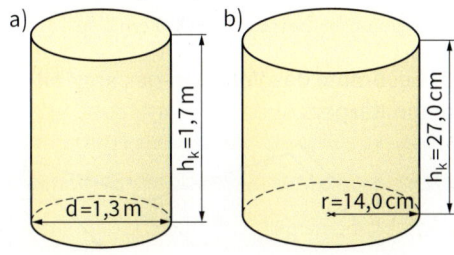

6 Berechne das Volumen und den Oberflächeninhalt des Zylinders.

	a)	b)	c)	d)
r	7 cm	5,4 cm	8,2 m	11,3 m
h_k	14 cm	9,6 cm	14,6 m	33,9 m

7 Die Abbildung zeigt das Netz eines Körpers. Zeichne ein Schrägbild des Körpers. Berechne sein Volumen und seinen Oberflächeninhalt.

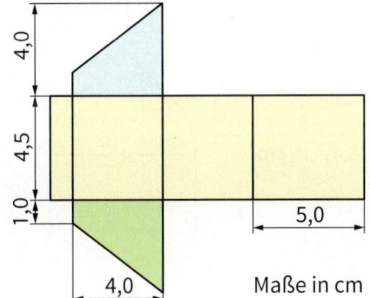

Maße in cm

8 a) Der abgebildete Körper ist ein Prisma. Erläutere, wie im Beispiel sein Volumen berechnet wird.

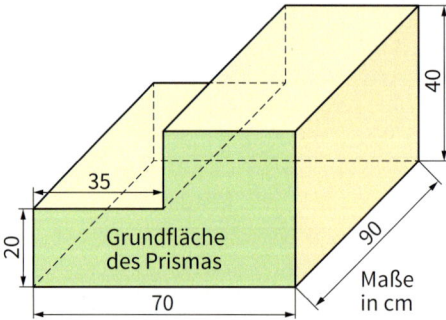

$$V = A_G \cdot h_k$$

$$V = (70\,cm \cdot 20\,cm + 35\,cm \cdot 20\,cm) \cdot 90\,cm$$

$$V = (1400\,cm^2 + 700\,cm^2) \cdot 90\,cm$$

$$V = 189\,000\,cm^3$$

Das Volumen beträgt $189\,000\,cm^3$.

b) Bestimme das Volumen des abgebildeten Körpers.

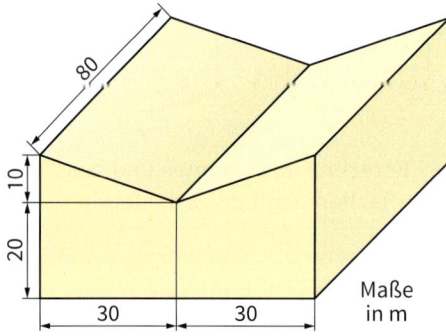

9 Berechne das Volumen des Körpers. Runde sinnvoll.

a)

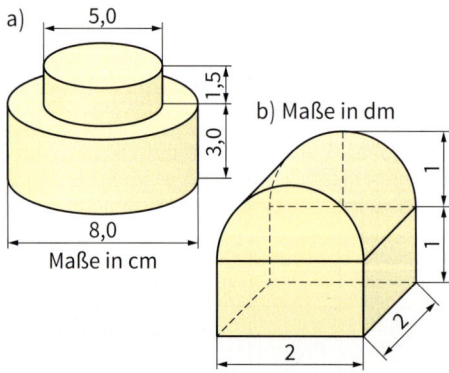

b) Maße in dm

10 Berechne die Masse des Körpers.

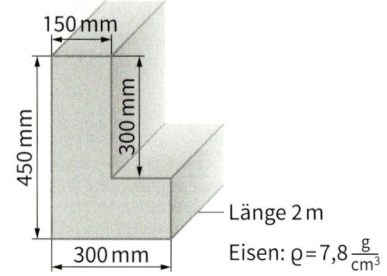

Länge 2 m

Eisen: $\varrho = 7{,}8\,\frac{g}{cm^3}$

11 Bestimme die Masse des abgebildeten Körpers.

a)   b)

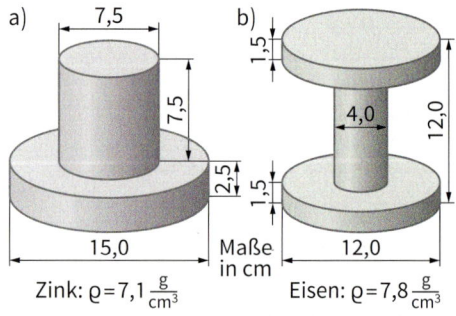

Zink: $\varrho = 7{,}1\,\frac{g}{cm^3}$ Maße in cm   Eisen: $\varrho = 7{,}8\,\frac{g}{cm^3}$

12 In den abgebildeten Metallwürfel wird eine zylindrische Aussparung mit dem Radius r = 3 cm gefräst. Die Tiefe der Aussparung beträgt 1 cm.

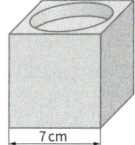

7 cm

Berechne das Volumen des fertigen Metallkörpers.

13 In ein Rundholz wird ein Loch mit einem 20-mm-Bohrer gebohrt.

Maße in mm

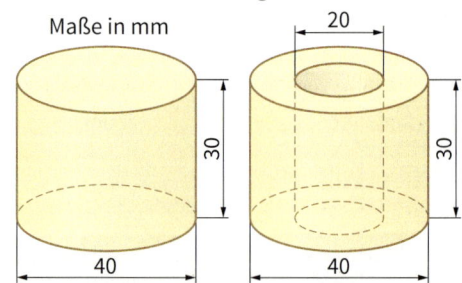

a) Wie viel Kubikzentimeter Holzspäne fallen an?

b) Berechne das Volumen des Restkörpers.

Sachaufgaben

Sachaufgaben zur Körper-berechnung

Aufgabe:
Eine Druckerei wird beauftragt für 80 000 zylinderförmige Konservendosen jeweils einen Papiermantel anzufertigen.
Wie viel Quadratmeter Papier müssen dafür insgesamt bedruckt werden?

d = 7,8 cm

$h_k = 10,6$ cm

1. Stelle fest, welche Angaben und Informationen du brauchst, um die Aufgabenstellung zu bearbeiten.

Geometrischer Körper: Zylinder
Durchmesser des Zylinders: d = 7,8 cm
Höhe des Zylinders: h_k = 10,6 cm
Anzahl der Dosen: 80 000
Flächeneinheiten: 1 m² = 10 000 cm²

2. Überlege, welche Größe des Körpers du berechnen musst. Notiere die zugehörige Formel.

Inhalt der Mantelfläche
$A_M = 2 \cdot \pi \cdot r \cdot h_k$

3. Bestimme fehlende Stücke gegebenenfalls durch eine Zwischenrechnung.

$r = \dfrac{d}{2}$
$r = \dfrac{7,8 \text{ cm}}{2} = 3,9$ cm

Prüfe, ob dein Ergebnis sinnvoll ist.

4. Führe die notwendigen Rechnungen durch.

$A_M = 2 \cdot \pi \cdot 3,9$ cm $\cdot 10,6$ cm
$A_M \approx 260$ cm²

260 cm² $\cdot$ 80 000 = 20 800 000 cm²
20 800 000 cm² = 2 080 m²

5. Formuliere eine Antwort.

Ungefähr 2 080 m² Papier werden für 80 000 Dosen insgesamt bedruckt.

1 Ein 9,22 m hohes zylinderförmiges Getreidesilo aus Stahlblech hat einen Durchmesser von 3,57 m.
Wie viel Quadratmeter Stahlblech sind für die Herstellung des Zylindermantels verarbeitet worden?

2 Ein Unternehmen bestellt 100 000 zylinderförmige Dosen aus Aluminium. Der Durchmesser einer Dose beträgt 12,0 cm, ihre Höhe 15,5 cm.
Wie viel Quadratmeter Blech müssen für die Herstellung der Dosen insgesamt verarbeitet werden?

Sachaufgaben

3 Die voraussichtlichen Baukosten werden anhand des umbauten Raumes berechnet. Die Baukosten für einen Kubikmeter umbauten Raumes werden mit 280 € veranschlagt.

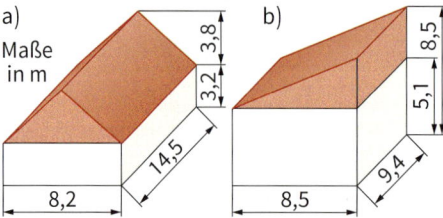

a)
Maße
in m

3,8
3,2
14,5
8,2

b)

8,5
5,1
9,4
8,5

Berechne die voraussichtlichen Baukosten.

4 In der Abbildung ist der Querschnitt eines Deiches dargestellt.

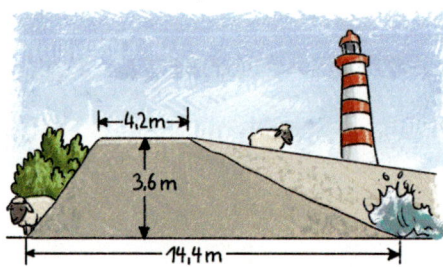

Wie viel Kubikmeter Erde müssen für einen 1,2 km langen Deichabschnitt aufgeschüttet werden?

5 Gib das Fassungsvermögen der abgebildeten Konserven in Millilitern an.

1 dm³ = 1 l 1 cm³ = 1 ml   1 l = 1000 ml

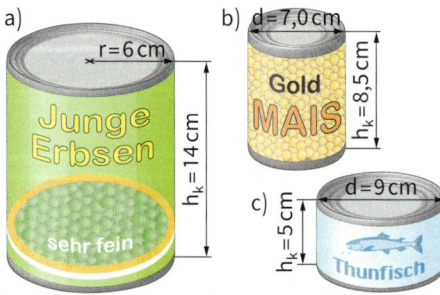

a)

r = 6 cm
h_k = 14 cm

Junge Erbsen
sehr fein

b) d = 7,0 cm
h_k = 8,5 cm

Gold MAIS

c) d = 9 cm
h_k = 5 cm
Thunfisch

Lösungen zu Aufgabe 5:
327 318 1583

6 Der innere Durchmesser einer 11,8 cm hohen Konservendose beträgt 10 cm. Überprüfe durch eine Rechnung, ob das aufgedruckte Fassungsvermögen von 925 ml richtig angegeben ist.

7 Frau Krewer will acht kreisförmige Scheiben aus Marmor in ihrem Auto transportieren. Sie darf in ihrem Auto nur insgesamt 355 kg zuladen. Jede Marmorplatte hat einen Durchmesser von 1 m und ist 2,5 cm dick. Marmor hat eine Dichte von 2,7 $\frac{g}{cm^3}$.

8 Die abgebildete Viehtränke soll innen neu beschichtet werden. Wie viel Quadratmeter Fläche werden beschichtet?

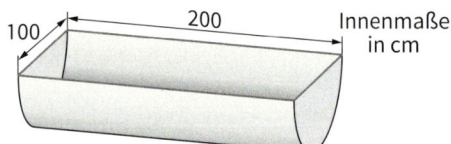

100   200   Innenmaße in cm

9 Aus dem abgebildeten Kantholz soll ein Rundstab mit der größtmöglichen Querschnittsfläche gedrechselt werden.

Abmessungen in mm:
80 × 80 × 1250

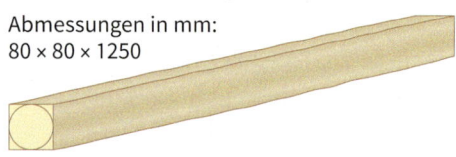

Berechne den Holzabfall. Gib diesen Holzabfall auch in Prozent an.

10 Durch einen Berg soll ein 8,7 km langer Tunnel mit einer Tunnelbohrmaschine gebohrt werden. Der Durchmesser des Bohrkopfes beträgt 12 m.

Die Leistung der Bohrmaschine wird mit 20 m Vortrieb pro Tag angenommen.
a) Wie viel Kubikmeter Gestein werden von der Maschine täglich losgebrochen?
b) Wie viel Kubikmeter Abbruchgestein müssen für die gesamte Tunnellänge abtransportiert werden?

11 Die abgebildeten Betonrohre haben die Form eines Hohlzylinders.

Innendurchmesser $d_i = 2{,}8\,m$
Außendurchmesser $d_a = 3{,}4\,m$
Wandstärke s
Höhe (Länge) $h_k = 4{,}0\,m$

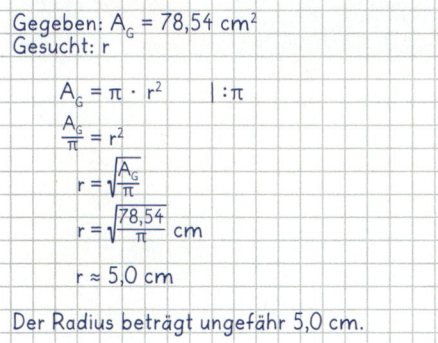

Wie viel Kubikmeter Beton werden für die Herstellung eines Rohres benötigt?

12 a) Erläutere, wie in dem folgenden Beispiel aus dem Inhalt der Grundfläche eines Zylinders der Radius bestimmt wird.

Gegeben: $A_G = 78{,}54\ cm^2$
Gesucht: r

$A_G = \pi \cdot r^2 \qquad | : \pi$

$\dfrac{A_G}{\pi} = r^2$

$r = \sqrt{\dfrac{A_G}{\pi}}$

$r = \sqrt{\dfrac{78{,}54}{\pi}}\ cm$

$r \approx 5{,}0\ cm$

Der Radius beträgt ungefähr 5,0 cm.

b) Ein neuer zylinderförmiger Vorrats-behälter soll ein Fassungsvermögen von 17 241 m³ erhalten.
An seinem zukünftigen Standort steht für den Zylinder eine 616 m² große kreis-förmige Grundfläche zur Verfügung. Berechne den Radius und die Höhe des Behälters.

13 Die Abbildung zeigt die Draufsicht und die Vorderansicht eines Hauses.

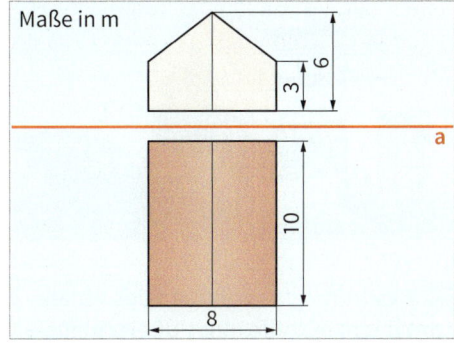

a) Zeichne ein Schrägbild im Maßstab 1 : 100.
b) Berechne jeweils den umbauten Raum des Erd- und des Dachgeschosses in Kubikmeter.

14 Anne hat während eines Praktikums das abgebildete Werkstück aus Stahl angefertigt.

Berechne mithilfe der technischen Zeichnung (Zweitafelbild) die Masse des Werkstücks (Stahl: $\rho = 7{,}85\ \frac{g}{cm^3}$).

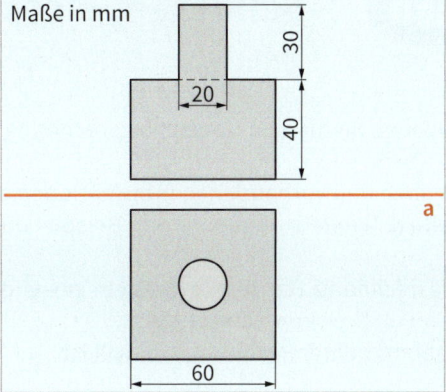

Bearbeite alle Aufgaben als Ich-du-wir-Aufgabe. Beachte dazu die Hinweise auf Seite 50.

1 Schätze das Volumen des „Spendenhauses".

2 Bestimme das Volumen des Abfallcontainers mithilfe einer Überschlagsrechnung.

3 Der abgebildete Tanklastzug kann gerade noch unter einer 3,60 m hohen Brücke durchfahren. Schätze, wie viel Liter Flüssigkeit der Tanklastzug transportieren kann.

4 Schätze die Größe der Werbefläche, die auf dieser Litfaßsäule zur Verfügung stand.

5 Der abgebildete Findling ist aus Granit. Ein Kubikzentimeter Granit hat eine Masse von 2,8 kg. Die Kantenlänge des Verkehrsschildes misst 40 cm.

Bestimme die Masse des Findlings durch eine Überschlagsrechnung.

Problemlösen   Schätzen, Messen und Überschlagen

1. Überlege, welche Angaben du für eine Überschlagsrechnung benötigst.

2. Prüfe, ob du alle Angaben den vorhandenen Informationen entnehmen kannst.
   Wenn nötig, verschaffe dir weitere Angaben, zum Beispiel durch eine Messung oder eine Schätzung.

3. Führe die Überschlagsrechnung aus. Wähle dazu ein geeignetes Rechenverfahren.

4. Überlege, ob das Ergebnis deiner Rechnung sinnvoll ist.

Größen von Körpern schätzen

6 Schätze jeweils das Volumen der abgebildeten Körper. Gehe dabei von den Körpermaßen der abgebildeten Personen aus.

Körpergröße: 1,50 m
Spannweite: 1,40 m

Findling aus Granit

Menhir (keltisch: langer Stein)

Ich bin ungefähr 1,60 m groß.

Regenwasserspeicher

7 Schätze das Volumen des Wohncontainers.

8 Der Grundriss des Uluru hat die Form eines Dreiecks.

Ayers Rock (Uluru) in Australien
3,4 km lang, bis zu 2 km breit, 350 m hoch

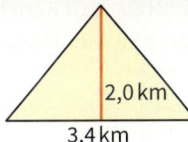

2,0 km
3,4 km

Wie groß ist die Masse der Felsformation, die aus der Erde herausragt? Führe dazu eine Überschlagsrechnung durch. Rechne mit $\rho = 2{,}6 \, \frac{g}{cm^3}$.

9 Der Teich in Lenas Garten ist kreisrund. Er ist am Rand 0,40 m und in der Mitte 1,40 m tief. Die Einfassung mit Natursteinen ist etwa 15 m lang.

Schätze, wie viel Liter Wasser der Teich enthält.

1 Die Abbildung zeigt das Netz eines Prismas. Berechne den Oberflächeninhalt und das Volumen des Prismas.

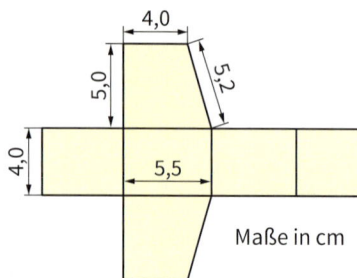

Maße in cm

2 Berechne den Oberflächeninhalt und das Volumen des abgebildeten Prismas.

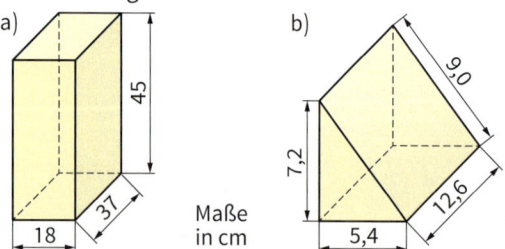

Maße in cm

3 Bestimme den Oberflächeninhalt und das Volumen des Zylinders. Runde sinnvoll.

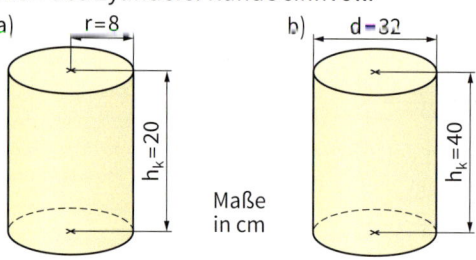

Maße in cm

4 Berechne den Oberflächeninhalt und das Volumen des Zylinders.
a) $r = 7{,}5$ cm; $h_k = 16{,}8$ cm
b) $d = 4{,}80$ m; $h_k = 14{,}50$ m

5 In der Abbildung ist der Querschnitt eines Bahndammes dargestellt.

Wie viel Kubikmeter Erde müssen für einen 1,2 km langen Deichabschnitt aufgeschüttet werden?

6 Eine Konservendose hat die in der Abbildung angegebenen Maße.

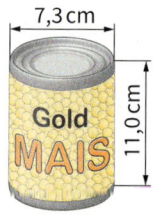

a) Wie groß ist das Fassungsvermögen der Dose?
b) Wie viel Quadratmeter Weißblech sind für die Herstellung von 100 000 Dosen mindestens notwendig?

Ich kann	Aufgabe	Hilfen und Aufgaben
anhand eines Netzes den Oberflächeninhalt und das Volumen eines Prismas berechnen.	1	Seite 102, 103, 111
den Oberflächeninhalt und das Volumen eines Prismas bestimmen.	2	Seite 102, 103, 104
den Oberflächeninhalt und das Volumen eines Zylinders berechnen.	3, 4	Seite 107, 108
Sachaufgaben zum Volumen eines Prismas lösen.	5	Seite 114, 115
Sachaufgaben zum Volumen und zum Oberflächeninhalt eines Zylinders lösen.	6	Seite 113, 114, 115

Ausgangstest 2

1 Zeichne zunächst ein Schrägbild des abgebildeten Prismas.

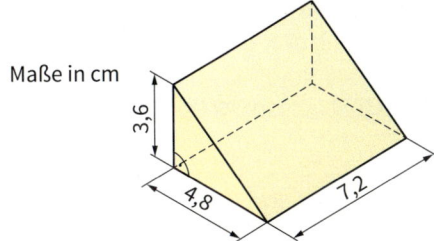

Maße in cm

Berechne anschließend den Oberflächeninhalt und das Volumen des Prismas. Fehlende Kantenlängen entnimm deiner Zeichnung.

2 Zeichne das Zweitafelbild des abgebildeten Prismas.
Lege das Prisma mit seiner größten Seitenfläche 0,5 cm über die Grundrissebene. Die Grundfläche des Prismas soll im Abstand von 0,5 cm parallel zur Aufrissebene liegen.

Maße in cm

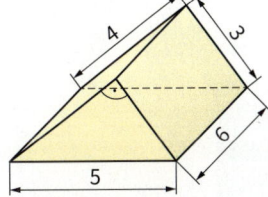

3 Aus einem Kantholz (Abmessungen in Millimeter: 60 x 60 x 1000) soll ein Rundstab mit der größtmöglichen Querschnittsfläche gedrechselt werden. Wie viel Kubikzentimeter Holzabfall entstehen dabei? Wie viel Prozent sind das?

4 Berechne die Masse des Körpers.

Gold: $\varrho = 19{,}3 \frac{g}{cm^3}$

Maße in cm

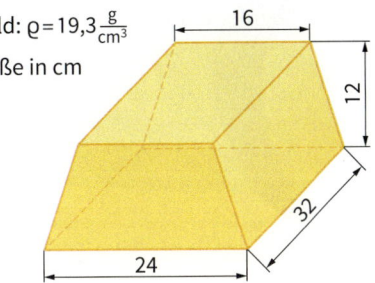

5 Berechne den umbauten Raum des abgebildeten Gebäudes.

Maße in m

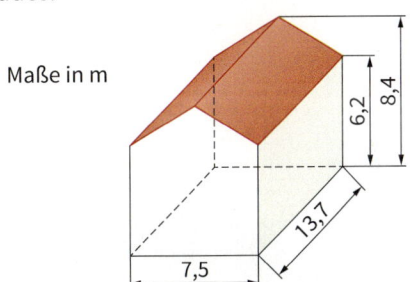

6 Bestimme die Masse des Körpers.

Aluminium: $\varrho = 2{,}7 \frac{g}{cm^3}$

Maße in cm

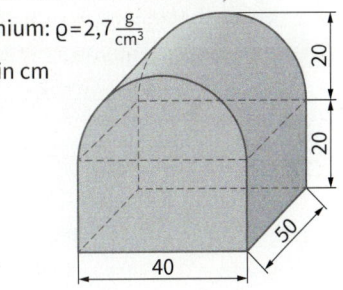

Ich kann	Aufgabe	Hilfen und Aufgaben
das Schrägbild eines Prismas zeichnen.	1	Seite 100
den Oberflächeninhalt und das Volumen eines Prismas berechnen.	1	Seite 102, 103, 104
ein Zweitafelbild eines Prismas zeichnen.	2	Seite 101, 115
Sachaufgaben zum Volumen geometrischer Körper lösen.	3, 5	Seite 114, 115
die Masse eines Körpers bestimmen.	4, 5	Seite 109

6 Lineare Funktionen

Familie Weber hat ihre Jahresabrechnung für die genutzte elektrische Energie erhalten. Überprüfe die abgebildete Rechnung.

Familie Weber hat bisher 110 € pro Monat bezahlt. Überlege, warum die monatlichen Abschlagszahlungen für das jetzige Jahr erhöht wurden.

RIVA – Ihr Stromversorger

Jahresverbrauchsrechnung
Mitteilung über Abschlagszahlung

Herrn/Frau/Eheleute/Firma
Weber, Klaus
Helene-Lange-Str. 14
16225 Eberswalde

Wir berechnen Ihnen für das letzte Jahr:
Strom   4654 kWh   1.363,12 Euro
enthaltene Umsatzsteuer   217,64 Euro

Neue Abschlagszahlung
jeweils am 10. des Monats: 120,00 Euro
enthaltene Umsatzsteuer: 19,16 Euro

Frau und Herr Weber überlegen zusammen mit ihren Kindern Lara und Till, was sie unternehmen können, um die Kosten für die elektrische Energie zu senken.

LED-Lampe: 5 W

Handmixer: 300 W

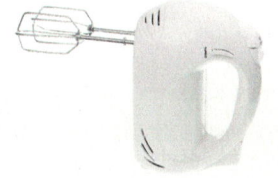

LCD-Fernseher: 100 W

Wäschetrockner: 2 kW

Micro-Musikanlage: 43 W

Einbauherd: max. 8,4 kW

```
Electrogeräte GmbH
E-Nr.  TW 22005/03  FD: 8312
                        000915

220-240 V~   50-60 Hz   1800 W
Type: WK 9-A
```

Informiere dich anhand von Typenschildern und Betriebsanleitungen über die elektrische Leistung einiger Geräte in eurem Haushalt. Lege eine Tabelle an.

Wir untersuchen Kosten für elektrische Energie

1 Till hat ausgerechnet, wie viel es kostet, wenn der Heizlüfter 1 (2, 3, 4, 5) Stunden in Betrieb ist:

Leistung: 2 000 W

Betriebsdauer: 1 h

genutzte Energie:
2 kW · 1 h = 2 kWh

1 kWh elektr. Energie kostet: 0,28 €

2 kWh elektr. Energie kosten:
0,28 € · 2 = 0,56 €

Zeit (h)	1	2	3	4	5
Kosten (€)	0,56	1,12	1,68	2,24	2,80

Berechne auch die Kosten für 6 (7, 8, 9, 10) Stunden. Übertrage die Tabelle in dein Heft und ergänze sie.

2 Wenn der LCD-Fernseher vier Stunden in Betrieb ist, kostet das ungefähr 0,12 €.

Zeit (h)	1	2	3	4	5	6
Kosten (€)	▦	▦	▦	0,12	▦	▦

Zeit (h)	7	8	9	10	11	12
Kosten (€)	▦	▦	▦	▦	▦	▦

a) Übertrage die Tabelle in dein Heft und ergänze sie.
b) Welche Art von Zuordnung liegt hier vor? Begründe.

3 In den Beispielen wird jeweils für eine bestimmte Betriebsdauer die genutzte elektrische Energie und der zugehörige Preis berechnet.
Eine Kilowattstunde (kWh) genutzte elektrische Energie kostet ohne Grundgebühren 0,28 €.

Leistung: 500 W = 0,5 kW
Betriebsdauer: 6 h
elektr. Energie: 0,5 kW · 6 h = 3 kWh
Kosten: 0,28 € · 3 = 0,84 €

Die genutzte elektrische Energie ist das Produkt aus Leistung und Zeit.

Leistung: 2500 W = 2,5 kW
Betriebsdauer: 2 h
elektr. Energie: 2,5 kW · 2 h = 5 kWh
Kosten: 0,28 € · 5 = 1,40 €

Übertrage die Tabelle für den Halogenscheinwerfer (das Ceran-Feld) in dein Heft und ergänze sie.

Zeit (h)	1	2	3	4	5	6
Kosten (€)	▦	▦	▦	▦	▦	▦

Zeit (h)	7	8	9	10	11	12
Kosten (€)	▦	▦	▦	▦	▦	▦

= 1000 W (Watt)
= 1 kW (Kilowatt)

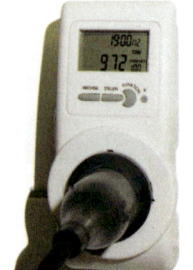

Mit einem Messgerät kannst du die genutzte Energie auch messen.

Wir untersuchen Kosten für elektrische Energie

4 Till und Lara haben für drei elektrische Geräte jeweils die Kosten für eine Stunde Betriebsdauer berechnet. Sie sind von einem Preis von 0,28 € für die Kilowattstunde ausgegangen.

> Ventilator (150 W = 0,15 kW)
> 0,15 · 0,28 € = 0,042 € = 4,2 Cent
>
> PC (80 W = 0,08 kW):
> 0,08 · 0,28 € = 0,0224 € = 2,24 Cent
>
> DVD-Player mit Fernseher (200 W):
> 0,20 · 0,28 € = 0,056 € = 5,6 Cent

Sie möchten die Zuordnung „Zeitdauer ⟶ Kosten" für die drei Geräte auch grafisch darstellen. Dazu haben sie zunächst für den Ventilator eine Tabelle angelegt und ausgefüllt.

Ventilator (150 W)

Zeit (h)	0	1	2	4	8	10
Kosten (Cent)	0	4,2	8,4	16,8	33,6	42,0

Dann haben sie die Wertepaare als Punkte in ein Koordinatensystem eingetragen. Die Punkte liegen auf einer Geraden.

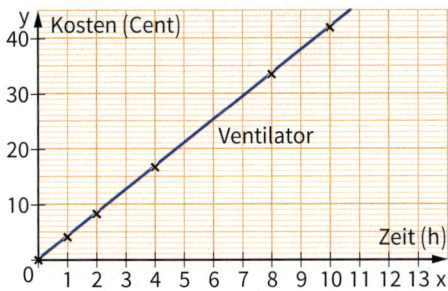

a) Lege zu der Zuordnung „Betriebsdauer ⟶ Kosten" auch für den PC und den DVD-Player mit Fernseher eine Tabelle an (größte Zeitdauer: 10 h).
b) Übertrage das Koordinatensystem in dein Heft (x-Achse: 1 cm ≙ 1 h; y-Achse: 1 cm ≙ 10 Cent). Zeichne die Graphen für alle drei Geräte ein.
c) Wie kannst du anhand der Graphen erkennen, bei welchem Gerät die Kosten pro Stunde Betriebsdauer am größten sind?

Mithilfe der Kosten pro Stunde Betriebsdauer kannst du zu jeder Betriebsdauer (x) die zugeordneten Kosten (y) berechnen.

Kosten pro Stunde Betriebsdauer:
14 Cent

Betriebsdauer (h)	Kosten (Cent)
2	14 · 2 = 28
3	14 · 3 = 42
4	14 · 4 = 56
⋮	⋮
x	14 · x = y

Kosten (y) = 14 Cent · Betriebsdauer (x)

5 a) Berechne für beide Kühlschränke die Kosten für eine Betriebsdauer von 1 000 h (2 000 h, 4 000 h, 5 000 h, 7 000 h, 9 000 h). Lege eine Tabelle an.

Polar: 245 €
Betriebskosten
pro Std.: 0,7 Cent

Arktis: 270 €
Betriebskosten
pro Std.: 0,6 Cent

b) Zeichne die Graphen beider Zuordnungen „Betriebsdauer ⟶ Kosten" in ein Koordinatensystem (x-Achse: 1 cm ≙ 1000 h; y-Achse: 1 cm ≙ 5 €).
c) Gib für beide Kühlschränke jeweils die Gleichung an, mit der du zu jeder Betriebsdauer (x) die Kosten (y) berechnen kannst.
d) Vergleiche die Betriebskosten für beide Kühlschränke miteinander. Ist der höhere Anschaffungspreis für den zweiten Kühlschrank gerechtfertigt?

> Bei einer proportionalen Zuordnung liegen die Punkte auf einer Geraden durch den Ursprung.

6 Ein Energieversorgungsunternehmen macht der Familie Weber drei unterschiedliche Angebote. Die angegebenen Preise enthalten bereits die Umsatzsteuer.

RIVA – Ihr Stromversorger Standard

Arbeitspreis: 28 Cent/kWh
Grundpreis: 5,00 € pro Monat

RIVA – Ihr Stromversorger Mini

Arbeitspreis: 32 Cent/kWh
Grundpreis: 2,00 € pro Monat

RIVA – Ihr Stromversorger Pro Natur

(ausschließlich aus regenerativen Energiequellen)

Arbeitspreis: 30 Cent/kWh
Grundpreis: 10,00 € pro Monat

a) Till hat die Gleichung bestimmt, mit der beim Tarif „Standard" dem Jahresverbrauch (x) in Kilowattstunden die Gesamtkosten (y) zugeordnet werden können: $y = 0,28 \cdot x + 60$.
b) Begründe, dass sich beim Tarif „Mini" die Gesamtkosten (y) mit der folgenden Gleichung berechnen lassen:
$y = 0,32 \cdot x + 24$.
c) Gib eine Gleichung an, mit der du für den Tarif „Pro Natur" die Gesamtkosten berechnen kannst.
d) Übertrage die Tabelle in dein Heft und vervollständige sie.

Verbrauch (kWh)	Kosten (€)		
	Standard	Mini	Pro Natur
0	60		
1 000	340		
2 000	620		
3 000	900		
4 000	1 180		
5 000			
6 000			

7 Lara hat für den Tarif „Standard" den Graphen der Zuordnung **„Jahresverbrauch ⟶ Kosten"** gezeichnet.

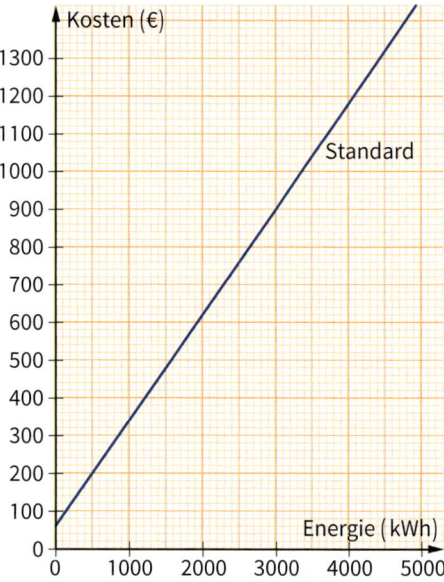

a) Übertrage den Graphen auf Millimeterpapier. Warum ist der Graph eine Gerade? Warum verläuft die Gerade nicht durch den Ursprung?
b) Zeichne den Graphen der Zuordnung **„Jahresverbrauch ⟶ Kosten"** für den Tarif „Mini" in das gleiche Koordinatensystem. Warum haben die beiden eingezeichneten Geraden unterschiedliche Steigungen?
c) Ab welchem Jahresverbrauch ist der Tarif „Standard" günstiger als der Tarif „Mini"?

8 a) Informiere dich über die aktuellen Preise für elektrische Energie in deiner Region. Informiere dich über den Jahresverbrauch von elektrischer Energie in deinem Haushalt.
b) Stelle die Zuordnungen „Jahresverbrauch ⟶ Kosten" grafisch dar.
c) Überlege bei unterschiedlichen Angeboten, welches Angebot das günstigere ist. Gibt es auch noch andere Gründe dafür, bestimmte Angebote anzunehmen?

Funktionen als eindeutige Zuordnungen

1 Vergleiche die in den Tabellen und Pfeildiagrammen dargestellten Zuordnungen.

a) **elektrisches Gerät ⟶ Leistung**

elektrisches Gerät	Leistung (W)
Herdplatte	2500
Stereoanlage	80
Halogenlampe	300
LED-Lampe	5
Energiesparlampe	12

b) **Standort ⟶ elektrisches Gerät**

Standort	elektrisches Gerät
Waschkeller	Waschmaschine, Trockner
Wohnzimmer	Fernseher, Heimkinoanlage
Arbeitszimmer	Computer

c) **elektrisches Gerät ⟶ Hersteller**

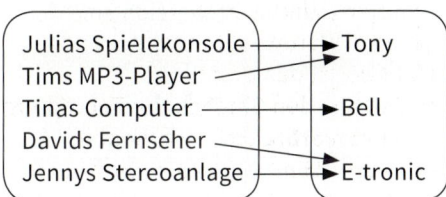

d) **Leistung ⟶ Kosten pro Stunde**

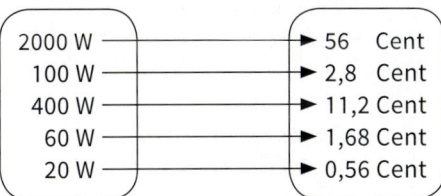

e) **Anbieter ⟶ Tarif**

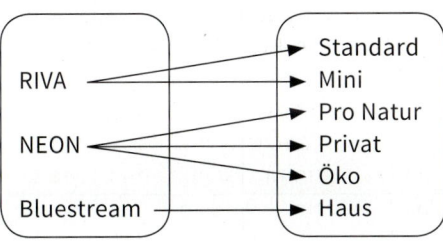

Schüler ⟶ Lebensalter

Wertetabelle

Vorname	Alter (Jahre)
Lina	14
Felix	16
Luis	15
Amelie	14
Moritz	16

Pfeildiagramm

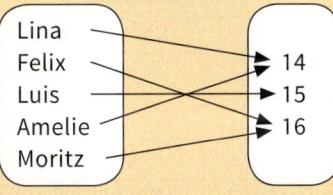

Definitionsbereich   Wertebereich

Eine Funktion ist eine eindeutige Zuordnung. Jedem Element des Definitionsbereichs (**D**) wird genau ein Element des Wertebereichs (**W**) zugeordnet. Beide Elemente bilden ein Wertepaar. Beispiel: (Anne; 14)

Für die Darstellung einer Funktion im Pfeildiagramm gilt:

Von jedem Element des Definitionsbereichs geht **genau ein** Pfeil aus.

Bei jedem Element des Wertebereichs endet **mindestens ein** Pfeil.

2 Bestimme Definitionsbereich und Wertebereich der in der Tabelle dargestellten Funktion und zeichne das zugehörige Pfeildiagramm.

a)

Punkte	Note
17	4
18	4
20	4
33	3
56	1
10	5
13	5

b)

Vorname	Nachname
Jonas	Fischer
Marie	Schiffer
Anna	Schiffer
Lukas	Diestel
Lena	Fischer
David	Meier
Jana	Kerfs

Funktionen im Koordinatensystem

Note ⟶ Anzahl der Arbeiten

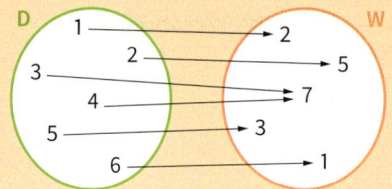

Graph der Funktion

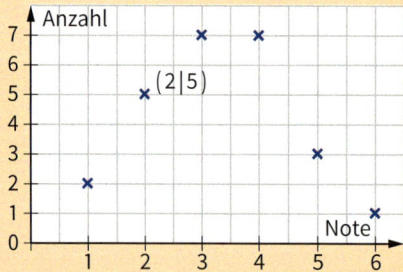

Bei der Darstellung von Funktionen im Koordinatensystem ist es üblich, die Elemente des Definitionsbereichs (x ∈ D) auf der x-Achse und die Elemente des Wertebereichs (y ∈ W) auf der y-Achse einzutragen.
Für die Darstellung einer Funktion im Koordinatensystem gilt: Auf jeder Parallelen zur y-Achse liegt höchstens ein Punkt.

1 Zeichne den Graphen der Funktion.

a) **Stückzahl ⟶ Preis**

Stückzahl	1	2	3	4	5
Preis (€)	0,80	1,60	2,40	3,20	4,00

Stückzahl	6	7	8	9	10
Preis (€)	4,80	5,60	6,40	7,20	8,00

(x-Achse: 1 cm ≙ 1; y-Achse: 1 cm ≙ 1 €)

b) **Tageszeit ⟶ Temperatur**

Zeit (h)	2	4	6	8	10	12
Temperatur (°C)	−4	−6	−6	−4	0	4

Zeit (h)	14	16	18	20	22	24
Temperatur (°C)	8	6	2	0	−2	−3

(x-Achse: 1 cm ≙ 2 h; y-Achse: 1 cm ≙ 2°)

2 Bestimme anhand des Funktionsgraphen den Definitions- und den Wertebereich.

a)
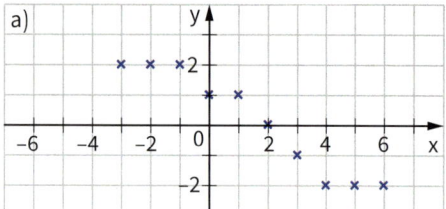

b)
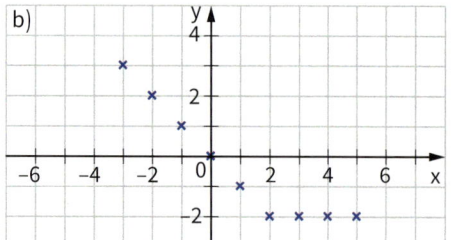

3 Handelt es sich bei dem Graphen um einen Funktionsgraphen? Begründe. Gib im Falle eines Funktionsgraphen Definitions- und Wertebereich an.

a)
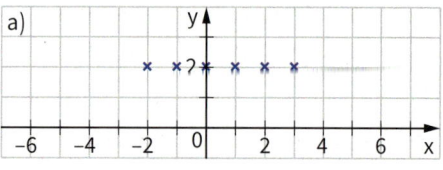

b)
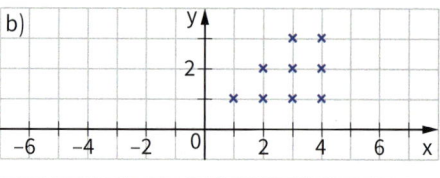

c)
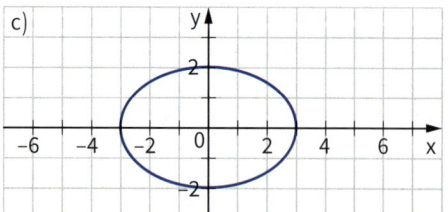

d)
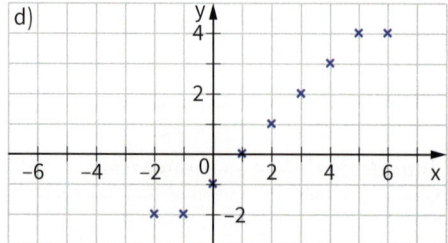

Funktionsgleichung

1 Im Beispiel wird die Vorschrift, nach der einem Element x des Definitionsbereichs ein Element y des Wertebereichs zugeordnet wird, mit Worten (einem Term) beschrieben.

x	1	2	3	4	5	6	7	8	9	10
y	3	6	9	12	15	18	21	24	27	30

Jeder Zahl wird das Dreifache zugeordnet: $x \longrightarrow 3x$

Gib zu der angegebenen Wertetabelle die Zordnungsvorschrift in Worten (mit einem Term) an.

x	1	2	3	4	5	6	7	8	9	10	11
y	5	10	15	20	25	30	35	40	45	50	55

2 Gib die Zuordnungsvorschrift mithilfe des Funktionsterms an.

Jeder Zahl wird das Sechsfache, vermindert um 5, zugeordnet:

das Sechsfache der Zahl:	6x
vermindert um 5:	– 5
Funktionsterm:	6x – 5
Zuordnungsvorschrift:	$x \longrightarrow 6x – 5$

a) Jeder Zahl wird das Siebenfache (Zwölffache) zugeordnet.
b) Jeder Zahl wird das Vierfache, vermindert um 2 (das Siebenfache, vermindert um 9) zugeordnet.

3 Durch die Wertetabelle ist eine Funktion gegeben. Die Zuordnungsvorschrift kann auch mithilfe einer Funktionsgleichung angegeben werden.

x	1	2	3	4	5	6
y	3	5	7	9	11	13

$$x \longrightarrow 2x + 1$$
Funktionsgleichung: $y = 2x + 1$

Gib die Funktionsgleichung an.

x	1	2	3	4	5	6	7
y	4	7	10	13	16	19	22

Zuordnungsvorschriften für Funktionen lassen sich häufig mithilfe von **Funktionsgleichungen** angeben. Um Funktionen unterscheiden zu können, werden sie mit kleinen Buchstaben bezeichnet.

Funktionsgleichungen:

f: $y = 2,5x$
oder $f(x) = 2,5x$ (lies: f von x gleich 2,5x)

g: $y = 2x – 4$
oder $g(x) = 2x – 4$

Die Funktion f ordnet der Zahl 4 die Zahl 10 zu. Der **Funktionswert** an der Stelle 4 ist 10.

Funktionswert:
$f(4) = 10$ lies: f von 4 gleich 10

4 Berechne die Funktionswerte.
a) $f(x) = 5x – 7$; $f(2), f(4), f(–5), f(–110)$
b) g: $y = 5,9x$; $g(3), g(6), g(–12), g(0,5)$
c) $f(x) = –x$; $f(0), f(–4), f(0,7), f(–1,4)$
d) g: $y = x^2$; $g(–8), g(0,4), g(2,1), g(1,5)$
e) $f(x) = 0,5x – 4$; $f(0), f(–2), f(3,5), f(–1)$

5 Gib für die folgenden Zuordnungen die Funktionsgleichung an. Vervollständige anschließend die abgebildete Wertetabelle in deinem Heft.

x	–3	–2	–1	0	1	2	3	4	5	6	7
f(x)											

a) Jeder Zahl wird das Achtfache (Dreizehnfache) zugeordnet.
b) Jeder Zahl wird das Sechsfache, vermindert um 3 (das Vierfache, vermindert um 11), zugeordnet.
c) Jeder Zahl wird das Doppelte, vermehrt um 1,8 (Neunfache, vermehrt um 4,2), zugeordnet.
d) Jeder Zahl wird ihr Quadrat, vermehrt um 1, zugeordnet.
e) Jeder Zahl wird ihre Hälfte, vermehrt um 6, zugeordnet.

Arbeiten mit dem Taschenrechner: Wertetabellen

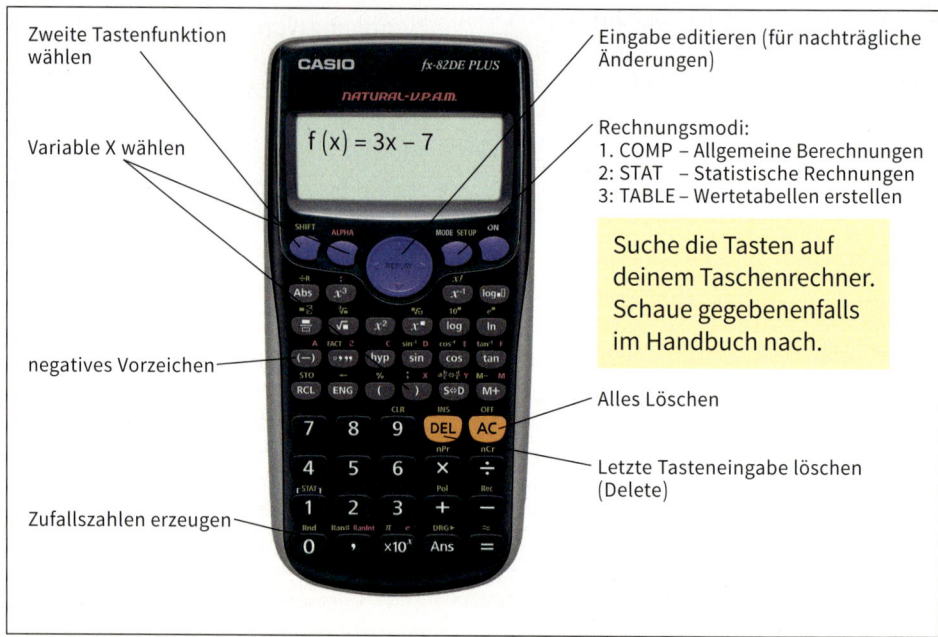

So kannst du für die Funktion f mit der Funktionsgleichung $f(x) = 3x - 7$ eine Wertetabelle erstellen:

> Nach der Berechnung von Funktionswerten muss der Modus wieder geändert werden.

Schritt	Tastenfolge	TR-Anzeige
1. Wähle den Modus 3.	MODE 3	$f(X) =$
2. Gib den Funktionsterm ein.	3 ALPHA) − 7 =	Start?
3. Gib den kleinsten x-Wert ein.	− 3 =	End?
4. Gib den größten x-Wert ein.	3 =	Step?
5. Gib die Schrittweite ein.	0,5 =	<table><tr><td></td><td>X</td><td>F(X)</td></tr><tr><td>1</td><td>−3</td><td>−16</td></tr><tr><td>2</td><td>−2,5</td><td>−14,5</td></tr><tr><td>3</td><td>−2</td><td>−13</td></tr></table>
6. Bewege den Cursor nach unten, um alle Werte ablesen zu können.		<table><tr><td></td><td>X</td><td>F(X)</td></tr><tr><td>11</td><td>2</td><td>−1</td></tr><tr><td>12</td><td>2,5</td><td>0,5</td></tr><tr><td>13</td><td>3</td><td>2</td></tr></table>

1 Lege mithilfe des Taschenrechners für die Funktion f mit der Funktionsgleichung $f(x) = -4x - 13$ eine Wertetabelle an:

kleinster Wert: −1,5
größter Wert: 2,5
Schrittweite: 0,5

2 Lege mithilfe des Taschenrechners für die Funktion f eine Wertetabelle für x-Werte von −4 bis 4 mit einer Schrittweite von 1 an.

a) $f(x) = 0,5x + 3$ b) $f(x) = -1,5x - 6$
c) $f(x) = 1,9x + 0,5$ d) $f(x) = -2,7x - 5$
e) $g(x) = 3x^2 - 2$ f) $f(x) = 0,5x^3 - 2$

Lineare Funktionen der Form y = mx

1 a) Im Koordinatensystem siehst du einen Ausschnitt des Graphen der Funktion f mit dem Definitionsbereich D = ℚ. Auch dieser Ausschnitt wird als Funktionsgraph bezeichnet.
Warum kannst du den Funktionsgraphen nicht vollständig zeichnen?

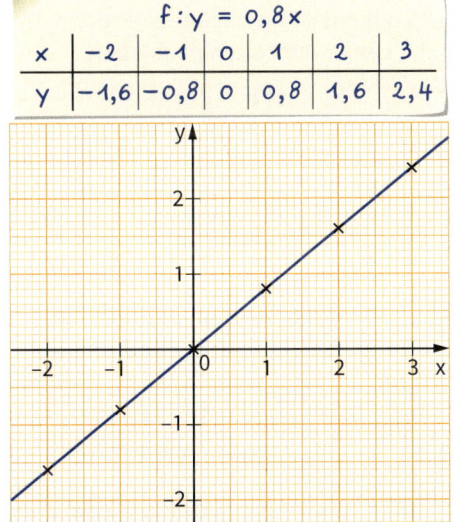

b) Zeichne die Graphen folgender Funktionen in ein Koordinatensystem:
g: y = 2x; D = ℚ   h: y = 3x; D = ℚ.
Gibt es bei g und h gemeinsame Wertepaare?

2 Die Funktion f hat die Funktionsgleichung y = 2,5 x (D = ℚ).
Zeichne den Funktionsgraphen. Überlege zunächst, wie viele Wertepaare du brauchst, um den Graphen von f zeichnen zu können.

3 Die folgenden Funktionen haben eine Funktionsgleichung der Form y = mx.
f: y = 0,5x; g: y = − 0,5x;
h: y = 1,5x; k: y = − 1,5x;
D = ℚ
a) Zeichne die Graphen der Funktionen in ein Koordinatensystem.
b) Wie verläuft der Funktionsgraph, wenn der Faktor m vor x größer (kleiner) als Null ist?

Funktionen mit der Funktionsgleichung y = mx

f : y = 0,6x; m = 0,6
g : y = −1,2x; m = −1,2

x	−2	0	2
f(x)	−1,2	0	1,2
g(x)	2,4	0	−2,4

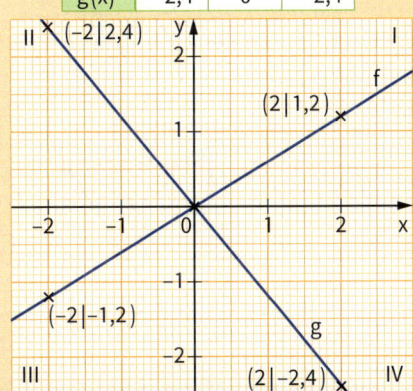

Für die Funktionen mit der Funktionsgleichung y = mx und dem Definitionsbereich D = ℚ gilt:
Die Funktionsgraphen sind **Geraden** durch den **Ursprung**. Für **m > 0** verläuft die Gerade durch den **I. und III. Quadranten,** für **m < 0** durch die **II. und IV. Quadranten.**
Wird der Definitionsbereich einer Funktion nicht angegeben, so vereinbaren wir: **D = ℚ.**

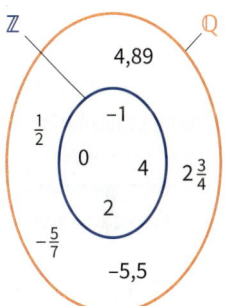

4 Zeichne die Graphen der zugehörigen Funktionen in dasselbe Koordinatensystem. Zeichne die Graphen so, dass sie jeweils in zwei Quadranten zu sehen sind.
a) f: y = 4x   b) g: y = − 2x
c) h: y = 1,8x   d) k: y = − x

5 a) Betrachte die Wertetabelle der Funktion f mit der Gleichung y = 3x.
Vergleiche: f(2) mit f(3), f(3) mit f(4), f(−4) mit f(−3), f(−2) mit f(−1). Was fällt dir auf?

x	−4	−3	−2	−1	0	1	2	3	4
f(x)	−12	−9	−6	−3	0	3	6	9	12

b) Vergleiche f(15,4) mit f(16,4).

1 a) Die Funktion f hat die Funktionsgleichung y = 5x. Vervollständige die Wertetabelle in deinem Heft.

x	−4	−3	−2	−1	0	1	2	3	4	5
y										

b) Wie verändern sich jeweils die Funktionswerte, wenn der x-Wert um 1 (2, 3, 4) größer wird?

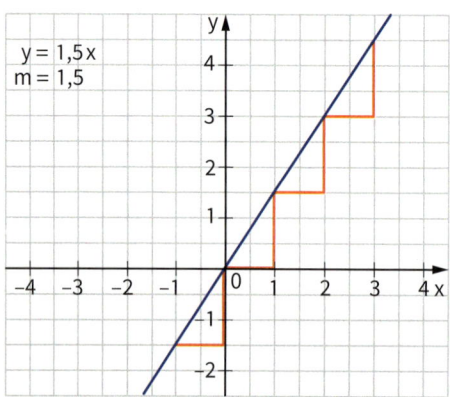

y = 1,5 x
m = 1,5

2 a) Die eingezeichneten Dreiecke heißen **Steigungsdreiecke.**
Gib jeweils die Längen der Dreiecksseiten in x-Richtung und in y-Richtung an (in Längeneinheiten).
b) Übertrage das Koordinatensystem mit dem Graphen in dein Heft. Zeichne Steigungsdreiecke mit einer Seitenlänge von 2 Längeneinheiten in x-Richtung. Wie lang ist jeweils die Dreieckseite in y-Richtung?

> Eine Längeneinheit im Koordinatensystem ist der Abstand zwischen 0 und 1.

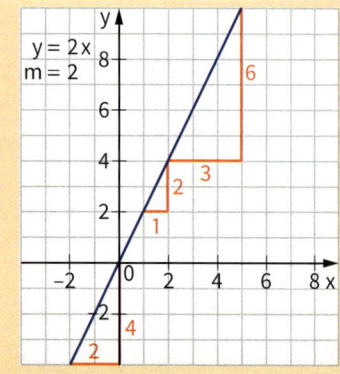

y = 2x
m = 2

Steigungsdreiecke
Funktionsgleichung: y = 2x

Längeneinh. in x-Richtung	Längeneinh. in y-Richtung
1	2 · 1 = 2
2	2 · 2 = 4
3	2 · 3 = 6

2 gibt die **Steigung m** der Geraden an: **m = 2.**

Bei einer Funktion mit dem Funktionsterm mx gibt m die Steigung der Geraden an.

So kannst du bei einer positiven Steigung (m > 0) den Funktionsgraphen mithilfe eines Steigungsdreiecks zeichnen:

y = 2,2x; m = 2,2

Gehe vom Ursprung (0|0) aus 1 Längeneinheit nach rechts, dann 2,2 Längeneinheiten nach oben.

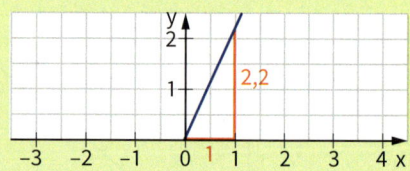

3 Zeichne die Graphen mithilfe von Steigungsdreiecken in ein Koordinatensystem.

a) f(x) = 3,5x
   g(x) = 1,8x

b) f: y = 1x
   g: y = 4,5x

c) f(x) = 1,7x
   g(x) = 3,3x

d) f: y = 2,8x
   g: y = 4,6x

c) f(x) = 1,3x
   g(x) = 4,7x

f) f: y = 0,8x
   g: y = 1,3x

4 a) Gib jeweils die Längen der Dreieckseiten in x-Richtung und in y-Richtung an (in Längeneinheiten).

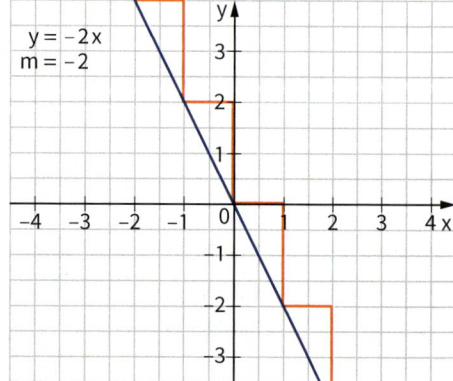

y = −2x
m = −2

b) Übertrage das Koordinatensystem mit dem Graphen in dein Heft. Zeichne Steigungsdreiecke mit einer Seitenlänge von 2 Längeneinheiten in x-Richtung. Wie lang ist jeweils die Dreieckseite in y-Richtung?

Steigung und Steigungsdreiecke

So kannst du bei einer negativen Steigung (m < 0) den Funktionsgraphen mithilfe eines Steigungsdreiecks zeichnen:

$$y = -1,7x; \quad m = -1,7$$

Gehe vom Ursprung (0|0) aus 1 Längeneinheit nach rechts, dann 1,7 Längeneinheiten nach unten.

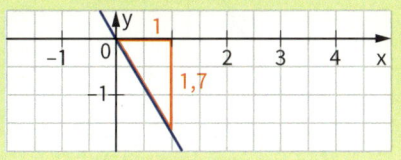

5 Zeichne die Funktionsgraphen mithilfe von Steigungsdreiecken in ein Koordinatensystem.

a) $f(x) = -3x$
   $g(x) = -1,5x$

b) $f\colon\ y = -4x$
   $g\colon\ y = -3,5x$

c) $f(x) = -2,5x$
   $g(x) = -4,0x$

d) $f\colon\ y = -5x$
   $g\colon\ y = -6,5x$

e) $f(x) = 2,7x$
   $g(x) = -4,1x$
   $h(x) = -2,3x$

f) $f\colon\ y = -3,1x$
   $g\colon\ y = 2,8x$
   $h\colon\ y = 1,6x$

6 Oft ist es sinnvoll, größere Steigungsdreiecke zu zeichnen.

$$f(x) = 0,4x; \quad m = 0,4$$
Steigungsdreiecke der Funktion f:

1 Längeneinheit nach rechts
0,4 Längeneinheiten nach oben

2 Längeneinheiten nach rechts
$2 \cdot 0,4 = 0,8$ Längeneinheiten nach oben

5 Längeneinheiten nach rechts
$5 \cdot 0,4 = 2$ Längeneinheiten nach oben

Berechne jeweils die Seitenlängen eines geeigneten Steigungsdreiecks und zeichne mit seiner Hilfe den Funktionsgraphen.

a) $f(x) = 0,5x$
   $g(x) = -0,4x$

b) $f\colon\ y = 0,25x$
   $g\colon\ y = -0,2x$

7 Lies aus dem Koordinatensystem die Steigungen der Geraden ab. Gib jeweils die Funktionsgleichung an.

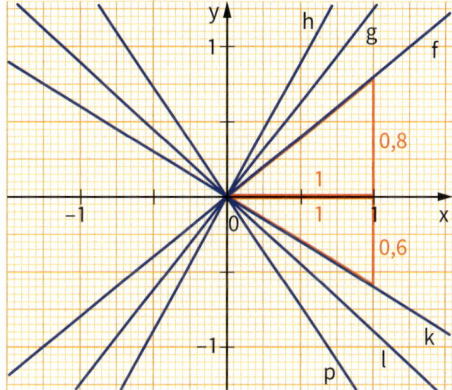

Steigungsdreieck der Funktion f:

1 Längeneinheit nach rechts

0,8 Längeneinheiten nach oben (m > 0)

$m = 0,8$

Funktionsgleichung von f: $y = 0,8\,x$

Steigungsdreieck der Funktion k:

1 Längeneinheit nach rechts

0,6 Längeneinheiten nach unten (m < 0)

$m = -0,6$

Funktionsgleichung von k: $y = -0,6\,x$

So kannst du ein Steigungsdreieck zeichnen, wenn die Steigung als Bruch angegeben ist:

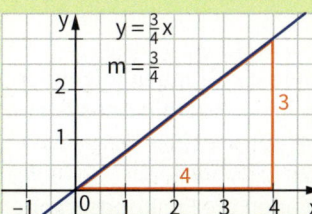
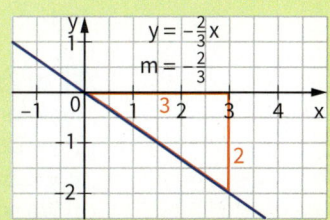

Der Nenner gibt an, wie viele Längeneinheiten du nach rechts gehen musst. Der Zähler gibt an, wie viele Längeneinheiten du bei einer positiven Steigung (m > 0) nach oben, bei einer negativen Steigung (m < 0) nach unten gehen musst.

8 Zeichne die Funktionsgraphen.

a) $y = \frac{3}{5}x$ b) $y = \frac{4}{7}x$ c) $y = -\frac{3}{2}x$

1 Im Koordinatensystem siehst du die Graphen der Funktionen f und g.

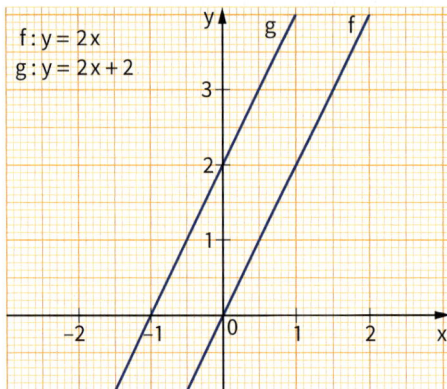

$f: y = 2x$
$g: y = 2x + 2$

a) Beschreibe die Lage der beiden Graphen zueinander.

b) Übertrage die Graphen in dein Heft und bestimme jeweils die Steigung.

2 Die Funktionen h und k haben die Funktionsgleichungen $h(x) = 2,5x$ und $k(x) = 2,5x - 2$.

a) Übertrage die Wertetabelle in dein Heft und vervollständige sie. Berechne dazu zunächst die Funktionswerte von h. Vergleiche die Funktionswerte von h und k miteinander.

x	−4	−3	−2	−1	0	1	2	3	4	5
h(x)										
k(x)										

b) Zeichne die beiden Funktionsgraphen in ein Koordinatensystem. Was stellst du fest?

3 a) Zeichne die Graphen folgender Funktionen in ein Koordinatensystem:
f: $y = 2x - 4$; g: $y = 1,5x - 3$;
h: $y = 2x + 2$; k: $y = 3x - 3$.

b) Wo schneiden die Funktionsgraphen jeweils die y-Achse?

Du erhältst die y-Koordinate des Schnittpunktes mit der y-Achse, wenn du für x den Wert 0 einsetzt.

4 Gib die Koordinaten des Schnittpunkts der Geraden mit der y-Achse an.
a) $y = 2x + 3$ b) $y = x + 2$
c) $y = 1,5x - 3$ d) $y = -2x + 3$
e) $y = -x - 2$ f) $y = 2x + 0,5$
g) $y = -2x - 3$ h) $y = -1,5x - 3$
i) $y = -x + 2$ k) $y = -2x + 3$

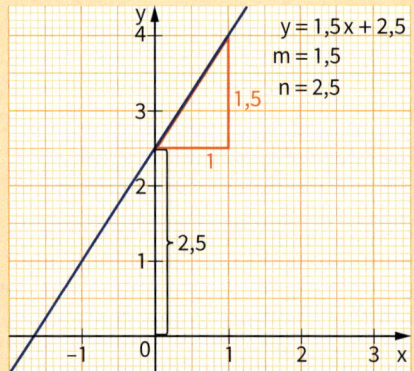
5 Prüfe, ob es sich jeweils um die Funktionsgleichung einer linearen Funktion handelt. Gib die Steigung m und den y-Achsenabschnitt n an.
a) f: $y = 3x + 4$ b) f: $y = -2x + 3$
   g: $y = 5x + 3$ g: $y = -3x - 4$
   h: $y = 4x - 7$ h: $y = 1,5x - 8$

c) f: $y = -4,2x$ d) f: $y = 3$
   g: $y = 0,2x + 1,8$ g: $y = -\frac{1}{2}$
   h: $y = x$ h: $y = 3x + 4$

So kannst du den Graphen der linearen Funktion f mithilfe des y-Achsenabschnitts n und der Steigung m zeichnen: $f(x) = -2x + 1,5$

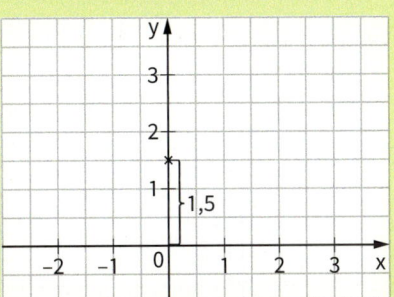

1. Markiere den y-Achsenabschnitt n = 1,5.

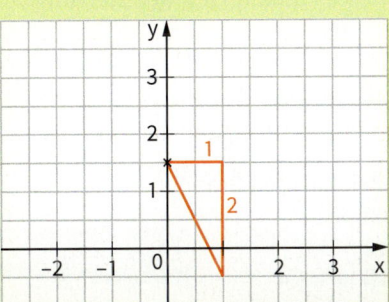

2. Zeichne das Steigungsdreieck zu m = −2.

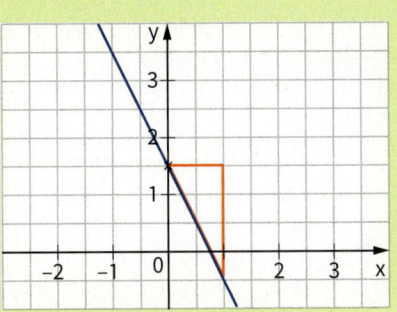

3. Zeichne den Funktionsgraphen.

6 Zeichne die Funktionsgraphen wie im Beispiel in ein Koordinatensystem.

a) f: $y = -2x + 5$ b) f: $y = 1,5x - 4$
   g: $y = -2x + 3$ g: $y = 1,5x - 1$
   h: $y = -2x + 1$ h: $y = 1,5x + 1$

c) f: $y = 3x - 4$ d) f: $y = -1x - 2,5$
   g: $y = 3x + 1$ g: $y = 1x + 4,5$
   h: $y = -1x + 6$ h: $y = 2x - 1$

7 Lies aus dem Koordinatensystem jeweils den y-Achsenabschnitt n und die Steigung m ab. Gib die Funktionsgleichung an.

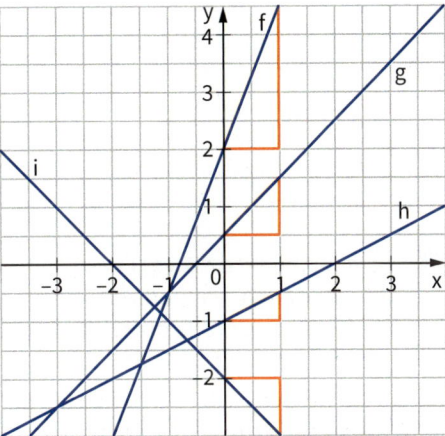

Funktion f
y-Achsenabschnitt: n = 2
Steigung: m = 2,5
Funktionsgleichung von f: y = 2,5x + 2

8 Lies aus dem Koordinatensystem jeweils den y-Achsenabschnitt n und die Steigung m ab. Gib dann die Funktionsgleichung der Funktion an.

a)
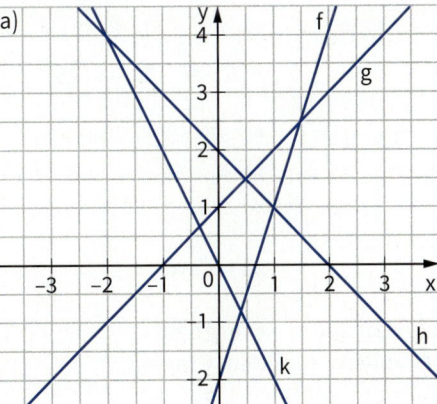

b)
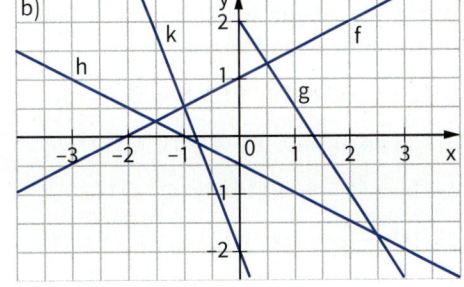

9 Zeichne den Funktionsgraphen in ein Koordinatensystem. Bestimme anhand des Funktionsgraphen zu dem angegebenen Funktionswert den zugehörigen x-Wert.

a) $y = 3x - 1$;   Funktionswert: 5
b) $y = 2x - 4$;   Funktionswert: 4
c) $y = x + 2,5$;   Funktionswert: $-1,5$
d) $y = -2x - 1$;   Funktionswert: 2,5
e) $y = 4x - 7$;   Funktionswert: 3
f) $y = -5x + 8$;   Funktionswert: -2

10 Trage die Punkte P und Q in ein Koordinatensystem ein und zeichne anschließend die Gerade durch P und Q. Lies den y-Achsenabschnitt n und die Steigung m ab und gib die zugehörige Funktionsgleichung an.

a) $P(6|-1)$; $Q(-4|4)$
b) $P(2|7)$; $Q(-5|0)$
c) $P(2|-5)$; $Q(-3|5)$
d) $P(-5|-6,5)$; $Q(6|-1)$
e) $P(3|-2,5)$; $Q(-1|5,5)$
f) $P(4|3)$; $Q(-4|1)$

11 In dem Beispiel wird überprüft, ob die Punkte $P(6|-9)$ und $Q(-4|25)$ auf dem Funktionsgraphen von f liegen.

Funktionsgleichung:	$f(x) = -3,5x + 11$	$f(x) = -3,5x + 11$
Punkt:		$P(6|-9)$ $Q(-4|25)$
Berechnen des Funktionswertes:	$f(6) = -3,5 \cdot 6 + 11$ $f(6) = -10$	$f(-4) = -3,5 \cdot (-4) + 11$ $f(-4) = 25$
Vergleichen mit der y-Koordinate:	$-9 = -10$ f	$25 = 25$ w
Ergebnis:	P liegt nicht auf dem Graphen.	Q liegt auf dem Graphen.

Überprüfe, ob die Punkte auf dem Funktionsgraphen von f liegen.

a) $f(x) = -6,5x + 24$; $P(2|11)$; $Q(-4|6)$

b) $f(x) = 4,5x - 19$; $P(-4|-1)$; $Q(12|35)$

c) $f(x) = \frac{2}{3}x - 6$; $P(18|6)$; $Q(-21|20)$

d) $f(x) = -\frac{4}{5}x + 1,4$; $P(3|2)$; $Q(-9|8,8)$

Konstante Funktionen sind besondere lineare Funktionen.
$$g: y = 2,5$$
$$y = 0 \cdot x + 2,5; \quad m = 0$$

x	-2	-1	0	1	2
y	2,5	2,5	2,5	2,5	2,5

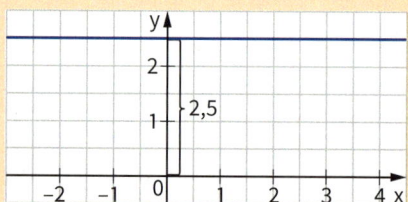

Eine konstante Funktion ist eine lineare Funktion mit der Steigung $m = 0$.
Ihr Funktionsgraph ist eine Parallele zur x-Achse.

12 Zeichne den Graphen der folgenden Funktion.

a) $f(x) = 4,6$
b) g: $y = 2,8$
c) $h(x) = -3,4$
d) f: $y = -0,8$
e) $g(x) = 0$
f) f: $y = \frac{3}{4}$

13 Überprüfe, ob der Punkt P auf dem Graphen der im Koordinatensystem dargestellten Funktion liegt. Bestimme dazu zunächst die Funktionsgleichung.

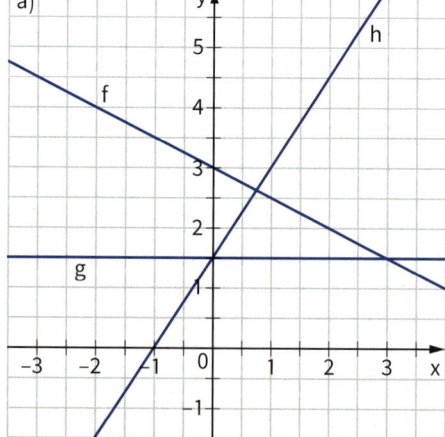

a) f; $P(-5|10)$
b) g; $P(56|1,5)$
c) h; $P(3|7,5)$

Modellieren   Lineare Funktionen

| Sachaufgabe zu linearen Funktionen | Ein Gefäß soll mit Wasser gefüllt werden. Der Wasserstand zu Beginn des Füllvorgangs beträgt 12 cm. Durch das zufließende Wasser erhöht sich der Wasserstand pro Minute um 5 cm. |

Sachaufgabe zu linearen Funktionen

So kannst du beim Modellieren mit linearen Funktionen vorgehen:

Ein Gefäß soll mit Wasser gefüllt werden. Der Wasserstand zu Beginn des Füllvorgangs beträgt 12 cm. Durch das zufließende Wasser erhöht sich der Wasserstand pro Minute um 5 cm.

1. Überlege zunächst, welche Größen einander zugeordnet werden.

Der Zeitdauer x (min) wird der Wasserstand y (cm) zugeordnet.
Zeitdauer (min) ⟶ Wasserstand (cm)

2. Bestimme den y-Achsenabschnitt. Welchen Wert nimmt y an, wenn x = 0?

Zum Zeitpunkt x = 0 beträgt der Wasserstand 12 cm. $n = 12$

3. Bestimme die Steigung. Wie verändert sich y, wenn x um 1 größer wird?

Pro Minute steigt der Wasserstand um 5 cm. $m = 5$

4. Gib die Gleichung der linearen Funktion an.

$y = 5x + 12$

2 Für den Urlaub wollen Marcos Eltern ein Wohnmobil leihen.

Camp 480   Van 500

Typ	Servicepauschale (€)	Tagespreis (€)
Camp 480	100	85
Van 500	120	95

1 Die Grundgebühr für eine Taxifahrt in Berlin beträgt 2,50 €, der Preis für einen zurückgelegten Kilometer 1,60 € (ohne Haltezeiten).
a) Begründe, dass man die Gesamtkosten für eine Taxifahrt y (€) mithilfe der folgenden Funktionsgleichung berechnen kann: $y = 1{,}6x + 2{,}50$.
Was gibt dabei x an? Was ist die Bedeutung von 1,6 und 2,50?
b) Wie viel Euro kostet eine 8 km (6,5 km) lange Fahrt?
c) Zeichne den Graphen der Funktion in ein Koordinatensystem.
d) Wie weit kann ein Fahrgast für 18,50 € fahren? Ermittle anhand des Graphen.

a) Berechne die Kosten für eine Mietdauer von 7 (10) Tagen für jedes Fahrzeug.
b) Bestimme für jeden Typ die Gleichung der Funktion, die der Anzahl der Miettage (x) die Kosten (y) zuordnet. Zeichne die zwei zugehörigen Funktionsgraphen in ein Koordinatensystem.
c) Ermittle anhand der Graphen, wie viele Tage die Familie die Wohnmobile jeweils mieten kann, wenn sie dafür höchstens 1400 € ausgeben will.

Die Aufgaben auf dieser und der nächsten Seite kannst du auch in Partner- oder Gruppenarbeit bearbeiten.

3 Im Koordinatensystem wird der Graph der Funktion „Brenndauer → Höhe der Kerze" dargestellt.

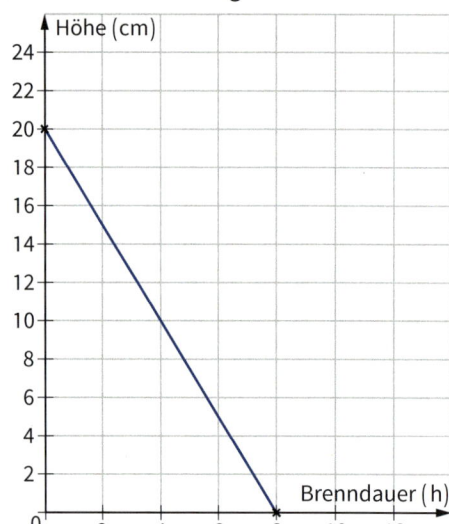

a) Bestimme anhand des Graphen die Höhe der Kerze zu Beginn des Brennvorgangs.

b) Wie viel Zentimeter brennt die Kerze pro Stunde ab?

c) Begründe, warum die zugehörige Funktionsgleichung wie folgt lautet:
$$y = -2{,}5x + 20.$$

4 Ein Getreidesilo ist mit 800 m³ Getreide gefüllt. Pro Tag werden 50 m³ Getreide zur Mühle transportiert.

a) Die Zuordnung „Zeit (d) → Getreidemenge (m³)" ist eine lineare Funktion. Gib die Funktionsgleichung an (Zeit: x, Getreidemenge: y).

b) Zeichne den Funktionsgraphen.

5 Der abgebildete Dieselgenerator verbraucht bei voller Belastung pro Stunde 4 Liter Kraftstoff. Im Tank befinden sich noch 60 *l* Kraftstoff.

a) Begründe, dass man den Tankinhalt y (*l*) in Abhängigkeit von der Betriebsdauer x (h) mithilfe der folgenden Funktionsgleichung berechnen kann:
$$y = -4x + 60.$$

b) Zeichne den Graphen der Funktion in ein Koordinatensystem (x-Achse: 1 cm = 1 h, y-Achse: 1 cm = 5 *l*).

c) Ermittle anhand des Graphen, wie viele Stunden der Generator mit diesem Tankinhalt betrieben werden kann.

d) Wie verändert sich der Graph der Funktion, wenn der Tankinhalt auf 100 *l* erhöht wird (der Verbrauch pro Betriebsstunde auf 3 *l* gesenkt wird)?

6 Ein Schwimmbecken soll mit Wasser gefüllt werden. 5 000 Liter Wasser sind bereits eingefüllt. Pro Minute kommen 200 Liter dazu.

a) Gib die Funktionsgleichung an (Zeit (min): x; Anzahl Liter: y).

b) Wie viel Liter Wasser befinden sich nach einer Stunde im Becken?

c) Das Becken fasst 60 000 Liter. Wie lange dauert der Füllvorgang?

1 Lara und Till möchten die Graphen linearer Funktionen mithilfe eines Tabellenkalkulationsprogramms zeichnen. Dazu hat Lara eine Wertetabelle der Funktion f mit der Funktionsgleichung y = 1,5x – 1 auf ein Tabellenblatt geschrieben.

Sie hat dann die Tabelle markiert und den Graphen erstellt. Dazu hat sie im Menü „Einfügen" den Diagrammtyp „Punkt" gewählt. Die einzutragenden Punkte können hier direkt durch eine Linie verbunden werden.

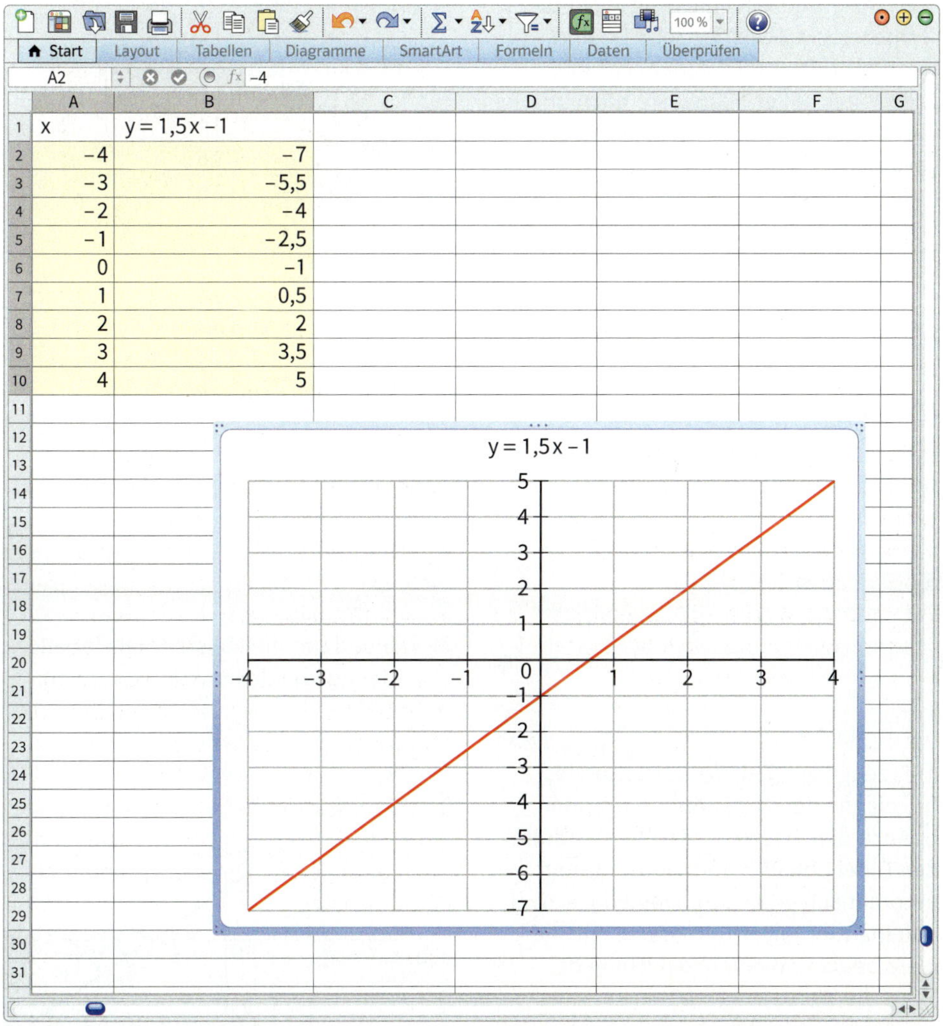

	A	B	C	D	E	F	G
1	x	y = 1,5x – 1					
2	–4	–7					
3	–3	–5,5					
4	–2	–4					
5	–1	–2,5					
6	0	–1					
7	1	0,5					
8	2	2					
9	3	3,5					
10	4	5					

y = 1,5x – 1

a) Beschreibe das erstellte Diagramm. Wenn die Gerade in einem Koordinatensystem mit gleich eingeteilten Achsen gezeichnet wird, erhält man eine andere Darstellung als hier auf dem Tabellenblatt. Begründe den Unterschied.

b) Schreibe die abgebildete Tabelle ebenfalls auf ein Tabellenblatt. Ergänze sie um drei Zeilen. Erzeuge anschließend den Graphen.

c) Die Funktion g hat die Funktionsgleichung y = – 1,8x + 0,6. Lege eine Wertetabelle mit x-Werten zwischen – 5 und 5 an (Schrittweite 1). Trage die Tabelle auf einem neuen Tabellenblatt ein und erstelle den Graphen.

d) Gestalte das Diagramm neu, indem du mithilfe der Diagrammtools im Menü „Layout" die Zeichnungsfläche (die Vertikalachse, die Horizontalachse) veränderst.

2 Till möchte den Graphen der Funktion g mit der Funktionsgleichung $y = -0,8x + 1,2$ zeichnen. Nachdem er die x-Werte eingegeben hat, hat er in die Zelle B2 eine Formel eingegeben:
=−0,8*A2+1,2.
Geht man mit dem Mauszeiger auf die rechte untere Ecke der Zelle B2 und zieht das dort angezeigte Kreuz mit gedrückter linker Maustaste nach unten, überträgt man die Formel auf die Zellen darunter.

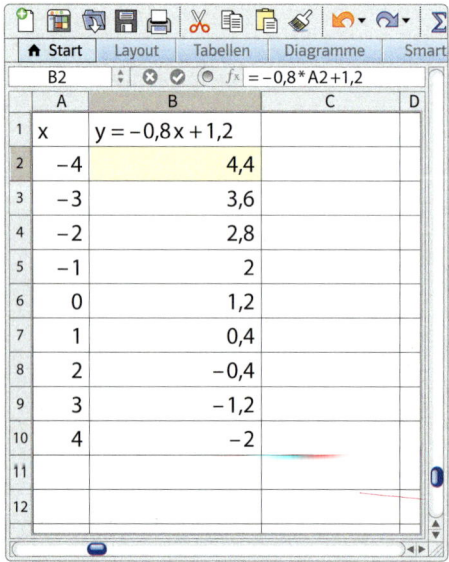

a) Erzeuge wie Till die Wertetabelle.
b) Zeichne den zugehörigen Graphen.
c) Auch die x-Werte lassen sich mithilfe des Tabellenkalkulationsprogramms automatisch erzeugen. Trage dazu zwei aufeinander folgende x-Werte ein. Markiere beide und erzeuge mithilfe der Maus die Werte bis x = 10.

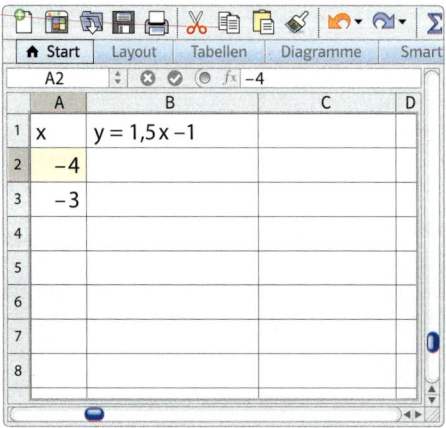

3 Du kannst auch mehr als einen Graphen in einem Diagramm darstellen. Erzeuge dazu zunächst die Werte für die zweite Funktion mit der Funktionsgleichung $y = 1,5x - 1$.

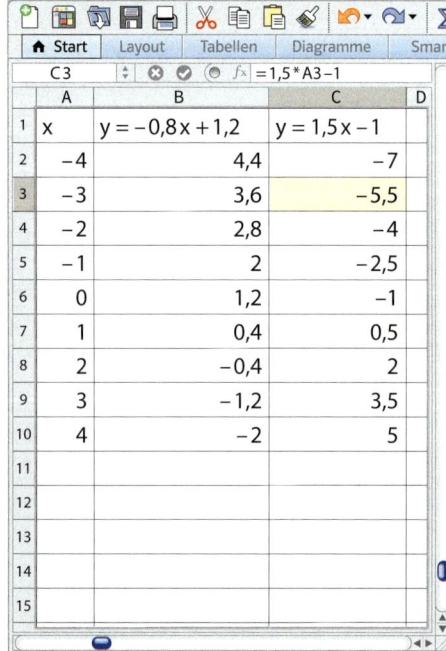

Markiere dann die vollständige Tabelle und erzeuge beide Funktionsgraphen.

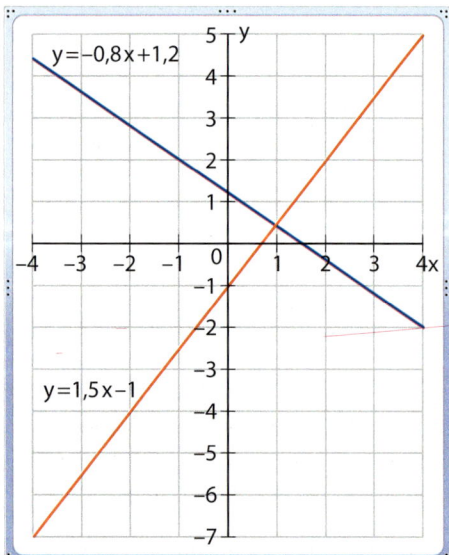

4 Überprüfe jetzt mithilfe des Tabellenkalkulationsprogramms die Bearbeitung deiner Aufgaben auf den Seiten 140 und 141.

Lineare Funktionen

Eine **Funktion** ist eine **eindeutige Zuordnung.** Jedem Element des **Definitionsbereichs (D)** wird genau ein Element des **Wertebereichs (W)** zugeordnet. Beide Elemente bilden ein Wertepaar.

Zuordnungsvorschrift: Jeder Zahl $x \in D$ wird das Doppelte zugeordnet.

Wertetabelle

x	y
0	0
2	4
-3	-6
2,7	5,4
0,4	0,8

Wertepaar (2,7 | 5,4)

Pfeildiagramm

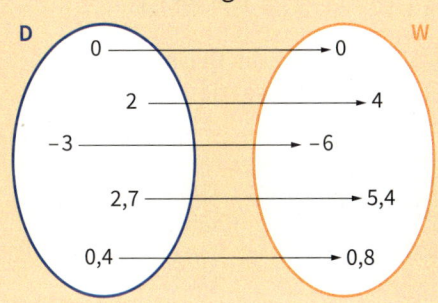

Zuordnungsvorschriften für Funktionen lassen sich häufig mithilfe von **Funktionsgleichungen** angeben.

Zuordnungsvorschrift: Jeder Zahl x wird das Doppelte zugeordnet.

Funktionsgleichung: f: $y = 2x$ oder $f(x) = 2x$

Funktionswert an der Stelle 2,7: $f(2,7) = 5,4$ lies: f von 2,7 gleich 5,4

Wird der Definitionsbereich einer Funktion nicht angegeben, so gilt $D = \mathbb{Q}$.

Funktionen mit der **Funktionsgleichung y = mx** sind besondere lineare Funktionen. Die **Funktionsgraphen** sind **Geraden** durch den **Ursprung.** **m** gibt die **Steigung** der Geraden an.

Funktionsgleichung: $y = 2x$

Steigung: $m = 2$

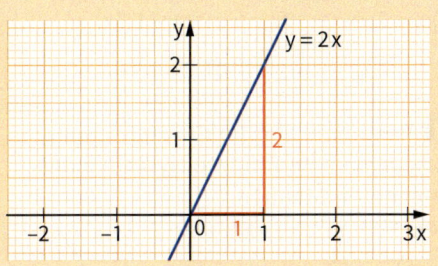

$y = mx$

Funktionen mit der **Funktionsgleichung y = mx + n** heißen **lineare Funktionen.** Ihre **Funktionsgraphen** sind **Geraden. m** gibt die **Steigung** der Geraden und **n** den **y-Achsenabschnitt** an.

Funktionsgleichung: $y = -0,75x + 1,5$

Steigung: $m = -0,75$

y-Achsenabschnitt: $n = 1,5$

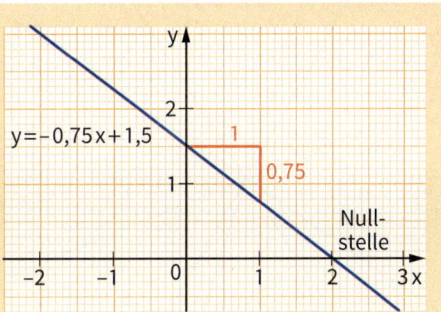

$y = mx + n$

Üben und Vertiefen

1 Zeichne den Graphen der Funktion in ein Koordinatensystem ($D = \mathbb{Q}$). Lege dazu zunächst eine Wertetabelle mit mindestens sechs Werten an.

a) $y = 2{,}6x$ b) $y = -4{,}1x$

c) $y = \frac{2}{5}x$ d) $y = -\frac{1}{4}x$

2 Überprüfe wie im Beispiel, ob die Punkte auf dem Funktionsgraphen von f liegen.

$f(x) = 4{,}5x$	$f(x) = 4{,}5x$
$P(4\|18)$	$Q(-2\|-8)$
$f(4) = 4{,}5 \cdot 4$	$f(-2) = 4{,}5 \cdot (-2)$
$f(4) = 18$	$f(-2) = -9$
$18 = 18$ w	$-9 = -8$ f
P liegt auf dem Graphen.	Q liegt nicht auf dem Graphen.

a) $f(x) = 2{,}5x;$ $P(4\|12);$ $Q(-2\|-5)$
b) $f(x) = -3{,}5x;$ $P(-6\|21);$ $Q(4\|-14)$

c) $f(x) = \frac{4}{5}x;$ $P(-10\|-8);$ $Q(4\|3{,}6)$

d) $f(x) = -\frac{2}{3}x;$ $P(-6\|4);$ $Q(9\|-7)$

3 Zeichne den Graphen der Funktion ohne Wertetabelle in ein Koordinatensystem ($D = \mathbb{Q}$).

a) $y = 2{,}7x$ b) $y = -1{,}7x$

c) $y = \frac{2}{7}x$ d) $y = -\frac{3}{5}x$

4 Bestimme die Funktionsgleichung zu jedem im Koordinatensystem eingezeichneten Graphen.

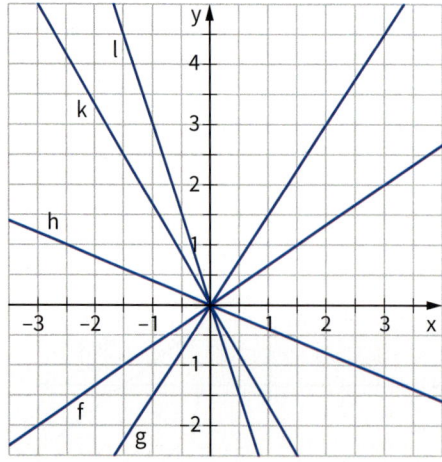

5 Zeichne den Graphen der Funktion in ein Koordinatensystem ($D = \mathbb{Q}$). Lege dazu zunächst eine Wertetabelle mit mindestens sechs Werten an.

a) $y = 2{,}6x + 1$ b) $y = -4{,}1x + 2$
c) $y = 0{,}7x - 3$ d) $y = -0{,}3x - 0{,}6$

6 Zeichne den Graphen der Funktion ohne Wertetabelle in ein Koordinatensystem ($D = \mathbb{Q}$). Bestimme dann die Nullstelle der Funktion.

a) $y = 2{,}5x - 5$ b) $y = -1{,}5x + 6$

c) $y = 0{,}5x + 2{,}5$ d) $y = -\frac{3}{4}x + 4$

7 Bestimme die Funktionsgleichungen der im Koordinatensystem eingezeichneten Graphen.

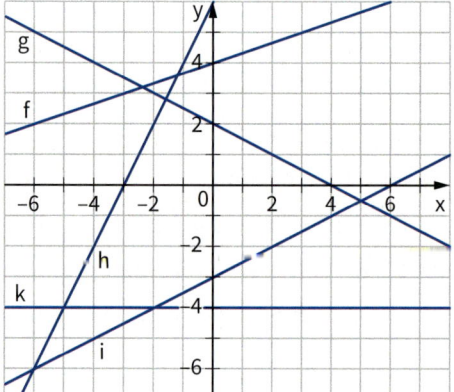

8 Zeichne die Gerade durch die angegebenen Punkte P und Q. Bestimme dann die zugehörige Funktionsgleichung.

a) $P(2\|3); Q(6\|5)$ b) $P(1\|9); Q(6\|4)$
c) $P(-2\|8); Q(4\|-4)$ d) $P(-4\|3); Q(6\|-2)$

9 Berechne den zum y-Wert zugehörigen x-Wert wie im Beispiel.

$y = f(x) = 26$
$\qquad f(x) = 3x + 2$
$3x + 2 = 26 \qquad \|-2$
$\qquad 3x = 24 \qquad \|:3$
$\qquad\quad x = 8$

a) $f(x) = 1{,}5x - 4;$ $y = 5$
b) $f(x) = 2{,}5x + 7;$ $y = 27$
c) $f(x) = 0{,}5x - 7;$ $y = -5$

Erdgaspreise

1 Die Kosten für das gelieferte Gas setzen sich aus einem Grundpreis und einem verbrauchsabhängigen Preis zusammen.

Stadtwerke

Gas-Abrechnung

Tarif:	Universal
Verbrauch:	2 950 m³
Preis pro m³ (einschließlich 19 % Umsatzsteuer):	0,605 €
Verbrauchspreis:	2 950 · 0,605 € = 1 784,75 €
jährlicher Grundpreis (einschließlich 19 % Umsatzsteuer):	80,25 €
Gesamtpreis:	**1 865,00 €**

a) Überprüfe die Rechnung.
b) Im Koordinatensystem ist der Graph der Funktion „Gasmenge → Gesamtkosten" dargestellt (gerundete Werte). Wo kannst du im Koordinatensystem den jährlichen Grundpreis ablesen?

Gasmenge ⟶ Gesamtkosten

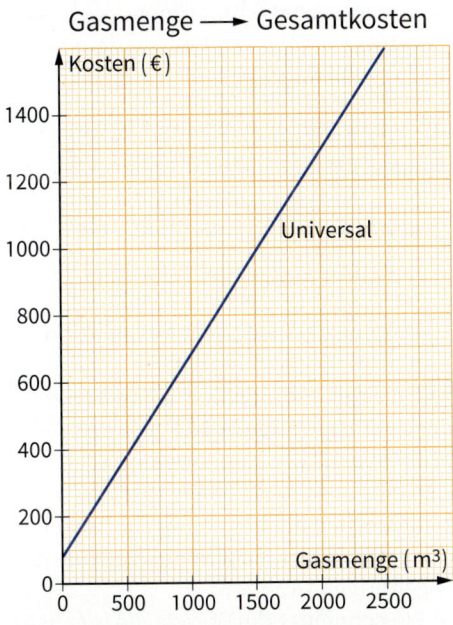

c) Ermittle anhand des Graphen die Gesamtkosten bei einem Jahresverbrauch von 1 000 m³ (1 500 m³; 2 000 m³; 2 500 m³) Gas.

Die Aufgaben auf dieser und den zwei folgenden Seiten kann man als drei Lernstationen betrachten. Dabei ist die dritte Aufgabe jeweils eine Zusatzaufgabe. Beachte dazu die Hinweise auf Seite 225.

2 a) Bestimme für den Tarif „Universal" die Gleichung der Funktion, mit der du die Gesamtkosten y (€) in Abhängigkeit vom Jahresverbrauch x (m³) berechnen kannst.
b) Überprüfe deine Ergebnisse aus Aufgabe 1c mithilfe der zugehörigen Rechnungen.
c) Stelle den Graphen der Funktion in einem Koordinatensystem dar. Runde dazu die Gesamtkosten auf volle Zehnerbeträge.

3 Die Stadtwerke bieten für Haushalte, die weniger Gas verbrauchen, den Tarif „Mini" an. Der jährliche Grundpreis beträgt hier einschließlich der Mehrwertsteuer 40 €, der Preis pro Kubikmeter 0,650 €.

Gasmenge ⟶ Gesamtkosten

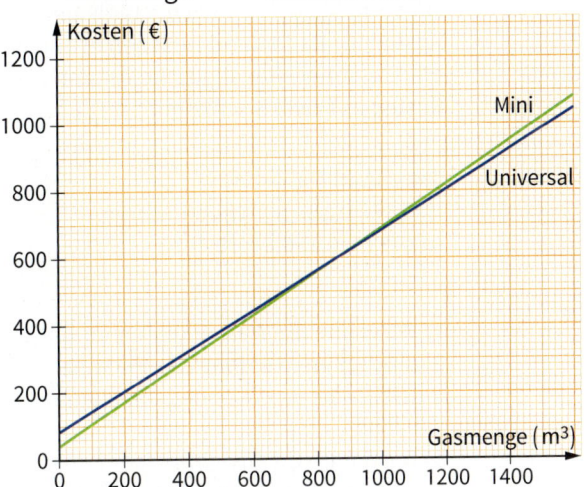

a) Bestimme auch für den Tarif „Mini" die Funktionsgleichung und stelle die Funktion grafisch dar.
b) Ab welchem Jahresverbrauch ist der Tarif „Universal" günstiger?

1 Die Kosten für Wasser und Abwasser werden von der Gemeinde festgesetzt. 1 m³ Wasser kostet einschließlich Schmutzwassergebühr und ohne Zählergebühren 4,47 €.

Pro-Kopf-Verbrauch in Liter pro Tag

Zweck	Liter
Toilettenspülung	42
Baden, Duschen	39
Wäsche waschen	18
Kochen, Trinken	4
Geschirr spülen	8
Körperpflege	8
Putzen	4
Blumen, Garten, Auto	9

Lara und Till berechnen die täglichen Kosten für Baden und Duschen in einem Vier-Personen-Haushalt. Sie runden die Kosten auf zwei Nachkommastellen.

4 · 39 l = 156 l
156 l = 0,156 m³ Wasser kosten
4,47 € · 0,156 ≈ 0,70 €.

a) Berechne die Wasserkosten für Baden und Duschen in einem Vier-Personen-Haushalt für eine Woche (einen Monat, ein Jahr).
b) Bestimme die Gleichung der Funktion, die der Zeitdauer x (Tage) die Kosten y (€) zuordnet.
c) Zeichne den Graphen der Funktion.
d) Bestimme jeweils die Gleichungen der Funktion „Zeitdauer → Kosten" für die anderen genannten Zwecke.

Stadtwerke

Wasser-Abrechnung

Frischwasser:

Verbrauch:	134 m³
Preis pro m³ (einschließlich 7 % Umsatzsteuer):	1,93 €
Verbrauchspreis:	

134 m³ · 1,93 €/m³ = 258,62 €

jährlicher Grundpreis (einschließlich 7 % Umsatzsteuer):	65,64 €

Gesamtpreis Frischwasser: **324,26 €**

Schmutzwasser:

Preis pro m³:	2,54 €
Verbrauch:	134 m³

134 m³ · 2,54 €/m³ = **340,36 €**

2 a) Überprüfe mithilfe der Angaben in der Abrechnung den Preis für einen Kubikmeter Wasser aus Aufgabe 1.
b) Bestimme die Gleichung der Funktion, die der Wassermenge x (m³) die Gesamtkosten y (€) zuordnet. Übertrage die Wertetabelle in dein Heft und vervollständige sie.

Wassermenge (m³)	20	40	60	80	100
Kosten (€)					

Wassermenge (m³)	120	140	160	180
Kosten (€)				

c) Zeichne den Graphen der Funktion.

3 In einer anderen Gemeinde beträgt der Jahresgrundpreis 50 € und der Verbrauchspreis pro Kubikmeter 5 € (jeweils einschließlich Umsatzsteuer).
a) Bestimme die Gleichung zur Berechnung der Gesamtkosten und zeichne den zugehörigen Graphen.
b) Wo schneidet die Gerade die y-Achse? Wodurch wird die Steigung der Geraden bestimmt?
c) Welche Gemeinde hat die günstigeren Preise? Begründe deine Meinung.

Kosten bei Pkws

Leistung 55 kW (75 PS)
Hubraum: 1199 cm³
Schadstoffklasse: EURO 5
Verbrauch 3,8 l auf 100 km
CO_2-Emissionen: 99 g/km
Kfz-Steuer: 122 € jährlich

Polo Diesel

Leistung 66 kW (90 PS)
Hubraum: 1197 cm³
Schadstoffklasse: EURO 5
Verbrauch 5,3 l auf 100 km
CO_2-Emissionen: 124 g/km
Kfz-Steuer: 82 € jährlich

Polo Automatik

Diesel:
1 Liter 1,37 €

Benzin:
1 Liter 1,50 €

1 Familie Bauer möchte ein neues Auto anschaffen. Anhand von Prospekten, Versicherungsunterlagen und Steuertabellen überlegen sie, welcher Pkw für sie geeignet sein könnte.
Die Anschaffungskosten sind bei beiden Autos gleich. Frau Bauer gefällt der geringe Kraftstoffverbrauch des Dieselfahrzeugs besonders gut. Ihr Sohn Oliver hat für verschieden lange Strecken die Kosten für den Dieselkraftstoff berechnet.

Polo Diesel	
zurückgelegte Strecke (km)	Kosten (€)
100	5,21
2 000	104,12
4 000	208,24
6 000	312,36
8 000	416,48
10 000	520,60
14 000	728,84
18 000	937,08
22 000	1 145,32

a) Berechne die Kosten für den Dieselkraftstoff bei einer zurückgelegten Strecke von 5000 km (15 000 km, 20 000 km, 25 000 km).
b) Lege eine entsprechende Tabelle an und berechne die Kosten für das Fahrzeug, das Super verbraucht.
c) In den Tabellen werden jeder zurückgelegten Strecke die Kosten zugeordnet. Zeichne die Graphen beider Zuordnungen in ein Koordinatensystem (x-Achse: 1 cm ≙ 1000 km; y-Achse: 1 cm ≙ 100 €).

2 Herr Bauer hat sich nach den Versicherungsbeiträgen erkundigt, die seine Familie im Jahr für den Polo Diesel bzw. den Polo Automatik zahlen müsste. Seine Tochter Kathrin berücksichtigt bei einer erneuten Berechnung der Kosten auch die Kfz-Steuer.

Kosten für Dieselkraftstoff
bei 10 000 km pro Jahr: 520,60 €
bei 18 000 km pro Jahr: 937,08 €

Jährliche Gesamtkosten
bei 10 000 km: 832 € + 520,60 €
bei 18 000 km: 832 € + 937,08 €

a) Berechne für das Dieselfahrzeug auch die Kosten bei einer Fahrstrecke von 12 000 km (15 000 km, 20 000 km) pro Jahr.
b) Bestimme die Gleichung der Funktion, die der zurückgelegten Strecke x (in km) die Gesamtkosten y (in €) zuordnet. Zeichne den Graphen der Funktion.

3 a) Berechne auch für den Polo Automatik die Kosten bei einer jährlich zurückgelegten Strecke von 10 000 km (12 000 km, 15 000 km, 20 000 km).
b) Bestimme die Gleichung der Funktion, die der zurückgelegten Strecke x (in km) die Gesamtkosten y (in €) zuordnet und zeichne den Graphen in dasselbe Koordinatensystem.
c) Welches der Fahrzeuge ist bei 4 000 km (8 000 km) pro Jahr günstiger?
d) Was gibt der Schnittpunkt beider Geraden an?

Polo Diesel: jährliche Kosten

Feste Kosten
Kfz-Steuer:
122 € pro Jahr
Kfz-Versicherung:
710 € pro Jahr

Polo Automatik: jährliche Kosten

Feste Kosten
Kfz-Steuer:
82 € pro Jahr
Kfz-Versicherung:
610 € pro Jahr

Nullstellen berechnen

1 Im Beispiel wird die fehlende x-Koordinate des Punktes P, der auf dem Graphen der angegebenen linearen Funktion liegt, bestimmt. Dazu wird zunächst der Graph gezeichnet und dann die fehlende Koordinate abgelesen. Anschließend werden zur Probe die beiden Koordinaten von P in die Funktionsgleichung eingesetzt.

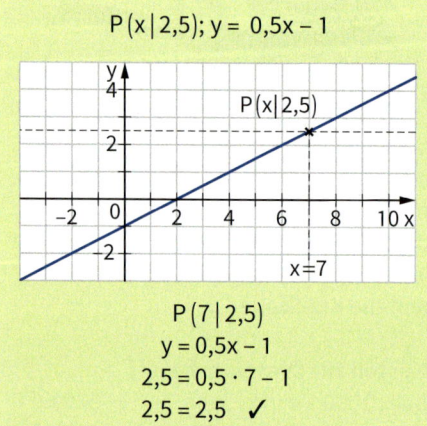

$$P(x \,|\, 2{,}5); \; y = 0{,}5x - 1$$

$$P(7 \,|\, 2{,}5)$$
$$y = 0{,}5x - 1$$
$$2{,}5 = 0{,}5 \cdot 7 - 1$$
$$2{,}5 = 2{,}5 \;\checkmark$$

Verfahre wie im Beispiel.
a) $y = 3x - 4;$ $P(x \,|\, 5)$
b) $y = -2x + 1;$ $P(x \,|\, 0)$
c) $y = 1{,}5x - 2;$ $P(x \,|\, -5)$
d) $y = -0{,}5x + 4;$ $P(x \,|\, 0)$

2 Im Beispiel wird die fehlende x-Koordinate des Punktes P auf dem Graphen von f berechnet.

$$P(x \,|\, 39); \; f(x) = -3x + 6$$

Die Koordinaten des Punktes P müssen die Funktionsgleichung erfüllen.

$$f(x) = -3x + 6 \qquad f(x) = 39$$

$$-3x + 6 = 39 \qquad |-6$$
$$-3x = 33 \qquad |:(-3)$$
$$x = -11$$

$$f(-11) = 39 \qquad P(-11 \,|\, 39)$$

Der Funktionswert y = 39 wird an der Stelle x = −11 angenommen.

Berechne die x-Koordinate von P.
a) $P(x \,|\, -9); \; f(x) = -1{,}5x - 3$
b) $P(x \,|\, 4); \;\; f(x) = 2{,}5x + 9$
c) $P(x \,|\, 0); \;\; f(x) = 0{,}8x - 2{,}4$

3 Zeichne den Graphen der angegebenen linearen Funktion. Bestimme anhand des Graphen die Stelle x, an der der Graph die x-Achse schneidet.
a) $y = -0{,}5x + 4$ b) $y = 2x - 4$
c) $y = 0{,}5x - 3$ d) $y = -2{,}5x - 5$
e) $y = 1{,}5x - 4{,}5$ f) $y = -1{,}5x + 6$
g) $y = -2x - 5$ h) $y = -3x - 7{,}5$

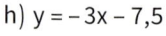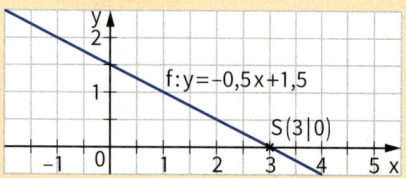

Der Schnittpunkt S des Funktionsgraphen einer linearen Funktion f mit der x-Achse hat die y-Koordinate **0**: **S(x | 0)**. Es gilt die Gleichung: **f(x) = 0**

$$f(x) = -0{,}5x + 1{,}5 \quad S(3 \,|\, 0)$$

$$f(3) = -0{,}5 \cdot 3 + 1{,}5$$
$$f(3) = 0$$

Nullstelle von f: x = 3

Die **x-Koordinate** von S wird **Nullstelle** der Funktion f genannt.

4 Berechne die Nullstelle wie im Beispiel.

$$f(x) = -0{,}5 + 1{,}6$$

$$f(x) = 0$$
$$-0{,}5x + 1{,}6 = 0 \qquad |-1{,}6$$
$$-0{,}5x = -1{,}6 \quad |:(-0{,}5)$$
$$x = 3{,}2$$

Nullstelle von f: x = 3,2

a) $f(x) = 2x - 8{,}4$ b) $f(x) = 5x + 19$

c) $f(x) = -4x - 17$ d) $f(x) = \frac{2}{3}x + 2{,}4$

e) $f(x) = -\frac{2}{3}x - 8$ f) $f(x) = -\frac{7}{8}x - 16$

5 Gibt es lineare Funktionen, die keine Nullstelle (unendlich viele Nullstellen) haben? Begründe deine Antwort.

Funktionsgleichung berechnen

1 Eine Gerade mit positiver Steigung m verläuft durch die Punkte P und Q. Berechne wie im Beispiel die Steigung mithilfe der Koordinaten von P und Q.

Punkte: $P(2|1)$; $Q(5|3)$

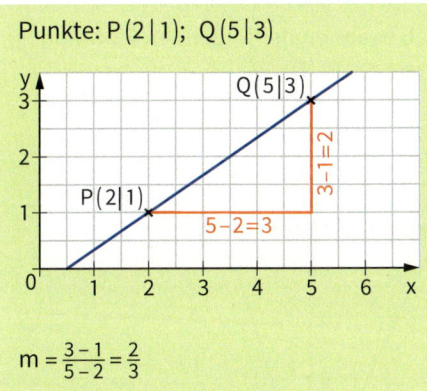

$$m = \frac{3-1}{5-2} = \frac{2}{3}$$

a) $P(1|2)$; $Q(5|4)$ b) $P(2|0)$; $Q(4|3)$
c) $P(2|1)$; $Q(7|9)$ d) $P(-2|-1)$; $Q(3|5)$

2 Eine Gerade mit negativer Steigung m verläuft durch die Punkte P und Q. Berechne wie im Beispiel die Steigung mithilfe der Koordinaten von P und Q. Entscheide dich für einen Lösungsweg.

Punkte: $P(1|4)$; $Q(5|2)$

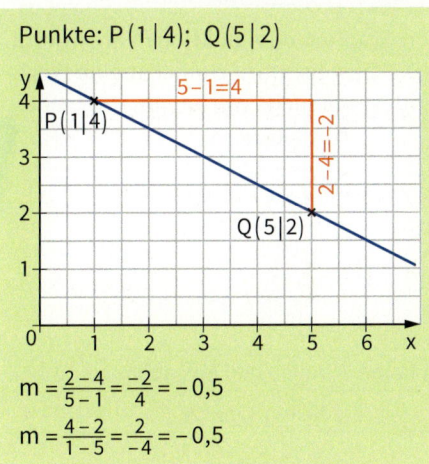

$$m = \frac{2-4}{5-1} = \frac{-2}{4} = -0{,}5$$

$$m = \frac{4-2}{1-5} = \frac{2}{-4} = -0{,}5$$

a) $P(2|6)$; $Q(4|3)$ b) $P(1|7)$; $Q(5|2)$
c) $P(-1|4)$; $Q(3|1)$ d) $P(-2|5)$; $Q(2|-4)$

Für die Steigung einer Geraden durch die Punkte $P(x_1|y_1)$ und $Q(x_2|y_2)$ gilt allgemein (für $x_1 \neq x_2$):

$$m = \frac{y_2 - y_1}{x_2 - x_1}$$

So kannst du die Funktionsgleichung der Geraden berechnen, die durch die Punkte P und Q geht:
$P(-2|3)$; $Q(3|1)$

1. Berechne die Steigung m aus den Koordinaten der Punkte P und Q.
$$m = \frac{y_2 - y_1}{x_2 - x_1} = \frac{1-3}{3-(-2)} = \frac{-2}{5} = -0{,}4$$

2. Berechne den y-Achsenabschnitt n. Setze dazu die Koordinaten von P (oder Q) sowie die Steigung m in die Funktionsgleichung $f(x) = mx + n$ ein.

$f(-2) = -0{,}4 \cdot (-2) + n$ und $f(-2) = 3$

$$-0{,}4 \cdot (-2) + n = 3$$
$$-0{,}8 + n = 3 \quad | -0{,}8$$
$$n = 2{,}2$$

3. Setze die Werte für m und n in die Funktionsgleichung $f(x) = mx + n$ ein.
$$f(x) = -0{,}4x + 2{,}2$$

3 Berechne die Funktionsgleichung der Geraden durch P und Q.
a) $P(-1|6)$; $Q(1|2)$
b) $P(-2|4)$; $Q(4|1)$
c) $P(-2|1)$; $Q(2|-5)$
d) $P(-2|-1)$; $Q(8|-5)$
e) $P(3|9)$; $Q(5|14)$
f) $P(2|1)$; $Q(-3|-7)$

4 Überprüfe durch Rechnung, ob die Punkte P, Q und R auf einer Geraden liegen. Berechne dazu zunächst die Funktionsgleichung der Geraden, die durch zwei der drei Punkte geht.
Überprüfe dann, ob die Koordinaten des dritten Punktes die Funktionsgleichung erfüllen,
a) $P(2|2)$; $Q(5|11)$; $R(-1|-7)$
b) $P(0|3)$; $Q(4|13)$; $R(52|133)$
c) $P(-3|14)$; $Q(2|9)$; $R(4|6)$
d) $P(-4|22)$; $Q(0|-2)$; $R(3|-20)$
e) $P(5|-1)$; $Q(1|-3)$; $R(-1|-3)$
f) $P(7|-3)$; $Q(-1|9)$; $R(3|3)$

1 Handelt es sich bei der dargestellten Zuordnung um eine Funktion? Begründe deine Antwort.

a)
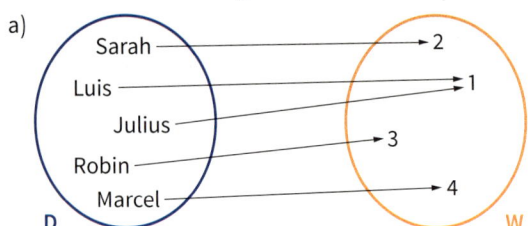

b)
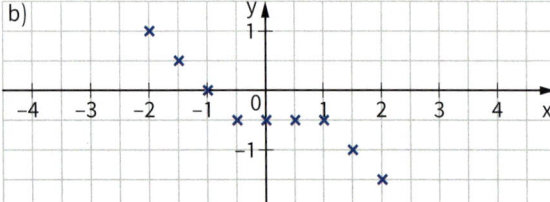

c)
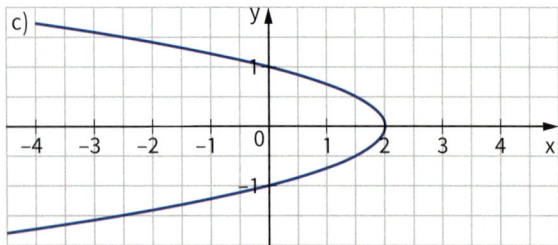

2 Gib die Funktionsgleichung an.
a) Bei der Funktion f wird jeder Zahl das Doppelte, vermehrt um 17, zugeordnet.
b) Bei der Funktion g wird jeder Zahl das Dreifache, vermindert um 11, zugeordnet.
c) Bei der Funktion h wird jeder Zahl ihr Quadrat, vermehrt um 5, zugeordnet.

3 Berechne die Funktionswerte der angegebenen Funktion.
a) $f(x) = 4x - 6$; $f(2)$, $f(2,4)$, $f(-2)$
b) $g(x) = x + 3$; $g(0,5)$, $g(-8)$, $g(-3,2)$

4 Zeichne den Graphen der folgenden Funktion in ein Koordinatensystem $(D = \mathbb{Q})$.
a) $y = 3,5x$ b) $y = 0,5x$
c) $y = -5x$ d) $y = -x$

5 Bestimme die Funktionsgleichungen der im Koordinatensystem eingezeichneten Graphen.

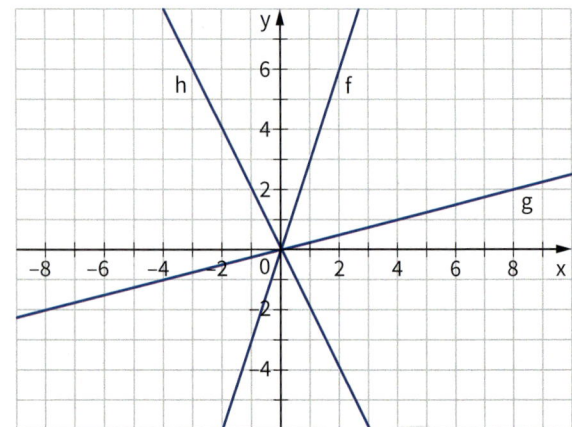

6 Zeichne den Graphen der Funktion in ein Koordinatensystem $(D = \mathbb{Q})$. Lege dazu zunächst eine Wertetabelle mit mindestens sechs Werten an.
a) $y = 3x + 1,5$ b) $y = 0,5x - 2$
c) $y = -3x + 2$ d) $y = -2,5x - 1$

Ich kann	Aufgabe	Hilfen und Aufgaben
Funktionen als eindeutige Zuordnungen identifizieren.	1	Seiten 125, 126
die Zuordnungsvorschrift einer Funktion als Funktionsgleichung formulieren.	2	Seite 127
zu einer vorgegebenen Funktionsgleichung und vorgegebenen x-Werten die zugehörigen Funktionswerte berechnen.	3	Seiten 127, 128
Graphen zu linearen Funktionen mit der Funktionsgleichung $y = mx$ zeichnen.	4	Seiten 129–131
die Funktionsgleichung linearer Funktionen der Form $y = mx$ anhand des Graphen bestimmen.	5	Seite 131
Graphen zu linearen Funktionen mit der Funktionsgleichung $y = mx + n$ zeichnen.	2, 4	Seiten 132–134

Ausgangstest 2

1 Zeichne den Graphen der Funktion ohne Wertetabelle in ein Koordinatensystem $(D = \mathbb{Q})$.
a) $y = 1{,}5x - 2$
b) $y = 1{,}5x + 3$
c) $y = -2x - 1$
d) $y = \frac{3}{4}x - 3{,}5$

2 Die Funktion f hat die Funktionsgleichung $y = 0{,}5x - 1$. Zeichne den Graphen von f in ein Koordinatensystem. Bestimme anhand des Graphen zu dem Funktionswert 1 $(2; -0{,}5; 0; 1{,}5)$ den zugehörigen x-Wert.

3 Bestimme die Funktionsgleichungen der im Koordinatensystem eingezeichneten Graphen.

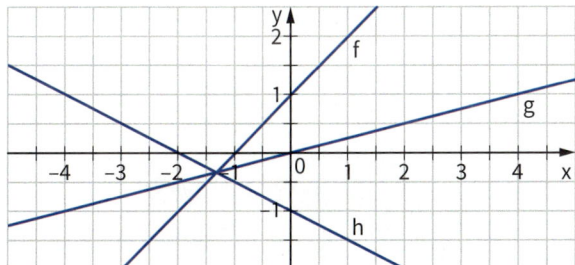

4 Bestimme die Nullstelle der angegebenen linearen Funktion.
a) $y = 3x + 4{,}5$
b) $y = -4x + 10$
c) $y = \frac{1}{3}x - 2$
d) $y = -\frac{2}{3}x - 3$

5 Berechne die Funktionsgleichung der Geraden durch P und Q.
a) $P(2\,|\,3); Q(7\,|\,13)$
b) $P(-3\,|\,5); Q(1\,|\,-7)$

6 Die Flurbeleuchtung eines Mehrfamilienhauses verbraucht pro Stunde 0,3 kWh elektrische Energie. Ersetzt man die Energiesparlampen durch LED-Lampen, sinkt der Energiebedarf auf 0,12 kWh. Eine Kilowattstunde elektrische Energie kostet 0,28 €.
a) Berechne für beide Beleuchtungsarten die Kosten bei einer Betriebsdauer von 5 h (12 h, 20 h, 160 h).
b) Gib jeweils die Gleichung der Funktion an, die der Betriebsdauer x (h) die Kosten y (€) zuordnet.
c) Zeichne für beide Beleuchtungsarten den Graphen der Funktion.

7 Ein Energieversorgungsunternehmen bietet den Tarif „Standard 02" an. Der Grundpreis pro Monat beträgt einschließlich der Umsatzsteuer 4,00 €, der Arbeitspreis beträgt 30 Cent pro Kilowattstunde.
a) Berechne die Gesamtkosten bei einem Jahresverbrauch von 1000 kWh (2000 kWh, 4000 kWh, 5000 kWh).
b) Gib die Gleichung der Funktion an, die dem jährlichen Verbrauch x (kWh) die Gesamtkosten y (€) zuordnet.
c) Zeichne den Graphen der Funktion.
d) Im Tarif „Super" beträgt der Grundpreis pro Monat 15 € und der Arbeitspreis 25 Cent pro Kilowattstunde (einschließlich Umsatzsteuer). Bei welchem Jahresverbrauch ist dieser Tarif günstiger als der Tarif „Standard 02"?

Ich kann	Aufgabe	Hilfen und Aufgaben
Graphen zu linearen Funktionen mit der Funktionsgleichung y = mx + n zeichnen.	1	Seite 133
zu einem vorgegebenen Funktionswert anhand des Graphen den zugehörigen x-Wert ablesen.	2	Seiten 134, 135
die Funktionsgleichung linearer Funktionen der Form y = mx + n anhand des Graphen bestimmen.	3	Seite 133
Nullstellen linearer Funktionen mithilfe des Graphen und mithilfe einer Gleichung bestimmen.	4	Seite 144
die Funktionsgleichung einer Geraden durch zwei Punkte P und Q berechnen.	5	Seite 145
Sachsituationen mithilfe linearer Funktionen beschreiben.	6, 7	Seite 134, 141 – 143
Sachprobleme mithilfe linearer Funktionen lösen.	7	Seite 135, 141 – 143

7 Lineare Gleichungssysteme

Welche Informationen kannst du dem Graphen entnehmen?

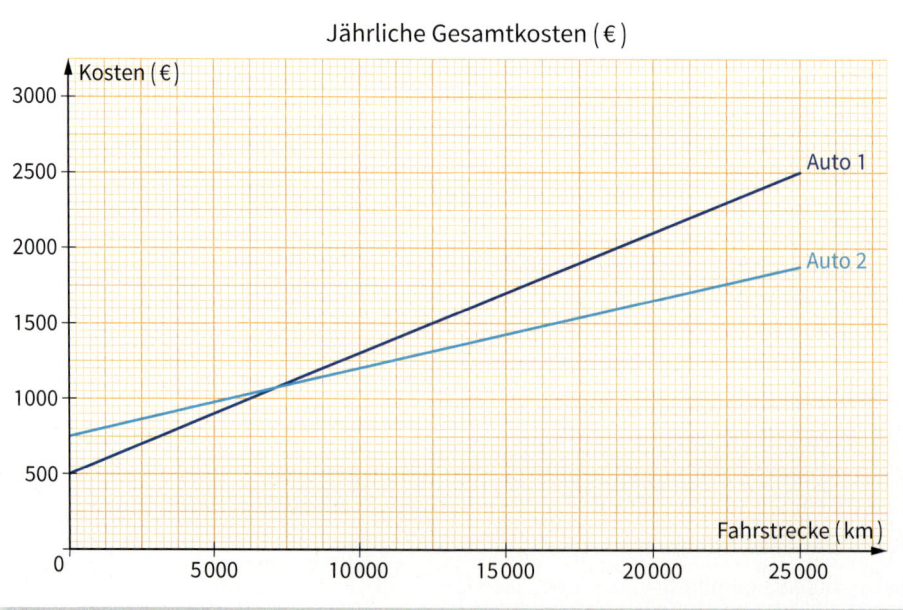

Die Energieversorgungsunternehmen bieten elektrische Energie zu unterschiedlichen Tarifen an. Die Gesamtkosten bestehen in der Regel aus festen Kosten und verbrauchsabhängigen Kosten.

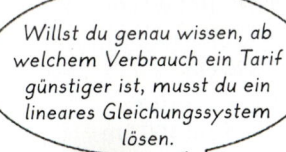

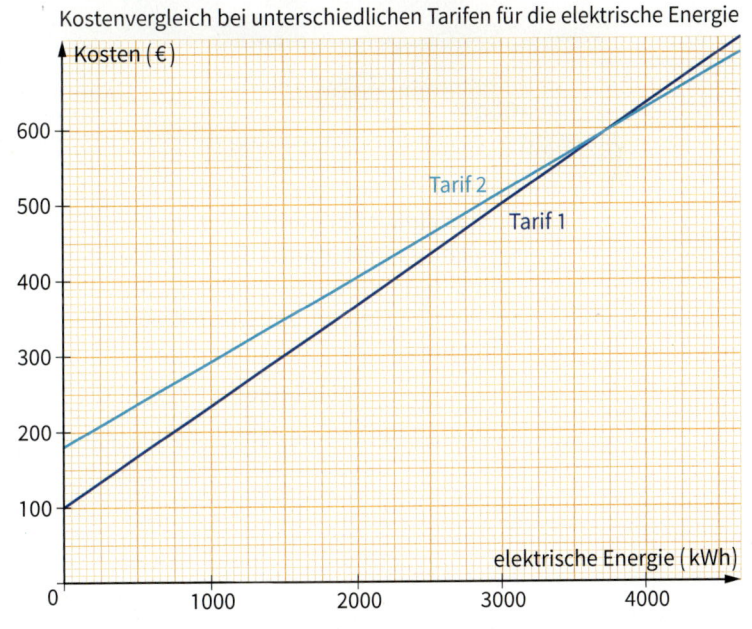

Kostenvergleich bei unterschiedlichen Tarifen für die elektrische Energie

Der Zusammenhang zwischen dem jährlichen Energieverbrauch und den Gesamtkosten lässt sich häufig durch eine lineare Funktion beschreiben.
Was kannst du mithilfe der zugehörigen Graphen feststellen?

Wir vergleichen Kosten für Pkws

1 Fabians Schwester Miriam hat ihre Ausbildung abgeschlossen und möchte sich jetzt ein neues Auto anschaffen. Sie überlegt zusammen mit Fabian, welcher Pkw für sie geeignet sein könnte. Die Anschaffungskosten für die beiden Autos, die Miriam ausgesucht hat, sind gleich.

Polo Diesel – Neuwagen
Leistung: 66 kW (90 PS)
Hubraum: 1 398 cm³
Emissionsklasse: Euro 6
Verbrauch: 3,4 l auf 100 km
CO_2-Emission: 88 g auf 100 km

Polo Benziner – Neuwagen
Leistung: 66 kW (90 PS)
Hubraum: 1 390 cm³
Emissionsklasse: Euro 5
Verbrauch: 5,1 l auf 100 km
CO_2-Emission: 109 g auf 100 km

Fabian gefällt der geringe Kraftstoffverbrauch des Dieselfahrzeugs besonders gut. Er hat für verschieden lange Strecken die Kosten für den Dieselkraftstoff berechnet.

a) Berechne die Kosten für den Dieselkraftstoff bei einer zurückgelegten Strecke von 5000 km (15 000 km, 20 000 km, 25 000 km).

b) Lege eine entsprechende Tabelle an und berechne die Kosten für das Fahrzeug, das Superkraftstoff verbraucht.

Polo Diesel	
zurückgelegte Strecke (km)	Kosten (€)
100	4,25
2 000	85,00
4 000	170,00
6 000	255,00
8 000	340,00
10 000	425,00
12 000	510,00
14 000	595,00
16 000	680,00
18 000	765,00

Polo Benziner	
zurückgelegte Strecke (km)	Kosten (€)
100	
2 000	
4 000	
6 000	

c) In den Tabellen werden jeder zurückgelegten Strecke die zugehörigen Kosten zugeordnet. Welche Art von Zuordnung liegt hier vor? Begründe.

Diesel:
1 Liter 1,25 €

Super:
1 Liter 1,45 €

Die neue Kfz-Steuer

1. CO_2-Freibetrag	2. CO_2-Ausstoß	3. Hubraum
Erstzulassung vor 01.07.2009:		je 100 cm³ Hubraum 6,75 € bis 37,58 € abhängig von der Schadstoffklasse
01.07.2009 bis 31.12.2011: bis 120 g pro km **01.01.2012 bis 31.12.2013:** bis 110 g pro km **ab 01.01.2014:** bis 95 g pro km	für jedes Gramm über dem jeweils geltenden Freibetrag werden **2 €** fällig	je 100 cm³ Hubraum zusätzlich **2,00 €** für Kfz mit Benzinmotor, **9,50 €** bei Diesel-Kfz

2 Seit dem 1. Juli 2009 ist die Kfz-Steuer vom CO_2-Ausstoß und vom Hubraum abhängig.
In der Aufstellung oben werden nur die wichtigsten Regeln wiedergegeben.
Fabian hat die Daten für den Polo Diesel im Internet in einen Kfz-Steuer-Rechner eingegeben.

> Ihre Kfz-Steuer für den angegebenen Zeitraum beträgt:
>
> ### 133 Euro
>
> **Berechnungsgrundlage:**
>
> Fahrzeugart: PKW EZ ab 01.01.2014
> Antriebsart: Diesel
> Hubraum: 1398 ccm
> CO_2-Wert. 88 g/km

a) Zusammen mit den Kosten für die Kfz-Versicherung ergeben sich für den Polo Diesel pro Jahr feste Kosten in Höhe von 764,20 €. Überprüfe das Ergebnis mithilfe der Angaben in der Tabelle oben.

> **Polo Diesel: Feste jährliche Kosten**
>
> Kfz-Steuer: 133,00 €
> Kfz-Versicherung: 631,20 €
> 764,20 €

b) Die jährlichen Gesamtkosten hängen davon ab, wie viel Kilometer pro Jahr gefahren werden. Miriam hat die jährlichen Kosten für eine Fahrstrecke von 10 000 km (18 000 km) pro Jahr berechnet. Überprüfe ihre Rechnung.

> **Kosten für Dieselkraftstoff:**
> bei 10 000 km pro Jahr: 425,00 €
> bei 18 000 km pro Jahr: 765,00 €
>
> **Jährliche Gesamtkosten:**
> bei 10 000 km: 764,20 € + 425,00 €
> = 1 189,20 €
>
> bei 18 000 km: 764,20 € + 765,00 €
> = 1 529,20 €

c) Die Kfz-Versicherung für das Fahrzeug, das Super verbraucht, kostet 467,00 €, die Steuer 56 €. Berechne die jährlichen Kosten für eine Fahrstrecke von 10 000 km (18 000 km).

d) Ermittle die Kfz-Steuer für einen Diesel Pkw mit 1768 cm³ Hubraum, der 2012 erstmals zugelassen wurde und dessen CO_2-Ausstoß 156 g pro Kilometer beträgt.

3 Miriam und Fabian möchten die Zuordnung „zurückgelegte Fahrstrecke → Gesamtkosten" genauer untersuchen. Dazu haben sie für den Polo Diesel die zugehörige Funktionsgleichung aufgestellt.

Diesel:
1 Liter 1,25 €

Super:
1 Liter 1,45 €

Feste jährliche Kosten (€):	764,20
Kosten für Dieselkraftstoff bei 1 km pro Jahr (€):	0,0425
Kosten für Dieselkraftstoff bei x km pro Jahr (€):	0,0425 · x

Jährliche Gesamtkosten y bei x km pro Jahr (€):   y = 0,0425 · x + 764,20

a) Begründe, warum die Funktionsgleichung für den Benziner bei einem Verbrauch von 5,1 *l* auf 100 km wie folgt lautet: **y = 0,07395 · x + 523**

Jährliche Gesamtkosten (€)

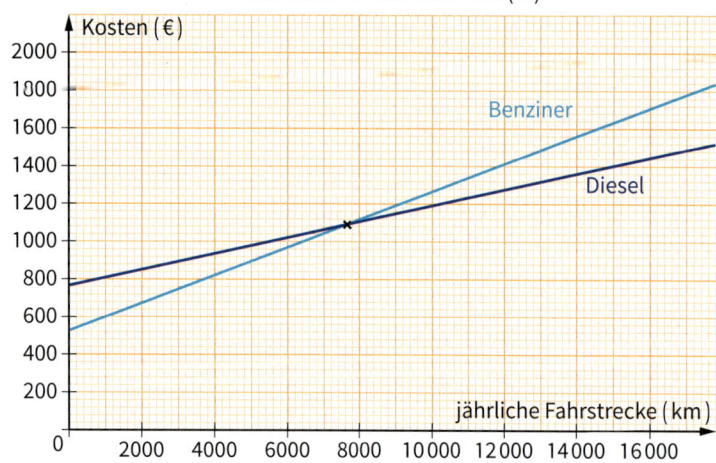

b) Wo kannst du in der Grafik die festen Kosten pro Jahr für jedes Fahrzeug ablesen?
Wodurch wird die Steigung der Geraden jeweils bestimmt?
c) Welches der beiden Fahrzeuge ist bei einer jährlichen Fahrstrecke von 10 000 km günstiger? Begründe.
d) Bestimme ungefähr die Koordinaten des Schnittpunktes beider Geraden. Was gibt die x-Koordinate des Schnittpunktes an, was die y-Koordinate?

4 Miriam und Fabian möchten die jährlich zurückgelegte Strecke, ab der das Dieselfahrzeug günstiger ist, genau berechnen. Dazu bestimmen sie zunächst die x-Koordinate des Schnittpunktes beider Geraden mithilfe einer Rechnung.

$$y = 0,0425 \cdot x + 764,20$$
$$y = 0,07395 \cdot x + 523$$

$$0,07395 \cdot x + 523 = 0,0425 \cdot x + 764,2$$
$$0,07395 \cdot x = 0,0425 \cdot x + 241,2$$
$$0,03145 \cdot x = 241,2$$
$$x = 241,2 : 0,03145$$
$$x \approx 7\,669$$

Ab 7 669 km ist der Polo Diesel günstiger.

a) Erläutere ihre Rechnung.
b) Setze den x-Wert in eine der beiden Gleichungen ein und berechne den zugehörigen y-Wert. Welche Bedeutung hat der berechnete y-Wert?

5 Die Kfz-Versicherung ist vom Wohnort und von vielen anderen Daten abhängig.

Informiert euch in Gruppen im Internet über die unterschiedlichen Bedingungen. Ermittelt zu ausgewählten Bedingungen die Versicherungskosten für die beiden bisher behandelten Fahrzeuge. Bestimmt auch die aktuelle Kfz-Steuer und die aktuellen Treibstoffkosten. Bearbeitet dann die Aufgaben 3 und 4 mit diesen neuen Daten.

Wir vergleichen Kosten für Pkws

6 Vergleiche auch bei dem Smart-Diesel und dem Smart-Benziner die jährlichen Gesamtkosten.

Smart	Diesel	Benziner
Erstzulassung	01.08.2009	01.08.2009
Leistung	40 kW (55 PS)	45 kW (61 PS)
Hubraum	799 cm³	999 cm³
Verbrauch auf 100 km	3,4 *l*	4,4 *l*
CO_2-Emission	88 g/km	103 g/km
Versicherung	564 €	444 €
Kfz-Steuer	76 €	20 €

a) Berechne zunächst jeweils die Gesamtkosten bei einer jährlich zurückgelegten Strecke von 5 000 (10 000, 15 000) Kilometern. Gehe dabei von den vorgegebenen Kosten für Super und Diesel aus.

b) Trage die berechneten Werte in ein Koordinatensystem ein
(x-Achse: 1 cm ≙ 1 000 km;
y-Achse: 1 cm ≙ 100 €).
Zeichne dann die Graphen der Zuordnung „zurückgelegte Strecke – jährliche Gesamtkosten" in das Koordinatensystem.

c) Bestimme die Koordinaten des Geradenschnittpunktes.

d) Begründe, warum die Funktionsgleichungen für die jährlichen Gesamtkosten wie folgt lauten: $y = 0{,}0638x + 464$ (Benziner) und $y = 0{,}0425x + 640$ (Diesel).

e) Berechne, ab welcher jährlich zurückgelegten Strecke der Smart-Diesel günstiger ist. Setze dazu die rechten Seiten beider Gleichungen gleich.

7 Vergleiche auch bei den in den Tabellen angegebenen Pkws die jährlichen Gesamtkosten.

Opel Corsa	Diesel	Benziner
Erstzulassung	01.10.2008	01.10.2008
Leistung	66 kW (90 PS)	59 kW (80 PS)
Hubraum	1 248 cm³	1 229 cm³
Verbrauch auf 100 km	4,9 *l*	5,7 *l*
CO_2-Emission	129 g/km	137 g/km
Versicherung	545 €	514 €
Kfz-Steuer	200 €	87 €

a) Berechne jeweils die Gesamtkosten bei einer jährlich zurückgelegten Strecke von 5 000 (10 000, 15 000 km) Kilometern.

b) Bestimme die Funktionsgleichungen für die jährlichen Gesamtkosten. Ab welcher jährlich zurückgelegten Strecke ist das Dieselfahrzeug günstiger?

Skoda Fabia   Ford Fiesta

8 Vergleiche die jährlichen Gesamtkosten bei anderen Pkw-Typen. Verschaffe dir Informationen über die aktuellen Kfz-Steuerbeträge und die aktuellen Versicherungsbeiträge. Beachte dabei, dass die Versicherungsbeiträge auch vom Versicherungsnehmer abhängen.
Du kannst auch einen jährlichen Wertverlust von 15 % bei den festen Kosten mit einbeziehen.

Alle Aufgaben können auch in Gruppen bearbeitet werden. Beachte dazu die Hinweise auf Seite 88.

Lineare Gleichungen – lineare Funktionen

1 Der Umfang eines Rechtecks beträgt 20 cm.

$$2a + 2b = 20$$

a) Bestimme jeweils zu der angegebenen Länge a die zugehörige Breite b.

Länge a (cm)	6	6,5	7	7,5	8	8,5	9
Breite b (cm)	▨	▨	▨	▨	▨	▨	▨

b) Wähle drei weitere Längen und bestimme jeweils die zugehörige Breite.
c) Wie viele unterschiedliche Rechtecke gibt es, die einen Umfang von 20 cm haben?

2 Der Umfang eines gleichschenkligen Dreiecks beträgt 40 cm. Diese Bedingung lässt sich auch als lineare Gleichung mit zwei Variablen schreiben:

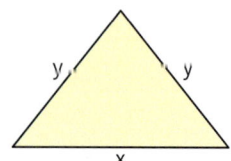

$$x + 2y = 40$$

Das Zahlenpaar $(16 \,|\, 12)$ ist eine Lösung der Gleichung:

$$x + 2y = 40$$
$$16 + 2 \cdot 12 = 40 \quad \text{w}$$

a) Überprüfe durch Einsetzen, ob das Zahlenpaar $(15 \,|\, 13)$ Lösung der Gleichung ist.
b) Gib vier weitere Zahlenpaare an, die Lösungen der Gleichung sind.

3 Die lineare Gleichung $2x - y = 10$ enthält zwei Variablen.
a) Überprüfe jeweils durch Einsetzen, ob die Zahlenpaare $(8 \,|\, 6)$, $(-2 \,|\, -14)$, $(6,2 \,|\, 2,2)$, $(1,8 \,|\, -7,4)$, $(5\frac{1}{6} \,|\, \frac{1}{3})$ Lösungen der Gleichung sind.
b) Gib fünf weitere Zahlenpaare an, die Lösungen der Gleichung sind.

4 Überprüfe durch Einsetzen, ob die Zahlenpaare Lösungen der Gleichung sind.
a) $3x + 2y = 120 \qquad (10 \,|\, 45), (60 \,|\, -30)$
b) $7x - 5y = 9 \qquad (1 \,|\, 2), (-3 \,|\, -6)$
c) $0,5x + 3 = 2y \qquad (12 \,|\, 5), (4,8 \,|\, 2,7)$
d) $2a = 3b + 6 \qquad (-1 \,|\, -3), (3 \,|\, 0)$
e) $\tfrac{1}{2}u - v = -2 \qquad (-4 \,|\, 0), (-1,2 \,|\, 1,4)$
f) $\tfrac{1}{2}a - \tfrac{1}{4}b = 6 \qquad (14 \,|\, 2), (-\tfrac{1}{2} \,|\, -25)$

5 Bei der linearen Gleichung $y = 3x + 2$ erhältst du zu jedem x-Wert den zugehörigen y-Wert, indem du den x-Wert in die Gleichung einsetzt und den y-Wert ausrechnest. Übertrage die Tabelle in dein Heft und vervollständige sie.

x	4	5	5,5	6,2	−4	−3,8	−0,7
y	$3 \cdot 4 + 2$	▨	▨	▨	▨	▨	▨
(x|y)	$(4 \,\|\, 14)$	▨	▨	▨	▨	▨	▨

Lineare Gleichungen – lineare Funktionen

6 Im Beispiel wird die lineare Gleichung $2y - 4x = 18$ durch Auflösen nach y in ihre Normalform $y = 2x + 9$ umgeformt. Dann wird durch Einsetzen der zu $x = 4$ gehörige y-Wert bestimmt.

Gleichung: $\quad 2y - 4x = 18 \qquad | + 4x$
$\qquad\qquad\qquad 2y = 4x + 18 \;\; | : 2$

Normalform: $\qquad y = 2x + 9$

x-Wert $\boxed{4}$ eingesetzt: $y = 2 \cdot \boxed{4} + 9$
$\qquad\qquad\qquad\qquad y = 17$

Probe: $\qquad 2 \cdot 17 - 4 \cdot 4 = 18 \; w$

Das Zahlenpaar $(4 \,|\, 17)$ ist eine Lösung der Gleichung.

a) Berechne mithilfe der Normalform den zum x-Wert 2 $(-4; 4,3; -6,3)$ gehörigen y-Wert und gib die Lösung an.
b) Mache die Probe. Setze dazu die Lösungen in die Ausgangsgleichung ein und zeige, dass sie diese in eine wahre Aussage überführen.

7 Forme die Gleichung in die Normalform um, indem du nach y auflöst. Berechne den zum x-Wert 3 $(11; -2; 0,6)$ gehörigen y-Wert. Zeige durch Einsetzen, dass das zugehörige Zahlenpaar auch eine Lösung der Ausgangsgleichung ist.
a) $12x + 6y = 42$ b) $4y + 4x = -8$
c) $4y - 8x = 64$ d) $2y - 6x = -18$
e) $6x + 2y = 0$ f) $3y - 15x = 0$
g) $6 - y = 3x$ h) $12 - 4y = 36x$

8 Der Umfang eines Rechtecks beträgt 50 cm.
a) Schreibe die zugehörige lineare Gleichung auf. Benutze a für die Länge und b für die Breite des Rechtecks.
b) Forme die Gleichung in die Normalform um, indem du nach b auflöst.
c) Berechne mithilfe der Normalform die zu der Länge a = 7,5 cm (11,2 cm) gehörige Breite b und gib die Lösung an.

Eine lineare Gleichung mit zwei Variablen kann durch Äquivalenzumformungen in die **Normalform y = mx + n** umgeformt werden.

$\quad 4y + 6x = 20 \qquad\qquad | - 6x$
$\qquad 4y = -6x + 20 \qquad | : 4$
$\qquad\quad y = -1,5x + 5$

x-Wert $\boxed{7}$ eingesetzt:

$\quad y = -1,5 \cdot \boxed{7} + 5$
$\quad y = -5,5$

Das Zahlenpaar $(7 \,|\, -5,5)$ ist eine Lösung der Gleichung $4y + 6x = 20$.

Lösungen der Normalform sind auch Lösungen der Ausgangsgleichung.

9 Forme um in die Normalform.

$$4x - 2y = 6 \qquad\qquad\qquad | - 4x$$
$$-2y = -4x + 6 \qquad\quad | :(-2)$$
$$y = 2x - 3$$

a) $12x - 6y = 24$ b) $6x - 4y = -12$
c) $7y + 21x = 84$ d) $-8x + 4y = 100$
e) $-18y - 54x = 90$ f) $3x - 1,5y = 6$
g) $10x - 2,5y = 5$ h) $3x + 0,5y = -4$

10 Löse nach y auf und bestimme den zum x-Wert gehörigen y-Wert. Mache die Probe.

a)

Ausgangsgleichung	x-Wert
$8x + 2y = 16$	5
$4y - 16x = 20$	13
$15x - 5y = 25$	-7
$12x - 3y = -51$	2,4

b)

Ausgangsgleichung	x-Wert
$9y - 36x = -81$	3,6
$75x + 15y = 105$	$-2,6$
$3y - 21 = 6x$	4,9
$11y + 66 = 121x$	$\frac{1}{2}$

Lineare Gleichungen – lineare Funktionen

11 Die lineare Gleichung $y = 0{,}5x + 2$ kann auch als Funktionsgleichung einer linearen Funktion aufgefasst werden. Der zugehörige Funktionsgraph ist eine Gerade.

Gleichung: $y = 0{,}5x + 2$
Steigung: $m = 0{,}5$
y-Achsenabschnitt: $n = 2$

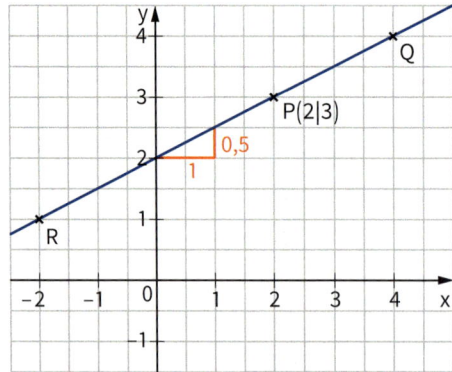

Der Punkt $P(2\,|\,3)$ liegt auf dieser Geraden. Setzt du seine Koordinaten in die Gleichung ein, erhältst du eine wahre Aussage.

Punkt der Geraden: $P(2\,|\,3)$

Funktionsgleichung: $y = 0{,}5x + 2$

Setze ein:

$x = 2, y = 3$ $3 = 0{,}5 \cdot 2 + 2$
                     $3 = 3$ w

Bestimme mithilfe der Zeichnung die Koordinaten der Punkte Q und R. Setze ihre Koordinaten jeweils in die Funktionsgleichung ein und prüfe, ob du eine wahre Aussage erhältst.

12 Eine lineare Gleichung mit zwei Variablen hat die Normalform $y = -2x + 3$.
a) Zeichne den Graphen der linearen Funktion mit dieser Funktionsgleichung.
b) Berechne durch Einsetzen in die Normalform den zum x-Wert 3 (-1; 1,5; $-0{,}5$; $-1{,}5$) gehörenden y-Wert. Trage das Zahlenpaar als Punkt in dein Koordinatensystem ein. Was stellst du fest?

13 Zeichne den zu der linearen Gleichung gehörigen Graphen. Bestimme mithilfe deiner Zeichnung die fehlenden Koordinaten der Punkte $P(3\,|\,y)$ und $Q(-1\,|\,y)$. Überprüfe, ob die Koordinaten der Punkte P und Q auch Lösungen der Gleichung sind.
a) $y = 2x - 1$ b) $y = 1{,}5x - 3$
c) $y = x + 2$ d) $y = 2{,}5x - 4$
e) $y = -2x + 2$ f) $y = -1{,}5x + 1$
g) $y = -x - 2{,}5$ h) $y = -3x + 6{,}5$

Die Normalform einer linearen Gleichung mit zwei Variablen kann als Funktionsgleichung einer linearen Funktion aufgefasst werden.

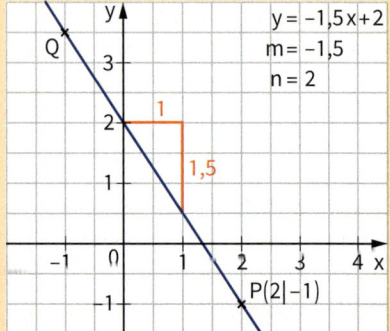

Funktionsgleichung: $y = -1{,}5x + 2$

Für den zu der linearen Gleichung gehörigen Funktionsgraphen gilt: Die Koordinaten eines Punktes der Geraden sind eine Lösung der Gleichung.

Punkt der Geraden: $P(2\,|\,-1)$
Eingesetzt:
$x = 2, y = -1$ $-1 = -1{,}5 \cdot 2 + 2$
                       $-1 = -1$ w

Ein Zahlenpaar, das die Gleichung erfüllt, liegt als Punkt auf der Geraden.

x-Wert -1 eingesetzt:
          $y = -1{,}5 \cdot (-1) + 2$
          $y = 3{,}5$

Lösung der Gleichung: $(-1\,|\,3{,}5)$
$Q(-1\,|\,3{,}5)$ ist ein Punkt der Geraden.

Grafische Lösung linearer Gleichungssysteme

1 Ein Rechteck mit den Seitenlängen x und y erfüllt die in der Tabelle beschriebenen Bedingungen.

Text	Gleichung
Der Umfang eines Rechtecks beträgt 20 cm.	$2x + 2y = 20$
Die Seitenlänge y ist um 2 cm größer als die Seitenlänge x.	$y = x + 2$

a) Löse die erste Gleichung nach y auf und zeichne anschließend die beiden Graphen.
b) Lies die Koordinaten des Schnittpunktes ab und setze sie in beide Gleichungen ein. Was stellst du fest?

2 Die beiden linearen Gleichungen $y = 2x + 1$ und $y = -x + 7$ bilden zusammen ein lineares Gleichungssystem.

$$\text{I} \quad y = 2x + 1$$
$$\text{II} \quad y = -x + 7$$

Zeichne die beiden zugehörigen Geraden in ein Koordinatensystem und bestimme den Schnittpunkt S beider Geraden. Zeige durch Einsetzen, dass die Koordinaten des Schnittpunktes eine Lösung beider Gleichungen sind.

3 Bestimme grafisch die Lösung des Gleichungssystems, indem du die zugehörigen Geraden zeichnest und ihren Schnittpunkt bestimmst.
Mache die Probe, indem du die Koordinaten des Schnittpunktes in beide Gleichungen einsetzt.

a) $y = 2x - 1$
$ y = -x + 5$

b) $y = x + 2$
$ y = -3x + 6$

c) $y = 1,5x - 4$
$ y = -x + 6$

d) $y = 3x - 1$
$ y = 0,5x + 4$

e) $y = -0,5x - 0,5$
$ y = -x + 2$

f) $y = 1,5x - 1$
$ y = 2x - 3$

Lösungen zu Aufgabe 3:
$(4\,|\,2) \quad (2\,|\,5) \quad (2\,|\,3) \quad (1\,|\,3) \quad (4\,|\,5) \quad (5\,|\,-3)$

Zwei lineare Gleichungen mit zwei Variablen bilden ein **lineares Gleichungssystem.**

Lineares Gleichungssystem:
$$\text{I} \quad y = x - 2,5$$
$$\text{II} \quad y = -0,5x + 2$$

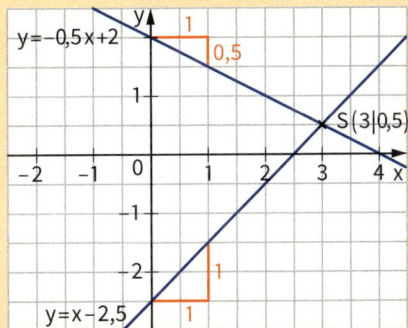

Schnittpunkt: $S(3\,|\,0,5)$
Einsetzen der Schnittpunktkoordinaten:

$$\text{I} \quad 0,5 = 3 - 2,5 \qquad \text{w}$$
$$\text{II} \quad 0,5 = -0,5 \cdot 3 + 2 \quad \text{w}$$

Lösungsmenge: $L = \{(3\,|\,0,5)\}$

Für ein lineares Gleichungssystem aus zwei Gleichungen mit zwei Variablen gilt: Die Koordinaten des Schnittpunktes S der zugehörigen Geraden erfüllen beide Gleichungen. Sie sind die Lösung des linearen Gleichungssystems.

4 Bestimme grafisch die Lösung des Gleichungssystems. Forme beide Gleichungen zunächst jeweils in ihre Normalform um. Mache die Probe, indem du die Koordinaten des Schnittpunktes in beide Ausgangsgleichungen einsetzt.

a) $2x + 2y = 14$
$ 6x - 3y = 15$

b) $3x + 3y = 6$
$ 5y + 15x = -10$

c) $9 - 3y = 3x$
$ 2y - x = -9$

d) $4y - 2x = -3$
$ 2y - x = -9$

e) $4x + 4y = -8$
$ x - 2y = -8$

f) $3x - 6y = 12$
$ 3x + 6y = 24$

Lösungen zu Aufgabe 4:
$(4\,|\,3) \quad (5\,|\,-2) \quad (-4\,|\,2) \quad (-1,5\,|\,-1,5)$
$(6\,|\,1) \quad (-2\,|\,4)$

I $y=0{,}5x+1$

II $y=0{,}5x-1$

5 Die beiden linearen Gleichungen $y = 0{,}5x - 1$ und $y = 0{,}5x + 1$ bilden ein lineares Gleichungssystem.

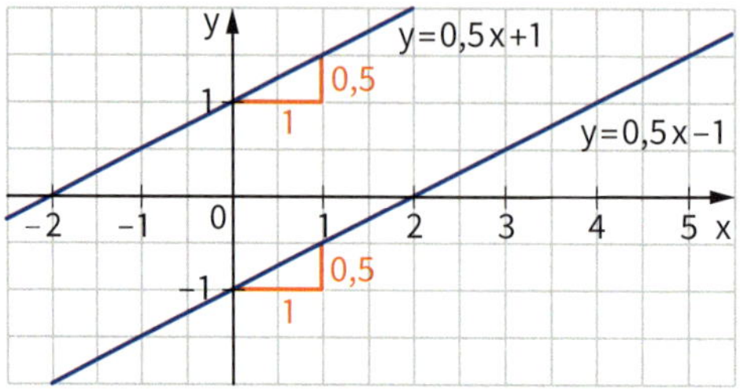

y=0,5x+1
y=0,5x−1
0,5
1
0,5
1

Bestimme grafisch die Lösungsmenge. Was stellst du fest? Begründe deine Antwort.

6 Die beiden linearen Gleichungen $4y - 8x = -16$ und $14x - 7y = 28$ bilden ein lineares Gleichungssystem.

a) Forme beide Gleichungen jeweils in ihre Normalform um und bestimme grafisch die Lösungsmenge. Was stellst du fest? Begründe deine Antwort.

b) Gib drei Lösungen des Gleichungssystems an.

Lösungsmengen linearer Gleichungssysteme

Für die Lösungsmenge linearer Gleichungssysteme mit zwei Variablen gibt es drei Möglichkeiten:

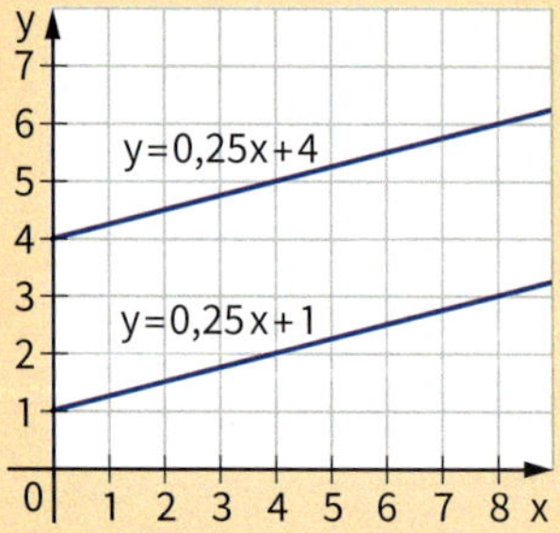

y=0,25x+4
y=0,25x+1

Keine Lösung: L = { }

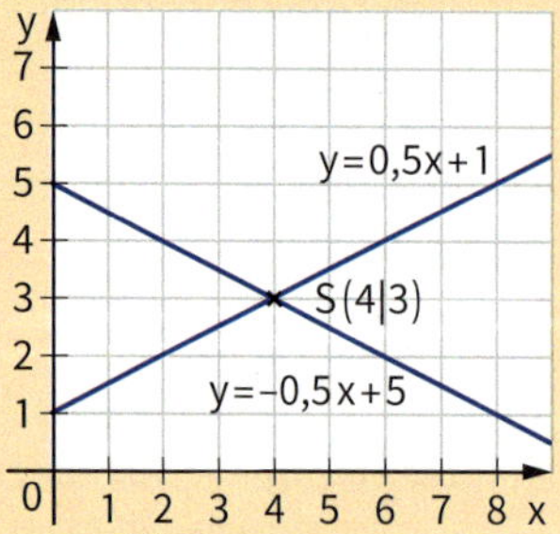

y=0,5x+1
S(4|3)
y=−0,5x+5

Eine Lösung: L = {(4 | 3)}

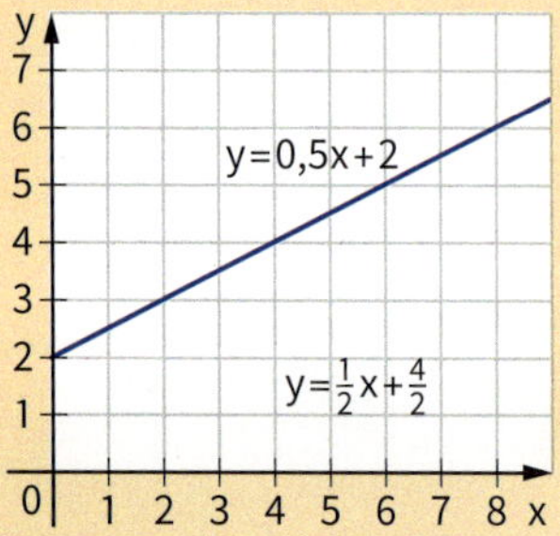

y=0,5x+2
y=½x+4/2

Für unendlich viele Lösungen gilt: Die Koordinaten jedes Punktes der Geraden sind eine Lösung des Gleichungssystems.

Unendlich viele Lösungen

7 Forme beide Gleichungen des linearen Gleichungssystems in ihre Normalformen um. Entscheide anhand der Geradengleichungen, ob es keine Lösung oder unendlich viele Lösungen gibt.

a) $6x - 4y = -8$
$2y - 3x = -1$

b) $5x - 2y = 3$
$4y - 10x = -6$

c) $4y + 2x = 8$
$-3 - 2y = x$

d) $5y - 10x = -20$
$12x - 6y = 24$

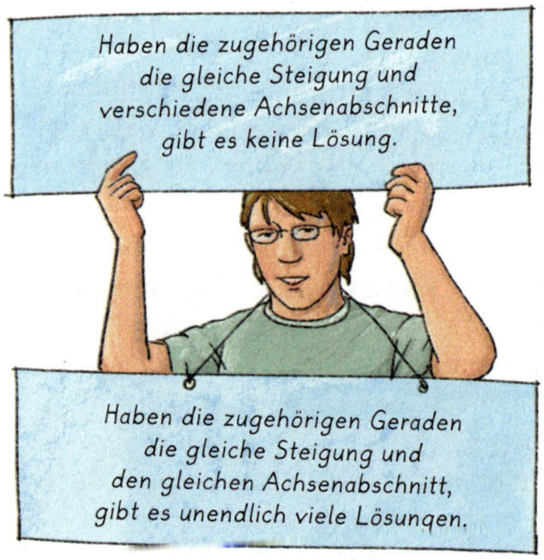

Haben die zugehörigen Geraden die gleiche Steigung und verschiedene Achsenabschnitte, gibt es keine Lösung.
Haben die zugehörigen Geraden die gleiche Steigung und den gleichen Achsenabschnitt, gibt es unendlich viele Lösungen.

• **8** Forme beide Gleichungen des linearen Gleichungssystems in ihre Normalformen um. Entscheide anhand der Geradengleichungen, wie viele Lösungen das Gleichungssystem hat. Gibt es eine Lösung, so bestimme diese grafisch.

a) $2y - 6x = -10$
$y + x = 7$

b) $3y + 6x = -12$
$2y - 10 = 2x$

c) $4y - 2x = 16$
$2y + x = 4$

d) $2y - 3x = 6$
$6y - 6 = 6x$

e) $4y + 10 = 6x$
$3x - 2y = 5$

f) $5y - 2x = 5$
$3y + 9 = 6x$

g) $2y + 2 = 2x$
$4 - 4y = 12x$

h) $3y + x = 6$
$2x + 6y = 18$

i) $3y - x = 6$
$2y + 4 = 6x$

k) $7y - 2x = 28$
$7y + 2x = 14$

Lösungen zu Aufgabe 8:
(3 | 4) (−2 | 3) (0,5 | −0,5) (−3 | 2)
(2,5 | 2) (1,5 | 2,5) (−3,5 | 3) (−4 | −3)

Gleichsetzungsverfahren

1 Die zum linearen Gleichungssystem
I $y = -0,5x + 2,5$
II $y = 1,5x - 1,5$
gehörenden Geraden schneiden sich in
S (2 | 1,5).

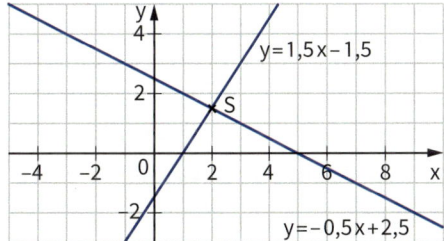

Die Koordinaten von S erfüllen beide
Funktionsgleichungen.

Schnittpunkt S (2 | 1,5):

Einsetzen in I: $1,5 = -0,5 \cdot 2 + 2,5$ w
Einsetzen in II: $1,5 = 1,5 \cdot 2 - 1,5$ w

Da die linken Seiten beider Gleichungen
gleich sind, gilt das auch für die rechten
Seiten.

$$-0,5 \cdot 2 + 2,5 = 1,5 \cdot 2 - 1,5 \text{ w}$$

Allgemein gilt dann für die Koordinaten
des Schnittpunktes S (x | y):

I $y = -0,5x + 2,5$
II $y = 1,5x - 1,5$

$$-0,5x + 2,5 = 1,5x - 1,5$$

a) Löse die Gleichung
$-0,5x + 2,5 = 1,5x - 1,5$ nach x auf.
b) Bestimme den zugehörigen y-Wert.
Was stellst du fest?

2 Bestimme rechnerisch die Lösung
des Gleichungssystems. Setze dazu
die rechten Seiten beider Gleichungen
gleich.
a) $y = 0,5x + 5$ b) $y = 3x - 15$
   $y = 2,5x - 7$ $y = -0,5x + 13$

c) $y = 1,5x - 20$ d) $y = -1,5x$
   $y = -x + 5$ $y = -3x - 18$

Lösungen zu Aufgabe 2:
$(10 | -5)$ $(-12 | 18)$ $(6 | 8)$ $(8 | 9)$

So kannst du die Lösung eines linearen Gleichungssystems
durch eine Rechnung bestimmen:

I $4x + 2y = 10$
II $6x - 3y = 3$

1. Forme jede Gleichung in ihre Normalform um.

I $4x + 2y = 10$ II $6x - 3y = 3$
I $2y = -4x + 10$ II $-3y = -6x + 3$
I $y = -2x + 5$ II $y = 2x - 1$

2. Setze die rechten Seiten gleich und löse nach x auf.

$-2x + 5 = 2x - 1$ $| -2x$
$-4x + 5 = -1$ $| -5$
$-4x = -6$ $| : (-4)$
$x = 1,5$

3. Bestimme y, indem du den x-Wert in eine der beiden Normalformen einsetzt.

$y = 2 \cdot 1,5 - 1$
$y = 2$

4. Mache die Probe, indem du die Lösung in beide Ausgangsgleichungen einsetzt.

I $4x + 2y = 10$ II $6x - 3y = 3$
I $4 \cdot 1,5 + 2 \cdot 2 = 10$ II $6 \cdot 1,5 - 3 \cdot 2 = 3$
I $10 = 10$ w   II $3 = 3$ w

5. Gib die Lösungsmenge an.

$$L = \{(1,5 | 2)\}$$

3 Bestimme rechnerisch die Lösung
des Gleichungssystems. Forme dazu
jede Gleichung zunächst in ihre Normalform um. Mache die Probe, indem du
die Lösung in die beiden Ausgangsgleichungen einsetzt.
a) $2y - 8x = 4$ b) $6x + 3y = 6$
   $2y + 50 = 20x$ $4x - y = -47$

c) $2y + 3x = 2$ d) $6y = -18x$
   $8x - 34 = -2y$ $7x = y - 53$

Lösungen zu Aufgabe 3:
$(6,4 | -8,6)$ $(-7,5 | 17)$ $(4,5 | 20)$
$(-5,3 | 15,9)$

Gleichsetzungsverfahren

4 Im Beispiel werden die Gleichungen jeweils nach dem gleichen Vielfachen von y aufgelöst.

$$\text{I} \quad 3y - 5x = 4$$
$$\text{II} \quad 3y + 2x = 11$$

I $\quad 3y - 5x = 4$	II $\quad 3y + 2x = 11$
I $\quad 3y = 5x + 4$	II $\quad 3y = -2x + 11$

$$5x + 4 = -2x + 11$$

a) Warum darfst du die rechten Seiten beider Gleichungen gleichsetzen?
b) Bestimme die Lösungsmenge des Gleichungssystems.

5 Löse nach einem Vielfachen von y auf und wende das Gleichsetzungsverfahren an. Mache die Probe, indem du die Lösung in beide Ausgangsgleichungen einsetzt.

a) $3y - 5x = 11$
  $3y + 1 = 11x$

b) $7y - 11x = 30$
  $10x - 7y = -33$

c) $5x + 11y = 46$
  $11y - 26 = -10x$

d) $4x - 6y = -72$
  $6y + 5x = 18$

So kannst du die Gleichungen eines linearen Gleichungssystems nach gleichen Vielfachen von y auflösen:

$$\text{I} \quad 7x - 3y = -2$$
$$\text{II} \quad 2y + 4x = 23$$

1. Löse beide Gleichungen nach Vielfachen von y auf.

I $\quad 7x - 3y = -2$	II $\quad 2y + 4x = 23$
I $\quad -3y = -7x - 2$	II $\quad 2y = -4x + 23$

2. Multipliziere beide Gleichungen so, dass du das gleiche Vielfache von y erhältst.

I $\quad -3y = -7x - 2$ $\quad|\cdot(-2)$	II $\quad 2y = -4x + 23$ $\quad|\cdot3$
I $\quad 6y = 14x + 4$	II $\quad 6y = -12x + 69$

6 Löse nach gleichen Vielfachen von y auf. Bestimme dann die Lösung mithilfe des Gleichsetzungsverfahrens.

a) $6x + 4y = 23$
  $10x + 3y = -2$

b) $4y + 9x = 9$
  $-11x - 6y = -26$

c) $5y + 7x = 65$
  $5x - 3y = 122$

d) $9x - 6y = -69$
  $8y - 4x = -60$

7 Die Beispiele zeigen, wie du beim Gleichsetzungsverfahren erkennen kannst, ob das Gleichungssystem keine oder unendlich viele Lösungen hat.

$$\text{I} \quad 6x + 4y = 12$$
$$\text{II} \quad -2y = 3x - 4$$

I $\quad 6x + 4y = 12$	II $\quad -2y = 3x - 4$
I $\quad 4y = -6x + 12$	II $\quad 4y = -6x + 8$

$$-6x + 12 = -6x + 8$$
$$12 = 8 \text{ f}$$

Keine Lösung
Es ergibt sich eine nicht erfüllbare Gleichung.

$$\text{I} \quad 2x + y = 4$$
$$\text{II} \quad 3y = -6x + 12$$

I $\quad 2x + y = 4$	II $\quad 3y = -6x + 12$
I $\quad y = -2x + 4$	II $\quad y = -2x + 4$

$$-2x + 4 = -2x + 4 \text{ w}$$

Unendlich viele Lösungen
Es ergibt sich eine allgemein gültige Gleichung. Jede Lösung einer der Gleichungen ist auch Lösung des Gleichungssystems.

Entscheide mithilfe des Gleichsetzungsverfahrens, wie viele Lösungen das Gleichungssystem hat. Existiert nur eine Lösung, so gib diese an.

a) $10 - 4x = 6y$
  $4,5y - 7,5 = -3x$

b) $6x - 4,5y = 3,5$
  $4 - 8x = -6y$

c) $5y + 14 = 9x$
  $13x - 7y = 25$

d) $5y + 2 = 9x$
  $4 - 13,5x = -7,5y$

e) $11x + 25 = 18y$
  $12y - 4x = 104$

f) $8x - 9y = 12$
  $6x - 9 = 6,75y$

g) $14x + 12y = 92$
  $8y = 56 - 11x$

h) $9x - 15y = 34$
  $50 - 15x = -25y$

i) $12,5x + 6y = 17$
  $6,8 - 2,4y = 5x$

k) $26x - 78y = -42$
  $63 + 39x = 117y$

Einsetzungsverfahren

1 Ein Rechteck mit den Seitenlängen x und y erfüllt die in der Tabelle beschriebenen Bedingungen.

Text	Gleichung
Der Umfang eines Rechtecks beträgt 69 cm.	I $2x + 2y = 69$
Die Seitenlänge y ist doppelt so groß wie die Seitenlänge x.	II $y = 2x$

Begründe, warum du in Gleichung I für 2 y den Term 2 · 2x einsetzen kannst. Ersetze 2y durch 2 · 2x und löse nach x auf. Bestimme dann y und gib die Lösung des Gleichungssystems an.

So kannst du mithilfe des Einsetzungsverfahrens rechnerisch die Lösung eines linearen Gleichungssystems bestimmen:

I $\quad 7y + 3x = 48$
II $\quad\quad 3y = 9x$

1. Löse die Gleichung II nach y auf.

II $\quad 3y = 9x \quad\quad | : 3$
II $\quad\quad y = \boxed{3x}$

2. Setze anstelle von y den Term 3x in die Gleichung I ein und löse nach x auf.

I $\quad\quad 7y \;\; + 3x = 48$
I $\quad 7 \cdot \boxed{3x} + 3x = 48$
$\quad\quad\quad\quad 24x = 48$
$\quad\quad\quad\quad\quad x = 2$

3. Bestimme y, indem du den x-Wert x = 2 in II einsetzt.

II $\quad y = 3x$
$\quad\quad y = 3 \cdot 2 = 6$

4. Mache die Probe, indem du die Lösung in beide Ausgangsgleichungen einsetzt.

I $7 \cdot 6 + 3 \cdot 2 = 48 \quad$ II $3 \cdot 6 = 9 \cdot 2$
$\quad\quad 48 = 48 \text{ w} \quad\quad\quad 18 = 18 \text{ w}$

5. Gib die Lösungsmenge an.

$L = \{(2 \,|\, 6)\}$

2 Bestimme mithilfe des Einsetzungsverfahrens die Lösungsmenge des Gleichungssystems.

a) $5y - 9x = 24$
$\quad y = 3x$

b) $2y + 3x = 42$
$\quad y = 9x$

c) $4x - 2y = 5$
$\quad 2y - 6x = 0$

d) $5x - 6y = 50$
$\quad 4y - 10x = 0$

e) $3y = -12x$
$\quad 10x + 7y = -36$

f) $2y - 77 = 4x$
$\quad 4y + 6x = 0$

g) $6y = 4x$
$\quad 9y - 7,5x = -9$

h) $8x - 19y = 2$
$\quad 7y = 3x$

Lösungen zu Aufgabe 2:
$(-14 \,|\, -6) \;\; (6 \,|\, 4) \;\; (-11 \,|\, 16,5) \;\; (2 \,|\, -8)$
$(4 \,|\, 12) \;\; (2 \,|\, 18) \;\; (-2,5 \,|\, -7,5) \;\; (-5 \,|\, -12,5)$

3 Bestimme die Lösung mithilfe des Einsetzungsverfahrens. Löse dazu wie im Beispiel nach y auf.
Beachte, dass der Term, den du für y einsetzt, in Klammern stehen muss.

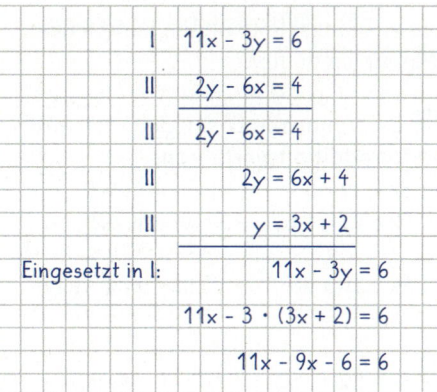

I	$11x - 3y = 6$
II	$2y - 6x = 4$
II	$2y - 6x = 4$
II	$2y = 6x + 4$
II	$y = 3x + 2$
Eingesetzt in I:	$11x - 3y = 6$
	$11x - 3 \cdot (3x + 2) = 6$
	$11x - 9x - 6 = 6$

a) $11x - 3y = 6$
$\quad 2y - 6x = 4$

b) $2y - 4x = 12$
$\quad 17x - 5y = -9$

c) $7x + 8y = 5$
$\quad 3y + 3x = 24$

d) $4y + 16x = 4$
$\quad 3y - 6x = 39$

e) $19x - 3y = 62$
$\quad 2y + 6x = -4$

f) $7x - 2y = 1$
$\quad 3y + 9x = 18$

g) $9x - 4y = 5$
$\quad 2y - 5x = 0$

h) $4x - 10y = 65$
$\quad -y - 7x = 25$

Lösungen zu Aufgabe 3:
$(-2 \,|\, 9) \;\; (59 \,|\, -51) \;\; (3 \,|\, 12) \;\; (6 \,|\, 20) \;\; (1 \,|\, 3)$
$(2 \,|\, -18) \;\; (-2,5 \,|\, -7,5) \;\; (-5 \,|\, -12,5)$

1 Addierst du jeweils die linken Seiten und die rechten Seiten der Gleichungen eines linearen Gleichungssystems, erhältst du eine neue Gleichung.

Dieses Verfahren nennt man Additionsverfahren.

| I | $4x - 3y = 10$ |
| II | $2x + 3y = 32$ |

| I | $4x - 3y = 10$ | |
| II | $2x + 3y = 32$ | $\mid +$ |

$$\text{III} \quad 4x - 3y + 2x + 3y = 10 + 32$$

$$\text{III} \quad 6x = 42$$

a) Wodurch unterscheidet sich die Gleichung $6x = 42$ von den Ausgangsgleichungen?

b) Löse Gleichung III nach x auf. Setze den x-Wert in Gleichung I oder Gleichung II ein und bestimme den y-Wert.

c) Setze den x-Wert und den y-Wert in die Ausgangsgleichungen I und II ein. Was stellst du fest?

2 Bestimme die Lösungsmenge mithilfe des Additionsverfahrens.

a) $3x - 2y = 5$
   $4x + 2y = 44$

b) $7x + 4y = 9$
   $x - 4y = 79$

c) $3x + 2y = 5$
   $7x + 4y = 21$

d) $5x - 3y = -21$
   $2x - 9y = 54$

e) $3x - 5y = -82$
   $4x + 3y = 84$

f) $11x + 4y = 81$
   $x - 12y = -141$

g) $7x + 6y = 107$
   $9x + 8y = 123$

h) $5x - 6y = -64$
   $6x + 9y = 69$

i) $3x - 4y = 1$
   $4x + 3y = 43$

k) $11x + 3y = 3$
   $2x - 12y = -150$

l) $7x + 6y = -19$
   $10x - 8y = 6$

m) $5x - 9y = -49$
   $7x + 12y = 202$

Lösungen zu Aufgabe 2:
$(-2\mid 9)$ $(59\mid -51)$ $(3\mid 12)$ $(6\mid 20)$ $(7\mid 5)$
$(-3\mid 12)$ $(-9\mid -8)$ $(11\mid -14)$ $(11\mid -17)$
$(-1\mid -2)$ $(7\mid 8)$ $(10\mid 11)$

So kannst du mithilfe des Additionsverfahrens rechnerisch die Lösung eines linearen Gleichungssystems bestimmen:

| I | $12x - 28y = 52$ |
| II | $4x + 2y = 40$ |

1. Forme beide Gleichungen so um, dass bei anschließender Addition beider Gleichungen eine Variable herausfällt.

| II | $4x + 2y = 40$ | $\mid \cdot (-3)$ |
| II | $-12x - 6y = -120$ | |

2. Addiere beide Gleichungen.

| I | $12x - 28y = 52$ |
| II | $-12x - 6y = -120$ |

$$\text{III} \quad -34y = -68$$

3. Löse nach der noch vorhandenen Variablen auf.

| III | $-34y = -68$ | $\mid : (-34)$ |
| | $y = 2$ | |

4. Setze den berechneten Wert in eine der Ausgangsgleichungen ein und bestimme die andere Variable.

$y = 2$ eingesetzt in II:

II	$4x + 2 \cdot 2 = 40$
	$4x = 36$
	$x = 9$

5. Mache die Probe, indem du die Lösung in beide Ausgangsgleichungen einsetzt.

I	$12x - 28y = 52$
I	$12 \cdot 9 - 28 \cdot 2 = 52$
	$52 = 52$ w

II	$4x + 2y = 40$
II	$4 \cdot 9 + 2 \cdot 2 = 40$
	$40 = 40$ w

6. Gib die Lösungsmenge an.

$$L = \{(9\mid 2)\}$$

1 Anja und Nico möchten lineare Gleichungssysteme mithilfe eines Tabellenkalkulationsprogrammes lösen. Als Lösungsverfahren entscheiden sie sich für das Additionsverfahren. Sie haben dazu ein lineares Gleichungssystem auf ein Tabellenblatt geschrieben.

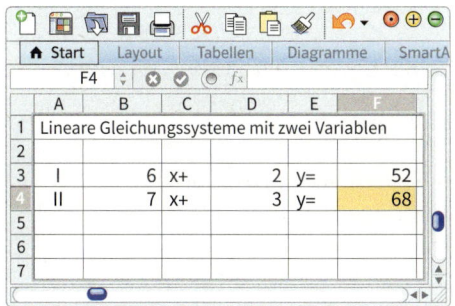

	A	B	C	D	E	F
1	Lineare Gleichungssysteme mit zwei Variablen					
2						
3	I	6	x+	2	y=	52
4	II	7	x+	3	y=	68
5						
6						
7						

Anhand des Beispiels möchten sie nun ein allgemeines Lösungsverfahren entwickeln. Wichtig sind dabei nur die Inhalte der Zellen B3, B4, D3, D4, F3 und F4. Bei den Umformungsschritten arbeiten Anja und Nico mit den Adressen der entsprechenden Zellen, nicht mit den Inhalten. In der ersten Abbildung unten sind die Formeln auf dem Tabellenblatt sichtbar gemacht worden, in der zweiten Abbildung die zugehörigen Zellinhalte.

	A	B	C	D	E	F
1	Lineare Gleichungssysteme mit zwei Variablen					
2						
3	I	6	x+	2	y=	52
4	II	7	x+	3	y=	68
5						
6	I	=B3*D4	x+	=D3*D4	y=	=F3*D4
7	II	=B4*-D3	x+	=D4*-D3	y=	=F4*-D3
8						
9						
10						

	A	B	C	D	E	F
1	Lineare Gleichungssysteme mit zwei Variablen					
2						
3	I	6	x+	2	y=	52
4	II	7	x+	3	y=	68
5						
6	I	18	x+	6	y=	156
7	II	−14	x+	−6	y=	−136
8						
9						
10						

a) Vergleiche die beiden Darstellungen und erläutere die Umformungsschritte.

	A	B	C	D	E	F
1	Lineare Gleichungssysteme mit zwei Variablen					
2						
3	I	6	x+	2	y=	52
4	II	7	x+	3	y=	68
5						
6	I	18	x+	6	y=	156
7	II	−14	x+	−6	y=	−136
8						
9	III	4	x		=	20
10			x		=	5

Bei der Addition der beiden neuen Gleichungen I und II fällt y heraus. In der Zelle B9 steht nun **=B6+B7**, in der Zelle F9 steht **=F6+F7**. Wenn Anja und Nico in die Zelle F10 **=F9/B9** eintragen, erhalten sie den gesuchten x-Wert.

	A	B	C	D	E	F
12	einsetzen in I					
13		30	+		2	y=	52
14					2	y=	22
15						y=	11
16							
17	Lösung:		x=		5	y=	11

In die Zelle B13 tragen sie **=B3*F10** ein, in D13 und D14 jeweils **= D3**, in F13 **= F3** und in die Zelle F14 **=F13-B13**. In der Zelle F15 steht dann mit dem Eintrag **= F14/D3** der gesuchte y-Wert.

b) Lege ein Tabellenblatt wie Anja und Nico an und bestimme auf dem Blatt die Lösung des linearen Gleichungssystems.
c) Bestimme mithilfe des angelegten Tabellenblatts die Lösungen der folgenden linearen Gleichungssysteme. Schreibe dazu in die Zellen B3, B4, D3, D4, F3 und F4 die entsprechenden Zahlen.

$$\begin{array}{ll} \text{I} & 17x - 11y = 262 \\ \text{II} & -23x + 27y = -512 \end{array}$$

$$\begin{array}{ll} \text{I} & -10{,}8x - 9{,}4y = -87 \\ \text{II} & 13{,}2x + 6{,}2y = 27 \end{array}$$

$$\begin{array}{ll} \text{I} & 0{,}24x - 1{,}82y = 28{,}92 \\ \text{II} & -3{,}06x + 4{,}12y = -25{,}20 \end{array}$$

d) Was geschieht, wenn das eingegebene lineare Gleichungssystem keine (unendlich viele) Lösungen hat?

Lineare Gleichungssysteme

Zwei lineare Gleichungen mit zwei Variablen bilden ein **lineares Gleichungssystem.**

Grafisches Lösungsverfahren

Lineares Gleichungssystem:

I $3x - 3y = 4{,}5$
II $x + 2y = 3$

zugehörige Geraden:

I $y = x - 1{,}5$
II $y = -0{,}5x + 1{,}5$

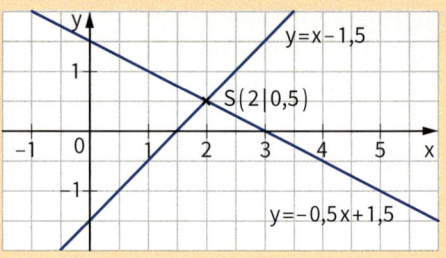

Lösungsmenge: $L = \{(2\,|\,0{,}5)\}$ 　　　　**Schnittpunkt:** $S\,(2\,|\,0{,}5)$

Für ein lineares Gleichungssystem aus zwei Gleichungen mit zwei Variablen gilt: Die Koordinaten des Schnittpunktes S der zugehörigen Geraden erfüllen beide Gleichungen. Sie sind die Lösung des linearen Gleichungssystems.

Gleichsetzungsverfahren

Lineares Gleichungssystem: 　　　I　　$3x - 3y = 4{,}5$
　　　　　　　　　　　　　　　　II　　$x + 2y = 3$

Gleichsetzungsverfahren: 　　　　　I　　　$y = x - 1{,}5$
Löse beide Gleichungen nach gleichen 　II　　　$y = -0{,}5x + 1{,}5$
Vielfachen einer Variablen auf und setze
dann die beiden anderen Seiten gleich. 　　$x - 1{,}5 = -0{,}5x + 1{,}5$

Löse die Gleichung nach der Variablen auf. 　　　　$1{,}5x = 3$
　　　　　　　　　　　　　　　　　　　$x = 2$

Bestimme den Wert für die zweite Variable, 　in I:　$3 \cdot 2 - 3y = 4{,}5$
indem du den Wert für die erste Variable 　　　　　$-3y = -1{,}5$
in eine der Ausgangsgleichungen einsetzt. 　　　　　$y = 0{,}5$

Gib die Lösungsmenge an. 　　　　　　　　$L = \{(2\,|\,0{,}5)\}$

Probe

Mache die **Probe,** indem du die Lösung in beide Ausgangsgleichungen einsetzt.

I　$3x - 3y = 4{,}5$ 　　　　　II　$x + 2y = 3$
I　$3 \cdot 2 - 3 \cdot 0{,}5 = 4{,}5$ 　　II　$2 + 2 \cdot 0{,}5 = 3$
I　　　　$4{,}5 = 4{,}5$　w 　　II　　　$3 = 3$　w

Lösungsmengen linearer Gleichungssysteme

Keine Lösung: 　　　　Du erhältst eine nicht erfüllbare Gleichung.

Eine Lösung: 　　　　Du kannst die Gleichung nach einer Variablen auflösen, ihren Wert bestimmen und anschließend den Wert der zweiten Variablen berechnen.

Unendlich viele Lösungen: Du erhältst eine allgemeingültige Gleichung. Jede Lösung einer der Gleichungen ist auch Lösung des Gleichungssystems.

Lineare Gleichungssysteme

Lineares Gleichungssystem:

I	$4x + 3y = 0$
II	$6x + 2y = -10$

 Einsetzungsverfahren:

Einsetzungs-
verfahren

Löse eine Gleichung nach einer Variablen auf und setze den Term dafür in die andere Gleichung ein.

I	$4x = -3y$
I	$x = -0,75y$

Löse die Gleichung nach der Variablen auf.

in II: $6 \cdot (-0,75y) + 2y = -10$

$-4,5y + 2y = -10$

$-2,5y = -10$

$y = 4$

Bestimme den Wert für die zweite Variable, indem du den Wert für die erste Variable einsetzt.

in I: $x = -0,75 \cdot 4$

$x = -3$

Gib die Lösungsmenge an.

$L = \{(-3 \mid 4)\}$

Mache die **Probe,** indem du die Lösung in beide Ausgangsgleichungen einsetzt.

Lineares Gleichungssystem:

I	$3x + 2y = -2$
II	$7x + 3y = 17$

 Additionsverfahren:

Additions-
verfahren

Multipliziere eine oder beide Gleichungen so, dass bei ihrer anschließenden Addition eine Variable herausfällt.

I	$3x + 2y = -2$	$\mid \cdot 3$
I	$9x + 6y = -6$	

II	$7x + 3y = 17$	$\mid \cdot (-2)$
II	$-14x - 6y = -34$	

I	$9x + 6y = -6$
II	$-14x - 6y = -34$
III	$-5x = -40$

Löse die Gleichung nach der Variablen auf.

$x = 8$

Bestimme den Wert für die zweite Variable, indem du den Wert für die erste Variable in eine der Ausgangsgleichungen einsetzt.

in I: $3 \cdot 8 + 2y = -2$

$2y = -26$

$y = -13$

Gib die Lösungsmenge an.

$L = \{(8 \mid -13)\}$

Mache die **Probe,** indem du die Lösung in beide Ausgangsgleichungen einsetzt.

Üben und Vertiefen

1 Forme beide Gleichungen des linearen Gleichungssystems jeweils in ihre Normalform um.
Entscheide anhand der Geradengleichungen, wie viele Lösungen das Gleichungssystem hat. Gibt es eine Lösung, so bestimme diese grafisch.
Mache die Probe, indem du die Koordinaten des Schnittpunktes in beide Ausgangsgleichungen einsetzt.

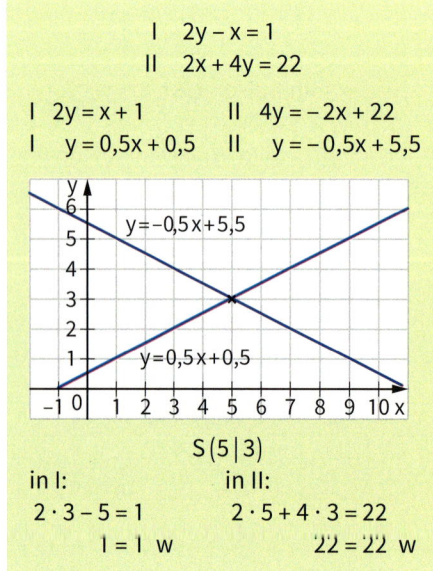

$$\text{I} \quad 2y - x = 1$$
$$\text{II} \quad 2x + 4y = 22$$

$\text{I}\ 2y = x + 1 \qquad \text{II}\ 4y = -2x + 22$
$\text{I}\ y = 0{,}5x + 0{,}5 \qquad \text{II}\ y = -0{,}5x + 5{,}5$

$S(5\,|\,3)$

in I: $\qquad$ in II:
$2 \cdot 3 - 5 = 1 \qquad 2 \cdot 5 + 4 \cdot 3 = 22$
$\qquad 1 = 1\ \text{w} \qquad\qquad 22 = 22\ \text{w}$

a) $2y - 6x = -18$ $\qquad$ b) $3y + 6x = 3$
$\quad\ y + x = 7$ $\qquad\qquad\ \ 2y - 10 = -8x$

c) $4y - 2x = -14$ $\qquad$ d) $2y - 3x = 1$
$\quad\ 2y + x = -1$ $\qquad\qquad 4y + 4 = 4x$

e) $4y + 14 = 6x$ $\qquad$ f) $2y - 5x = -5$
$\quad\ 3x - 2y = 7$ $\qquad\qquad 4y + 2 = 6x$

g) $2y + 1 = -4x$ $\qquad$ h) $4y + 8x = 6$
$\quad\ 4 - 4y = -4x$ $\qquad\qquad 4x + 2y = 11$

i) $3y - x = 2$ $\qquad$ k) $2y + 7x = 14$
$\quad\ 2y + 7 = 4x$ $\qquad\qquad 4y - 2x = -20$

l) $x - 2y = -11{,}5$ $\qquad$ m) $2x + 3y = 9$
$\quad\ -y - x = -2$ $\qquad\qquad 27 - 9y = 6x$

2 Löse nach einem Vielfachen von y auf und wende das Gleichsetzungsverfahren an. Mache die Probe, indem du die Lösung in beide Ausgangsgleichungen einsetzt.

a) $7x - 3y = 19$ $\qquad$ b) $6x + 14y = 98$
$\quad\ 3y - 10x = -13$ $\qquad\quad 14y - 7 = 20x$

c) $4x + 6y = 32$ $\qquad$ d) $14y + 11x = -42$
$\quad\ 22x + 13 = -6y$ $\qquad\ 14y + 14 = -15x$

3 Löse wie im Beispiel nach gleichen Vielfachen von x auf. Bestimme dann die Lösungsmenge mithilfe des Gleichsetzungsverfahrens.

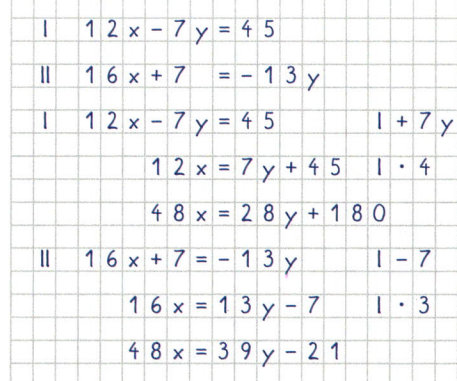

a) $3x + 2y = 33$ $\qquad$ b) $6x - 5y = 15$
$\quad\ 7y - 3x = 21$ $\qquad\qquad 3x + 6 = 7y$

c) $5x + 50 = 3y$ $\qquad$ d) $6x - 4y = 54$
$\quad\ y - 50 = 10x$ $\qquad\qquad 27 - 9x = 3y$

e) $7x - 8y = 43$ $\qquad$ f) $12x + 2y = 30$
$\quad\ 14x = 18y + 81$ $\qquad\ 7y + 18x = 117$

g) $11x + 2y = -34{,}5$ $\qquad$ h) $5y - 127 = 3x$
$\quad\ 6x + 57 = 4y$ $\qquad\qquad 2x + 2y = -18$

i) $7x + y = 73$ $\qquad$ k) $6x + 9y = -3$
$\quad\ -x - 3 = 3y$ $\qquad\qquad 9x - 18y = 20$

Üben und Vertiefen

So kannst du ein lineares Gleichungssystem, das Brüche enthält, in ein lineares Gleichungssystem ohne Brüche umformen:

$$\text{I} \quad \frac{1}{3}x - \frac{1}{4}y = \frac{1}{6}$$

$$\text{II} \quad \frac{1}{3}x + \frac{2}{5}y = 7\frac{1}{3}$$

Bestimme für jede Gleichung den Hauptnenner. Multipliziere jede Gleichung mit ihrem Hauptnenner und kürze anschließend.

$$\text{I} \quad \frac{1}{3}x - \frac{1}{4}y = \frac{1}{6} \qquad |\cdot 12$$

$$\text{I} \quad \frac{1\cdot 12}{3}x - \frac{1\cdot 12}{4}y = \frac{1\cdot 12}{6}$$

$$\text{I} \quad \frac{1\cdot \overset{4}{\cancel{12}}}{\underset{1}{\cancel{3}}}x - \frac{1\cdot \overset{3}{\cancel{12}}}{\underset{1}{\cancel{4}}}y = \frac{1\cdot \overset{2}{\cancel{12}}}{\underset{1}{\cancel{6}}}$$

$$\text{I} \quad 4x - 3y = 2$$

$$\text{II} \quad \frac{1}{3}x + \frac{2}{5}y = 7\frac{1}{3} \qquad |\cdot 15$$

$$\text{II} \quad \frac{1\cdot 15}{3}x + \frac{2\cdot 15}{5}y = 105\frac{1\cdot 15}{3}$$

$$\text{II} \quad \frac{1\cdot \overset{5}{\cancel{15}}}{\underset{1}{\cancel{3}}}x + \frac{2\cdot \overset{3}{\cancel{15}}}{\underset{1}{\cancel{5}}}y = 105\frac{1\cdot \overset{5}{\cancel{15}}}{\underset{1}{\cancel{3}}}$$

$$\text{II} \quad 5x + 6y = 110$$

4 Forme in ein lineares Gleichungssystem ohne Brüche um und bestimme die Lösungsmenge mithilfe des Gleichsetzungsverfahrens.

a) $\frac{2}{3}x - \frac{2}{5}y = \frac{4}{15}$ b) $\frac{1}{3}x + \frac{1}{2}y = 4\frac{1}{6}$

 $\frac{1}{4}x + \frac{1}{3}y = 3$ $\frac{1}{6}y - \frac{1}{9}x = 3\frac{11}{18}$

c) $\frac{2}{3}x - \frac{1}{2}y = 8\frac{1}{2}$ d) $\frac{1}{3}x - \frac{1}{2}y = -1\frac{1}{3}$

 $\frac{1}{2}x + \frac{1}{5}y = 1\frac{1}{5}$ $\frac{5}{8}y - \frac{3}{4}x = 5$

Lösungen zu Aufgabe 4:
$(6\,|-9)\ \ (-10\,|-4)\ \ (4\,|\,6)\ \ (-10\,|\,15)$

5 Bestimme die Lösungsmenge.

a) $\frac{1}{7}x - \frac{1}{3}y = 7\frac{2}{3}$ b) $\frac{1}{3}x - \frac{1}{2}y = 0$

 $\frac{2}{3}x + \frac{3}{4}y = 3\frac{1}{2}$ $-\frac{3}{4}x + \frac{9}{10}y = 5\frac{2}{5}$

c) $\frac{2}{3}x + \frac{2}{9}y = -\frac{1}{5}$ d) $\frac{2}{3}x - \frac{2}{7}y = -\frac{2}{9}$

 $\frac{1}{6}y - \frac{1}{3}x = 2\frac{1}{10}$ $\frac{2}{3}x + \frac{3}{5}y = 1\frac{38}{45}$

Lösungen zu Aufgabe 5:
$(-36\,|-24)\ \ (-3,6\,|\,5,4)\ \ (21\,|-14)\ \ \left(\frac{2}{3}\,\middle|\,2\frac{1}{3}\right)$

6 Löse wie im Beispiel die Klammern auf und fasse gleichartige Terme zusammen. Bestimme dann die Lösungsmenge mithilfe des Gleichsetzungsverfahrens.

$$\text{I} \quad x - 2(6 - 4x) = 13 + 2y$$
$$\text{II} \quad 20 - [3x - 4(4x - 3y)] = 61 - 6y$$
$$\text{I} \quad x - 12 + 8x = 13 + 2y$$
$$\text{I} \quad 9x - 12 = 13 + 2y$$
$$\text{I} \quad 9x = 25 + 2y$$
$$\text{II} \quad 20 - [3x - 16x + 12y] = 61 - 6y$$
$$\text{II} \quad 20 - [-13x + 12y] = 61 - 6y$$
$$\text{II} \quad 20 + 13x - 12y = 61 - 6y$$
$$\text{II} \quad 13x - 12y = 41 - 6y$$
$$\text{II} \quad 13x - 6y = 41$$

a) $11(x + 3) - 6y = 3y + 33$
   $6y - 9(2x + 3) = 60 - x$

b) $3(x + 12) - 5(y - 2) = 142 - 10y$
   $15 - 2(x + 2y) = 5 - (9x + 7y)$

c) $4x - 4(5 - x) - 2y = 5(y - 6)$
   $2y - 3(1 + x) - x = -2(y + 2 - x)$

d) $15 - [3x - 2(y - 3x)] = 8y$
   $16x - [(5x + 3y) - 32] = 13 - 7y$

e) $2y - [2x - 2(6 + 4x)] = 5(3 - y)$
   $3[6x - (7y + 5)] = 9x - 7(y + 2)$

Lösungen zu Aufgabe 6:
$(4,7\,|\,6,8)\ \ (-9\,|-11)\ \ (-13\,|\,27)\ \ \left(\frac{1}{3}\,\middle|\,\frac{1}{7}\right)$
$(-5,8\,|\,11,2)$

Üben und Vertiefen

7 Bestimme die Lösung des Gleichungssystems. Wähle dazu ein geeignetes rechnerisches Lösungsverfahren.

a) $y = 3,5x + 8$
$y = 2x - 4$

b) $y = -0,5x$
$y = -2x - 36$

c) $7x - 6y = 53$
$40 + 2y = 4x$

d) $12x + 4y = -10,4$
$8x - 16y = 8$

e) $3x - 2y = -42$
$2x + 5y = 48$

f) $6x + 2y = -4$
$-7x - 3y = 16$

g) $4x - 3y = 3$
$-2x + 4y = -24$

h) $4x + 3y = 83$
$5x - 2y = 29$

i) $7y - 5x = -2$
$-6y + 15x = 216$

k) $-3x - 4y = 35$
$6x + 2y = 68$

l) $16x - 9y = 33$
$-15x + 27y = 99$

m) $3x + 35y = 282$
$5x + 7y = 162$

n) $y = 2x - 3$
$y = 1,5x + 4,5$

o) $3y + 9x = 25,8$
$11x + 8y = -17$

p) $y = -x + 18$
$y = -2,5x - 63$

q) $15x - 10y = 54$
$4x + 7y = -3$

r) $1x + 4y = -5$
$2x - 3y = 56$

s) $-2x - 3y = 48$
$7x + 5y = -3$

t) $9x - 6y = 30$
$-x + 7y = 98$

u) $11x - 9y = 27$
$x - 6y = -210$

v) $x + 7y = 51$
$4x - 17y = 24$

w) $3x + 45y = 150$
$7x - 15y = 110$

x) $8x - 14y = -76$
$16x + 7y = 422$

y) $-3x - 27y = -135$
$-21x - 9y = 189$

Lösungen zu Aufgabe 7:
$(36 | 41)$ $(14 | 16)$ $(21 | -30)$ $(19 | -6)$
$(20 | 14)$ $(19 | -23)$ $(-54 | 72)$
$(2,4 | -1,8)$ $(6,6 | -11,2)$ $(6 | 7)$ $(24 | 6)$
$(-8 | 20)$ $(-24 | 12)$ $(-6 | -9)$ $(11 | 13)$
$(13,4 | 6,8)$ $(23 | 4)$ $(20 | 2)$ $(-11,7 | 6,3)$
$(19,2 | 16,4)$ $(-0,6 | -0,8)$ $(-6 | 12)$
$(5 | -17)$ $(15 | 27)$

8 Entscheide mithilfe eines geeigneten rechnerischen Lösungsverfahrens, wie viele Lösungen das Gleichungssystem hat. Existiert nur eine Lösung, gib diese an.

a) $24x + 17y = 30$
$-9x - 11y = 72$

b) $12x - 20y = 16$
$9x - 15y = 12$

c) $13x + 14y = -57$
$-19x - 21y = 100$

d) $16x - 24y = 26$
$-40x + 60y = 66$

e) $6x - 12y = 24$
$-9x + 18y = -36$

f) $-17x + 34y = -66$
$3x - 6y = 12$

g) $11x - 8 = 3y$
$y + 13x = 19$

h) $4x + 26 = y$
$21 - 11y = 6x$

i) $9x + 15y = -132$
$6x - 10y = 238$

k) $39x - 52y = 104$
$-9x + 12y = -24$

l) $x - 19 = y$
$-7x = 13y + 15$

m) $12x - 17 = -11y$
$-5y - 102 = -10x$

n) $24x + 12y = 18$
$-16x - 8y = -12$

o) $8x + 4y = 344$
$12x - 14y = 252$

Lösungen zu Aufgabe 8:
$(-5,3 | 4,8)$ $(12,5 | -16,3)$ $(7,1 | -6,2)$
$(11,6 | -7,4)$ $(36,4 | 12,2)$ $(21 | -30)$
$(14 | -18)$ $(29 | -31)$ $(1,3 | 2,1)$

9 Löse die Klammern auf und fasse gleichartige Terme zusammen. Entscheide dann mithilfe eines geeigneten Lösungsverfahrens, wie viele Lösungen das Gleichungssystem hat. Existiert nur eine Lösung, gib diese an.

a) $6(2x - 1) + 5y = -22 - (2x + 2y)$
$8y - 5(2x - 3) = 2(8 + 2y) - (18x + 11)$

b) $5x - 2(7 + 3x) - 2y = 3(-25 - 3y)$
$-2y + 9(2x - 4) - 13x = 5y - 5(2 + y - x)$

c) $3x - [3y - 4(3x - 9)] = -3(x + 9y + 2)$
$22 - [(4x - 6y) + 8] = 2(27 - 10x - 13y)$

d) $6y - 2[5x - (2y - 15)] = 4y - 6(2x - 2)$
$4[3y - (6x - 5)] = 76 - 7(3x - y)$

Lösungen zu Aufgabe 9:
$(0 | 1,25)$ $(-4,5 | 8,5)$ $(-30 | -13)$

Zahlenrätsel

Die Summe zweier Zahlen beträgt 69. Die Differenz der beiden Zahlen ist 13. Wie heißen die beiden Zahlen?

So kannst du das Zahlenrätsel mithilfe eines linearen Gleichungssystems lösen:

1. Lege fest, welche Zahl du mit x und welche Zahl du mit y bezeichnest.

> x ist die größere Zahl
> y ist die kleinere Zahl

2. Forme die Texte in Gleichungen um.

Text	Gleichung
Die Summe zweier Zahlen beträgt 69.	$x + y = 69$
Die Differenz der beiden Zahlen ist 13.	$x - y = 13$

3. Bestimme die Lösungsmenge mithilfe eines geeigneten Verfahrens.

$$L = \{(41|28)\}$$

4. Formuliere eine Antwort.

Die größere Zahl ist 41, die kleinere 28.

---

1 Löse das Zahlenrätsel.
a) Die Summe zweier Zahlen beträgt 35, ihre Differenz ist 17.
b) Die Summe zweier Zahlen beträgt 92. Das Doppelte der ersten Zahl und die Hälfte der zweiten Zahl ergeben zusammen 124.
c) Addiere zu einer Zahl 5, so erhältst du das Vierfache einer zweiten Zahl. Das Doppelte der ersten Zahl, vermindert um 6, ergibt auch das Vierfache der zweiten Zahl.
d) Das Doppelte einer Zahl ist um 7 größer als das Dreifache einer zweiten Zahl. Die Summe beider Zahlen ist um 2 kleiner als das Dreifache der zweiten Zahl.

Lösungen zu Aufgabe 1:
(20 | 11) (26 | 9) (11 | 4) (52 | 40)

2 Bestimme die Lösung des Zahlenrätsels.
a) Multiplizierst du eine Zahl mit 3 und addierst zu dem Produkt 4, so erhältst du das Doppelte einer zweiten Zahl, vermindert um 1. Das Doppelte der ersten Zahl ist der Nachfolger der zweiten Zahl.
b) Das Produkt aus einer Zahl und 2,5 ist um 8 größer als das Doppelte einer zweiten Zahl. Das Fünffache der zweiten Zahl ist um 2 kleiner als das Vierfache der ersten.
c) Die Summe zweier Zahlen ist 49, ihr Quotient ist 6.

Lösungen zu Aufgabe 2:
(8 | 6) (42 | 7) (7 | 13)

3 Wie viele Einzelzimmer und wie viele Doppelzimmer hat das Hotel?

Strandhotel
108 Einzel- und Doppelzimmer
(156 Betten) mit Blick auf das Meer
Die Zimmer sind komfortabel eingerichtet.

4 Jonas hält auf seinem Bauernhof Hühner und Kaninchen. Es sind zusammen 37 Tiere mit insgesamt 106 Beinen. Wie viele Kaninchen und wie viele Hühner hat er?

Die Aufgaben auf den nächsten drei Seiten kannst du allein oder mit einem Partner in einer Arbeitsstunde bearbeiten. Wähle zunächst zwei Aufgaben von Seite 169, dann zwei Aufgaben von Seite 170. Wenn du diese erfolgreich bearbeitet hast, wähle weitere Aufgaben von Seite 170 oder 171.

Geometrieaufgaben

1 Wie groß sind die Winkel in einem gleichschenkligen Dreieck, wenn jeder Basiswinkel doppelt so groß ist wie der Winkel in der Spitze?

2 In einem rechtwinkligen Dreieck ist einer der spitzen Winkel um 8° größer als der andere spitze Winkel. Wie groß ist jeder Winkel?

3 Von den Winkeln eines Parallelogramms ist der eine um 60° größer als der andere. Berechne die Größen aller Winkel des Parallelogramms.

4 Der Umfang eines gleichschenkligen Dreiecks beträgt 29 cm. Jeder Schenkel ist um 4 cm länger als die Basis. Berechne die Seitenlängen.

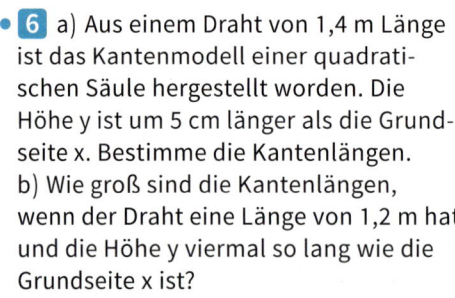

5 Der Umfang eines Parallelogramms beträgt 48 cm. Die Länge einer Seite ist um 6 cm größer als die Länge der anderen Seite. Wie lang sind die Seiten des Parallelogramms?

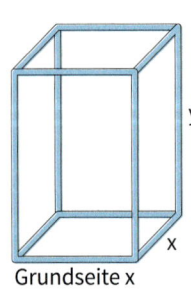

Grundseite x

6 a) Aus einem Draht von 1,4 m Länge ist das Kantenmodell einer quadratischen Säule hergestellt worden. Die Höhe y ist um 5 cm länger als die Grundseite x. Bestimme die Kantenlängen.
b) Wie groß sind die Kantenlängen, wenn der Draht eine Länge von 1,2 m hat und die Höhe y viermal so lang wie die Grundseite x ist?

7 Ein Draht von 75 cm Länge soll zu einem gleichschenkligen Dreieck gebogen werden, bei dem die Länge der Grundseite halb so groß ist wie die Länge eines Schenkels. Wie lang müssen die Dreieckseiten sein?

8 Die Mittellinie eines Trapezes ist 12 cm lang. Die eine der parallelen Seiten ist um 2 cm länger als die andere. Berechne die Länge der parallelen Seiten.

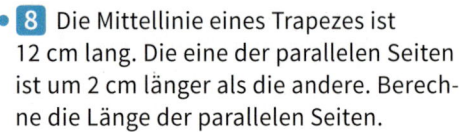

$$m = \frac{a+c}{2}$$

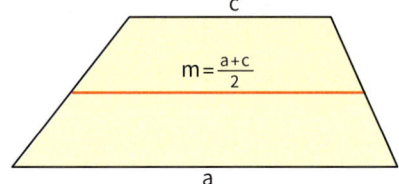

9 Verkürzt man die Grundstückslänge eines rechteckigen Grundstücks um 4 m, nimmt der Flächeninhalt um 80 m² ab.

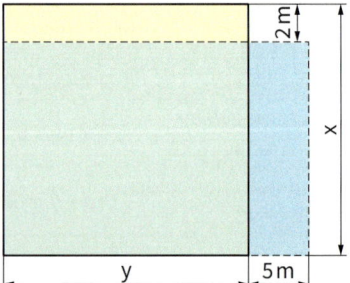

Verkürzt man die Grundstücksbreite um 2 m und vergrößert die Länge um 5 m, nimmt der Flächeninhalt um 30 m² zu. Bestimme die ursprüngliche Breite und Länge des Grundstücks.

10 Vergrößert man in einem Rechteck die Länge der kleineren Seite um 3 cm und verkleinert die Länge der größeren Seite um 2 cm, so erhält man ein Quadrat, dessen Flächeninhalt um 14 cm² größer ist als die Fläche des Rechtecks. Bestimme die Seitenlängen des Rechtecks.

Lösungen zu Aufgabe 2 bis 10:
(41|49) (9|15) (10|15) (11|13)
(5|10) (36|72) (60|120) (7|11)
(5|20) (15|30) (20|30)

Stellen sich Schülerinnen und Schüler dreier Klassen in Zweier- oder Vierer-Reihen auf, fehlt jeweils eine Person. Stellen sie sich in Dreier- oder Fünfer-Reihen auf, ist jede Reihe voll. Wie viele Schülerinnen und Schüler sind insgesamt in den drei Klassen?

Sachaufgaben

1 In der Cafeteria bezahlt Herr Vogt für drei belegte Brötchen und zwei Tassen Kaffee zusammen 4,20 €. Frau Heuer werden für eine Tasse Kaffee und zwei belegte Brötchen 2,60 € berechnet. Bestimme jeweils den Preis für eine Tasse Kaffee und ein belegtes Brötchen.

2 Für die Urlaubsfahrt nach Amerika tauscht Herr Stanzel 500 US-Dollar und 800 kanadische Dollar ein. Die Bank berechnet ihm insgesamt 960,50 €. Seine Tochter Eva muss für 20 US-Dollar und 50 kanadische Dollar 51,11 € bezahlen. Berechne die Wechselkurse für 100 US-Dollar und 100 kanadische Dollar.

3 Silkes Mutter leiht sich für zwei Tage einen Wagen. Die Kosten für den Leihwagen setzen sich aus einer Grundgebühr pro Tag und den Kosten für jeden zurückgelegten Kilometer zusammen.

Leihgebühr pro Tag (in €):				x
Anzahl der Tage:				2
Kosten pro km (in €):				y
Anzahl der km:		1	7	0
Gesamtkosten (in €):		9	5,	5 0
Gleichung I:	2x + 1 7 0 y = 9 5, 5 0			

Für eine zurückgelegte Strecke von 170 km muss Silkes Mutter nach zwei Tagen insgesamt 95,50 € bezahlen. Svens Vater bezahlt für den gleichen Wagen nach sechs Tagen und 540 km Fahrstrecke 291 €.
Berechne die Grundgebühr pro Tag und die Kosten pro zurückgelegtem Kilometer.

4 Die Kosten für eine Taxifahrt setzen sich aus der Grundgebühr und den Kosten für jeden zurückgelegten Kilometer zusammen (ohne Wartezeit).
Für eine 16 km lange Fahrt mit dem Taxi (ohne Wartezeit) bezahlt Herr Schulte 27,50 €. Frau Schäfers bezahlt nach einer 12 km langen Taxifahrt (ohne Wartezeit) 21,50 €. Wie hoch sind die Grundgebühr und die Kosten für einen zurückgelegten Kilometer?

5 Für einen Jahresverbrauch von 125 m³ Frischwasser wird Familie Krüger einschließlich der Grundgebühr für den Zähler ein Nettopreis von 377,50 € berechnet. Familie Busse bezahlt für einen Jahresverbrauch von 140 m³ Frischwasser einen Nettopreis von 415,60 €. Berechne den Nettopreis für den Wasserzähler pro Jahr und den Nettopreis für 1 m³ Frischwasser.

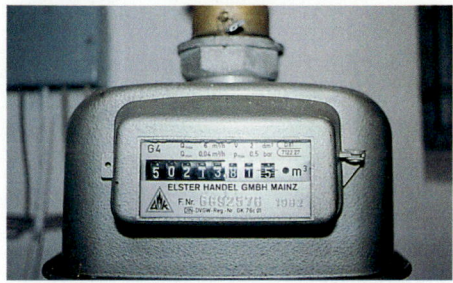

6 Für einen Jahresverbrauch von 2 600 m³ Erdgas werden der Familie Kamp einschließlich Grundgebühr 1 582,88 € berechnet. Familie Plass bezahlt bei einem Verbrauch von 2 900 m³ Erdgas im Jahr beim gleichen Tarif 1752,38 €. Wie hoch sind der Preis für die Zählergebühr und der Preis für 1 m³ Erdgas?

Lösungen zu Aufgabe 1 bis 6:
(35 | 0,15) (3,50 | 1,50) (60 | 2,54)
(1,0 | 0,6) (79,3 | 70,5) (113,88 | 0,565)

Kosten für elektrische Energie und Gas

Die auf den nächsten drei Seiten folgenden Aufgaben kannst du auch in Gruppenarbeit bearbeiten. Beachte dazu die Hinweise auf Seite 88.

1 Um Geld zu sparen, möchte Familie Schreiber in Zukunft die elektrische Energie von einem anderen Energieversorgungsunternehmen beziehen. Aus einer Reihe von Angeboten wurden die Angebote von NEON und Mainstream ausgewählt. Die angebotenen Preise enthalten bereits die Umsatz- und die Stromsteuer.

Die elektrische Energie wird in Kilowattstunden (kWh) angegeben.

Mainstream

Arbeitspreis: 24 Cent pro kWh
Grundpreis: 12,50 € pro Monat

NEON

Arbeitspreis: 26 Cent pro kWh
Grundpreis: 7,50 € pro Monat

a) Vergleiche die Angebote der beiden Energieversorgungsunternehmen miteinander. Kannst du entscheiden, welches dieser Angebote für Familie Schreiber günstiger ist?

b) Berechne für beide Angebote die Kosten bei einem Jahresverbrauch von 2 000 (3 000, 4 000) Kilowattstunden. Was fällt dir auf?

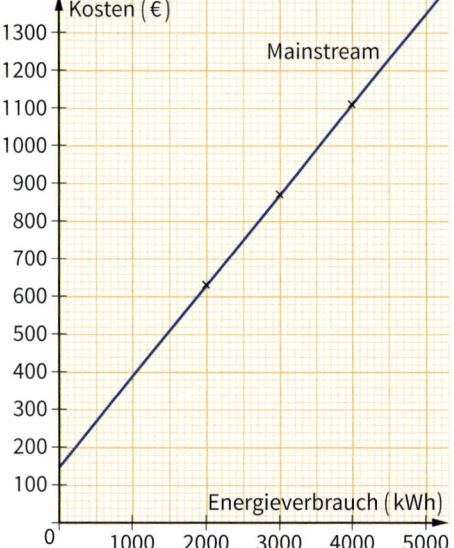

c) Svenja hat ein Koordinatensystem auf Millimeterpapier gezeichnet und dort zu den angegebenen Kilowattstunden die für Mainstream berechneten Kosten eingetragen.
Warum liegen alle eingezeichneten Punkte auf einer Geraden? Wo kannst du den jährlichen Grundpreis ablesen?
d) Übertrage das Koordinatensystem mit der Geraden in dein Heft. Trage auch die für NEON berechneten Kosten in das Koordinatensystem ein und zeichne durch die Punkte eine Gerade.
e) Wie kannst du anhand der Graphen feststellen, welches Angebot bei einem vorgegebenen Verbrauch das günstigere ist?

Methode   Präsentieren

1. Beginne nicht sofort, sondern warte ab, bis Ruhe herrscht.

2. Versuche frei zu sprechen und schaue das Publikum an. Benutze einen Notizzettel als Merkhilfe.

3. Stelle wichtige Informationen besonders heraus. Benutze dazu Tafel, Folien, Plakate.

4. Warte am Ende, ob es noch Fragen oder Anmerkungen gibt.

2 Im Koordinatensystem siehst du die Geraden, die den Zusammenhang zwischen dem Energieverbrauch und den jährlichen Kosten für die Angebote Mainstream und NEON darstellen.

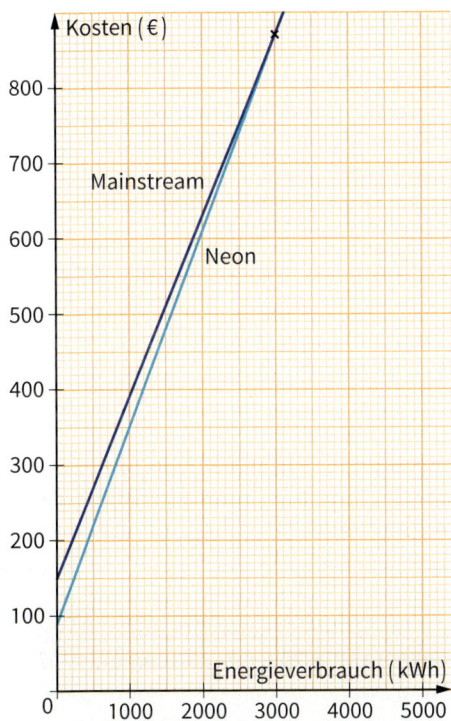

a) Die Gleichung, mit der man beim Angebot von „Mainstream" zu jedem Jahresverbrauch x in Kilowattstunden die Kosten y in Euro bestimmen kann, lautet:

$$y = 0,24x + 150.$$

Bestimme für das Angebot von NEON die entsprechende Gleichung. Überprüfe die bereits für 2 000 (3 000, 4 000) Kilowatt berechneten Kosten mithilfe beider Gleichungen.

b) Bestimme die x-Koordinaten des Schnittpunktes, indem du die rechten Seiten beider Gleichungen gleichsetzt. Berechne dann die y-Koordinate. Erläutere die Vorgehensweise. Welche Bedeutung hat die x-Koordinate des Schnittpunktes, welche die y-Koordinate?

c) Ab welchem jährlichen Energieverbrauch ist das Angebot von NEON günstiger?

3 Vergleiche die beiden Angebote der Energieversorgungsunternehmen miteinander. Bestimme den Bereich, in dem das Angebot von RIVA günstiger ist.

a)

RIVA:	25 Cent pro kWh, 10 € pro Monat
EnSB:	23 Cent pro kWh, 15 € pro Monat

b)

RIVA:	26 Cent pro kWh, 10,50 € pro Monat
EnSB:	28 Cent pro kWh, 6,50 € pro Monat

4 a) Informiere dich über die aktuellen Preise für elektrische Energie in deiner Region. Wie groß ist der Jahresverbrauch an elektrischer Energie in deinem Haushalt?
b) Überlege bei unterschiedlichen Angeboten, welches das günstigere ist. Gibt es noch andere Gründe dafür, bestimmte Angebote anzunehmen?

5 Informiere dich über die aktuellen Preise für Gas in deiner Region. Überlege bei unterschiedlichen Angeboten, welches das günstigere ist.

Ausgangstest 1

1 Bestimme grafisch die Lösungsmenge des Gleichungssystems. Mache die Probe, indem du die Koordinaten des Schnittpunktes in beide Ausgangsgleichungen einsetzt,

a) $y = 0,5x + 3$
$\quad y = -2,5x$

b) $y = -x + 1,5$
$\quad y = -1,5x + 3,5$

c) $2y + 4 = x$
$\quad 4y - 16 = 10x$

d) $3x = 4y + 6$
$\quad x - 0,5y = -0,5$

2 Bestimme rechnerisch die Lösungsmenge des Gleichungssystems. Mache die Probe.

a) $2y - 4x = 30$
$\quad 4y - 68 = 6x$

b) $6x - 2y = 53$
$\quad 8y - 38 = 4x$

c) $3y + x = 14$
$\quad 6y - 97 = 4x$

d) $9x + 6y = -15$
$\quad 3y - 3x = 93$

3 Entscheide rechnerisch, wie viele Lösungen das Gleichungssystem hat. Existiert nur eine Lösung, so gib diese an.

a) $3y + 7x = -35$
$\quad -26 - 6y = 10x$

b) $2y - 8x = -14$
$\quad 12x - 21 = 3y$

c) $3x + 8y = 42$
$\quad 14y + 2x = 80$

d) $4y - 6x = 16$
$\quad 6y - 22 = 9x$

4 Bestimme die Lösungsmenge des Zahlenrätsels.
a) Die Summe zweier Zahlen beträgt 29. Die Differenz aus dem Doppelten der ersten Zahl und der zweiten Zahl ergibt 16.
b) Die Differenz zweier Zahlen ist um 15 kleiner als das Doppelte der ersten Zahl. Die Summe aus dem Achtfachen der ersten Zahl und dem Zehnfachen der zweiten Zahl ergibt 100.
c) Die Summe zweier Zahlen ist um 1 größer als das Doppelte der zweiten Zahl. Das Dreifache des Nachfolgers der ersten Zahl ist gleich dem Vierfachen des Vorgängers der zweiten Zahl.

5 Ein Draht von 180 cm Länge soll zu einem Rechteck gebogen werden.
Dabei soll die größere Rechteckseite um 15 cm länger werden als die kleinere. Berechne die Länge beider Rechteckseiten.

6 Der Umfang eines gleichschenkligen Dreiecks beträgt 67 cm. Die Länge der Grundseite ist um 4 cm größer als die Länge jedes Schenkels. Berechne die Seitenlängen.

7 Jonas kauft im Schulkiosk drei Joghurt und vier Brötchen für insgesamt 3,20 € ein. Nurcan muss für zwei Joghurt und zwei Brötchen zusammen 1,80 € bezahlen. Bestimme jeweils den Preis für einen Joghurt und ein Brötchen.

Ich kann	Aufgabe	Hilfen und Aufgaben
lineare Gleichungssysteme mit zwei Variablen grafisch lösen.	1	Seite 157, 158
lineare Gleichungssysteme mit zwei Variablen mit dem Gleichsetzungsverfahren lösen.	2	Seite 159, 160
lineare Gleichungssysteme mit zwei Variablen mit einem geeigneten rechnerischen Verfahren lösen.	3	Seite 159 – 162
Aussagen über die Anzahl der Lösungen linearer Gleichungssysteme mit zwei Variablen machen.	3	Seite 158
Sachprobleme durch lineare Gleichungssysteme mit zwei Variablen modellieren und lösen.	4 – 7	Seite 169 – 173

Ausgangstest 2

1 Bestimme rechnerisch die Lösungsmenge des Gleichungssystems. Mach die Probe.

a) $3x + 6y = 90$
$2y - 4x = 140$

b) $4x + 2y = 36$
$-8y = 6x - 20$

c) $3y - 2x = -7$
$15 + 4y = x$

d) $4y + 8x = -84$
$-50 - 6y = 7x$

e) $9y - x = -19$
$1 + x = y$

f) $11y + 7x = -6$
$3 - 5y = 7x$

2 Entscheide rechnerisch, wie viele Lösungen das Gleichungssystem hat. Existiert nur eine Lösung, so gib diese an.

a) $0{,}8 + 1{,}8y = 1{,}2x$
$1{,}8x - 2{,}7y = 1{,}3$

b) $2{,}8\,y - 4{,}8x = 164$
$1{,}8x + 2{,}1y = 20{,}4$

c) $\frac{1}{2}x - \frac{3}{4}y = \frac{1}{2}$
$\frac{1}{4}y - \frac{1}{6}x = -\frac{1}{6}$

d) $\frac{1}{2}x - \frac{2}{3} = y$
$\frac{2}{3}y + \frac{5}{6}x = \frac{1}{3}$

3 Der Umfang eines Parallelogramms beträgt 48 cm. Die Länge einer Seite ist um 3 cm größer als die Länge der anderen Seite. Wie lang sind die Seiten des Parallelogramms?

4 Verkürzt man bei einem rechteckigen Grundstück die Grundstückslänge um 5 m und vergrößert die Grundstücksbreite um 3 m, nimmt der Flächeninhalt um 7 m² ab. Verkürzt man die Grundstückslänge um 4 m und vergrößert die Grundstücksbreite um 5 m, nimmt der Flächeninhalt um 80 m² zu. Bestimme die ursprüngliche Breite und Länge des Grundstücks.

5 Für eine Geschäftsreise nach Südamerika tauscht Frau Schneider 1 500 Brasilianische Real (BRL) und 1 600 Argentinische Peso (ARS) für insgesamt 624,50 € ein. Ihr Geschäftspartner kauft 2 000 BRL und 1 800 ARS für zusammen 801,00 €. Berechne jeweils die Wechselkurse für 100 Brasilianische Real und für 100 Argentinische Peso.

6 Für einen Jahresverbrauch von 108 m³ Frischwasser muss Familie Dengel einschließlich der Grundgebühr 576,92 € bezahlen. Familie Schippling werden für 95 m³ 515,30 € berechnet. Berechne den Preis für die Grundgebühr und für 1 m³ Frischwasser.

7 Für einen Jahresverbrauch von 2 800 m³ Erdgas werden der Familie Kurtz einschließlich Grundgebühr 1 764,40 € berechnet, Familie Last für einen Verbrauch von 2 300 m³ beim gleichen Tarif 1 456,40 €. Wie hoch sind der Preis für die Zählergebühr und der Preis für 1 m³ Erdgas?

Ich kann	Aufgabe	Hilfen und Aufgaben
einfache lineare Gleichungssysteme mit zwei Variablen mit einem geeigneten rechnerischen Verfahren lösen.	1	Seite 157, 158
schwierigere lineare Gleichungssysteme mit zwei Variablen mit einem geeigneten rechnerischen Verfahren lösen.	2	Seite 162, 167, 168
Aussagen über die Anzahl der Lösungen linearer Gleichungssysteme mit zwei Variablen machen.	2	Seite 158
Sachprobleme durch lineare Gleichungssysteme mit zwei Variablen modellieren und lösen.	3 – 5	Seite 169, 170
komplexere Sachprobleme durch lineare Gleichungssysteme mit zwei Variablen modellieren und lösen.	6, 7	Seite 171 – 173

8 Probleme mathematisch lösen

Luisa und Fabian wohnen in Münster. In den Sommerferien machen sie mit ihren Eltern Urlaub in Sassnitz auf Rügen. Sie fahren mit dem Auto dorthin. Gemeinsam überlegen sie, wie lange ihre Reise dauern wird.

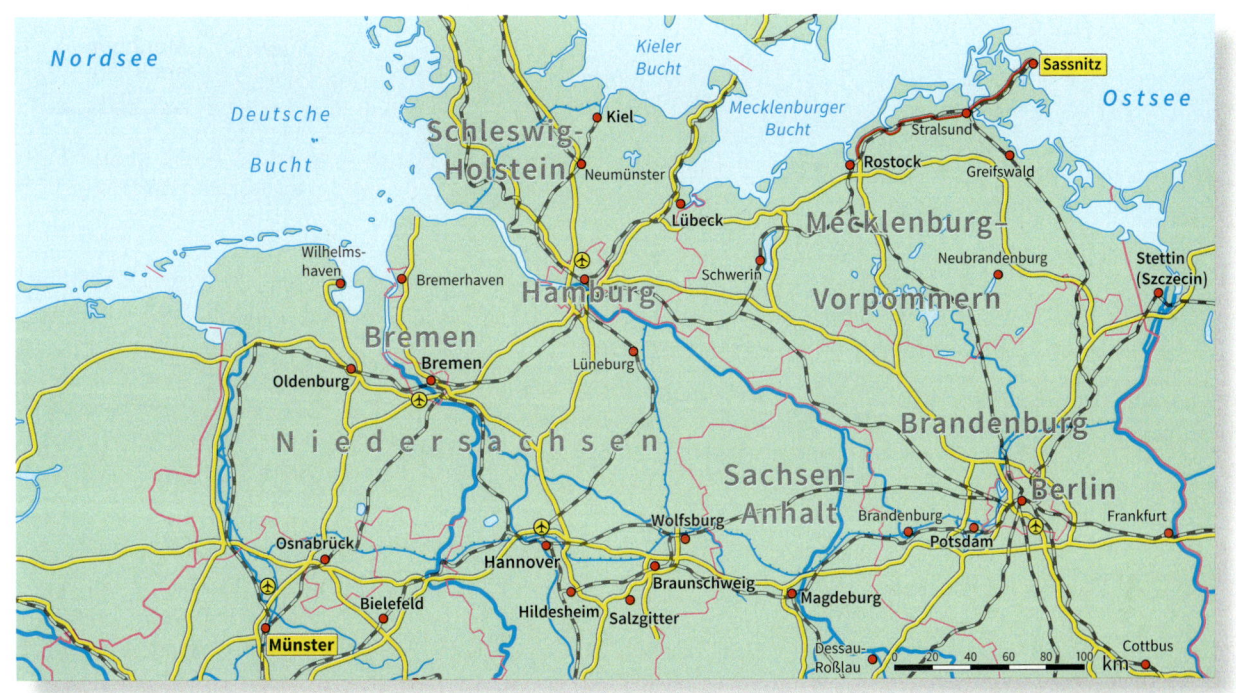

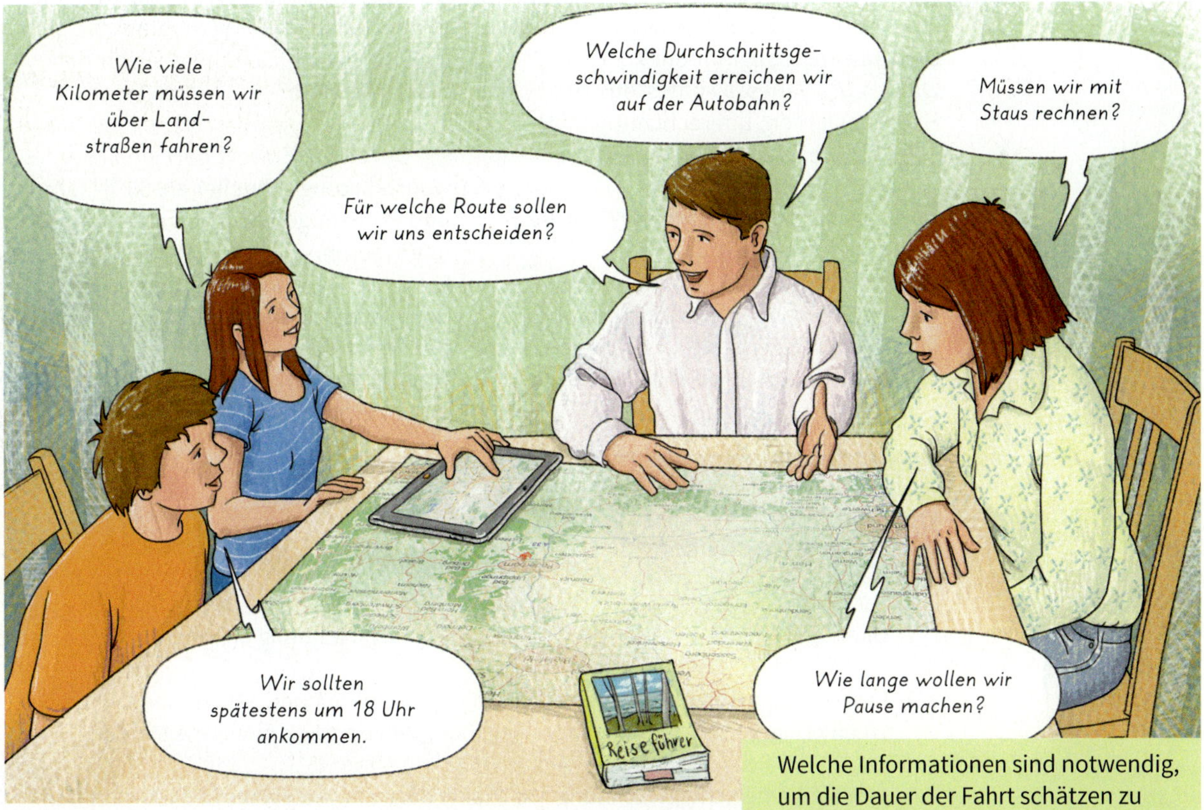

Welche Informationen sind notwendig, um die Dauer der Fahrt schätzen zu können?
Wie kann man diese Informationen erhalten?

Zeitspannen schätzen

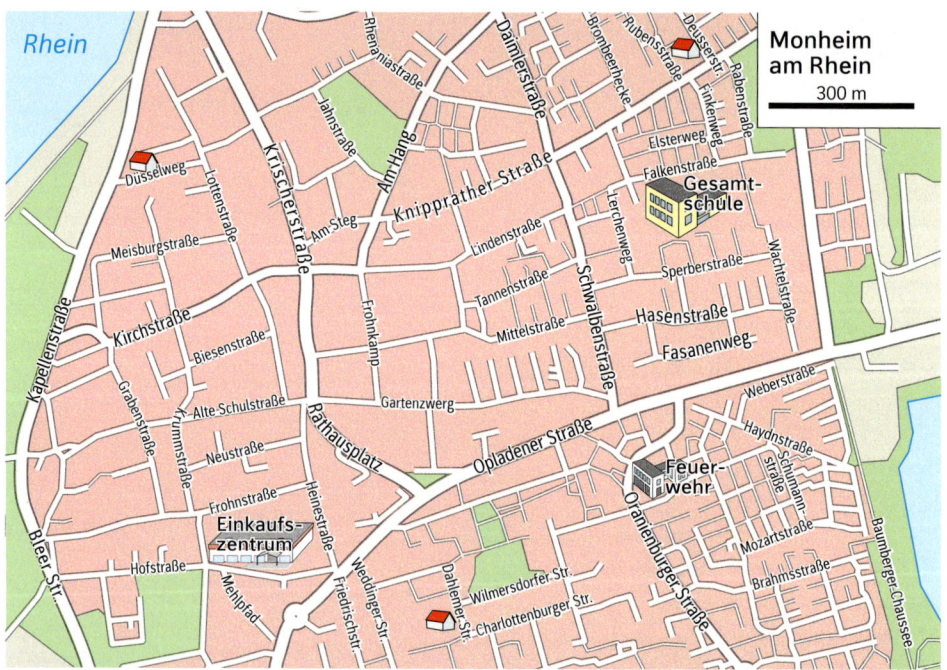

1 Vanessa fährt mit dem Fahrrad von ihrer Wohnung im Düsselweg zur Schule. Der Unterricht beginnt um 7.50 Uhr. Wann muss Vanessa spätestens zu Hause losfahren, um rechtzeitig in der Schule zu sein?

2 Vanessas Mutter fährt mit dem Auto zum Einkaufszentrum.
Sie darf höchsten 50 $\frac{km}{h}$ fahren. An den großen Kreuzungen wird der Verkehr durch Ampeln geregelt.
Wie lange dauert ihre Fahrt?

3 Vanessa besucht ihre Freundin, die in der Dahlemer Straße wohnt. Sie geht zu Fuß. Wie viel Zeit muss sie für den Weg einplanen?

4 Bei einem Einsatz darf ein Feuerwehrfahrzeug schneller als 50 $\frac{km}{h}$ fahren und Kreuzungen auch bei roter Ampel überqueren.
Die Feuerwehr wird zu einem Brand in der Deusserstraße gerufen.
Der Feuerwehrwagen startet an der Wache. Nach wie vielen Minuten erreicht er den Einsatzort?

Mit dem Fahrrad lege ich einen Kilometer in sechs Minuten zurück...

zu Fuß benötige ich für dieselbe Strecke eine Viertelstunde.

Problemlösen

Schätzen, Messen und Überschlagen

1. Überlege, welche Angaben du für eine Überschlagsrechnung benötigst.

2. Prüfe, welche Angaben du den vorhandenen Informationen entnehmen kannst. Wenn nötig, verschaffe dir weitere Angaben, zum Beispiel durch eine Messung.

3. Führe die Überschlagsrechnung aus. Wähle dazu ein geeignetes Rechenverfahren.

4. Überlege, ob das Ergebnis deiner Rechnung sinnvoll ist.

Schätzen, Messen und Überschlagen

1 Julius möchte den Umfang der abgebildeten Figur bestimmen. Erläutere, wie er dabei vorgeht.

2 Um den Umfang der abgebildeten Figur zu schätzen, hat Thea auf dem Umfang mehrere Punkte markiert und jeweils den Abstand benachbarter Punkte gemessen.

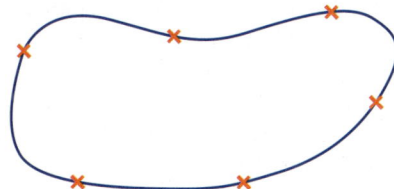

Leon hat auf dem Umfang derselben Figur ebenfalls Punkte markiert und die Länge des Umfangs geschätzt.

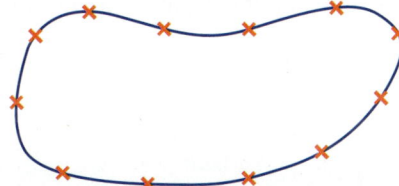

a) Begründe, warum Leons Schätzung genauer als Theas Schätzung ist.
b) Schätze den Umfang der abgebildeten Figur.

3 Der Große Preis von Italien wird auf der Autorennstrecke von Monza ausgetragen.

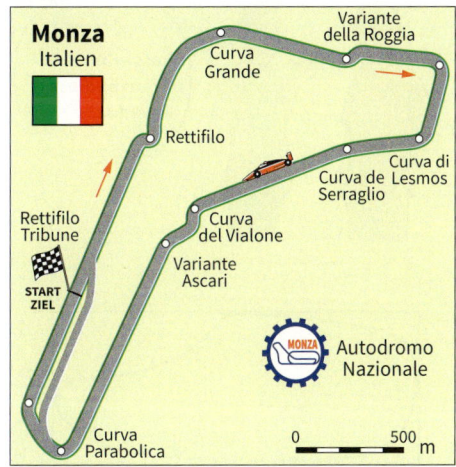

Schätze die Länge der Rennstrecke. Vergleiche deine Schätzung mit den Angaben im Internet.

4 Schätze, wie lang das Ufer des Schwielowsees ist.

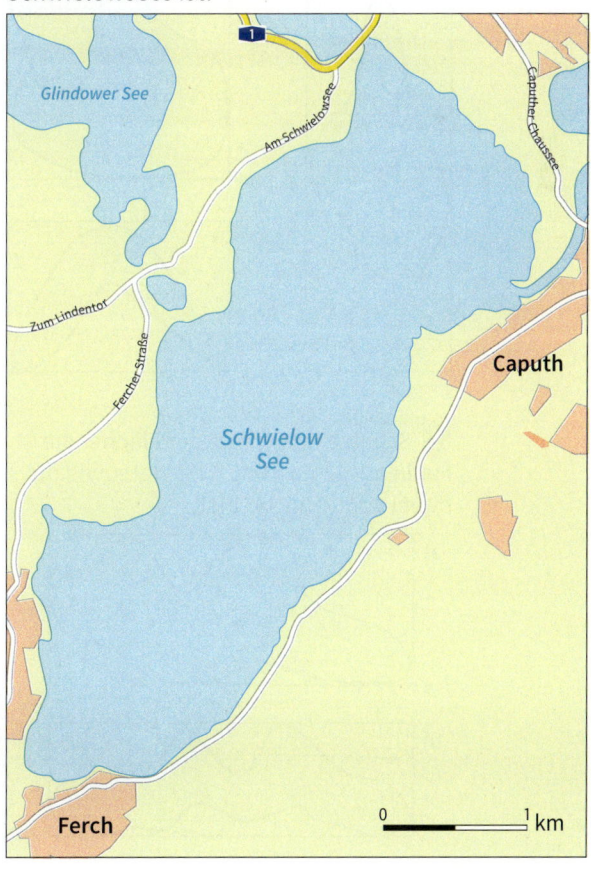

6 Erik und Simon schätzen den Flächeninhalt der abgebildeten Fläche.

Die Fläche passt in ein Rechteck, das 5 cm lang und 2 cm breit ist.

Sie füllt ungefähr drei Viertel dieses Rechtecks aus.

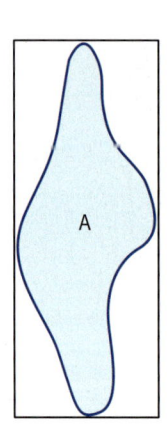

5 cm
2 cm

a) Prüfe Erik und Simons Behauptungen. Schätze den Flächeninhalt.
b) Schätze jeweils den Flächeninhalt.

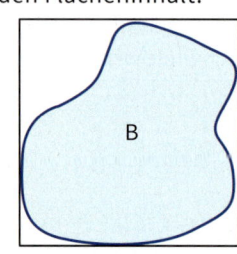

A

B

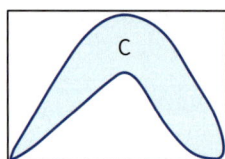

C

Hinweise zur Partner- und Gruppenarbeit findet ihr auf Seite 88.

7 Schätze den Inhalt der Fläche, die Malin ausgemalt hat. Erläutere, wie du dabei vorgegangen bist.

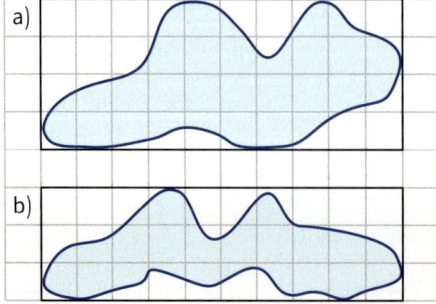

a)

b)

8 Schätze den Flächeninhalt der farbigen Fläche. Berechne zuerst den Flächeninhalt des eingezeichneten Trapezes.

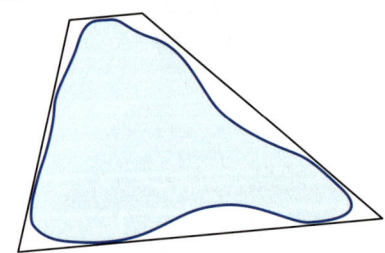

9 Schätze die Größe der Oberfläche des Großen Plöner Sees. Vergleiche deine Schätzung mit den Angaben im Internet.

Plöner See

10 Borkum ist die größte der sieben ostfriesischen Inseln in der Nordsee. Schätze die Größe der Insel. Vergleiche deine Schätzung mit den Angaben im Internet.

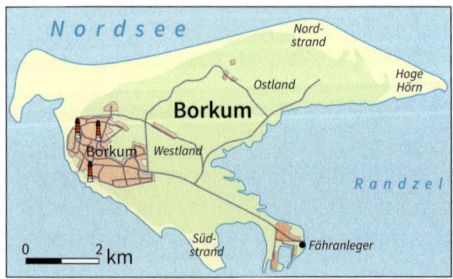

Fermi-Aufgaben

1 Aus der Zeitung vom 19.1.2015

Stau auf der A 57
Wegen eines Unfalls war die A 57 am vergangenen Sonntag zwischen Neuss-West und Büttgen für zwei Stunden gesperrt. Es bildete sich ein drei Kilometer langer Stau.

Ben und Mia überlegen, wie viele Menschen im Stau gestanden haben.

Ein Auto ist durchschnittlich 4,50 m lang.

Der Abstand zwischen zwei Autos beträgt ungefähr drei Meter.

In jedem Wagen sitzen durchschnittlich zwei Personen.

Länge der Strecke:	3 km
Drei Fahrspuren:	3 • 3 km = 9 km
Länge eines Autos:	4,5 m
Abstand zwischen zwei Autos:	3 m
	4,5 m + 3 m = 7,5 m
Anzahl der Autos:	
	9 000 m : 7,5 m = 1 200
Anzahl der Personen:	1 200 • 2 = 2 400

Erläutere die Überschlagsrechung.

2 Aus Protest gegen die Aufstellung weiterer Raketen wurde 1983 in Deutschland zum ersten Mal eine Menschenkette organisiert.
Diese Menschenkette reichte von Stuttgart nach Neu-Ulm und war 120 km lang.

Bestimme mithilfe einer Überschlagsrechnung die Anzahl der Menschen, die die Kette gebildet haben.

3 Schätze, wie viel Liter Flüssigkeit du in einem Jahr trinkst.

4 Wie viele Strichmännchen kannst du in einer Schulstunde zeichnen?

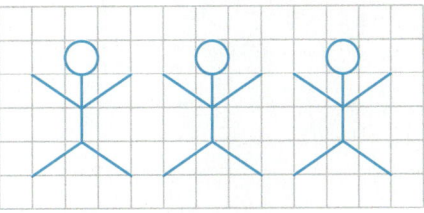

5 Wie viele Gummibärchen passen in ein Marmeladenglas?

450 cm³

Hinweise zur Partner- und Gruppenarbeit findet ihr auf Seite 88.

1 Die Grafik zeigt die Größenverhältnisse beim menschlichen Körper.

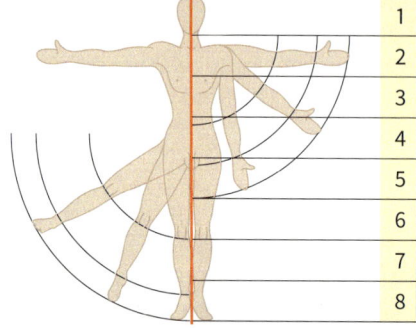

a) Vergleiche die Spannweite des Menschen mit seiner Körperhöhe.
b) Welchen Bruchteil der gesamten Körperhöhe beträgt die Länge des Kopfes vom Scheitel bis zum Kinn?
c) Wie weit erstreckt sich die obere (untere) Hälfte des Körpers?

2 Wie lang und wie breit ist die Fahne?

3 Schätze die Höhe der Menschenpyramide.

4 Wie groß ist die Fußmatte?

5 Auf dem Heumarkt in Köln steht ein Reiterstandbild des preußischen Königs Friedrich Wilhelm III., der vor zweihundert Jahren regierte. Um den Sockel herum sind bekannte Persönlichkeiten aus dieser Zeit dargestellt.

a) Schätze die Größe der Standbilder auf dem Sockel, indem du sie mit der durchschnittlichen Größe der Menschen vergleichst.
b) Schätze Länge und Höhe des Pferdes.
c) Wie hoch ist die Figur des Königs?

Rückwärtsrechnen

1

Ich denke mir eine Zahl...

addiere 19 ...

subtrahiere dann 44 ...

und dividiere das Ergebnis durch 3.

Ich erhalte 10.

```
     +19        -44        :3
  ☐   →   ☐   →   ☐   →   10

     -19        +44        ·3
  ☐   ←   ☐   ←   ☐   ←   10
```

Ergänze die Platzhalter und gib die gesuchte Zahl an.
b) Wenn du von der gesuchten Zahl 39 subtrahierst, dann 56 addierst und das Ergebnis mit drei multiplizierst, erhältst du 180. Bestimme die gesuchte Zahl durch Rückwärtsrechnen.

2 Sophie steigt am Lerchenweg zusammen mit vier weiteren Personen in den Bus der Linie 45 ein.
Am Gärtnerplatz steigen zwölf Personen aus und sechs ein.
An der Theaterstraße steigen neun Personen aus und an der Kastanienallee elf.
Am Hauptbahnhof verlässt Sophie zusammen mit fünf weiteren Personen den Bus. Im Bus ist dann nur noch die Busfahrerin.
Wie viele Personen waren im Bus, als Sophie eingestiegen ist?

3 a) In einer Schachtel liegen Murmeln. Mia nimmt die Hälfte der Murmeln aus der Schachtel.
Dann nimmt Florian ein Drittel der Murmeln, die Mia übrig gelassen hat.
Danach nimmt Anna ein Viertel der Murmeln, die noch in der Schachtel sind.
Schließlich nimmt Linus die letzten drei Murmeln aus der Schachtel.
Wie viel Murmeln lagen zu Beginn in der Schachtel?

Wenn ich ein Drittel der Murmeln aus der Schachtel nehme...

...bleiben noch zwei Drittel der Murmeln in der Schachtel.

```
     ·1/2        ·2/3        ·3/4
  ☐   →   ☐   →   ☐   →   3

     :1/2        :2/3        :3/4
  ☐   ←   ☐   ←   ☐   ←   3
```

Bestimme die Anzahl der Murmeln durch Rückwärtsrechnen.
b) Aus einer anderen Schachtel nimmt Laura zunächst ein Drittel der Murmeln.
Danach nimmt Leon die Hälfte der Murmeln, die Laura übrig gelassen hat.
Dann nimmt Leni ein Fünftel der Murmeln, die noch in der Schachtel sind.
Schließlich nimmt Lukas die Hälfte der übrig gebliebenen Murmeln.
In der Schachtel sind dann noch vier Murmeln.
Wie viele Murmeln lagen zu Beginn in der Schachtel?
c) Sophie und Marie nehmen abwechselnd Murmeln aus einer Schachtel, Sophie jeweils neun Murmeln, Marie jeweils ein Viertel der Murmeln, die in der Schachtel sind. Marie beginnt. Nachdem jedes Mädchen zwei Mal Murmeln aus der Schachtel genommen hat, ist die Schachtel leer.
Wie viele Murmeln lagen zu Beginn in der Schachtel?

4 Das abgebildete Quadrat mit der Seitenlänge 10 cm ist in vier Rechtecke eingeteilt. Rechteck B ist doppelt so groß wie Rechteck A, Rechteck C ist dreimal so groß wie A und Rechteck D viermal so groß wie A.

Für den Flächeninhalt des Rechtecks A verwende ich die Variable x.

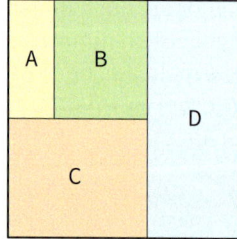

a) Bestimme für jedes Rechteck den Flächeninhalt.
b) Gib für jedes Rechteck die Länge und die Breite an.

5 Das abgebildete Quadrat hat eine Seitenlänge von 12 cm. Es ist in vier gleich große Teilflächen zerlegt: Ein Quadrat A, ein Rechteck B und zwei L-förmige Flächen C und D.

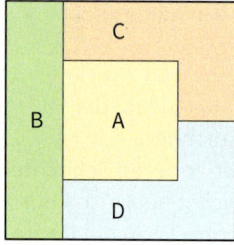

Bestimme jeweils den Umfang der Flächen A, B C und D.

6 a) Das arithmetische Mittel von zwei natürlichen Zahlen ist 14. Die zweite Zahl ist 23.

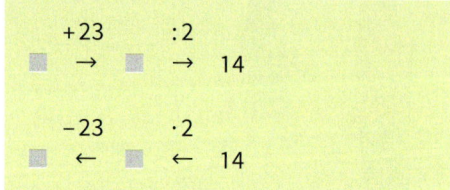

Ergänze die Platzhalter und bestimme die erste Zahl.
b) Das arithmetische Mittel von zwei natürlichen Zahlen ist 46. Die zweite Zahl ist 32. Gib die erste Zahl an.

7 a) Das arithmetische Mittel von 12, 17, 29 und einer weiteren natürlichen Zahl ist 18. Bestimme die vierte Zahl.
b) Das arithmetische Mittel von 13, 15, 19 und zwei weiteren Zahlen beträgt 16. Eine der weiteren Zahlen ist doppelt so groß wie die andere.

8 Florian hat Schülerinnen und Schüler seiner Klasse gefragt, wie viele Geschwister sie haben. Von seiner Strichliste ist eine Ecke abgerissen.

keine Geschwister	
einen Bruder oder eine Schwester	⊬⊬ III
zwei Geschwister	⊬⊬
drei Geschwister	II

Das arithmetische Mittel der Anzahl der Geschwister beträgt 1,2.

Wie viele Schülerinnen und Schüler hat Florian befragt? Wie viele der befragten Schülerinnen und Schüler haben keine Geschwister?

Problemlösen — Rückwärts-rechnen

1. Wird das Ergebnis einer Rechnung angegeben und nach einer Größe gefragt, die zur Durchführung der Rechnung nötig ist, überlege, welche Rechenoperationen zum Ergebnis geführt haben.

2. Gehe vom Ergebnis aus und führe in umgekehrter Reihenfolge die Umkehroperationen durch.

3. Bestimme die gesuchte Größe und prüfe, ob du mit dieser Größe das angegebene Ergebnis ermitteln kannst.

Systematisches Probieren

1 a) In eine quaderförmige Schachtel sollen genau 12 Würfel mit dem Volumen 1 cm³ passen.

Die Maßzahl von b soll mindestens so groß sein wie die Maßzahl von a...

...und die Maßzahl von c soll mindestens so groß sein wie die Maßzahl von b.

Die Maßzahl von c berechne ich durch Dividieren.

a	b	c
1 cm	1 cm	12 cm
1 cm	2 cm	6 cm
1 cm	3 cm	4 cm
~~1 cm~~	~~4 cm~~	~~3 cm~~
2 cm	2 cm	3 cm
~~2 cm~~	~~3 cm~~	~~2 cm~~
~~3 cm~~	~~3 cm~~	~~1⅓ cm~~

Gib die möglichen Maße der Schachtel an.

b) Bestimme die möglichen Maße einer Schachtel, in die genau 20 Würfel mit dem Volumen 1 cm³ passen.

2 Der Umfang eines gleichschenkligen Dreiecks beträgt 22 cm. Die Maßzahlen der Seitenlängen sind natürliche Zahlen.

Grundseite a	Schenkel b
~~1 cm~~	~~10,5 cm~~
2 cm	10 cm
~~3 cm~~	~~9,5 cm~~
4 cm	6 cm
6 cm	▪
8 cm	▪
10 cm	▪
12 cm	▪

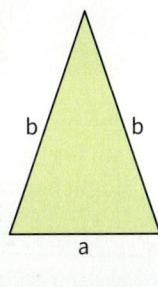

Vervollständige die Tabelle in deinem Heft und gib alle möglichen Maßzahlen der Seitenlängen an.

3 Ein Rechteck hat einen Flächeninhalt von 60 cm². Die Maßzahlen der Seitenlängen sind natürliche Zahlen.
Bestimme alle möglichen Maßzahlen der Seitenlängen. Lege dazu eine Tabelle an.

4 Der Umfang eines Rechtecks beträgt 26 cm. Die Maßzahlen der Seitenlängen sind natürliche Zahlen.
Bestimme alle möglichen Maßzahlen der Seitenlängen.

5 a) Wähle aus den angegebenen Zahlen die aus, deren Summe 100 ist. Es gibt mehrere Möglichkeiten.

61	45	16	21	39	18

b) Wähle aus den angegebenen Zahlen möglichst wenige (möglichst viele) aus, so dass die Summe 100 ist.

41	35	18	31	22	14	15	59

6 In einem Kinosaal besteht die erste Reihe aus zehn Sitzplätzen, die zweite aus elf Sitzplätzen, die dritte aus zwölf usw. Jede Sitzreihe hat einen Platz mehr als die Reihe davor.
a) Wie viele Sitzplätze hat die 15. Reihe?
b) Der Kinosaal hat insgesamt 390 Sitzplätze. Gib die Anzahl der Reihen an.

Problemlösen — Systematisches Probieren

1. Notiere alle Möglichkeiten, die als Lösung des Problems grundsätzlich in Frage kommen. Häufig hilft dir dabei eine Tabelle.

2. Streiche alle Möglichkeiten, bei denen die besonderen Bedingungen des Problems nicht erfüllt sind.

3. Prüfe, ob die übrigen Möglichkeiten das Problem lösen.

7 Die Punkte A, B, C und D liegen auf einer Geraden.
Dabei gilt: $\overline{AB}$ = 10 cm $\overline{BC}$ = 4 cm
$\overline{CD}$ = 3 cm $\overline{DA}$ = 9 cm.

Welche beiden Punkte haben den größten Abstand voneinander?

Auf der Geraden sind die Punkte A und B im Abstand von 10 cm markiert.

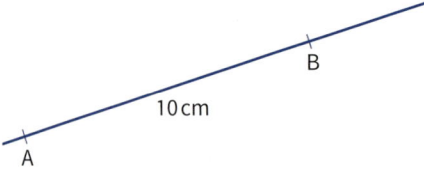

10 cm

B

A

Der Abstand von B und C beträgt 4 cm. Für die Lage von C gibt es zwei Möglichkeiten.

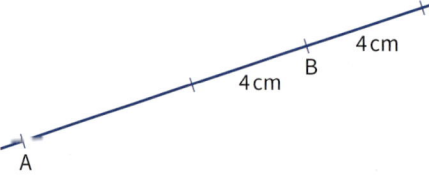

4 cm

4 cm
B

A

a) D ist 3 cm von C entfernt. Für die Lage von D gibt es vier Möglichkeiten. Übertrage die Gerade in dein Heft und markiere, wo D liegen könnte.
b) Welche Lage musst du für D wählen, damit AD = 9 cm gilt?
c) Welche beiden Punkte sind am weitesten voneinander entfernt?

8 Die Punkte A, B, C und D liegen auf einer Geraden.
Es gilt: $\overline{AB}$ = 6 cm $\overline{BC}$ = 7 cm
$\overline{CD}$ = 5 cm $\overline{DA}$ = 4 cm.
Bestimme den Abstand der beiden Punkte, die am weitesten voneinander entfernt sind.

9 Eine der angegebenen Zahlen ist das arithmetische Mittel der übrigen Zahlen. Gib diese Zahl an.
a) 13, 16, 17, 18
b) 19, 21, 26, 32, 39, 97
c) 12, 14, 15, 20, 21, 32, 33

10 Lena hat sechs verschiedene T-Shirts. Vier davon nimmt sie mit in den Urlaub.

Wie viele verschiedene Möglichkeiten hat sie?

11 Ein Auto hat fünf Sitzplätze, zwei vorne und drei hinten. Mit diesem Auto fahren fünf Personen, von denen nur zwei einen Führerschein haben.
Wie viele Möglichkeiten gibt es, die fünf Personen auf die fünf Sitzplätze des Autos zu verteilen?

12 a) Neun Freunde treffen sich. Jeder von ihnen begrüßt jeden anderen mit Handschlag. Wie viele Handschläge gibt es?
b) Bei einem anderen Treffen gibt es zehn Handschläge (45 Handschläge). Wie viele Freunde nehmen an dem Treffen teil?

13 Jan möchte einen Becher mit drei Kugeln Eis kaufen. Wie viele verschiedene Möglichkeiten hat er?

Ital. Eiscafé

Schoko
Vanille
Mokka
Joghurt

Ein Problem – mehrere Lösungen

1 Erläutere für jede Aufgabe die verschiedenen Lösungen. Welche Lösung erscheint dir am einfachsten? Welche Lösung hättest du gewählt?

In einer Werkstatt wird an einem Tag bei zehn Fahrzeugen ein Reifenwechsel durchgeführt. Darunter sind Autos und Motorräder. Insgesamt werden 32 Reifen ausgetauscht.
Bei wie vielen Autos und wie vielen Motorrädern werden die Reifen gewechselt?

1. Lösung

Autos	Motorräder	Reifen
1	9	22
2	8	24
3	7	26
4	6	28
5	5	30
6	4	32

2. Lösung

Anzahl der Autos: x
Anzahl der Motorräder: $10 - x$
Anzahl der Reifen: $4x + 2(10 - x)$

Gleichung:
$$4x + 2(10 - x) = 32$$
$$4x + 20 - 2x = 32$$
$$2x + 20 = 32$$
$$2x = 12$$
$$x = 6$$

3. Lösung

Insgesamt werden 32 Reifen gewechselt. Wenn jedes Fahrzeug zwei Reifen hätte, wären es insgesamt 20 Reifen. Das wären zwölf Reifen zu wenig. Also müssen sechs Fahrzeuge jeweils zwei Reifen mehr haben.

Antwort: Bei sechs Autos und vier Motorrädern werden die Reifen gewechselt.

Im Mittelalter mussten Reisende beim Benutzen einer Brücke einen Brückenzoll entrichten. Auf einer Reise überquert ein Kaufmann nacheinander sieben Brücken. Der Zoll für die zweite Brücke ist um einen Heller (H.) höher als der für die erste Brücke. Für jede weitere Brücke muss der Kaufmann einen Heller mehr als für die vorherige bezahlen. Am Ende der Reise hat er insgesamt 42 Heller für den Brückenzoll ausgegeben. Bestimme den Zoll für jede Brücke.

1. Lösung

1. Brücke	1 H.	2 H.	3 H.
2. Brücke	2 H.	3 H.	4 H.
3. Brücke	3 H.	4 H.	5 H.
4. Brücke	4 H.	5 H.	6 H.
5. Brücke	5 H.	6 H.	7 H.
6. Brücke	6 H.	7 H.	8 H.
7. Brücke	7 H.	8 H.	9 H.
Summe	28 H.	35 H.	42 H.

2. Lösung

1. Brücke x H.   5. Brücke $x + 4$ H.
2. Brücke $x + 1$ H.   6. Brücke $x + 5$ H.
3. Brücke $x + 2$ H.   7. Brücke $x + 6$ H.
4. Brücke $x + 3$ H.

Gleichung: $x + x + 1 + x + 2 + x + 3 + x + 4 + x + 5 + x + 6 = 42$

$$7x + 21 = 42$$
$$7x = 21$$
$$x = 3$$

3. Lösung

Wäre der Zoll an jeder Brücke gleich hoch, müsste der Kaufmann an jeder Brücke sechs Heller bezahlen.
Der Betrag, den der Kaufmann an der ersten Brücke weniger bezahlt hat als an der vierten ist genauso groß wie der Betrag, den er an der letzten Brücke mehr bezahlt. Dasselbe gilt für die zweite Brücke im Vergleich zur sechsten und für die dritte Brücke im Vergleich zur fünften.
Deshalb hat er an der vierten Brücke sechs Heller bezahlt.

Antwort: Der Kaufmann bezahlt an der ersten Brücke drei Heller, dann jeweils einen Heller mehr und an der letzten Brücke neun Heller.

> *Wir untersuchen Winkel im Dreieck mithilfe eines Geometrieprogramms.*

1 Mit den abgebildeten Werkzeugen kannst du auf dem Zeichenblatt deines Geometrieprogramms ein Dreieck ABC erzeugen.

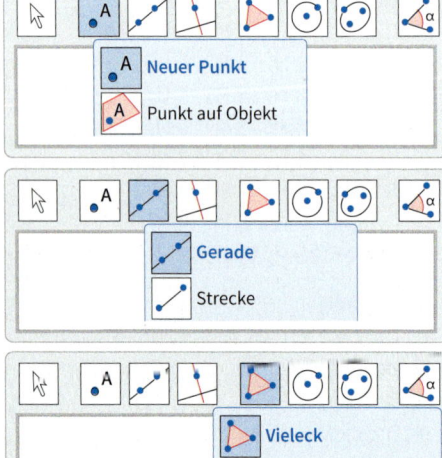

Wähle zunächst ein Werkzeug aus und erzeuge ein Dreieck ABC. Miss anschließend seine Seitenlängen. Benutze dazu das abgebildete Werkzeug.

Klicke auf das Werkzeug „Bewege" und verändere die Lage der einzelnen Eckpunkte.

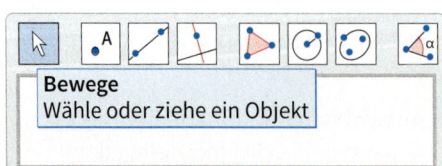

Was stellst du fest?

2 a) Zeichne ein beliebiges Dreieck ABC und bestimme die Größe der Innenwinkel.

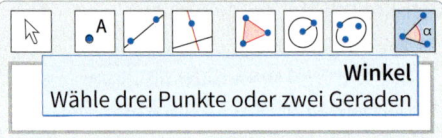

In dem abgebildeten Dreieck ABC wird die Größe eines Innenwinkels nicht angezeigt.

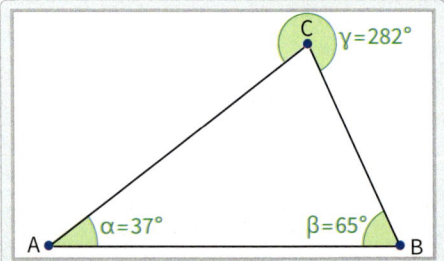

Erläutere, welcher Eingabefehler gemacht wurde.

b) Sophia hat mithilfe eines Geometrieprogramms in einem Dreieck ABC jeweils die Seitenlängen und die Größe der Innenwinkel bestimmt.

Im Menü „Einstellungen – Runden" hat sie die Anzahl der Dezimalstellen auf „0" gesetzt.

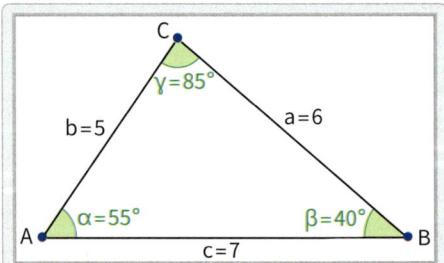

> *In einem Dreieck liegt der längeren von zwei Seiten der größere Winkel gegenüber.*

Erläutere, wie du mithilfe deines Geometrieprogramms Sophias Aussage bestätigen kannst.

3 a) Aktiviere die Algebra- und die Grafik-Ansicht deines Geometrieprogramms. Zeichne dann ein beliebiges Dreieck ABC.
Miss mithilfe des Geometrieprogramms anschließend die Größe der Innenwinkel.

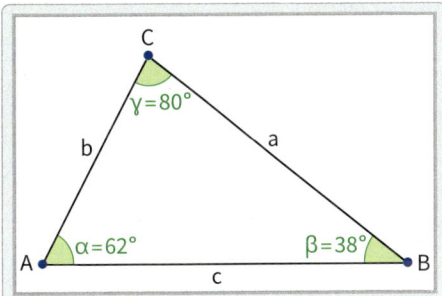

b) Bestimme die Summe der Innenwinkel des Dreiecks. Gib dazu in die Eingabezeile den folgenden Befehl ein:

Eingabe:	Summe $= \alpha + \beta + \gamma$

Im linken Algebra-Fenster findest du wie abgebildet das Ergebnis.

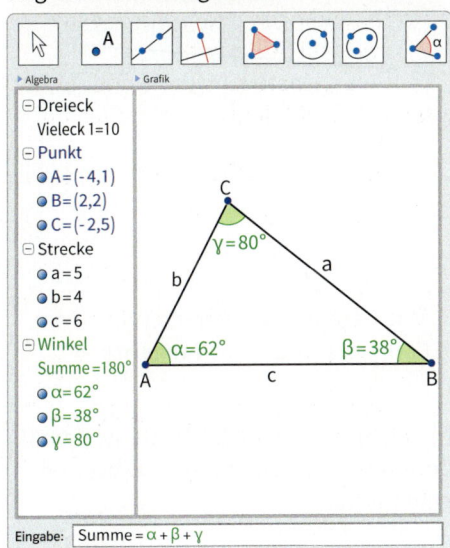

Eingabe:	Summe $= \alpha + \beta + \gamma$

Mit deinem Geometrieprogramm kannst du leicht zeigen, dass in jedem Dreieck die Summe der Innenwinkelgrößen 180° beträgt.

4 Begründe anhand der Abbildung den Satz über die Summe der Innenwinkel eines Dreiecks.

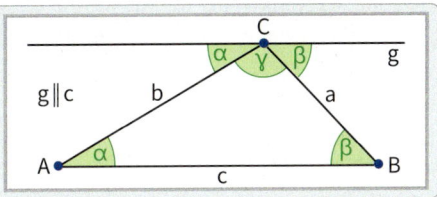

5 Die in der Zeichnung markierten Winkel α_1 und α_2 liegen jeweils neben dem Innenwinkel α. Sie werden **Außenwinkel** genannt.

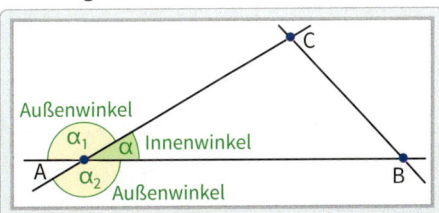

a) Begründe, warum die an einem Eckpunkt eines Dreiecks liegenden Außenwinkel gleich groß sind.

b) Max vermutet, dass die Größe eines Außenwinkels gleich der Summe der beiden ihm nicht anliegenden Innenwinkel ist. Dazu hat er die abgebildeten Winkelgrößen bestimmt.

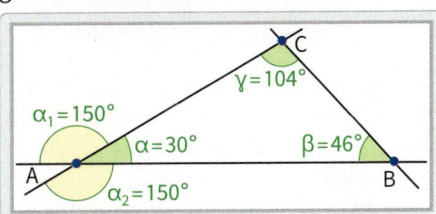

Welche Messungen muss er noch durchführen?
Überprüfe seine Vermutung, indem du die Lage der Eckpunkte veränderst.

c) In dem Beispiel wird gezeigt, dass gilt:

$$\alpha_1 = \beta + \gamma$$

1.	$\alpha + \beta + \gamma = 180°$
2.	$\alpha + \alpha_1 = 180°$
3.	$\alpha_1 = 180 - \alpha$
	$\alpha_1 = \beta + \gamma$

Erläutere die einzelnen Schritte.

Wahlpflichtbereich

Sehne und Tangente eines Kreises

1 a) Zeichne einen Kreis (r = 4 cm) und markiere auf der Kreislinie vier voneinander verschiedene Punkte A, B, C und D.

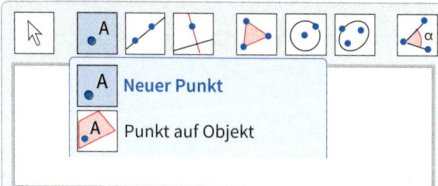

Verbinde A mit B und C mit D.

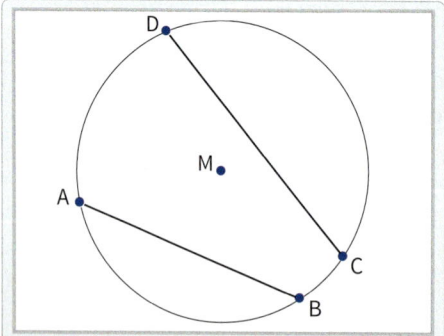

Eine Gerade, die einen Kreis in zwei Punkten schneidet, heißt **Sekante**.

Die Strecke, die der Kreis aus einer Sekante ausschneidet, heißt **Sehne.**

Die Strecken AB und CD sind Sehnen des Kreises.

b) Konstruiere jeweils die Mittelsenkrechte zu AB und zu CD. Bewege die einzelnen Punkte auf der Kreislinie. Was stellst du fest?

c) Zeichne einen beliebig großen Kreis. Verberge mithilfe des Computerprogramms den Mittelpunkt des Kreises. Konstruiere anschließend den Mittelpunkt des Kreises. Beschreibe deine Konstruktion.

2 a) Zeichne einen Kreis und markiere auf der Kreislinie einen Punkt P und einen Punkt R.
Verbinde P mit dem Kreismittelpunkt.
b) Zeichne durch P und R eine Gerade g. Bestimme anschließend die Größe des Winkels MPR.

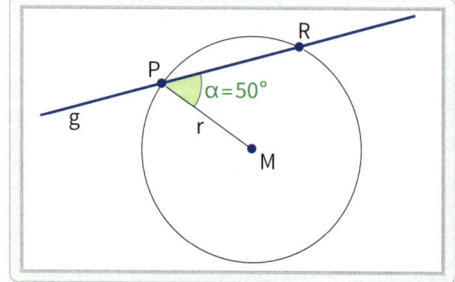

c) Verändere die Lage der Geraden g so, dass sie den Kreis in nur einem Punkt berührt. Bewege dazu den Punkt R auf der Kreislinie in Richtung P.
Wie verändert sich dabei die Größe des Winkels MPR?

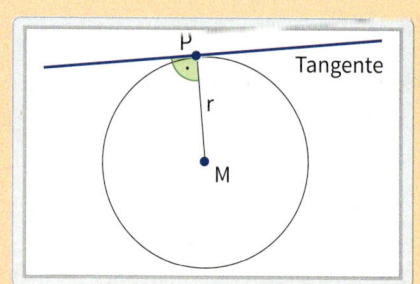

Eine Gerade, die einen Kreis in einem Punkt berührt, heißt **Tangente.**

d) Zeichne auf dem Zeichenblatt deines Computerprogramms einen Kreis und eine Gerade g.

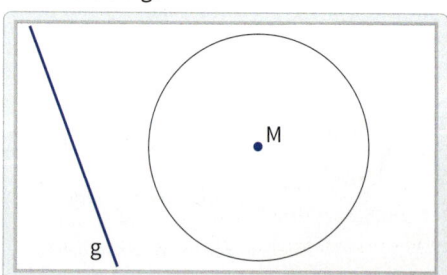

Konstruiere zwei zur Geraden g parallele Tangenten an den Kreis.

Umkreis und Inkreis

1 In den folgenden Schritten wird gezeigt, dass sich die Mittelsenkrechten m_a, m_b und m_c eines Dreiecks ABC im Mittelpunkt M des Umkreises schneiden.

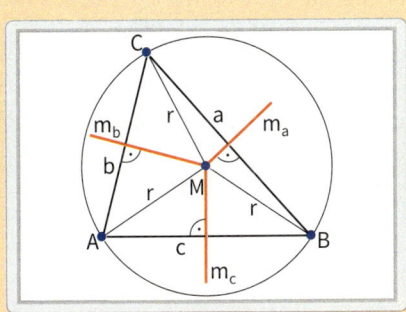

1. m_a und m_b schneiden sich in M.
$$\overline{BM} = \overline{CM}$$
$$\overline{AM} = \overline{CM}$$
Daraus folgt: $\overline{BM} = \overline{AM}$
Also geht m_c auch durch M.

2. Die Eckpunkte A, B und C liegen also auf demselben Kreis um M mit
$$r = \overline{AM} = \overline{BM} = \overline{CM}$$

Erläutere die einzelnen Schritte des Beweises.

2 a) Zeichne ein beliebiges Dreieck ABC und konstruiere seinen Umkreis.
b) Mit dem Werkzeug „Objekt anzeigen" kannst du die einzelnen Mittelsenkrechten verbergen. Miss anschließend die Größe der einzelnen Innenwinkel.

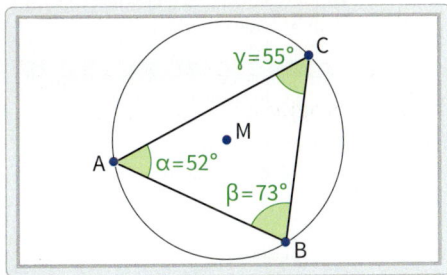

c) Bewege auf der Kreislinie die einzelnen Eckpunkte so, dass du nacheinander ein spitzwinkliges, ein rechtwinkliges und ein stumpfwinkliges Dreieck erhältst.
Notiere jeweils die Lage des Kreismittelpunktes.

3 Zeichne zunächst das Dreieck ABC mit A $(-5\,|-3)$, B $(3\,|-3)$ und C $(-1\,|5)$ in das Koordinatensystem deines Programms.
Die Koordinaten eines Eckpunktes kannst du in der Eingabezeile eingeben.

Eingabe: $A = (-5|-3)$

Konstruiere den Umkreis des Dreiecks und gib die Koordinaten seines Mittelpunktes an.

4 a) Zeichne einen Kreis und markiere jeweils die Punkte R, P und Q auf der Kreislinie.
Konstruiere anschließend jeweils die Tangente in R, P und Q an den Kreis.

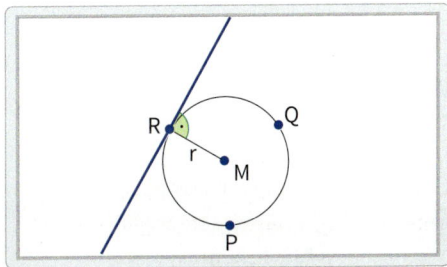

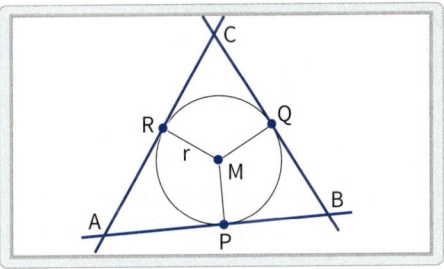

Der Kreis in dem Dreieck ABC heißt **Inkreis.**
b) Konstruiere die Winkelhalbierenden des Dreiecks ABC. Was stellst du fest?

Winkelhalbierende
Wähle zwei Punkte oder zwei Geraden

5 Konstruiere den Inkreis des Dreiecks ABC mit A $(-4\,|-7)$, B $(5\,|-7)$ und C $(5\,|5)$.
Beschreibe, wie du den Mittelpunkt des Inkreises konstruiert hast.
Gib auch die Koordinaten des Kreismittelpunktes an.

Wahlpflichtbereich

1 a) Zeichne über einer Strecke $\overline{AB}$ wie abgebildet einen Halbkreis und binde einen Punkt C an den Halbkreis.

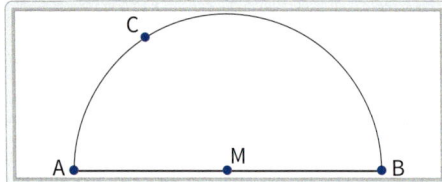

b) Verbinde Punkt A mit C und Punkt B mit C. Miss in dem Dreieck ABC die Größe des Winkels ACB.

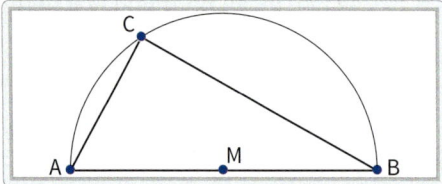

c) Verändere die Lage des Punktes C. Was stellst du fest?

d) Verbinde Punkt C mit dem Mittelpunkt der Strecke $\overline{AB}$ und bestimme die Größe der markierten Winkel.

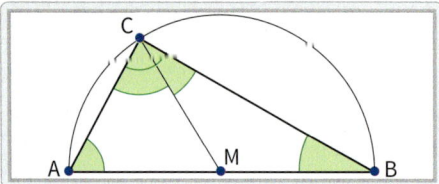

Was stellst du fest?

e) In den folgenden Schritten wird gezeigt, dass in der abgebildeten Figur gilt:

$$\sphericalangle ACB = \gamma = 90°$$

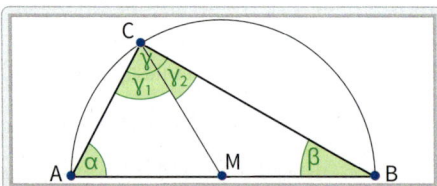

1. $\alpha + \beta + \gamma = 180°$
2. $\alpha = \gamma_1$ und $\beta = \gamma_2$
3. $\gamma_1 + \gamma_2 + \gamma = 180°$
4. $\gamma + \gamma = 180°$
   $\gamma = 90°$

Erläutere die einzelnen Schritte.

2 a) Erstelle die folgende Abbildung. Führe dazu die angegebenen Schritte aus.

1. Zeichne die Strecke $\overline{AB}$.
2. Zeichne einen Strahl (Halbgerade) $\overline{AD}$. Bezeichne den Strahl mit h.
3. Zeichne die Senkrechte g von B auf h.
4. Markiere den Schnittpunkt C von h und g.

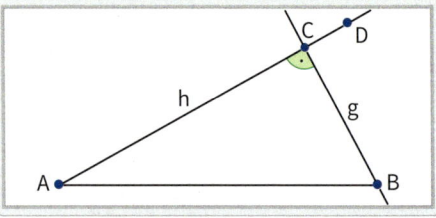

b) Bewege den Punkt D. Was stellst du fest?

Bewege erneut den Punkt D und zeichne dabei die Spur des Eckpunktes C des rechtwinkligen Dreiecks ABC auf.

Der Befehl „Spur ein" hinterlässt bei der Bewegung eines Punktes eine Reihe von Punkten, die seine alte Position markieren.

Punkt C: Schnittpunkt von h, g
✓ Objekt anzeigen
✓ Beschriftung anzeigen
✓ **Spur ein**
In Eingabezeile kopieren
Umbenennen
Löschen
Eigenschaften . . .

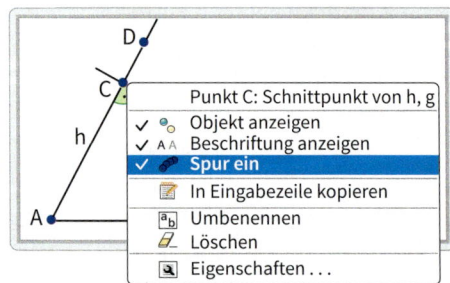

Erläutere den Verlauf der aufgezeichneten Spur.

1 a) Zeichne mithilfe deines Programms einen Kreis.
Binde zwei Punkte A und B an die Kreislinie. Du erhältst den **Kreisbogen $\overset{\frown}{AB}$** und den **Kreisbogen $\overset{\frown}{BA}$.**

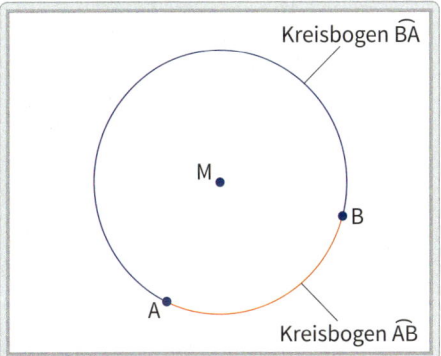

b) Binde auf dem Kreisbogen $\overset{\frown}{BA}$ wie abgebildet einen Punkt C und zeichne jeweils die Strecken $\overline{AC}$ und $\overline{BC}$ ein.
Der Winkel ACB ist der **Umfangswinkel** über dem **Kreisbogen $\overset{\frown}{AB}$.**

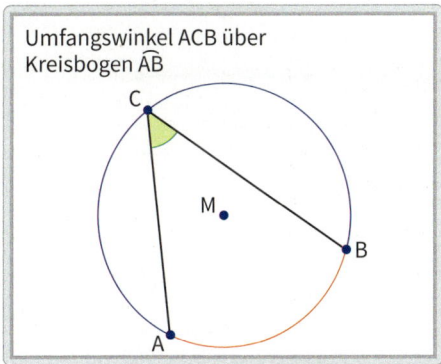

Markiere auf dem Kreisbogen $\overset{\frown}{AB}$ einen Punkt D und zeichne den Umfangswinkel BDA ein.
c) Bestimme wie abgebildet die Größe des Umfangswinkels ACB.

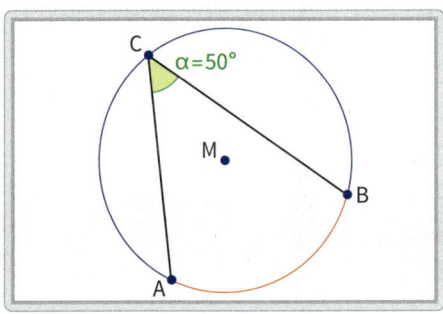

Bewege den Punkt C auf der Kreislinie. Was stellst du fest?

2 In der Abbildung sind die Punkte A und B der Kreislinie jeweils mit dem Mittelpunkt M verbunden.
Der Winkel AMB wird als Mittelpunktswinkel über dem Kreisbogen $\overset{\frown}{AB}$ bezeichnet.

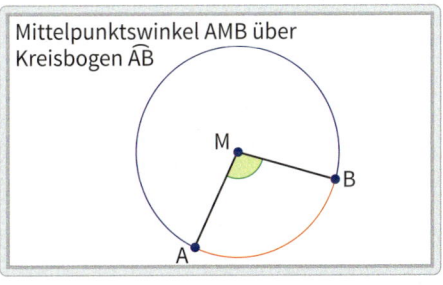

Zeichne wie unten abgebildet den Umfangswinkel ACB und den Mittelpunktswinkel AMB über dem Kreisbogen $\overset{\frown}{AB}$.

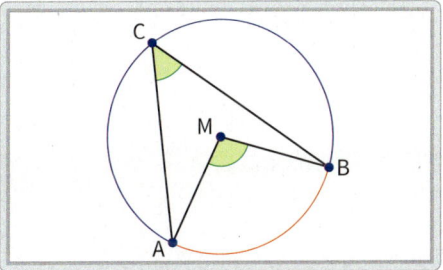

Miss jeweils die Größe des Umfangswinkels und des Mittelpunktswinkels. Was stellst du fest?
Überprüfe deine Vermutung, indem du die Lage der Punkte auf der Kreislinie veränderst.

3

Der Satz des Thales ist ein Sonderfall des folgenden Satzes:
In einem Kreis sind alle Umfangswinkel halb so groß wie der Mittelpunktswinkel über demselben Bogen.

Erläutere anhand einer Zeichnung und in einem Text, dass diese Aussage wahr ist.

Wahlpflichtbereich

4 Über der Sehne $\overline{AB}$ ist in dem abgebildeten Kreis jeweils ein Umfangswinkel gezeichnet.

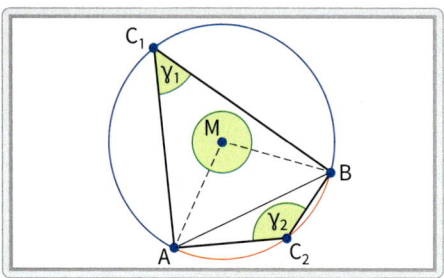

In den folgenden Schritten wird gezeigt, dass sich Umfangswinkel auf verschiedenen Seiten einer Sehne zu 180° ergänzen.

1. $\sphericalangle AMB + \sphericalangle BMA = 360°$

2. $\gamma_1 = \frac{1}{2} \cdot \sphericalangle AMB$

3. $\gamma_2 = \frac{1}{2} \cdot \sphericalangle BMA$

4. $\gamma_1 + \gamma_2 = \frac{1}{2} \cdot (\sphericalangle AMB + \sphericalangle BMA)$

   $= \frac{1}{2} \cdot 360°$

   $= 180°$

Erläutere die einzelnen Schritte.

5 Ein Viereck, das einen Umkreis besitzt, heißt **Sehnenviereck.**

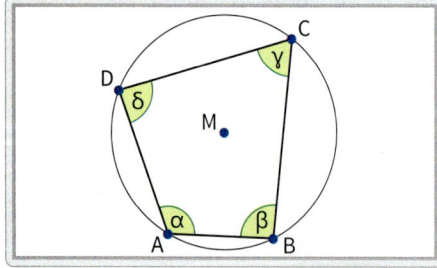

a) Zeichne wie abgebildet ein beliebiges Sehnenviereck. Miss die Größe der einzelnen Winkel. Bewege die Punkte auf der Kreislinie. Was stellst du fest?
b) Begründe die folgende Aussage: Die Gegenwinkel in einem Sehnenviereck betragen zusammen 180°.
c) Sind das Rechteck, das Parallelogramm, das Quadrat und das gleichschenklige Trapez Sehnenvierecke? Begründe deine Antwort.

6 a) Erläutere die folgenden Konstruktionsschritte.

So kannst du einen 55° großen Umfangswinkel über einer 5 cm langen Sehne $\overline{AB}$ konstruieren:

1. Zeichne eine 5 cm lange Strecke $\overline{AB}$ und konstruiere die Mittelsenkrechte zu $\overline{AB}$.

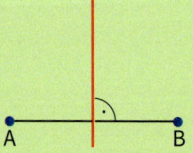

2. Trage in A an $\overline{AB}$ einen 35° großen Winkel an. Der freie Schenkel schneidet die Mittelsenkrechte im Punkt M.

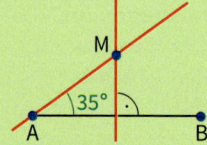

3. Zeichne um M den Kreis mit dem Radius $\overline{AM}$.

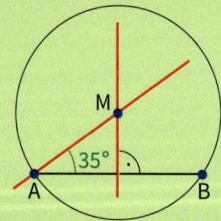

4. Markiere auf dem Bogen über $\overline{AB}$ einen Punkt C. Verbinde C jeweils mit A und B.

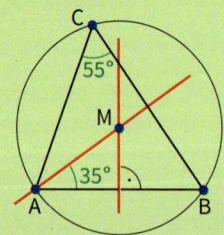

b) Konstruiere ebenso über $\overline{AB}$ = 5,6 cm einen 48° großen Umfangswinkel.

Vorbereitung auf die Vergleichsarbeit

Im 2. Halbjahr der 8. Klasse finden in allen Bundesländern die Vergleichsarbeiten statt.
Auf den folgenden Seiten findest du eine nach Schwierigkeitsgrad sortierte Sammlung von Aufgaben aus verschiedenen Teilgebieten der Mathematik. Die Aufgaben sollen dir helfen, dich auf die Vergleichsarbeit vorzubereiten.
Bei der Lösung der Aufgaben darfst du den Taschenrechner und deine Zeichenwerkzeuge benutzen.
Lösungen findest du auf Seite 226.

1 Bei einem Wettlauf erzielte der Erstplatzierte eine Zeit von 12,31 s.
Gib die Zeit für den Zweiten an, der 61 Hundertstel Sekunden langsamer war.

2 Lara kauft 15 Briefmarken und bezahlt 10,50 €.
Leon kauft 20 Briefmarken derselben Art. Wie viel Euro muss er bezahlen?

3 Die Kunst-AG einer Gesamtschule macht am Jahresende eine Ausstellung mit den selbst geschaffenen Werken.

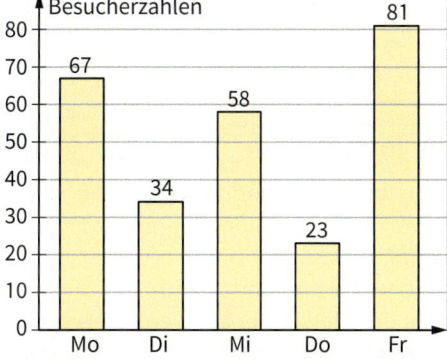

a) An welchem Tag kamen die meisten Besucher?
b) Bestimme, wie viele Personen im Durchschnitt pro Besuchertag die Ausstellung gesehen haben.

4 Ersetze die Platzhalter bei den folgenden Zeitangaben.
a) 1 h 23 min = ▦ min
b) 128 min = ▦ h ▦ min
c) 5 min 26 s = ▦ s

5 Ersetze die Platzhalter bei den folgenden Größenangaben.
a) 3 kg 5 g = ▦ g
b) 5 078 m = ▦ km ▦ m

6 In einer Urne befinden sich acht Kugeln. Die Kugeln sind entweder rot oder blau. Die Wahrscheinlichkeit, dass eine rote Kugel gezogen wird, beträgt ein Viertel.
a) Wie viele rote Kugeln befinden sich in der Urne?
b) Wie groß ist die Wahrscheinlichkeit, dass eine blaue Kugel gezogen wird?

7 Zwei verschiedene natürliche Zahlen sind auf volle Hunderter gerundet worden. Als Ergebnis erhält man jeweils 300.
a) Wie könnte eine dieser Zahlen lauten?
b) Wie groß kann die Differenz dieser beiden Zahlen maximal sein?

8 Schreibe einen Bruch auf, der größer ist als $\frac{3}{7}$.

9 Der Umfang des Parallelogramms beträgt 30 cm. Die Länge der Seite a beträgt 4 cm.
Wie lang sind die Seiten des Parallelogramms?

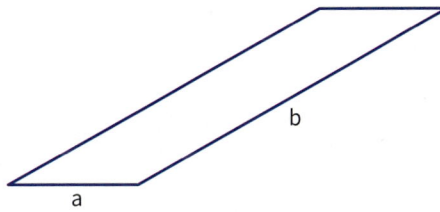

10 Zeichne ein gleichseitiges Dreieck ABC mit der Seitenlänge 6 cm. Spiegele es an der Seite c.
Aus den beiden Dreiecken entsteht eine neue Figur.
Wie heißt die Gesamtfigur?

11 Ein 24 m langes Seil wird auf dem Schulhof zu einem 4 m breiten Rechteck gelegt.
a) Wie lang ist das Rechteck?
b) Welchen Flächeninhalt hat es?

12 Welche Eigenschaften gelten für jedes Parallelogramm?
A: Alle Seiten sind gleich lang.
B: Die Diagonalen schneiden sich im rechten Winkel.
C: Die gegenüberliegenden Seiten sind gleich lang.
D: Die Diagonalen halbieren sich gegenseitig.
E: Die benachbarten Seiten sind parallel.
F: Die gegenüberliegenden Seiten sind parallel.

13 Eine Gerade in einem Koordinatensystem verläuft durch die Punkte $P(3|2)$ und $Q(4|4)$. Welcher der angegebenen Punkte liegt auch auf dieser Geraden?
$A(1|1)$; $B(2|4)$; $C(5|6)$; $D(6|3)$; $E(6|5)$

14 Gegeben sind zwei Zahlenfolgen A und B.
A: 2; 7; 12; 17; 22; …
B: 3; 10; 17; 24; 31; …
a) Wie unterscheiden sich die beiden Zahlenfolgen?
b) Die Zahl 17 kommt in beiden Folgen vor. Wie heißt die nächste Zahl, die in beiden Folgen vorkommt, wenn die Folgen fortgesetzt werden?

15 Welches Netz gehört nicht zu einem Quader?

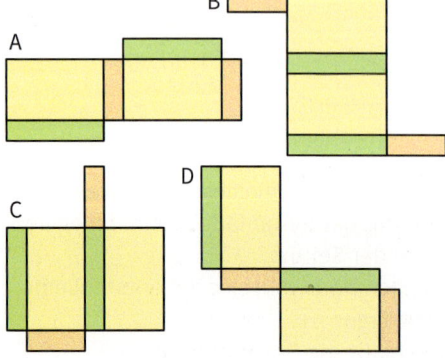

16 In einem Beutel sind grüne, gelbe, weiße und blaue Karten.
$\frac{1}{6}$ der Karten sind grün, $\frac{1}{12}$ sind gelb, $\frac{1}{2}$ sind weiß und $\frac{1}{4}$ sind blau.
Jemand greift mit geschlossenen Augen in den Beutel und zieht eine Karte.
Für welche Farbe ist die Wahrscheinlichkeit am größten?

17 Der Preis eines 110 € teuren Smartphones wird um 10 % reduziert.
a) Nenne den reduzierten Preis.
b) Ein Gerät derselben Serie mit leichten Schönheitsfehlern wird für 77 € angeboten.
Um wie viel Prozent wurde hier reduziert?

18 Die Grafik zeigt die Entwicklung der Einwohnerzahlen der Bundesländer von 2000 bis 2012.

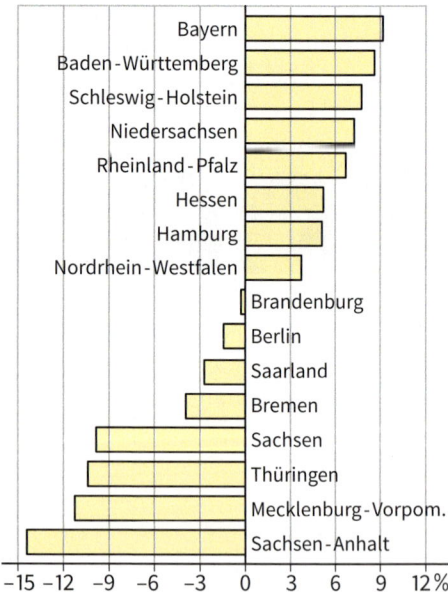

a) In welchem Bundesland hat die Bevölkerung am stärksten abgenommen?
b) In welchem Bundesland hat sich die Zahl der Einwohner am wenigsten verändert?
c) Kann folgende Behauptung stimmen?
„Die Bevölkerung in Sachsen ist in diesem Zeitraum von 4,7 Millionen auf 3,7 Millionen geschrumpft".
Begründe deine Antwort.

19 Das Kreisdiagramm zeigt die Noten-verteilung einer Klassenarbeit im Fach Mathematik. Der Lehrer hat 30 Hefte korrigiert.

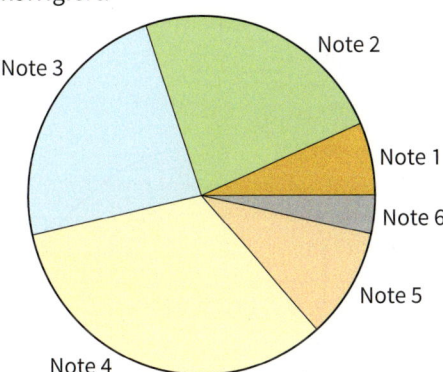

Welche Aussagen zum Kreisdiagramm sind richtig?
A: Mehr als ein Viertel der Schülerinnen und Schüler hat die Note 3.
B: Es gibt häufiger die Note 3 als die Note 4.
C: Weniger als 25 % der Schülerinnen und Schüler haben die Note 5 oder 6.
D: Mehr als die Hälfte der Schüler hat eine 3 oder 4 geschrieben.
E: 15 Schüler haben eine 3 geschrieben.

20 Der Körper wird in eine andere Lage gedreht.

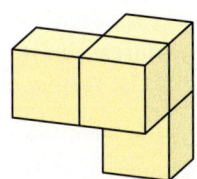

Welches der Bilder zeigt den abgebilde-ten Körper?

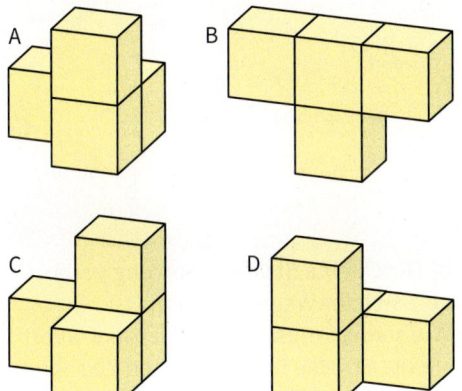

21 Im statistischen Jahrbuch werden unter anderem die Niederschlagsmen-gen für verschiedene Orte veröffentlicht. In der Abbildung siehst du einen Aus-schnitt aus dieser Tabelle.

Niederschlagsmenge in mm				
	Dez. 12		Juli 13	
	A	B	A	B
Hannover	35	60	86	62
Regensburg	32	48	86	79
List (Sylt)	102	72	95	62
Greifswald	25	47	117	63

A: 2012/2013   **B**: langjähriger Durchschnitt

a) Wie viel Millimeter Niederschlag fielen in Regensburg im Monat Juli 2013?
b) In welchem Ort war die Nieder-schlagsmenge im Dezember 2012 beson-ders hoch?
c) Welche Aussage kannst du über die Niederschlagsmengen im Juli 2013 im Vergleich zum langjährigen Durchschnitt machen?
d) In welchem Ort ist die Niederschlags-menge im Vergleich zum langjährigen Durchschnitt im Monat Juli prozentual am meisten angestiegen?

22 In einer Schulklasse befinden sind 30 Schülerinnen und Schüler.
40 % von ihnen sind Mädchen.
Bei einer Klassenarbeit haben 25 % der Mädchen die Note „gut" erhalten.
Kein Junge erhielt diese Note.
a) Wie viele Jungen sind in der Klasse?
b) Wie viele Mädchen erhielten die Note „gut"?
c) Wie viel Prozent aller Schüler hatten eine „gute" Note?

23 Anne hat einen Fahrradcomputer. Eine Viertelstunde nach dem Start hat sie 3,5 Kilometer zurückgelegt. Welche Durchschnittsgeschwindigkeit wird auf dem Computer angezeigt?

24 Welches Puzzleteil hat den größten Flächeninhalt?

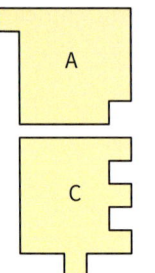

25 Überprüfe, ob die Zahl – 3 eine Lösung der Gleichung
5 (x – 4) = 35 ist.

26 Bei einem Spielwürfel beträgt die Summe der Augenzahlen auf zwei gegenüberliegenden Flächen sieben. Ergänze die Augenzahlen in den abgebildeten Netzen.

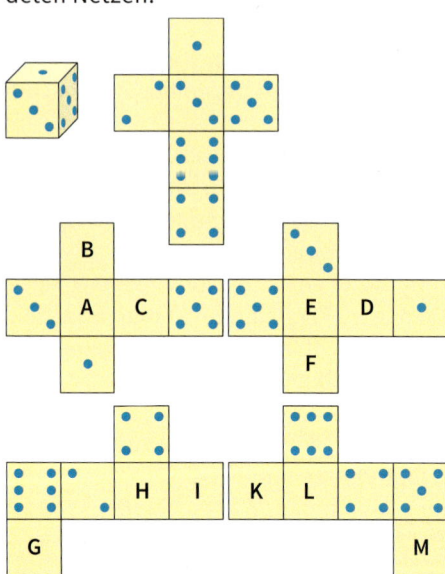

27 Bestimme den Flächeninhalt der Figur. Entnimm die Längen der Zeichnung.

28 a) Welche der angegebenen Größen gibt den Inhalt der abgebildeten Fläche an?

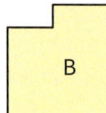

A 1 dm²

B 500 mm²

C 26 cm²

D 120 cm²

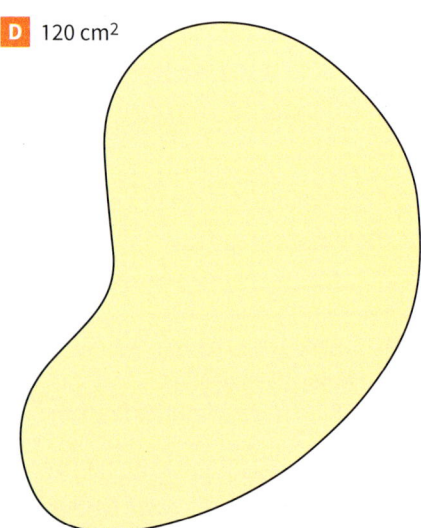

b) Begründe deine Auswahl.

29 Yasmin fährt morgens 2,7 km mit dem Fahrrad von Eckendorf (A) nach Schuckenbaum (B) und braucht für die Strecke etwa 12 Minuten.
a) Mit welcher durchschnittlichen Geschwindigkeit ist Yasmin unterwegs?

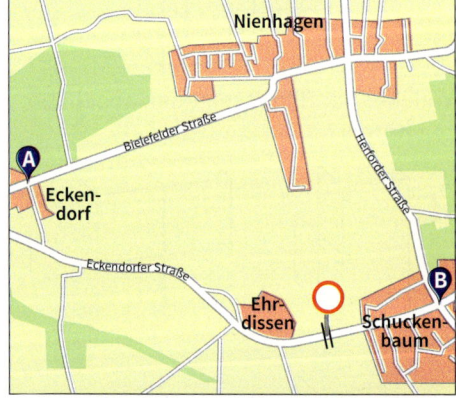

b) Durch eine Straßensperrung verlängert sich ihr Weg um 0,7 km.
Wie schnell muss sie jetzt fahren, wenn sie die Strecke in der gleichen Zeit schaffen will?

30 a) Mit Streichhölzern kannst du Dreiecksmuster legen.
Ergänze die Tabelle im Heft.

Anzahl Dreiecke	Anzahl der Streichhölzer
1	3
2	5
3	■
4	■
5	■

b) Wie viele Streichhölzer werden für 8 Dreiecke benötigt?
c) Gib eine Gleichung an, mit der du die Anzahl der Streichhölzer (x) für eine bestimmte Anzahl Dreiecke (y) berechnen kannst.

31 a) Mia hat die Wertetabelle einer linearen Funktion berechnet. Der letzte y-Wert fehlt noch.

x	3	4	5	6	7
y	3	5	7	9	■

b) Welche der folgenden Gleichungen gehört zu Mias Wertetabelle?
A: $y = 3x - 2$
B: $y = 2x - 3$
C: $y = x + 2 + 1$
D: $y = 0{,}5x$

32 Bei einem Handballturnier einer Gesamtschule nehmen fünf Klassen des achten Jahrgangs teil.
a) Jede Klasse spielt gegen jede andere Klasse. Wie viele Spiele finden statt?
b) Wie viele Spiele finden statt, wenn sieben Klassen teilnehmen?
c) Formuliere eine Regel.

33 In einem gleichschenkligen Dreieck ABC mit $a = b$ ist die Basis c 82 cm lang. Die Höhe h_c ist 41 cm lang.
a) Fertige eine Skizze des Dreiecks an und bestimme die Größe der Innenwinkel α, β und γ des Dreiecks.
b) Welchen Flächeninhalt hat das Dreieck?

34 Jan hat die Skizze eines Dreiecks angefertigt und wie abgebildet mit Maßen versehen.

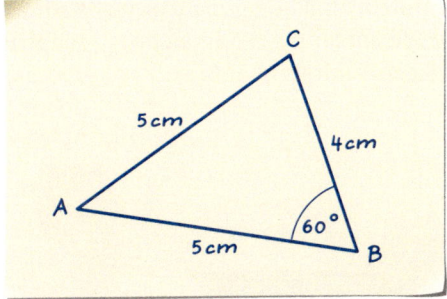

Begründe, warum es kein Dreieck mit diesen Maßen geben kann.

35 Tim möchte drei aufeinanderfolgende natürliche Zahlen finden, die die Summe 18 haben.
a) Finde diese drei Zahlen.
b) Tim hat eine Gleichung aufgestellt:
$(n - 1) + n + (n + 1) = 18$
Welche Bedeutung hat die Variable n in der Gleichung?

36 Die Tagesdurchschnittstemperatur wird durch Bilden des Mittelwertes der Temperaturen um 0, 6, 12 und 18 Uhr ermittelt.

Lufttemperatur (°C) am 1. Juli auf Sylt			
0 h	6 h	12 h	18 h
18,4	15,2	20,3	19,1

Anschließend wird die mittlere Lufttemperatur mithilfe der folgenden Formel berechnet:

$$T_m = \frac{T_0 + T_6 + T_{12} + T_{18}}{4}$$

T_0: Temperatur um 0 Uhr; T_6: Temperatur um 6 Uhr; T_{12}: Temperatur um 12 Uhr
T_m: mittlere Temperatur eines Tages
a) Berechne die mittlere Lufttemperatur am 1. Juli auf Sylt.
b) Die mittlere Lufttemperatur am 2. Juli betrug 17,1 °C. Welche Temperatur herrschte um 6 Uhr?

Lufttemperatur (°C) am 2. Juli auf Sylt			
0 h	6 h	12 h	18 h
16,5	■	19,2	18,4

Zu Kapitel 1 bis Kapitel 7 in diesem Buch wird jeweils ein Eingangstest angeboten.
Damit kannst du überprüfen, ob du über die Voraussetzungen verfügst, die du für die erfolgreiche Bearbeitung des jeweiligen Kapitels benötigst.

Die Ergebnisse der Aufgaben findest du auf der Seite 228.
Kommst du mithilfe der Tabelle zur Selbsteinschätzung zu dem Ergebnis, dass dir bestimmte Voraussetzungen fehlen, benutze die angegebenen Hilfen und bearbeite die angegebenen Aufgaben.

1 Zinsrechnung

1 Gib in Prozent an.

a) $\frac{17}{100}$ b) $\frac{1}{4}$ c) $\frac{3}{10}$ d) $\frac{9}{50}$

2 Berechne den Prozentwert.
a) 4 % von 250 kg
b) 85 % von 120 km

3 Berechne den Prozentsatz.
a) 12 m² von 48 m²
b) 9 min von 75 min

4 Berechne den Grundwert.
a) 6 % von ▨ sind 12 €
b) 15 % von ▨ sind 27 m

5 Der Preis einer Jeans ist um 35 % reduziert. Jana spart 21 €. Was kostete die Jeans ursprünglich?

6 Vollmilch enthält 3,5 % Fett. Wie viel Kubikzentimeter Fett sind in 500 cm³ Vollmilch enthalten?

7 Frau Diller verdient 3250 €. Ihr Gehalt wird um 130 € erhöht. Wie viel Prozent sind das?

Ich kann	Aufgabe	Hilfen und Aufgaben
einfache Brüche in Prozent angeben.	1	Seite 214
einfache Aufgaben der Prozentrechnung rechnen.	2, 3, 4	Seite 215
Grundaufgaben der Prozentrechnung in Sachzusammenhängen lösen.	5, 6, 7	Seite 215 – 217

2 Terme und Gleichungen

1 Schreibe als Term.
a) Das Doppelte einer Zahl.
b) Die Summe zweier beliebiger Zahlen.
c) Das Dreifache einer Zahl vermehrt um 7.
d) Das Produkt aus dem Fünffachen einer Zahl vermindert um 9.

2 Berechne jeweils den Wert des Terms.

a	b	a + b	a · b	a (b − 3)
4	−7			
−9	1			

3 Löse die Klammern auf.
a) $3 \cdot (-2x + 8)$ b) $(5 - 3y) \cdot (-y)$

4 Gib einen Term zur Berechnung des Umfangs der Figur an.

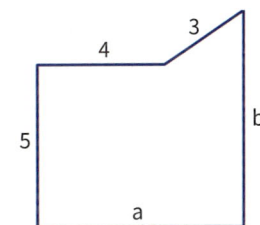

Maße in cm

Ich kann	Aufgabe	Hilfen und Aufgaben
Texte in Terme übersetzen.	1	Seite 27
Werte eines Terms berechnen.	2	Seite 28
einfache Klammern auflösen.	3a, b	Seite 29, 30
den Umfang einfacher geometrischer Figuren bestimmen.	4	Seite 219

3 Kreis und Kreisteile

1 Wandle in die Einheit um, die in Klammern steht.
a) 450 cm (m) b) 0,37 m (cm) c) 2300 mm (cm)
d) 6400 mm² (cm²) e) 32 m² (dm²) f) 5,6 cm² (mm²)

2 Runde auf Zehntel (Hundertstel).
a) 4,567   b) 0,6436   c) 6,9582

3 Berechne.
a) $0,6^2$ b) $1,2^2$ c) $1,5^2$

4 Bestimme den Umfang und den Flächeninhalt der abgebildeten Figur.

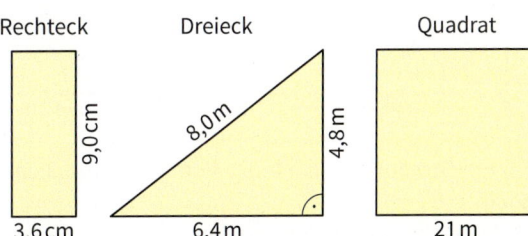

Ich kann	Aufgabe	Hilfen und Aufgaben
Längen und Flächeninhalte in anderen Einheiten angeben.	1	Seite 219, 220
Dezimalzahlen auf Zehntel (Hundertstel) runden.	2	Seite 207
Dezimalzahlen quadrieren.	3	Seite 209
den Umfang und den Flächeninhalt eines Rechtecks, eines Quadrats und eines Dreiecks berechnen.	4	Seite 219, 221

4 Mit dem Zufall rechnen

1 Aus einer Urne mit drei roten, zwei weißen, einer blauen und vier schwarzen sonst gleichartigen Kugeln wurde mehrere Male eine Kugel gezogen, ihre Farbe notiert und dann wieder zurückgelegt. Die Ergebnisse wurden in einer Urliste notiert.

> **Farbe der Kugel**
>
> r w w b s s s s b w s r s s r s b s r s
> s w s r s s b r w s b s r s r s s r w s
> s r s w r w s b r w

Bestimme die absoluten und die relativen Häufigkeiten und notiere sie in einer Häufigkeitstabelle. Gib die relativen Häufigkeiten als Bruch und als Dezimalzahl an.

2 Das abgebildete Glücksrad wurde 50-mal gedreht, die absoluten Häufigkeiten der einzelnen Ergebnisse wurden in einer Tabelle zusammengefasst.

Ergebnis	absolute Häufigkeit
☺	26
☺	7
☹	17

a) Bestimme die relativen Häufigkeiten als Bruch und als Dezimalzahl.
b) Welche relativen Häufigkeiten erwartest du bei 1000 Drehungen des Glücksrades? Begründe.

Ich kann	Aufgabe	Hilfen und Aufgaben
absolute Häufigkeiten bestimmen und in einer Tabelle darstellen.	1	Seite 223
relative Häufigkeiten als Bruch und als Dezimalzahl angeben.	1, 2	Seite 223
erwartete relative Häufigkeiten bestimmen.	2	Seite 223

5 Prismen und Zylinder

1 Berechne den Flächeninhalt und den Umfang der Figur.

a) $b = 2{,}0$ cm, $a = 5{,}5$ cm (Rechteck ABCD)
b) $a = 12$ m (Quadrat ABCD)

2 Ein Quader ist 5 cm lang, 4 cm breit und 3 cm hoch.
a) Zeichne ein Netz des Quaders.
b) Berechne sein Volumen und seinen Oberflächeninhalt.

3 Berechne den Flächeninhalt und den Umfang der Figur.

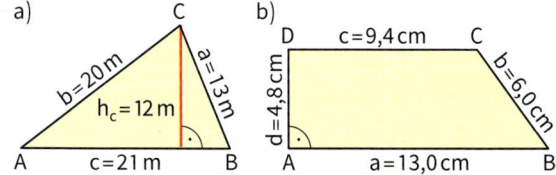

a) $b = 20$ m, $a = 13$ m, $h_c = 12$ m, $c = 21$ m (Dreieck)
b) $c = 9{,}4$ cm, $b = 6{,}0$ cm, $d = 4{,}8$ cm, $a = 13{,}0$ cm (Trapez ABCD)

4 Ein Kreis hat einen Durchmesser von 8 cm. Berechne seinen Umfang und seinen Flächeninhalt.

Ich kann	Aufgabe	Hilfen und Aufgaben
den Flächeninhalt und den Umfang ebener Figuren berechnen.	1, 3	Seite 221
das Netz eines Quaders zeichnen, seinen Oberflächeninhalt und sein Volumen bestimmen.	2	Seite 220
den Flächeninhalt und den Umfang eines Kreises berechnen.	4	Seite 57, 58

6 Lineare Funktionen

1 Zeichne die in der Tabelle vorgegebenen Wertepaare als Punkte in ein Koordinatensystem ein.

x	−2	−1	0	1	2
y	3	1	−1	−3	−5

2 Bestimme die Koordinaten der im Koordinatensystem eingezeichneten Punkte.

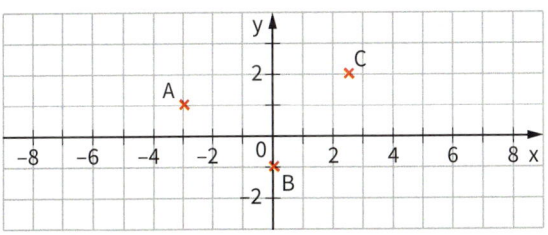

3 Die in der Tabelle dargestellte Zuordnung ist direkt proportional. Ergänze die Tabelle in deinem Heft.

Anzahl	Preis (€)
3	2,40
6	▪
9	▪
1	▪
5	▪

4 Ein Goldbarren hat ein Volumen von 200 cm³ und eine Masse von 3,860 kg. Welche Masse hat ein Goldbarren mit einem Volumen von 500 cm³?

Ich kann	Aufgabe	Hilfen und Aufgaben
Wertepaare als Punkte in ein Koordinatensystem einzeichnen.	1	Seite 218
die Koordinaten von Punkten im Koordinatensystem ablesen.	2	Seite 218
Tabellen zu direkt proportionalen Zuordnungen ergänzen.	3	Seite 212
die Eigenschaften direkt proportionaler Funktionen zur Lösung von Sachproblemen anwenden.	4	Seite 212

7 Lineare Gleichungssysteme

1 Forme die Gleichungen um und bestimme x.

a) $3x + 10 = 22$
   $4,8 - 3x = -6$

b) $15 - x = 2x - 18$
   $2,8 - 5x = 17,2 + 3x$

c) $3x + 7,6 - 5x = 13x + 20 - 9x - 13$
   $-2,4x + 16,5 + 3,8x - 12,8 = 4x + 11,2 - 2,5x$

2 Zeichne die Graphen folgender Funktionen in ein Koordinatensystem und bestimme die Koordinaten des Schnittpunktes.
f: $y = 0,5x + 2,5$ g: $y = -x + 7$

3 Überprüfe, ob der Punkt auf dem Graphen der Funktion f mit der angegebenen Funktionsgleichung liegt.
$P(12 | 27)$; f: $y = 3x - 8$ $Q(-5 | 17)$; f: $y = -4x + 3$

Ich kann	Aufgabe	Hilfen und Aufgaben
Gleichungen mit x auf beiden Seiten lösen.	1	Seite 38, 39
Graphen linearer Funktionen in ein Koordinatensystem zeichnen	2	Seite 132, 133
die Koordinaten eines Punktes im Koordinatensystem bestimmen.	2	Seite 132, 133
durch eine Rechnung überprüfen, ob ein Punkt auf dem Graphen einer Funktion liegt.	3	Seite 134

Addieren und Subtrahieren

Addition

Summand		Summand		Summe
45	+	18	=	63

Auch **45 + 18** wird als **Summe** der Zahlen 45 und 18 bezeichnet.

Subtraktion

Minuend		Subtrahend		Differenz
83	–	54	=	29

Auch **83 – 54** wird als **Differenz** der Zahlen 83 und 54 bezeichnet.

Addition und Subtraktion sind Umkehrungen voneinander.

$45 + 18 = 63$ $63 – 45 = 18$

$63 – 18 = 45$

Rechnen mit Klammern

Die Klammer wird zuerst berechnet.

$57 – (15 + 22) = 57 – 37 = 20$

$63 – (24 – 15) = 63 – 9 = 54$

Sind keine Klammern vorhanden, so rechnet man schrittweise von links nach rechts.

$88 – 15 + 22 = 73 + 22 = 95$

$83 – 24 – 15 = 59 – 15 = 44$

Rechengesetze

Bei der Addition darf man beliebig Klammern setzen. Das Ergebnis verändert sich dabei nicht (**Assoziativgesetz**).

$(a + b) + c = a + (b + c)$

$(8 + 13) + 45 = 8 + (13 + 45) = 66$

Bei der Addition darf man die Reihenfolge der Summanden beliebig vertauschen. Das Ergebnis verändert sich dabei nicht (**Kommutativgesetz**).

$a + b = b = a$

$14 + 23 = 23 + 14 = 37$

1 Notiere als Aufgabe und berechne.
a) Die Summanden heißen 108 und 37. Berechne die Summe.
b) Addiere zur Zahl 236 die Summe der Zahlen 14 und 29.
c) Wie heißt die Differenz der Zahlen 607 und 311?
d) Subtrahiere von der Zahl 900 die Zahlen 145 und 89.

2 Der erste Summand ist 155, der zweite Summand ist um 41 größer als der erste Summand, der dritte Summand ist um 31 kleiner als der erste Summand. Wie groß ist die Summe?

3 Bestimme den Platzhalter.
a) ☐ + 31 = 130   b) ☐ – 39 = 67   c) 55 + ☐ = 233
☐ – 35 = 235   65 + ☐ = 950   ☐ – 35 = 4 555

4 Mirkos Schulweg ist 1300 m lang. Als er gerade die Hälfte des Weges mit dem Fahrrad zurückgelegt hat, muss er noch einmal umkehren, um seine vergessenen Sportschuhe zu holen. Welche Strecke legt er an diesem Morgen insgesamt zurück?

5 Bei einigen Rechnungen fehlen die Klammern.
a) 58 – 17 – 11 = 30   b) 135 – 35 + 29 = 129
85 – 48 – 30 = 67   83 – 47 – 14 = 50

6 Schreibe den Rechenweg zu der folgenden Aufgabe auf. Benutze Klammern.
a) Subtrahiere von 256 die Summe der Zahlen 23 und 54.
b) Subtrahiere die Differenz aus 13 und 7 von der Zahl 78.
c) Addiere zu der Summe der Zahlen 25 und 67 die Differenz aus 75 und 48.

7 Schreibe zu den folgenden Aufgaben einen Text.
a) 70 + (48 – 10)   b) (75 + 12) – 35   c) 65 – (53 – 17)
d) (75 + 30) + (55 – 2)   e) (120 – 6) – (60 – 15)

8 Vertausche die Zahlen und setze die Klammer so, dass du vorteilhaft rechnen kannst.
a) 54 + 105 + 46 + 75   b) 21 + 27 + 44 + 79 + 73 + 56
170 + 86 + 114 + 830   2 040 + 48 + 7 + 960 + 52 + 3

9 a) Die Personen einer Familie wiegen 93 kg, 72 kg, 63 kg und 47 kg. Dürfen sie alle in den Fahrstuhl einsteigen?
b) Drei Männer wiegen 82 kg, 74 kg und 67 kg. Dürfen sie noch eine 80 kg schwere Kiste mitnehmen?

Multiplizieren und Dividieren

1 a) Multipliziere 12 und 4.
b) Bestimme das Produkt aus 13 und 3.
c) Nenne zwei Faktoren, deren Produkt 60 (15, 120, 200, 96, 17) ist.
d) Ein Produkt aus zwei Faktoren hat den Wert 48. Der erste Faktor ist 4.
e) Ein Produkt aus drei Faktoren hat den Wert 120. Der erste Faktor ist 4, der zweite ist 5. Berechne den dritten Faktor.

2 a) Dividiere 200 durch 5 (2, 4 , 8, 10, 50, 100).
b) Dividiere 90 durch 5 (84 durch 4; 72 durch 2).
c) Bestimme den Quotienten aus 32 und 16 (2, 4, 8, 32)
d) Bestimme den Quotienten aus 48 (64, 80, 120, 200, 880) und 4.
e) Der Quotient aus 144 und einer Zahl ist 16. Wie heißt die Zahl?

3 Berechne das Produkt im Kopf.

a) $8 \cdot 20$	b) $30 \cdot 20$	c) $3 \cdot 300$	d) $0 \cdot 5$
$9 \cdot 30$	$70 \cdot 30$	$7 \cdot 400$	$0 \cdot 400$

4 Berechne den Quotienten im Kopf.

a) $8 : 2$	b) $3000 : 5$	c) $400 : 200$	d) $0 : 300$
$80 : 2$	$300 : 50$	$4000 : 20$	$0 : 30$

5 Berechne.

a) $80 : 20 \cdot 2$	b) $(60 : 15) \cdot 2$	c) $40 : 10 \cdot 4 : 2$
$80 : (20 \cdot 2)$	$60 : (15 \cdot 2)$	$40 : 10 \cdot (4 : 2)$
$(80 : 20) \cdot 2$	$60 : 15 \cdot 2$	$40 : (10 \cdot 4) : 2$

6 Rechne vorteilhaft.

a) $8 \cdot 50 \cdot 2$	b) $31 \cdot 200 \cdot 5$	c) $2 \cdot 250 \cdot 2 \cdot 13$
$90 \cdot 5 \cdot 2$	$70 \cdot 250 \cdot 4$	$7 \cdot 125 \cdot 8 \cdot 2$
$4 \cdot 25 \cdot 80$	$20 \cdot 50 \cdot 67$	$2 \cdot 125 \cdot 2 \cdot 2 \cdot 7$

7 14 Mädchen und 16 Jungen der Klasse 5c machen einen Ausflug. Für den Bus und die Eintrittsgelder zahlt die ganze Klasse 285 Euro.
Wie viel Euro muss jedes Kind bezahlen?

8 Tennisbälle werden in Dosen zu je 4 Bällen verkauft.
Beim Kauf von vier Dosen gibt es einen Ball gratis.

a) Wie viele Bälle erhält der Verein, wenn 10 Viererdosen bestellt werden?
b) Der Verein erhält insgesamt 55 Bälle. Wie viele Dosen sind bestellt worden?

Multiplikation

Faktor		Faktor		Produkt
18	$\cdot$	12	$=$	216

Auch **18 · 12** wird als **Produkt** der Zahlen 18 und 12 bezeichnet.

Division

Dividend		Divisor		Quotient
216	$:$	12	$=$	18

Auch **216 : 12** wird als **Quotient** der Zahlen 216 und 12 bezeichnet.

Multiplikation und Division sind Umkehrungen voneinander.

$18 \cdot 12 = 216 \quad 216 : 12 = 18$
$216 : 18 = 12$

Rechnen mit Klammern

Die Klammer wird zuerst berechnet.
$120 : (15 \cdot 4) = 120 : 60 = 2$
Sind keine Klammern vorhanden, so rechnet man schrittweise von links nach rechts.
$200 : 2 : 5 \cdot 4 = 80$

Rechengesetze

Bei der Multiplikation darf man beliebig Klammern setzen. Das Ergebnis verändert sich dabei nicht (**Assoziativgesetz**).
$(a \cdot b) \cdot c = a \cdot (b \cdot c)$
$(8 \cdot 3) \cdot 4 = 8 \cdot (3 \cdot 4) = 96$

Bei der Multiplikation darf man die Reihenfolge der Faktoren beliebig verändern. Das Ergebnis verändert sich dabei nicht (**Kommutativgesetz**).
$a \cdot b = b \cdot a$
$14 \cdot 3 = 3 \cdot 14 = 42$

Durch 0 kann nicht dividiert werden.
$8 \div 0$

Verbindung der Grundrechenarten

Verbindung der Grundrechenarten

Enthält eine Aufgabe Punkt- und Strichrechnung, dann gilt:
Punktrechnung ($\cdot$ **und** $:$) geht vor Strichrechnung (**+ und** **–**)

$$48 - 8 \cdot 4 \qquad 45 + 15 : 3$$
$$= 48 - 32 \qquad = 45 + 5$$
$$= 16 \qquad = 50$$

Enthält eine Aufgabe Klammern, dann gilt:

Die Klammer wird zuerst gerechnet.

$$(27 + 4) \cdot 3 \qquad (22 + 14) : 3$$
$$= 31 \cdot 3 \qquad = 36 : 3$$
$$= 93 \qquad = 12$$

Distributivgesetz

$$(a + b) \cdot c = a \cdot c + b \cdot c$$
$$(15 + 8) \cdot 4 = 15 \cdot 4 + 8 \cdot 4 = 92$$

$$(a - b) \cdot c = a \cdot c - b \cdot c$$
$$(15 - 8) \cdot 4 = 15 \cdot 4 - 8 \cdot 4 = 28$$

Text und Term

Text	Term
Das Doppelte von 7	$2 \cdot 7$
Die Hälfte von 16	$16 : 2$
Die Summe aus 4 und 5	$4 + 5$
Die Differenz aus 9 und 3	$9 - 3$
Der Quotient aus 8 und 4	$8 : 4$
Das Produkt aus 4 und 5 vermehrt um 7	$4 \cdot 5 + 7$
Das Dreifache von 6 vermindert um 5	$3 \cdot 6 - 5$

1 a) Wer hat richtig gerechnet?

Paul: $\quad 12 + 3 \cdot 7 \qquad$ Meike: $\quad 12 + 3 \cdot 7$
$\qquad = 15 \cdot 7 \qquad\qquad\qquad = 12 + 21$
$\qquad = 105 \qquad\qquad\qquad\quad = 33$

b) Beschreibe die Rechenwege.

2 Berechne.

a) $34 + 2 \cdot 5$ $\qquad$ b) $14 + 2 \cdot 5$ $\qquad$ c) $41 + 2 \cdot 15 - 6$
$\quad 12 - 5 \cdot 8 \qquad\qquad 12 \cdot 5 - 8 \qquad\qquad 120 - 5 \cdot 12 - 28$
$\quad 22 + 8 \cdot 9 \qquad\qquad 12 \cdot 8 + 9 \qquad\qquad 280 - 18 \cdot 5 + 3 \cdot 9$

d) $35 + 20 : 5$ $\qquad$ e) $15 + 20 : 5$ $\qquad$ f) $15 + 45 : 15 - 10$
$\quad 96 - 56 : 8 \qquad\qquad 120 : 6 - 2 \qquad\qquad 110 - 50 : 5 - 3$
$\quad 32 + 8 : 4 \qquad\qquad 24 : 4 + 2 \qquad\qquad 180 - 80 : 5 + 3 \cdot 7$

3 Vergleiche die beiden Aufgaben und gib jeweils das Ergebnis an.

a) $(14 - 4) \cdot 3 \qquad$ und $\qquad 14 - 4 \cdot 3$
b) $(40 + 5) \cdot 4 \qquad$ und $\qquad 40 + 5 \cdot 4$
c) $(120 + 12) \cdot 2 \qquad$ und $\qquad 120 + 12 \cdot 2$
d) $(24 - 6) \cdot 3 \qquad$ und $\qquad 24 - 6 \cdot 3$

4 Bei einigen Aufgaben hat Lia vergessen Klammern zu setzen. Setze die Klammern und schreibe die Aufgaben richtig in dein Heft.

a) $12 + 9 : 3 = 15$ $\qquad$ b) $90 : 30 - 15 = 6$ $\qquad$ c) $36 - 12 : 3 = 32$
$\quad 10 : 2 + 8 = 1 \qquad\qquad 24 + 24 : 6 = 28 \qquad\qquad 80 : 8 + 32 = 2$

5 Berechne.

a) $(20 - 7) \cdot 5 - 3$ $\qquad\qquad\qquad$ b) $200 - 8 \cdot (15 + 7)$
$\quad 100 - 5 \cdot (20 - 17) \qquad\qquad\qquad 93 + 5 - 3 \cdot 12$
$\quad (23 - 17) \cdot (15 + 5) \qquad\qquad\qquad 340 - (66 - 54) \cdot 2$

6 Berechne.

a) $100 : 50 \cdot 2 + 1$ $\qquad\qquad\qquad$ b) $100 : 20 - 3 - 2$
$\quad 1 + 2 \cdot 5 \cdot 100 \qquad\qquad\qquad\qquad 2 \cdot 30 : 15 + 4$

7 Rechne vorteilhaft wie im Beispiel.

$$23 \cdot 8 + 23 \cdot 2 = 23 \cdot (8 + 2) = 23 \cdot 10 = 230$$

a) $14 \cdot 6 + 14 \cdot 4$ $\qquad\qquad$ b) $13 \cdot 71 - 3 \cdot 71$
$\quad 78 \cdot 3 + 78 \cdot 7 \qquad\qquad\qquad 118 \cdot 35 - 18 \cdot 35$

8 Schreibe den Rechenweg auf und bestimme die Lösung.
a) Das Dreifache von 12 vermehrt um 21
b) Multipliziere die Summe aus 9 und 6 mit der Differenz dieser Zahlen.
c) Subtrahiere vom Produkt aus 13 und 5 die Summe dieser Zahlen.
d) Dividiere die Summe aus 30 und 20 durch die Differenz dieser Zahlen.

Brüche und Dezimalzahlen

1 Schreibe als Bruch.

a) 0,8   0,3   0,33   0,5   0,09

b) 0,91   0,13   0,471   0,386   0,0567

2 Schreibe als Dezimalzahl.

a) $\frac{3}{10}$ $\frac{7}{10}$ $\frac{3}{100}$ $\frac{95}{100}$ $\frac{372}{1000}$

b) $\frac{15}{100}$ $\frac{34}{100}$ $\frac{78}{100}$ $\frac{9}{1000}$ $\frac{32}{1000}$

3 Erweitere und schreibe als Dezimalzahl.

a) $\frac{14}{50}$ $\frac{3}{20}$ $\frac{13}{20}$ $\frac{6}{25}$ $\frac{14}{25}$

b) $\frac{3}{5}$ $\frac{5}{8}$ $\frac{7}{8}$ $\frac{2}{5}$ $\frac{107}{500}$

4 Schreibe als Bruch.

a) $1\frac{5}{9}$ $4\frac{3}{4}$ $8\frac{7}{6}$ $3\frac{4}{7}$ $1\frac{7}{10}$

b) 6,3   4,17   3,23   3,016   4,001

5 Schreibe als gemischte Zahl.

a) $\frac{11}{7}$ $\frac{15}{3}$ $\frac{35}{7}$ $\frac{37}{9}$ $\frac{45}{7}$

b) 2,3   9,03   39,10   7,071   2,007

6 Bestimme die Dezimalzahl durch Division.

a) $\frac{7}{8}$ $\frac{9}{16}$ $\frac{13}{40}$ $\frac{7}{32}$ $\frac{9}{40}$

b) $\frac{10}{40}$ $\frac{3}{16}$ $\frac{21}{25}$ $\frac{17}{25}$ $\frac{25}{40}$

7 Bestimme die Dezimalzahl durch Division. Du erhältst eine periodische Dezimalzahl.

a) $\frac{5}{6}$ $\frac{7}{11}$ $\frac{7}{3}$ $\frac{4}{9}$ $\frac{43}{60}$

b) $\frac{17}{18}$ $\frac{7}{15}$ $\frac{1}{12}$ $\frac{8}{9}$ $\frac{17}{22}$

8 Runde auf Zehntel.

a) 0,48   0,75   0,674   0,756   0,89

b) 4,68   4,97   6,849   7,048   3,8939

9 Runde auf Hundertstel.

a) 9,413   2,372   6,619   8,738   6,546

b) $3,\overline{4}$ $4,\overline{6}$ $3,\overline{5}$ $7,\overline{49}$ $1,\overline{57}$

10 Runde auf Tausendstel.

a) 0,5364   9,89645   6,5   0,7   2,36

Eine Dezimalzahl ist ein Bruch mit dem Nenner 10, 100, 1000, …

$0,3 = \frac{3}{10}$ $0,79 = \frac{79}{100}$ $0,191 = \frac{191}{1000}$

$0,5 = \frac{5}{10} = \frac{1}{2}$ $0,2 = \frac{2}{10} = \frac{1}{5}$

$0,25 = \frac{25}{100} = \frac{1}{4}$ $0,75 = \frac{75}{100} = \frac{3}{4}$

Eine **gemischte Zahl** besteht aus einer **natürlichen Zahl** und einem **echten Bruch**.

$$2\frac{4}{9}$$

natürliche Zahl   echter Bruch

gemischte Zahl

$\frac{11}{40} = 11 : 40 = $ ■

11 : 40 = 0,275
110
  80
 300
 280
  200
  200
    0

$\frac{4}{11} = 4 : 11 = $ ■

4 : 11 = 0,3636… = $0,\overline{36}$
40
33
 70
 66
  40
  33
   70…

Beim Runden einer Dezimalzahl auf eine bestimmte Stelle kommt es nur auf die nachfolgende Stelle an.
Steht dort die Ziffer 0, 1, 2, 3, 4, wird **ab**gerundet.
Steht dort die Ziffer 5, 6, 7, 8, 9, wird **auf**gerundet.

Runden auf Zehntel:
0,328 ≈ 0,3   0,761 ≈ 0,8

Runden auf Hundertstel:
0,3439 ≈ 0,34   0,3462 ≈ 0,35

Brüche addieren und subtrahieren

Addition (Subtraktion) ungleichnamiger Brüche

$\frac{2}{3} + \frac{1}{8} = \frac{16}{24} + \frac{3}{24} = \frac{19}{24}$

$\frac{2}{3} - \frac{1}{8} = \frac{16}{24} - \frac{3}{24} = \frac{13}{24}$

Die Brüche müssen vor dem Addieren (Subtrahieren) so erweitert werden, dass sie den gleichen Nenner haben. Dann werden die Zähler addiert (subtrahiert). Der Nenner ändert sich nicht.

Addition von Dezimalzahlen

Beim schriftlichen Addieren gilt: Komma unter Komma.

$4,78 + 0,452 + 4,6 = $ ■

	4	,	7	8	
	0	,	4	5	2
	4	,	6		
		1	1		
	9	,	8	3	2

$4,78 + 0,452 + 4,6 = 9,832$

Subtraktion von Dezimalzahlen

Beim schriftlichen Subtrahieren gilt: Komma unter Komma.

$2,9 - 1,569 = $ ■

	2	,	9	0	0
–	1	,	5	6	9
			1	1	
	1	,	3	3	1

$2,9 - 1,569 = 1,331$

1 Bestimme den Hauptnenner und addiere. Kürze das Ergebnis, wenn möglich.

a) $\frac{3}{4} + \frac{1}{8}$ $\frac{3}{5} + \frac{3}{10}$ $\frac{7}{12} + \frac{1}{3}$

b) $\frac{1}{3} + \frac{1}{4}$ $\frac{5}{6} + \frac{1}{5}$ $\frac{1}{8} + \frac{5}{9}$

c) $\frac{5}{6} + \frac{3}{5}$ $\frac{3}{4} + \frac{1}{3}$ $\frac{5}{12} + \frac{1}{3}$

2 Bestimme den Hauptnenner und subtrahiere. Kürze das Ergebnis, wenn möglich.

a) $\frac{1}{4} - \frac{1}{8}$ $\frac{7}{9} - \frac{1}{6}$ $\frac{7}{12} - \frac{1}{9}$

b) $\frac{4}{5} - \frac{1}{4}$ $\frac{5}{9} - \frac{1}{8}$ $\frac{5}{8} - \frac{1}{9}$

c) $\frac{8}{11} - \frac{1}{8}$ $\frac{15}{27} - \frac{4}{18}$ $\frac{9}{16} - \frac{4}{9}$

3 Schreibe richtig untereinander und addiere.

a) $7,35 + 3,08$ b) $2,87 + 5,4$
$3,46 + 2,39$ $5,753 + 1,56$
$4,89 + 3,71$ $4,8 + 0,875$

c) $14 + 1,076 + 12$ d) $0,786 + 0,87 + 0,7$
$64,85 + 2 + 12,7$ $4,875 + 3,6 + 7,4$
$76,3 + 26 + 3,72$ $1,7 + 9,103 + 1,21$

e) $12,6 + 13,8 + 31,8 + 33,9$
$7,85 + 0,6 + 1,88 + 0,74 + 9$
$12,85 + 52 + 20$

4 Schreibe richtig untereinander und subtrahiere.

a) $14,7 - 5,3$ b) $7,45 - 3,89$ c) $4,3 - 2,18$
$37,4 - 8,9$ $2,51 - 1,39$ $7,8 - 3,97$
$57,8 - 16,8$ $4,37 - 3,19$ $10,4 - 5,28$

5 Berechne.
a) $35,6 - 5,085 + 0,08$
b) $930 - 11,8 + 12,06 + 9$
c) $18,46 - 12,68 + 7,309 - 6,432$
d) $756 - 9 - 84,8 - 0,742 + 10$
e) $467 - 4,067 - 5,09 + 0,7653$
f) $4 + 13,895 + 0,082 - 13,009$

6 Bestimme den Platzhalter.
a) ■ $- 0,31 = 2,435$
b) ■ $+ 45,401 = 413,98$
c) ■ $- 14,05 = 0,1$
d) $25,601 + $ ■ $= 31,408$
e) $0,001 + $ ■ $= 2$

Brüche multiplizieren und dividieren

1 Berechne. Kürze vor dem Ausrechnen.

a) $\frac{5}{8} \cdot \frac{1}{5}$ $\frac{2}{3} \cdot \frac{5}{8}$ $\frac{7}{9} \cdot \frac{3}{7}$ $\frac{5}{7} \cdot \frac{8}{15}$

b) $\frac{4}{9} \cdot \frac{3}{4}$ $\frac{7}{8} \cdot \frac{7}{14}$ $\frac{7}{12} \cdot \frac{6}{14}$ $\frac{8}{9} \cdot \frac{3}{12}$

c) $\frac{1}{3} \cdot 9$ $\frac{7}{8} \cdot 12$ $9 \cdot \frac{5}{6}$ $8 \cdot \frac{5}{64}$

2 Schreibe als Multiplikationsaufgabe und berechne.

a) $\frac{1}{9}$ von $\frac{5}{7}$ b) $\frac{1}{8}$ von $\frac{3}{11}$ c) $\frac{1}{2}$ von $\frac{7}{9}$ d) $\frac{1}{5}$ von 4

   $\frac{2}{3}$ von $\frac{1}{9}$ $\frac{3}{4}$ von $\frac{1}{11}$ $\frac{5}{8}$ von $\frac{7}{10}$ $\frac{3}{4}$ von 7

3 Berechne. Kürze vor dem Ausrechnen.

a) $\frac{4}{9} : \frac{1}{6}$ $\frac{3}{8} : \frac{6}{12}$ $\frac{5}{12} : \frac{5}{8}$ $\frac{3}{11} : \frac{9}{22}$

b) $\frac{8}{9} : \frac{1}{3}$ $\frac{10}{24} : \frac{5}{12}$ $\frac{35}{32} : \frac{7}{8}$ $\frac{49}{33} : \frac{7}{22}$

c) $\frac{3}{10} : 9$ $\frac{8}{9} : 4$ $24 : \frac{8}{9}$ $36 : \frac{9}{11}$

4 Multipliziere im Kopf.

a) $0,6 \cdot 4$ b) $3,5 \cdot 2$ c) $0,7 \cdot 11$
   $0,4 \cdot 7$ $1,5 \cdot 5$ $0,8 \cdot 10$
   $0,5 \cdot 9$ $5,5 \cdot 6$ $0,25 \cdot 2$

d) $0,6 \cdot 0,4$ e) $0,06 \cdot 0,7$ f) $0,005 \cdot 0,3$
   $0,7 \cdot 0,9$ $0,07 \cdot 0,7$ $0,002 \cdot 0,14$
   $0,9 \cdot 0,8$ $0,12 \cdot 0,3$ $0,012 \cdot 0,5$

5 Multipliziere schriftlich.

a) $4,8 \cdot 7$ b) $3,87 \cdot 8$ c) $3,75 \cdot 18$
   $7,9 \cdot 8$ $9,64 \cdot 9$ $4,78 \cdot 34$
   $5,8 \cdot 5$ $7,09 \cdot 9$ $6,98 \cdot 87$

6 Berechne im Kopf.

a) $37,5 : 10$ b) $233,8 : 100$ c) $23,82 : 1000$
   $2,89 : 10$ $7,679 : 100$ $5,97 : 1000$
   $2,36 : 10$ $65,861 : 100$ $0,64 : 1000$
   $0,4 : 10$ $0,096 : 100$ $0,089 : 1000$

7 Dividiere schriftlich.

a) $2,415 : 0,7$ b) $0,6175 : 0,25$ c) $0,574 : 0,07$
   $9,072 : 0,4$ $13,5 : 0,9$ $0,708 : 1,2$
   $0,0832 : 0,2$ $0,0267 : 0,01$ $0,0345 : 0,015$

8 Bestimme den Platzhalter.

a) $2,44 : \square = 6,1$ b) $\square : 1,2 = 48,2$
   $0,184 : \square = 0,08$ $\square : 0,8 = 0,31$
   $6,93 : \square = 23,1$ $\square : 1,1 = 2,7$

Multiplizieren von Brüchen

$$\frac{3}{8} \cdot \frac{4}{9} = \frac{\overset{1}{\cancel{3}} \cdot \overset{1}{\cancel{4}}}{\underset{2}{\cancel{8}} \cdot \underset{3}{\cancel{9}}} = \frac{1}{6}$$

$$\frac{2}{11} \cdot 3 = \frac{2 \cdot 3}{11 \cdot 1} = \frac{6}{11}$$

Bruchteile berechnen

$\frac{2}{3}$ von $\frac{4}{5}$ sind ■ $\frac{2}{3} \cdot \frac{4}{5} = \frac{2 \cdot 4}{3 \cdot 5} = \frac{8}{15}$

$\frac{2}{3}$ von $\frac{4}{5}$ sind $\frac{8}{15}$

Dividieren von Brüchen

$$\frac{4}{5} : \frac{7}{15} = \frac{4 \cdot \overset{3}{\cancel{15}}}{\underset{1}{\cancel{5}} \cdot 7} = \frac{12}{7} = 1\frac{5}{7}$$

$$\frac{3}{4} : 7 = \frac{3 \cdot 1}{4 \cdot 7} = \frac{3}{28}$$

Wir dividieren durch einen Bruch, indem wir mit seinem Kehrwert multiplizieren.

Multiplizieren von Dezimalzahlen

$0,057 \cdot 0,79 = $ ■

	3 Stellen				2 Stellen	
0,	0	5	7 · 0,	7	9	
				3	9	9
			5	1	3	
			1	1		
0,	0	4	5	0	3	
		5 Stellen				

$0,057 \cdot 0,79 = 0,04503$

Dividieren von Dezimalzahlen

Bei beiden Zahlen wird das Komma um so viele Stellen nach rechts verschoben, dass die zweite Zahl eine ganze Zahl wird.

$1,911 : 0,13 = $ ■

$191,1 : 13 = 14,7$
$\underline{13}$
 61
 $\underline{52}$ Beim Überschreiten des
  91 Kommas wird im Ergeb-
  $\underline{91}$ nis das Komma gesetzt.
   0

$1,911 : 0,13 = 14,7$

Ganze und rationale Zahlen

Auf der **Zahlengeraden** lassen sich **ganze** und **rationale Zahlen** darstellen.

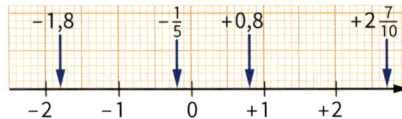

Zahlen wie $+5$; -3; $+2$; -44; 0; -19 sind **ganze Zahlen**.
Zahlen wie $+5$; $-0{,}85$; $-\frac{4}{7}$; $+2{,}6$; $-11\frac{2}{3}$ sind **rationale Zahlen**.

Zu der Menge der **rationalen Zahlen Q** gehören die **positiven rationalen Zahlen**, die **negativen rationalen Zahlen** und die **Null**.

Die ganzen Zahlen ($\mathbb{Z}$) sind eine **Teilmenge** der rationalen Zahlen ($\mathbb{Q}$).

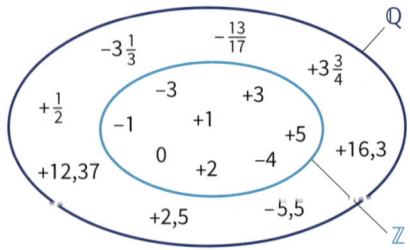

Oft wird auf das **Vorzeichen** Plus ($+$) verzichtet und statt z. B. $+4$ nur 4 geschrieben.

Auf der Zahlengeraden liegt von zwei Zahlen die kleinere Zahl links und die größere Zahl rechts.

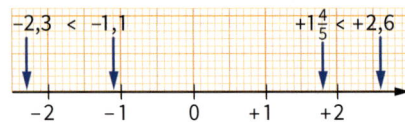

Der **Abstand** einer Zahl **von Null** heißt **Betrag**.
$|-5| = 5$ *Lies:* Der Betrag von -5 ist 5.

Zwei Zahlen mit **gleichem Abstand** von Null und verschiedenen Vorzeichen heißen **entgegengesetzte Zahlen** oder **Gegenzahlen**.

1 Lies die markierten Zahlen ab.

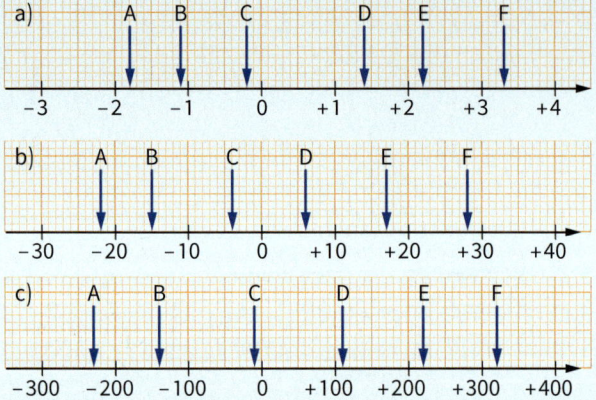

2 Trage die Zahlen auf einer Zahlengeraden ein.
a) $+4{,}5$; -3; $-2{,}5$; $+4$; $-0{,}5$; -4; $-3{,}5$; $-5{,}5$
b) -14; $+5$; $+12$; -7; -10; $+4{,}5$; $+9{,}5$; $-12{,}5$
c) $+0{,}6$; $-1{,}8$; $+1{,}7$; $-0{,}9$; $-1{,}6$; $+0{,}3$; $-2{,}5$

3 a) Nenne alle ganzen Zahlen zwischen 2 und 9 (-4 und 2, 11 und -2).
b) Nenne fünf rationale Zahlen zwischen 0 und -7 (-8 und 6, $-3{,}5$ und $-3{,}4$).
c) Nenne alle negativen ganzen Zahlen, die größer als -6 sind.
d) Nenne fünf rationale Zahlen, die negativ sind und nicht zu den ganzen Zahlen gehören.

4 Kleiner, größer oder gleich ($<$, $>$, $=$)?

a) $+6 \;\square\; +4$
   $+7 \;\square\; -4$

b) $+11 \;\square\; -23$
   $-\;5 \;\square\; -\;6$

c) $-3 \;\square\; +3$
   $-7 \;\square\; -9$

d) $-3{,}5 \;\square\; -3{,}6$
   $-0{,}8 \;\square\; -0{,}08$

e) $+5{,}7 \;\square\; +5{,}5$
   $+2{,}1 \;\square\; +1{,}2$

f) $+8{,}1 \;\square\; +8{,}01$
   $-2 \;\square\; -2{,}0$

g) $-2{,}01 \;\square\; -1{,}9$
   $-0{,}7 \;\square\; -0{,}07$

h) $1{,}89 \;\square\; 1{,}889$
   $-1{,}1 \;\square\; -1{,}09$

i) $2{,}303 \;\square\; 2{,}033$
   $2{,}010 \;\square\; 2{,}01$

5 Ordne die Zahlen in einer Ungleichheitskette mithilfe des $<$-Zeichens.
a) -11; $+25$; 0; -8; $+4$; $+18$; -14; $+2$; -16
b) $-5{,}8$; $6{,}9$; $-6{,}9$; $-6{,}09$; $7{,}1$; $7{,}01$; $7{,}001$
c) $2\frac{2}{3}$; $-3\frac{1}{5}$; $2{,}5$; $-3{,}6$; $1\frac{1}{2}$; $1{,}1$; $1\frac{1}{4}$

6 Bestimme jeweils Betrag und Gegenzahl.
a) 11; -711; -14; 0; $-2\frac{1}{2}$; $3\frac{1}{3}$; $-0{,}23$
b) $-0{,}06$; $\frac{1}{6}$; $10{,}3$; $16\frac{1}{4}$; 254; -789; $\frac{3}{8}$

Rechnen mit rationalen Zahlen

1 Berechne.

a) $(-4,5)+(-3,8)$
  $(+4,9)+(+1,6)$
  $(-3,6)+(-4,6)$

b) $(-9,7)+(-5,3)$
  $(+10,1)+(+1,1)$
  $(-0,8)+(+0,09)$

2 Berechne.

a) $15+35$
  $-27+38$
  $14-55$

b) $-48-22$
  $-31+29$
  $75-18$

c) $-88-47$
  $-79+95$
  $79-95$

d) $-2,5-9$
  $-1,1+4,4$
  $3,5+6,8$

e) $8,1+2,9$
  $6,3-1,8$
  $-2,6+2,7$

f) $-3,8-7,2$
  $-1,7-2,4$
  $4,9-5,7$

g) $\frac{1}{4}-\frac{1}{2}$

  $-\frac{2}{3}+\frac{3}{4}$

h) $-\frac{3}{4}+\frac{1}{2}$

  $\frac{7}{8}-\frac{1}{4}$

i) $-\frac{6}{12}-\frac{9}{18}$

  $\frac{5}{15}-\frac{4}{12}$

3 Berechne.

a) $(+25)\cdot(+8)$
  $(-17)\cdot(-5)$
  $(-8)\cdot(+12)$
  $(+26)\cdot(-8)$

b) $(+7,5)\cdot(+9)$
  $(+1,4)\cdot(-2)$
  $(-1,1)\cdot(+8)$
  $(-2,2)\cdot(-11)$

4 Berechne.

a) $(+81):(+3)$
  $(-49):(-7)$
  $(+104):(-52)$
  $(-225):(+15)$

b) $(-2,8):(+4)$
  $(+7,5):(-2,5)$
  $(+8,8):(+2)$
  $(-6,9):(0,3)$

5 Berechne.

a) $-90:15$
  $144:(-12)$
  $12,8\cdot(-3)$
  $-6,4\cdot4,0$

b) $32:(-8)$
  $-45:(-0,9)$
  $7,2\cdot(-5)$
  $-14,5\cdot(-4)$

6 Berechne. Beachte die Regel „Punkt- vor Strichrechnung".

a) $80+(-5)\cdot2$
  $80-(-5)\cdot2$
  $-80+(-5)\cdot(-2)$

b) $6,2+(-5,8):2$
  $6,7-5,2:(-2)-1$
  $4,6:(-2)-5\cdot8,2$

7 Berechne. Achte auf die Klammern.

a) $100-(20-30)$
  $100-(-20-30)$

b) $-5,2\cdot(2,3-0,3)$
  $13,5:(5-6,5)$

8 a) Subtrahiere das Produkt aus $-5,2$ und 12 von der Zahl 50.
b) Dividiere die Summe aus 20 und -12 durch die Differenz dieser beiden Zahlen.

18 Kiwis kosten 3,42 €.

Anzahl ⟶ Preis

Anzahl	Preis (€)
18	3,42
36	6,84
54	10,26
18	3,42
9	1,71
6	1,14

doppelte Anzahl ➝ **doppelter** Preis
dreifache Anzahl ➝ **dreifacher** Preis

Hälfte d. Anzahl ➝ **Hälfte** d. Preises
Drittel d. Anzahl ➝ **Drittel** d. Preises

Diese Zuordnung ist **direkt proportional**.

Dreisatz

Wie viel kosten 7 Kiwis?

Anzahl	Preis (€)
18	3,42
1	0,19
7	1,33

18 Kiwis kosten 3,42 €.
1 Kiwi kostet 3,42 € : 18 = 0,19 €.
7 Kiwis kosten 0,19 € · 7 = 1,33 €.

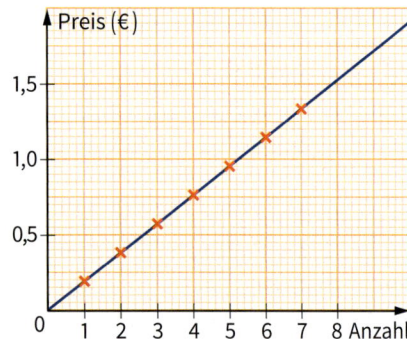

Bei einer direkt proportionalen Zuordnung liegen die Punkte im Koordinatensystem auf einer Geraden durch den Ursprung.

1 Die folgenden Zuordnungen sind direkt proportional. Berechne die fehlenden Werte.

a)
kg	€
4	35,84
2	
8	

b)
kg	€
3	14,97
6	
9	

c)
l	km
2	15
4	
6	
1	

d)
l	km
8	128
4	
2	
1	

e)
kg	€
2,5	17,45
1	
3,5	

f)
l	km
44	1012
1	
10,8	

2 Für 25 DVD-Rohlinge bezahlen Pia und Leonie im Medienmarkt 14,90 €. Pia nimmt 10, Leonie 15 Rohlinge. Wie viel Euro muss jede bezahlen?

3 Mandy legt mit ihrem Fahrrad eine Strecke von 6,4 km in 32 Minuten zurück. Wie weit fährt sie bei gleicher Durchschnittsgeschwindigkeit in 8 (16; 48) Minuten?

4 Kevin möchte für den Urlaub in der Schweiz 50 € in Franken einwechseln. Sein Vater erhielt für 320 € auf der Bank 483,20 Franken. Wie viele Franken bekommt Kevin?

5 500 g Rindfleisch kosten beim Schlachter 16,50 €. Frau Hechler kauft ein Stück Fleisch, das 600 g wiegt. Wie viel Euro muss sie dafür bezahlen?

6 Für das Sportabzeichen muss Lisa 1000 m in 4 min 30 s laufen. Wie viel Zeit hat sie durchschnittlich für eine Runde zur Verfügung? (Länge einer Runde: 400 m)

7 16 dm³ Marmor haben eine Masse von 40 kg.
a) Trage das Zahlenpaar als Punkt in ein Koordinatensystem ein (x-Achse: 1 cm ≙ 1 dm³, y-Achse: 1 cm ≙ 4 kg). Zeichne durch den Punkt die zugehörige Ursprungsgerade.
b) Bestimme anhand der Geraden die Masse von 12 dm³ (2 dm³; 6 dm³; 10 dm³; 14 dm³) Marmor. Trage die Ergebnisse in eine Tabelle ein.

8 20 Hefte kosten 9 €. Trage das Zahlenpaar als Punkt in ein Koordinatensystem ein und zeichne durch den Punkt die zugehörige Ursprungsgerade.
Bestimme anhand der Geraden den Preis für 11 (13, 4) Hefte. Überprüfe deine Ergebnisse durch eine Rechnung.

Indirekt proportionale Zuordnungen

1 Die folgenden Zuordnungen sind indirekt proportional. Berechne die fehlenden Werte.

a)
Anzahl	Tage
2	180
6	
12	
18	

b)
Anzahl	Tage
18	5
45	
9	
4	

c)
Anzahl	Tage
16	14
8	
2	
1	

d)
cm	cm
12	24
24	
60	
1	

e)
cm	cm
26,8	22,5
1	
60	

f)
cm	cm
156,4	90,0
1	
80,0	

2 Eine Busreise kostet für eine Gruppe von 48 Personen 50 € pro Person. Sechs Personen fallen am Abreisetag wegen Krankheit aus. Wie viel Euro muss nun jeder Teilnehmer zahlen?

3 Du kannst eine Rolle Klebestreifen in 120 Streifen von je 5 cm Länge schneiden. Wie viele Streifen erhältst du, wenn jeder Streifen 20 cm lang werden soll?

4 Familie Lange plant ihren Sommerurlaub. Wenn die täglichen Kosten 90 € betragen, reicht das gesparte Urlaubsgeld für 14 Tage. Wie viel Euro darf Familie Lange täglich ausgeben, wenn sie drei Wochen in Urlaub fahren wollen?

5 Frau Heuer fährt mit ihrem Auto an die Ostsee. Sie braucht dazu bei einer Durchschnittsgeschwindigkeit von 80 $\frac{km}{h}$ eine Zeit von 2 h 30 min. Wie lange braucht sie für die gleiche Strecke bei einer Durchschnittsgeschwindigkeit von 100 $\frac{km}{h}$?

6 Bei einem Benzinverbrauch von sechs Liter auf 100 km kann Frau Remus mit einer Tankfüllung 700 km fahren. Bei der Fahrweise ihrer Tochter Nina verbraucht das Auto acht Liter auf 100 km. Wie weit kommt Nina mit einer Tankfüllung?

7 Bei der Planung einer Klassenfahrt sind für die Mädchen drei Vierbettzimmer vorgesehen. Bei der Ankunft stellt sich heraus, dass nur Dreibettzimmer zur Verfügung stehen. Wie viele Zimmer werden für die Mädchen jetzt gebraucht?

Eine Rolle Schnur lässt sich in sechs jeweils 1,20 m lange Stücke zerschneiden.

Anzahl ⟶ Länge pro Stück

Anzahl	Länge (m)
6	1,20
3	2,40
2	3,60

Anzahl	Länge (m)
6	1,20
12	0,60
18	0,40

Hälfte d. Anzahl → **doppelte** Länge
Drittel d. Anzahl → **dreifache** Länge

doppelte Anzahl → **Hälfte** d. Länge
dreifache Anzahl → **Drittel** d. Länge

Diese Zuordnung ist **indirekt proportional**.

Dreisatz

Wie lang ist jedes Stück bei fünf gleich langen Stücken?

Anzahl	Länge (m)
6	1,20
1	7,20
5	1,44

Bei sechs Stücken hat jedes eine Länge von 1,20 m.
Die ganze Schnur hat eine Länge von 6 · 1,20 m = 7,20 m.
Bei fünf Stücken hat jedes eine Länge von 7,20 m : 5 = 1,44 m.

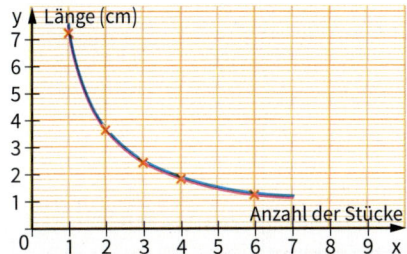

Bei einer indirekt proportionalen Zuordnung liegen die Punkte auf einer Hyperbel.

Anteile

Der Anteil an einer Gesamtgröße wird häufig als Hundertstelbruch angegeben.

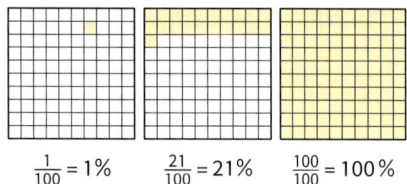

$\frac{1}{100} = 1\%$ $\frac{21}{100} = 21\%$ $\frac{100}{100} = 100\%$

Ein Hundertstel einer Gesamtgröße wird **Prozent** genannt.

Flächenanteile können als Brüche oder in Prozent angegeben werden.

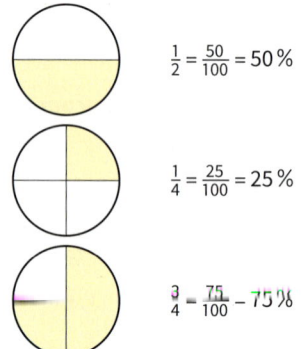

$\frac{1}{2} = \frac{50}{100} = 50\%$

$\frac{1}{4} = \frac{25}{100} = 25\%$

$\frac{3}{4} = \frac{75}{100} = 75\%$

Brüche und Prozentangaben, die häufig vorkommen:

$\frac{1}{2} = 50\%$ $\frac{1}{4} = 25\%$ $\frac{3}{4} = 75\%$

$\frac{1}{3} = 33\frac{1}{3}\%$ $\frac{1}{5} = 20\%$ $\frac{1}{10} = 10\%$

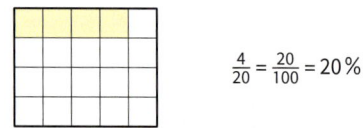

$\frac{4}{20} = \frac{20}{100} = 20\%$

$1,2 = 1,20 = \frac{120}{100} = 120\%$

---

1 Gib den Anteil der farbigen Felder als Hundertstelbruch und in Prozent an.

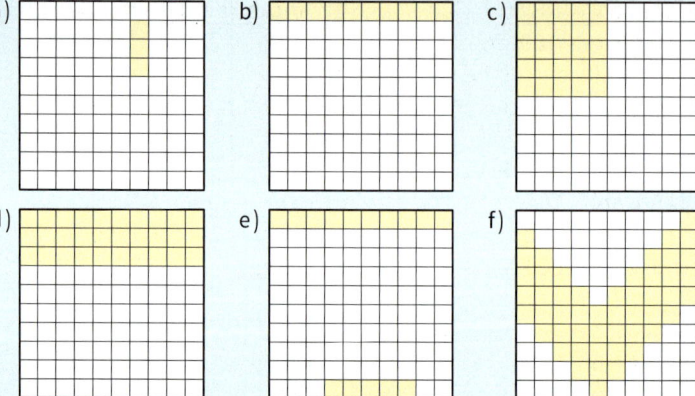

2 Gib den Anteil der farbigen Fläche als Bruch, als Hundertstelbruch und in Prozent an.

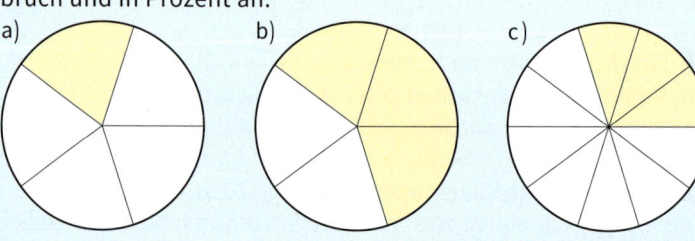

3 Zeichne ein Quadrat mit hundert Rechenkästchen in dein Heft. Färbe den angegebenen Anteil und gib ihn in Prozent an.

a) $\frac{1}{5}$ b) $\frac{1}{25}$ c) $\frac{2}{20}$ d) $\frac{6}{8}$

4 Zeichne ein Rechteck mit der Länge 5 cm und der Breite 3 cm in dein Heft. Färbe den angegebenen Prozentsatz blau.

a) 25 %   b) 75 %   c) 10 %   d) 40 %   e) 33,$\overline{3}$ %

5 Gib den Anteil der farbigen Fläche in Prozent an.

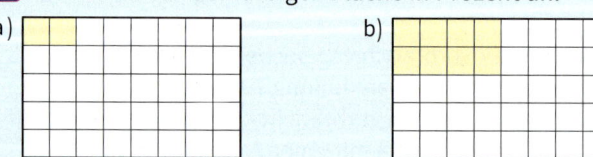

6 Gib als Bruch und als Dezimalzahl an.

a)	b)	c)	d)	e)
20 %	5 %	15 %	45 %	8 %
30 %	20 %	25 %	4 %	16 %
75 %	40 %	50 %	2 %	32 %

7 Schreibe in Prozent.

a)	b)	c)	d)
0,6	0,05	0,11	0,12
0,2	1	0,44	0,89
0,1	0,95	0,04	0,99

Grundaufgaben der Prozentrechnung und Promillerechnung

1 Grundwert, Prozentwert, Prozentsatz: Welche Werte sind gegeben? Welcher Wert ist gesucht?
a) 4 % von 900 Schülerinnen und Schülern kommen mit dem Motorroller zur Schule.
b) 9 von 60 Lehrerinnen und Lehrern sind krank.
c) In einer Wurst sind 75 g Fett. Der Fettgehalt beträgt 25 %.

2 Berechne den Prozentwert.
a) 25 % von 200 € b) 15 % von 300 € c) 8 % von 2,50 €
   10 % von 80 m   75 % von 280 m   35 % von 2,40 m
    5 % von 200 kg   4 % von 840 kg   95 % von 350 kg

3 Berechne den Grundwert.
a) 30 % sind 210 € b) 7 % sind 14 €
   60 % sind 72 €   19 % sind 76 €
   75 % sind 4,20 €   99 % sind 297 €

4 Berechne jeweils den Prozentsatz.
a) 15 g von 300 g b) 2,34 € von 2,60 €
   30 € von 120 €   700 € von 2000 €
   90 m von 150 m   10 ct von 20 €

5 Der Reinerlös eines Schulfestes betrug 1840 €. Für die Gestaltung der neuen Aula sind 65 % des Betrages vorgesehen.

6 Bei einem Handballspiel waren 80 % der Plätze in der Halle besetzt. Es wurden 360 Zuschauer gezählt. Wie viele Zuschauer fasst die Halle?

7 Bei einer Klassenarbeit haben von 30 Schülerinnen und Schülern 9 Schüler die Note „ausreichend" bekommen. Wie viel Prozent sind das?

8 Max trinkt 2,5 l Milch mit einem Fettgehalt von 3,5 %. Wie viel Gramm Fett hat er zu sich genommen, wenn ein Liter Milch 1000 Gramm wiegt?

9 Von 800 Schülerinnen und Schülern sind 440 Mädchen. Berechne den Prozentsatz.

10 Felix hat eine Taschengelderhöhung von 20 % erhalten. Er bekommt jetzt monatlich fünf Euro mehr. Wie hoch war sein Taschengeld vorher?

11 Von den 160 Schülerinnen und Schülern eines 8. Jahrgangs haben 32 Naturwissenschaften, 40 Technik, 16 Französisch, 40 Hauswirtschaft, 10 Darstellen und Gestalten und 22 Spanisch gewählt.

12 Berechne: 4 ‰ von 30 l   2,5 ‰ von 5 t   0,8 ‰ von 80 kg

In der Prozentrechnung werden folgende Begriffe verwendet:
Grundwert (G)
Prozentwert (W)
Prozentsatz (p %)
Der Grundwert entspricht immer 100 %.

Prozentwert gesucht

35 % von 250 kg = ▪ kg $\frac{W}{G} = \frac{p}{100}$

%	Masse (kg)
100	250
1	2,5
35	87,5

:100, :100, ·35, ·35

$W = \frac{G \cdot p}{100}$

$W = \frac{250\ kg \cdot 35}{100}$

$W = 87,5\ kg$

Der Prozentwert beträgt 87,5 kg.

Grundwert gesucht

30 % ≙ 120 €   100 % ≙ ▪ €

%	Betrag (€)
30	120
1	4
100	400

:30, :30, ·100, ·100

$G = \frac{W \cdot 100}{p}$

$G = \frac{120\ € \cdot 100}{30}$

$G = 400\ €$

Der Grundwert beträgt 400 €.

Prozentsatz gesucht

18 m sind ▪ von 120 m

Strecke (m)	%
120	100
1	0,8$\overline{3}$
18	15

:120, :120, ·18, ·18

$p = \frac{W \cdot 100}{G}$

$p = \frac{18 \cdot 100}{120}$

$p = 15$

Der Prozentsatz beträgt 15 %.

Ein Tausendstel einer Gesamtgröße wird **Promille** genannt.

$\frac{1}{1000} = 1\ ‰$

$0,001 = 1\ ‰$

Prozentuale Zu- und Abnahme

Prozentuale Abnahme

Der Preis für ein 80 € teures Kleid wird um 30 % reduziert. Wie teuer ist das Kleid nach der Reduzierung?

80 €
≙ 100 %

alter Preis

56 €	24 €
≙ 70 %	≙ 30 %

reduzierter Preis   Ermäßigung

1. Lösungsweg:
30 % von 80 € sind 24 €.
80 € – 24 € = 56 €

2. Lösungsweg:
Prozentsatz: 100 % – 30 % = 70 %
70 % von 80 € sind 56 €

Prozentuale Zunahme

Herr Dickmann ist in einem Jahr 20 % schwerer geworden. Sein altes Gewicht betrug 70 kg. Wie schwer ist er jetzt?

70 kg	14 kg
≙ 100 %	≙ 20 %

altes Gewicht   Zunahme

84 kg
≙ 120 %

erhöhtes Gewicht

1. Lösungsweg:
20 % von 70 kg sind 14 kg.
70 kg + 14 kg = 84 kg

2. Lösungsweg:
Prozentsatz: 100 % + 20 % = 120 %
120 % von 70 kg sind 84 kg

1 Eine Jacke kostet 69 €. Vivian erhält 10 % Rabatt.
a) Wie viel Euro kann Vivian sparen?
b) Berechne den neuen Verkaufspreis.

2 Berechne den ermäßigten Preis.

	alter Preis	Rabatt		alter Preis	Rabatt
a)	500 €	10 %	e)	550 €	8 %
b)	90 €	15 %	f)	420 €	5 %
c)	200 €	12 %	g)	358 €	20 %
d)	80 €	8 %	h)	225 €	3 %

3 Familie Alsdorf konnte ihren Stromverbrauch in diesem Jahr um 14 % reduzieren. Im vergangenen Jahr verbrauchte die Familie 5560 Kilowattstunden.

4 Holzhändler Brinkmann gewährt bei Zahlung innerhalb einer Woche einen Rabatt von 2 % (Skonto). Berechne, was die Kunden bezahlen müssen, wenn sie innerhalb einer Woche bezahlen. Rechnungssumme: a) 4230,30 €   b) 2340,20 €   c) 1240 €

5 Ein Mantel kostet 160 €. Der Preis wird um ein Zehntel (Fünftel, Achtel, Viertel) reduziert.
a) Wie viel Prozent beträgt die Preissenkung?
b) Berechne den neuen Preis für den Mantel.

6 Ein Automobilhersteller erhöht den Preis für alle Modelle im neuen Jahr um 2,5 %. Das Basismodell kostete bisher 12 450 €.

7 Berechne den erhöhten Preis.

	alter Preis	Erhöhung		alter Preis	Erhöhung
a)	400 €	10 %	e)	450 €	8 %
b)	60 €	15 %	f)	302 €	5 %
c)	300 €	12 %	g)	34 €	20 %
d)	70 €	8 %	h)	12 €	3 %

8 Nach zehn Jahren erhöht Herr Hermann zum ersten Mal die Miete um 8 %. Sein Mieter musste bis jetzt 472 € zahlen.

9 Frau Petersdorf kann die Waren für ihr Geschäft im Großhandel einkaufen. Zu den Angaben auf den Preisschildern muss sie noch 19 % Mehrwertsteuer hinzurechnen. Was muss sie an der Kasse des Großhandels bezahlen, wenn 15 Hosen für je 30 € und 10 Pullover für je 20 € im Einkaufswagen liegen?

10 Philip erhält monatlich 20 € Taschengeld. Sein Vater fragt ihn: „Soll ich dein Taschengeld um 5 % erhöhen oder dir pro Jahr 10 € mehr geben?"

Prozentuale Veränderungen

1 Frau Goliasch muss für ihren Neuwagen 14 352 € bezahlen. Der Händler hat ihr einen Rabatt von 8 % gewährt. Wie hoch ist der Listenpreis des Autos?

2 Berechne den alten Preis.

	neuer Preis	Erhöhung		neuer Preis	Ermäßigung
a)	126,00 €	5 %	e)	84,60 €	6 %
b)	100,00 €	25 %	f)	105,60 €	4 %
c)	69,00 €	15 %	g)	3,92 €	30 %
d)	180,00 €	20 %	h)	48,25 €	3,5 %

3 Herr Vogt verkauft sein 4 Jahre altes Auto für 12 025€. Das sind 65 % des Neupreises.
a) Wie teuer war der Neuwagen?
b) Wie hoch ist der Wertverlust?

4 Ein Handballverein konnte die Zahl der Mitglieder um 8 % steigern und hat jetzt 270 Mitglieder. Wie viele waren es vorher?

5 Berechne die fehlenden Werte.

	alter Preis	Erhöhung in %	Erhöhung in Euro	neuer Preis
a)	■	5 %	■	157,50 €
b)	40,00 €	■	■	41,00 €
c)	56,00 €	15 %	■	■
d)	■	■	30,00 €	180,00 €
e)	■	8 %	20,00 €	■

6 Nach einer Mieterhöhung um 5 % muss Herr Schewe 22,50 € mehr bezahlen. Wie hoch war die Miete vorher?

7 Ein Maler stellt folgende Artikel in Rechnung:
Farbe für 82 €, Tapeten für 120 €, Pinsel für 28 €. Zu diesen Nettopreisen addiert er noch 19 % Mehrwertsteuer. Was muss der Kunde zahlen?

8 Ein Fahrrad kostet inklusive Mehrwertsteuer (19 %) 333,20 €. Berechne die Mehrwertsteuer.

9 Ein Plasmafernseher kostet ohne Mehrwertsteuer 620 €. Berechne die Mehrwertsteuer (19 %).

10 Ein Händler muss 1064 € Mehrwertsteuer an das Finanzamt abführen. Wie hoch war sein Bruttoumsatz, wenn der Mehrwertsteuerprozentsatz 19 % beträgt?

Prozentuale Veränderungen

Ein Paar Schuhe kostet nach einer Preisreduzierung um 40 % noch 57 €. Wie teuer waren die Schuhe vorher?

$$100\,\% - 40\,\% = 60\,\%$$
$$60\,\% \longrightarrow 57\,€$$
$$1\,\% \longrightarrow \frac{57}{60}\,€$$
$$100\,\% \longrightarrow \frac{57 \cdot 100}{60}\,€$$
$$100\,\% \longrightarrow 95\,€$$

Die Schuhe kosteten vorher 95 €.

Frau Salzburger bekommt eine Lohnerhöhung von 4 %. Das sind 118 € mehr im Monat. Wie viel hat Frau Salzburger vorher verdient? Wie viel verdient sie jetzt?

Erhöhung ≙ 4 %
Verdienst vorher ≙ 100 %
Verdienst nachher ≙ 104 %

$$4\,\% \longrightarrow 118\,€$$
$$1\,\% \longrightarrow \frac{118}{4}\,€$$
$$100\,\% \longrightarrow \frac{118 \cdot 100}{4}\,€$$
$$100\,\% \longrightarrow 2\,950\,€$$

Sie hat vorher 2 950 € verdient.
$$104\,\% \longrightarrow 2\,950\,€ + 118\,€ = 3\,068\,€$$
Nach der Lohnerhöhung verdient sie 3 068 €.

Ein Stuhl kostet im Geschäft 89,25 €. Berechne die Mehrwertsteuer (19 %).

89,25 €
≙ 119 %

75 €	14,25 €
≙ 100 %	≙ 19 %

$$119\,\% \longrightarrow 89,25\,€$$
$$1\,\% \longrightarrow \frac{89,25}{119}\,€$$
$$19\,\% \longrightarrow \frac{89,25 \cdot 19}{119}\,€$$
$$19\,\% \longrightarrow 14,25\,€$$

Die MwSt. (19 %) beträgt 14,25 €.

Geometrische Grundbegriffe

Gerade

Eine Gerade hat keinen Anfangs-punkt und keinen Endpunkt. Sie wird mit einem kleinen lateinischen Buchstaben bezeichnet.

Strecke

Eine Strecke ist die kürzeste Verbin-dung zwischen zwei Punkten.
Sie wird durch ihre Endpunkte oder mit einem kleinen lateinischen Buchstaben bezeichnet.

Koordinatensystem

Die waagerechte **x-Achse** und senk-rechte **y-Achse** bilden ein Koordina-tensystem.

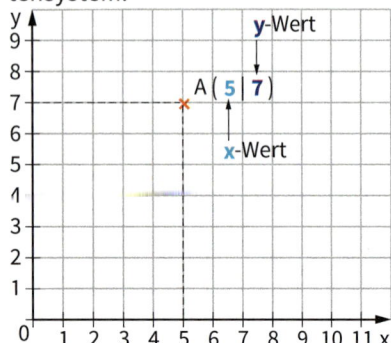

Der Punkt A hat die Koordinaten 5 und 7.   A(5|7)

Die Geraden g und h stehen **senk-recht zueinander,** sie bilden **rechte Winkel.**

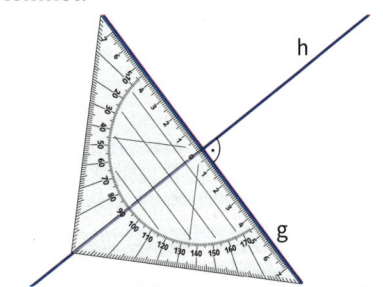

Man schreibt: g ⊥ h
Man sagt: g steht senkrecht zu h

1 a) Zeichne zwei beliebige Geraden, die nicht parallel zuein-ander sind und benenne sie.
b) Zeichne eine Strecke $\overline{AB}$ mit einer Länge von 4,7 cm.

2 Zeichne die Strecken mit den angegebenen Endpunkten in ein Koordinatensystem (Einheit 1 cm) und bestimme ihre Länge.
a) A(1|1); B(4|5)   b) C (5|12); D(10|0)   c) E(3|8); F(10|2)

3 a) Beschreibe die Eigenschaften der im Koordinatensystem abgebildeten Vierecke.
b) Gib jeweils die Koordinaten der Eckpunkte an.

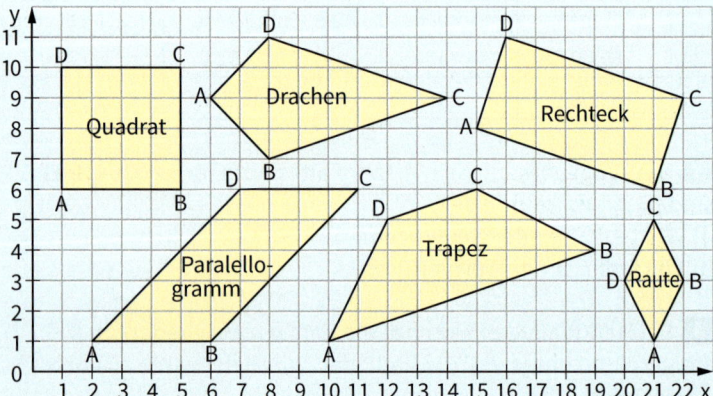

4 Zeichne das Viereck mit den angegebenen Eckpunkten in ein Koordinatensystem (Einheit 0,5 cm).
a) A(0|3) B(4|1) C(8|3) D(4|5)
b) A(2|6) B(8|4) C(9|7) D(6|8)   Welche Figur erhältst du?

5 Überprüfe, welche Geraden senkrecht zueinander stehen.

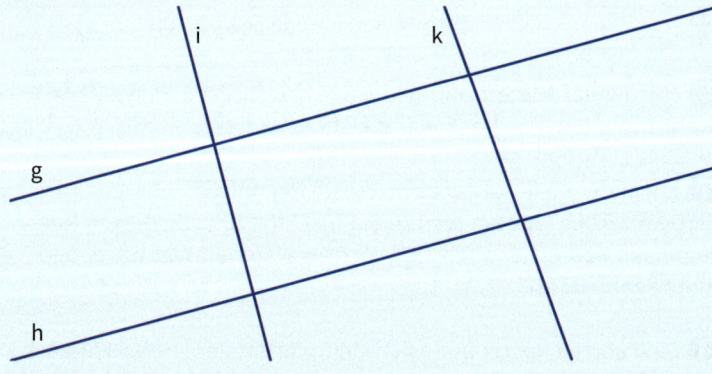

6 Zeichne in einem Koordinatensystem (Einheit 0,5 cm) zur Strecke $\overline{AB}$ eine Senkrechte durch Punkt C.
a) A(2|2) B(4|10) C(7|5)   b) A(1|1) B(9|3) C(6|2)
c) A(1|2) B(9|4) C(4|7)   d) A(1|2) B(7|0) C(4|1)

Längen

1 Wandle in die Einheit um, die in Klammern steht.
a) 5 cm (mm); 55 cm (mm); 11 m (dm); 65 dm (cm); 7 km (m)
b) 60 cm (dm); 30 mm (cm); 60 dm (m); 4 500 cm (m); 14 km (m)

2 Berechne den Umfang der Figur.

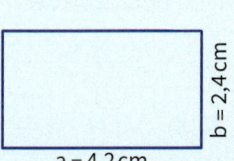  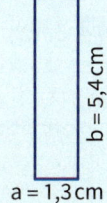

3 Berechne die fehlende Seitenlänge des Rechtecks.

	a)	b)	c)	d)
Seitenlänge a	4 cm	21,50 m	■	1,5 km
Seitenlänge b	■	■	3,7 mm	■
Umfang u	15 cm	56 m	14,6 mm	3,234 km

4 Berechne den Umfang der Figur.

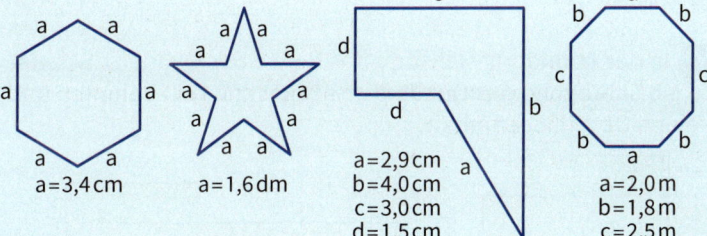

a=3,4cm   a=1,6dm   a=2,9cm   a=2,0m
                      b=4,0cm   b=1,8m
                      c=3,0cm   c=2,5m
                      d=1,5cm

5 Ergänze die Tabelle im Heft. Gib die Ergebnisse in Metern an.

	Maßstab	Länge in der Zeichnung	Länge in der Wirklichkeit
a)	1:100	3 cm	■
b)	1:50	8 cm	■
c)	1:1000	3,2 cm	■
d)	1:2500	35 cm	■

6 Die Entfernung von Bielefeld nach Köln (Luftlinie) beträgt 164 km. Wie groß ist die Entfernung auf einer Karte im Maßstab 1 : 1 000 000?

7 Auf einer Wanderkarte im Maßstab 1 : 25 000 beträgt die Entfernung zweier Orte 12 cm.
Wie viele Kilometer sind die Orte in Wirklichkeit voneinander entfernt?

Längeneinheiten

Die Umwandlungszahl für Längeneinheiten ist 10.

$$1 \text{ m} = 10 \text{ dm}$$
$$1 \text{ dm} = 10 \text{ cm}$$
$$1 \text{ cm} = 10 \text{ mm}$$

$$1 \text{ km} = 1000 \text{ m}$$

Umfang eines Rechtecks

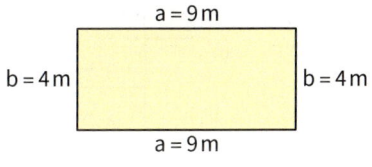

$$u = 9 \text{ m} + 4 \text{ m} + 9 \text{ m} + 4 \text{ m}$$
$$u = 26 \text{ m}$$
oder $\quad u = 2 \cdot 9 \text{ m} + 2 \cdot 4 \text{ m}$
$$u = 26 \text{ m}$$
oder $\quad u = 2 \cdot (9 \text{ m} + 4 \text{ m})$
$$u = 26 \text{ m}$$
$$\mathbf{u = 2a + 2b}$$

Umfang von ebenen Figuren

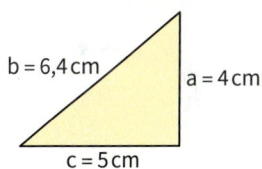

$$u = 4 \text{ cm} + 6,4 \text{ cm} + 5 \text{ cm}$$
$$u = 15,4 \text{ cm}$$
$$\mathbf{u = a + b + c}$$

Maßstab

Der **Maßstab 1 : 100** bedeutet:
1 cm in der Karte entspricht 100 cm in der Wirklichkeit.

1 cm ≙ 100 cm

Länge in der Zeichnung	Länge in der Wirklichkeit
4 cm	4 cm · 100 = 400 cm = 4 m
4 cm ≙ 4 m	

Quader und Würfel

Raumeinheiten

1 m³ = 1000 dm³
      1 dm³ = 1000 cm³
           1 cm³ = 1000 mm³
1 *l* = 1 dm³   1 *l* = 1000 ml (Milliliter)

Quader   Quadernetz

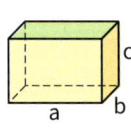 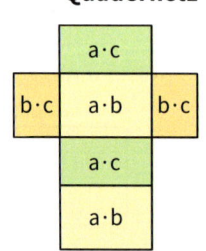

a = 6 cm   b = 3 cm   c = 4 cm

Oberflächeninhalt

$A_O = 2ab + 2bc + 2ac$
$A_O = 2 \cdot 6\,\text{cm} \cdot 3\,\text{cm} + 2 \cdot 3\,\text{cm} \cdot 4\,\text{cm}$
    $+ 2 \cdot 6\,\text{cm} \cdot 4\,\text{cm}$
$A_O = 108\,\text{cm}^2$

Volumen

$V = a \cdot b \cdot c$
$V = 6\,\text{cm} \cdot 3\,\text{cm} \cdot 4\,\text{cm}$
$V = 72\,\text{cm}^3$

Würfel   Würfelnetz

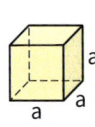 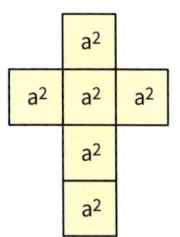

Oberflächeninhalt

$A_O = 6a^2$
$A_O = 6 \cdot (4\,\text{cm})^2$
$A_O = 96\,\text{cm}^2$

Volumen

$V = a^3$
$V = (4\,\text{cm})^3$
$V = 64\,\text{cm}^3$

1 Wandle in die Einheit um, die in Klammern steht.
a) 6 dm³ (cm³)   b) 2 cm³ (mm³)   c) 12 000 cm³ (dm³)
   11 cm³ (mm³)   13 m³ (cm³)   54 000 mm³ (cm³)
   9 m³ (dm³)   21 dm³ (mm³)   120 000 dm³ (m³)
   12 dm³ (*l*)   4000 ml (*l*)   0,5 *l* (ml)

2 Zeichne ein Netz des abgebildeten Quaders. Berechne seinen Oberflächeninhalt und sein Volumen.
a)   b)

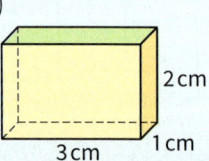 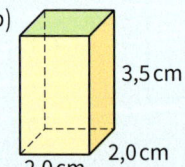

3 Zeichne ein Netz des abgebildeten Würfels. Berechne seinen Oberflächeninhalt und sein Volumen.
a)   b)

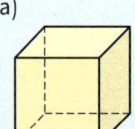 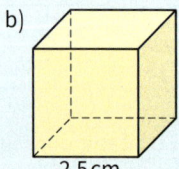

4 In der Abbildung siehst du das Netz eines Quaders. Skizziere ein Schrägbild des Quaders und berechne sein Volumen und seinen Oberflächeninhalt.

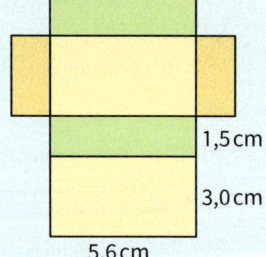 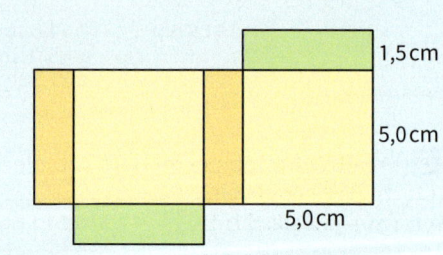

5 Eine quaderförmige Streichholzschachtel ist 5 cm lang, 3,5 cm breit und 1,5 cm hoch. Paul behauptet, dass sie ein Volumen von mehr als 25 000 Kubikmillimetern hat.

6 Die innere Bodenfläche eines Aquariums hat einen Inhalt von 0,48 m². Wie hoch ist das Aquarium (Innenmaß), wenn man bis zum oberen Rand 240 *l* Wasser einfüllen kann?

Ebene Figuren

1 Berechne Flächeninhalt und Umfang des abgebildeten Rechtecks.

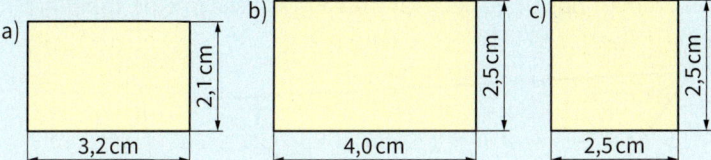

a) 2,1 cm / 3,2 cm
b) 2,5 cm / 4,0 cm
c) 2,5 cm / 2,5 cm

2 Berechne den Flächeninhalt der abgebildeten Figur.

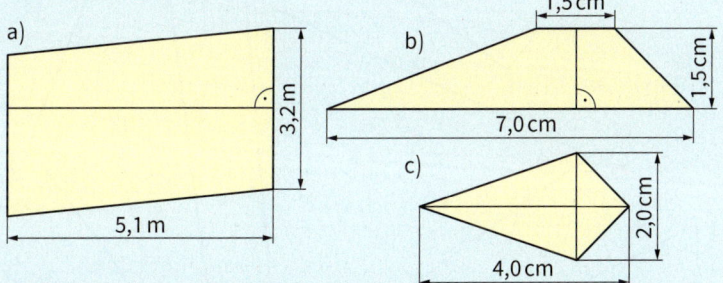

a) 3,2 m / 5,1 m
b) 1,5 cm / 7,0 cm / 1,5 cm
c) 2,0 cm / 4,0 cm

3 Berechne den Flächeninhalt des abgebildeten Dreiecks. Entnimm die dafür notwendigen Längen der Zeichnung.

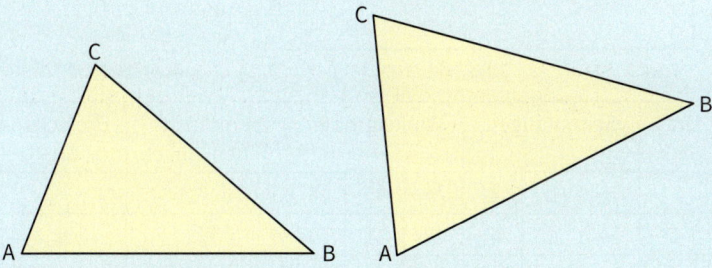

4 Die Grundstücke A, B und C werden jeweils durch einen Weg in zwei Teilflächen zerlegt.
Berechne jeweils die Teilflächen der einzelnen Grundstücke.

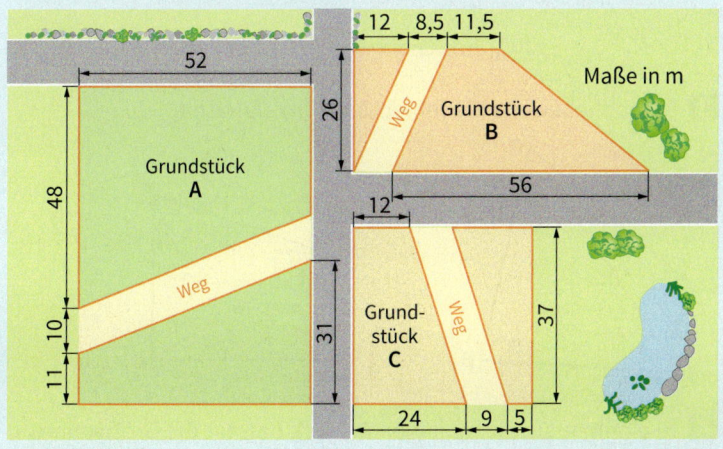

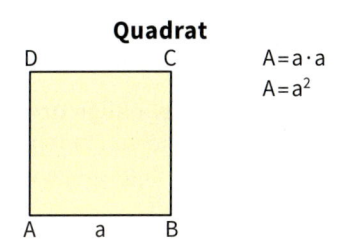

Quadrat

$A = a \cdot a$
$A = a^2$

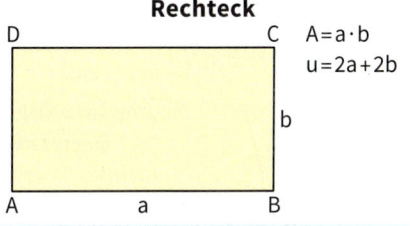

Rechteck

$A = a \cdot b$
$u = 2a + 2b$

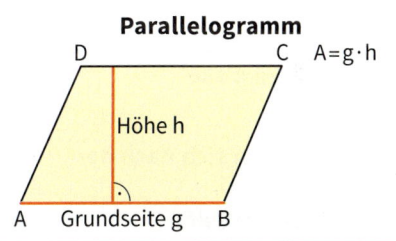

Parallelogramm

$A = g \cdot h$

Höhe h
Grundseite g

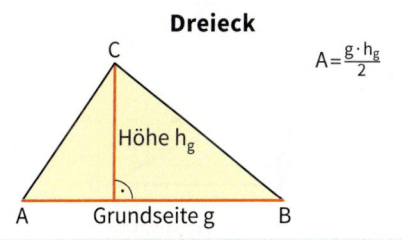

Dreieck

$A = \dfrac{g \cdot h_g}{2}$

Höhe h_g
Grundseite g

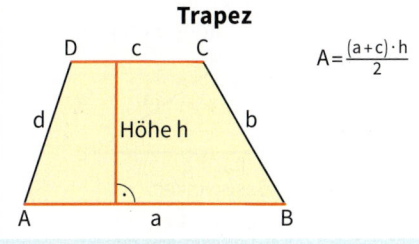

Trapez

$A = \dfrac{(a + c) \cdot h}{2}$

Höhe h

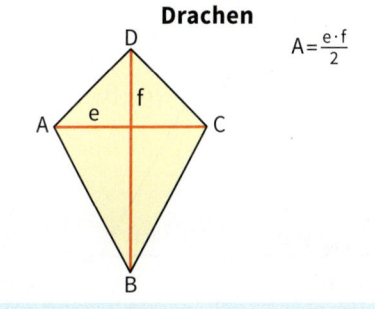

Drachen

$A = \dfrac{e \cdot f}{2}$

Dreiecke

Dreiecke lassen sich nach der Größe ihrer Innenwinkel einteilen.

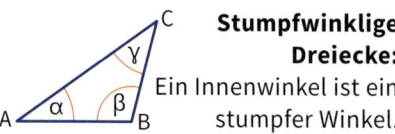

Spitzwinklige Dreiecke:
Alle drei Innenwinkel sind spitze Winkel.

Rechtwinklige Dreiecke:
Ein Innenwinkel ist ein rechter Winkel.

Stumpfwinklige Dreiecke:
Ein Innenwinkel ist ein stumpfer Winkel.

Die **Summe** der **Innenwinkel** eines Dreiecks beträgt **180°**.

Dreiecke lassen sich nach der Länge ihrer Seiten einteilen.

Unregelmäßige Dreiecke:
Alle Seiten sind verschieden lang.

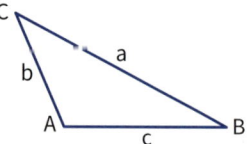

Gleichschenklige Dreiecke:
Zwei Seiten sind gleich lang. Die Basiswinkel sind gleich groß.

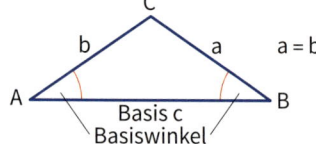

Basis c
Basiswinkel

Gleichseitige Dreiecke:
Alle Seiten sind gleich lang. Alle Innenwinkel haben eine Größe von 60°.

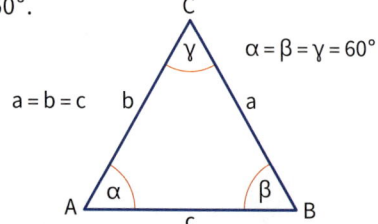

$\alpha = \beta = \gamma = 60°$

1 Miss in den abgebildeten Dreiecken jeweils die Seitenlängen und die Winkelgrößen. Bestimme die Summe der Innenwinkel und die Art des Dreiecks. Trage die Ergebnisse in eine Tabelle ein.

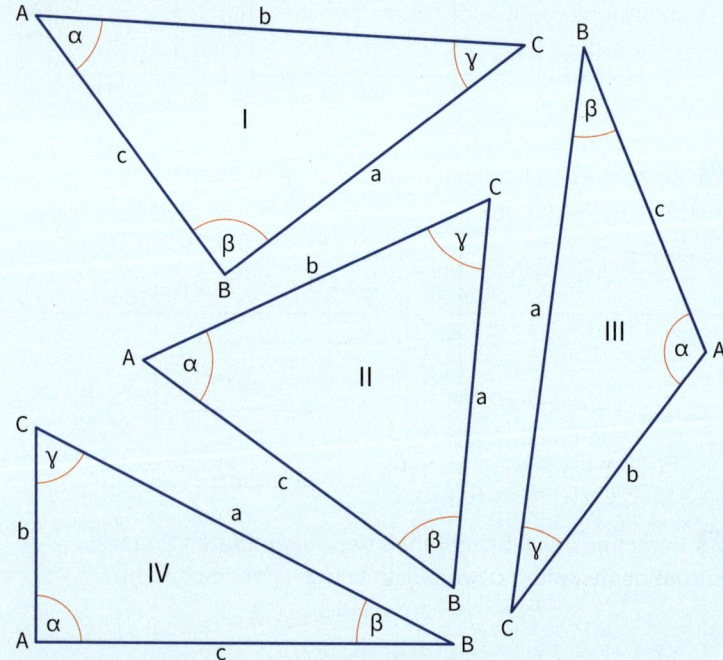

Drei-eck	Seitenlängen			Winkelgrößen			Summe der Innenwinkel	Dreiecks-art
	a	b	c	α	β	γ		
I	▨	▨	▨	▨	▨	▨	▨	▨
II	▨	▨	▨	▨	▨	▨	▨	▨

2 Berechne die Größe des dritten Innenwinkels im Dreieck ABC.
a) $\beta = 45°$ $\gamma = 120°$ b) $\alpha = 37°$ $\beta = 69°$

3 Berechne jeweils die fehlenden Winkelgrößen.

a)   b)

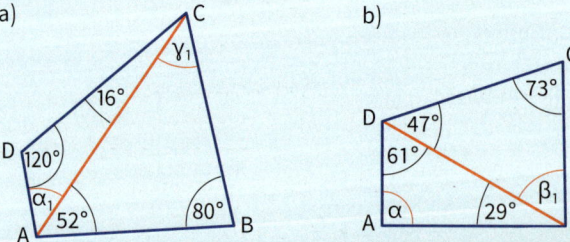

4 In einem gleichschenkligen Dreieck beträgt die Größe eines Basiswinkels 32°. Bestimme die Größe der anderen Winkel.

Daten und Zufall

1 Welche Ergebnisse sind bei folgenden Zufallsexperimenten möglich?
a) Eine Münze wird einmal geworfen.
b) Ein Würfel wird einmal geworfen.
c) Aus einer Urne mit schwarzen und weißen Kugel wird eine Kugel gezogen.
d) Ein Glücksrad mit blauen und roten Feldern wird gedreht.
e) Aus einem Kartenspiel mit 32 Karten wird eine Karte gezogen.

2 Aus der abgebildete Urne wurde zwanzigmal hintereinander eine Kugel gezogen.

Die Farbe wurde notiert und die Kugel wurde wieder zurück gelegt. Die absoluten Häufigkeiten wurden in einer Strichliste notiert und in eine Häufigkeitstabelle eingetragen.

Strichliste

weiß	ℍ∦ IIII
rot	ℍ∦
grün	III
blau	III

Häufigkeitstabelle

Ergebnis	absolute Häufigkeit	relative Häufigkeit
weiß	9	$\frac{9}{20} = \frac{45}{100} = 0{,}45$
rot	5	▨
grün	3	▨
blau	3	▨

Ergänze die Häufigkeitstabelle in deinem Heft.

3 Eine 5-Cent-Münze ist fünfzigmal geworfen worden. Die absoluten Häufigkeiten der Ergebnisse wurden in einer Tabelle notiert.

Ergebnis	absolute Häufigkeit
Bild	28
Zahl	22

a) Berechne die relativen Häufigkeiten als Bruch und als Dezimalzahl.
b) Welche relativen Häufigkeiten erwartest du bei tausend Durchführungen des Zufallsexperiments? Begründe.

Versuche, bei denen sich die Ergebnisse nicht vorhersagen lassen, sondern zufällig zustande kommen, heißen **Zufallsexperimente.**

Zufallsexperiment:

Werfen einer Münze:

Urliste	**Strichliste**
B Z B B Z Z Z B B	Bild: ℍ∦ ℍ∦ II
B B Z Z B Z B Z Z	Zahl: ℍ∦ ℍ∦ III
Z B Z B Z Z Z B	

Häufigkeitstabelle

Ergebnis	absolute Häufigkeit	relative Häufigkeit
Bild	12	$\frac{12}{25} = 0{,}48 = 48\,\%$
Zahl	13	$\frac{13}{25} = 0{,}52 = 52\,\%$

Ergebnisse von Zufallsexperimenten oder Umfragen können in **Urlisten** gesammelt, mit **Strichlisten** geordnet und in einer Häufigkeitstabelle dargestellt werden.
Dabei werden die **relativen H**äufigkeiten der einzelnen Ergebnisse berechnet, indem du die **absoluten H**äufigkeiten durch die Gesamtzahl der Versuche dividierst.

Relative Häufigkeit =

$$\frac{\text{absolute Häufigkeit}}{\text{Gesamtzahl der Versuche}}$$

Der Taschenrechner

Wahl der Eingabelogik

Wähle bei deinem Taschenrechner die „mathematische Eingabelogik". Bei der „mathematischen Eingabelogik" werden Brüche und andere Terme in mathematischer Schreibweise wie im Lehrbuch dargestellt.

Mit der Tastenfolge

erhältst du folgendes Display:

Wähle die **1** für die mathematische Eingabelogik.

Die SD-Taste

Das Ergebnis einer Rechnung kann als Bruch oder als Dezimalzahl angezeigt werden.

Durch Drücken der -Taste kannst du

zwischen den beiden Ergebnisdarstellungen wechseln. Dabei ist die Darstellung als Bruch nicht immer möglich.

Beispiel 1

Beispiel 2

Aufgabe	Tastenkombination	Beschreibung
Wert 2,3 abspeichern	2.3 STO A	2,3 wird in Speicher A gespeichert
Display löschen	AC	Display wird gelöscht
Inhalt von Speicher A zurückholen	RCL A	Im Display erscheint 2.3 (Der Inhalt von Speicher A)

Werte speichern

Außerdem verfügt ein Rechner über mehrere Speicher, die mit Großbuchstaben bezeichnet sind. In der linken Abbildung wird gezeigt, wie du einen Wert speicherst, das Display löscht und den Wert zurückholst.

Das Ergebnis der letzten Rechnung wird immer zwischengespeichert und kann über

die **Ans**-Taste zurückgeholt werden.

Aufgabe

Multipliziere 2,3 mit 5,1. Subtrahiere das Ergebnis von 30,2.

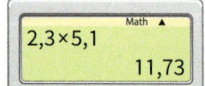

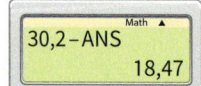

Lernen an Stationen

1. An jeder Station findest du unterschiedliche Aufgaben.

2. Die Reihenfolge der Stationen legst du in Absprache mit deinen Mitschülerinnen und Mitschülern selbst fest.

3. Es gibt Stationen, die unbedingt notwendig sind, und Stationen, die frei wählbar sind.

4. An jeder Station gibt es Aufgaben, die bearbeitet werden müssen, und zusätzliche Aufgaben.

5. Bearbeitet die Aufgaben an der Station in Partner- oder Gruppenarbeit. Beachtet dazu die Hinweise auf Seite 122.

6. Kontrolliere deine Lösungen anhand eines Lösungsblatts.

7. Notiere auf deinem Laufzettel, welche Stationen du besucht und welche Aufgaben du bearbeitet hast. Mache dir bei Bedarf zusätzliche Notizen.

Lösungen zur Vergleichsarbeit

zu Seite 195

A1 12,92 s

A2 Leon muss 14 € bezahlen.

A3 a) die meisten Besucher am Freitag
b) im Schnitt ca. 53 Personen (genau 52,6)

A4 a) 83 min   b) 2 h 8 min   c) 326 s

A5 a) 3005 g   b) 5 km 78 m

A6 a) 2 rote Kugeln
b) 6 blaue Kugeln; $p = \frac{6}{8} = \frac{3}{4}$

A7 a) z. B. 341, 267, …
b) 349 – 250 = 99

A8 z. B. $\frac{4}{7}$, $\frac{1}{2}$, $\frac{2}{3}$, …

A9 Seite b: 11 cm

A10 Raute mit Seitenlänge 6 cm

zu Seite 196

A11 a) Das Rechteck ist 8 m lang.
b) A = 32 m²

A12 Die Eigenschaften C, D und F treffen zu.

A13 C (5 | 6) liegt auf der Geraden y = 2x – 4.

A14 a) A: $2 \xrightarrow{+5} 7 \xrightarrow{+5} 12 \xrightarrow{+5} 17 \xrightarrow{+5} \dots$
B: $3 \xrightarrow{+7} 10 \xrightarrow{+7} 17 \xrightarrow{+7} \dots$
b) A: 17 + 7 · 5 = 52
B: 17 + 5 · 7 = 52

A15 Netz A

A16 weiß $\left(p = \frac{1}{2}\right)$

A17 a) 0,9 · 110 = 99 €.
b) $\frac{77}{110} = 0{,}7$. Es wurde um 30 % reduziert.

A18 a) Sachsen-Anhalt
b) Brandenburg (sehr geringer Rückgang < 1 %)
c) Der Bevölkerungsrückgang in Sachsen beträgt ca. 10 %.

0,9 · 4,7 Mio. = 4,23 Mio., also deutlich mehr als 3,7 Mio.

zu Seite 197

A19 A: falsch (es sind knapp weniger als ein Viertel)
B: falsch
C: richtig
D: richtig
E: falsch (15 von 30 Schülern wären die Hälfte)

A20 Bild A

A21 a) 86
b) List (Sylt)
c) Sie waren durchweg höher als im langjährigen Durchschnitt.
d) in Greifswald (um 85,7 %)

A22 a) 0,6 · 30 = 18
18 Jungen sind in der Klasse.
b) 0,25 · 12 = 3
3 Mädchen erhielten die Note „gut".
c) $\frac{3}{30} = 0{,}1$
10 % aller Schüler hatten eine gute Note.

A23 Durchschnittsgeschwindigkeit 14 $\frac{km}{h}$

zu Seite 198

A24 D hat den größten Flächeninhalt

A25 – 3 ist keine Lösung; Lösung ist 11

A26 A: 2   B: 6   C: 2   D: 4   E: 6   F: 4
G: 3   H: 1   I: 5   K: 3   L: 2   M: 1

A27 13,5 cm²

A28 a) C: 26 cm²
b) Die Figur kann näherungsweise durch ein Rechteck beschrieben werden (A ≈ 24 cm²).

A29 a) 13,5 $\frac{km}{h}$ b) 17 $\frac{km}{h}$

zu Seite 199

A30 a)

Anzahl Dreiecke	Anzahl Streichhölzer
1	3
2	5
3	7
4	9
5	11

b) 17

c) $y = 2x + 1$

A31 a) 11

b) B: $y = 2x - 3$

A32

	8a	8b	8c	8d	8e
8a	–	1	2	3	4
8b		–	5	6	7
8c			–	8	9
8d				–	10
8e					–

Es finden 10 Spiele statt. $\frac{5 \cdot 4}{2} = 10$

b) $\frac{7 \cdot 6}{2} = 21$

c) Wenn die Anzahl der Klassen n ist, beträgt die Anzahl der Spiele $\frac{n(n-1)}{2}$.

A33 a) $\alpha = \beta = 45°$; $\gamma = 90°$

b) $A = 1681 \text{ cm}^2$

A34 Die Seiten $\overline{AB}$ und $\overline{AC}$ sind gleichlang, das Dreieck ABC ist somit gleichschenklig. Daher müssen die Winkel bei B ($\sphericalangle$ CBA) und C ($\sphericalangle$ BCA) gleich groß sein: $\sphericalangle$ CBA = $\sphericalangle$ BCA = 60°. Über die Winkelsumme im Dreieck folgt, dass auch $\sphericalangle$ BAC = 60°. Da alle Winkel gleich groß sind, ist ABC gleichseitig. Damit müsste aber $\overline{BC}$ ebenfalls 5 cm lang sein.

A35 a) $5 + 6 + 7 = 18$

b) n: Mittelwert der drei aufeinanderfolgenden Zahlen

A36 a) 18,3°C   b) 14,3°C

Lösungen zu den Eingangstests

Zinsrechnung Seite 200

1 a) 17 % b) 25 % c) 30 % d) 18 %

2 a) 10 kg b) 102 km

3 a) 25 % b) 12 %

4 a) 200 € b) 180 m

5 60 €

6 17,5 cm³

7 4 %

Terme und Gleichungen Seite 201

1 a) 2x b) x + y c) 3x + 7 d) 5x − 9

2

a	b	a + b	a · b	a · (b − 3)
4	−7	−3	−28	−40
−9	1	−8	−9	+18

3 a) −6x + 24 b) −5y + 3y²

4 a + 5 + 4 + 3 + b

Kreisumfang und Kreisfläche Seite 201

1 a) 4,5 m b) 37 cm c) 230 cm
d) 64 cm² e) 3200 dm² f) 560 mm²

2 a) 4,6 (4,57) b) 0,6 (0,64) c) 7,0 (6,96)

3 a) 0,36 b) 1,44 c) 2,25

4 Rechteck: u = 25,2 cm; A = 32,4 cm²
Quadrat: u = 84 m; A = 441 m²
Dreieck: u = 19,20 m; A = 15,36 m²

Mit dem Zufall rechnen Seite 202

1

Ergebnis	absolute Häufigkeit	relative Häufigkeit
rot	12	$\frac{12}{50} = 0{,}24$
weiß	9	$\frac{9}{50} = 0{,}18$
blau	6	$\frac{6}{50} = 0{,}12$
schwarz	23	$\frac{23}{50} = 0{,}46$
Gesamtzahl der Versuche	50	1

2

Ergebnis	relative Häufigkeit
☺	$\frac{26}{50} = 0{,}52$
☺	$\frac{7}{50} = 0{,}14$
☹	$\frac{17}{50} = 0{,}34$

Bei 1000 Umdrehungen erwartet man eine relative Häufigkeit von 0,5; 0,15 und 0,35. Mit steigender Zahl der Versuche nähern sich die relativen Häufigkeiten der Wahrscheinlichkeit an.

Prismen und Zylinder Seite 202

1 a) A = 11 cm; u = 15 cm b) A = 144 m²; u = 48 m

2 a) – b) V = 60 cm³; A_o = 94 cm²

3 a) A = 126 m²; u = 54 m b) A = 53,76 cm²; u = 33,2 cm

4 u ≈ 25,13 cm; A ≈ 50,27 cm²

Lineare Funktionen Seite 203

1
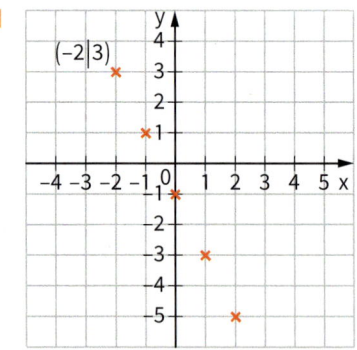

2 A (−3 | 1) B (0 | −1) C (2,5 | 2)

Lösungen zu den Eingangstests

3

Anzahl	Preis (€)
3	2,40
6	4,80
9	7,20
1	0,80
5	4,00

4 500 cm³ wiegen 9650 g

Lineare Gleichungssysteme Seite 203

1 a) $x = 4$ $x = 3,6$ b) $x = 11$ $x = -1,8$
   c) $x = 0,1$ $x = -75$

2 Schnittpunkt S $(3 \mid 4)$

3 P liegt nicht auf dem Graphen
   Q liegt nicht auf dem Graphen

Lösungen zu den Ausgangstests

zu Seite 22

1 a) 290 €   b) 288 €

2 a) 2,5 %   b) 3 %

3 a) 32 000 €   b) 102 400 €

4 150 €

5 4,7 %

6 15 400 €

7 4 €

8 1000 €

9 Angebot 1: 232 €
Angebot 2: 199 €

10 4 %

zu Seite 23

1 1. Jahr: 36 €   2. Jahr: 54 €
3. Jahr: 90 €   4. Jahr: 108 €

2 2,5 %

3 600 000 €, 750 000 €, 1 200 000 €

4 7 € + 20,50 €

5 15 701,67 €

6 24 509,78 €

7 a) nach fünf Jahren
b) nach 15 Jahren

8 4 %

zu Seite 52

1 ① C   ② D   ③ B   ④ A

2 a) 5x   b) x – 10   c) 3x + 7   d) 8x – 2x

3 a) 20x   b) 5y + 5
7a + 17b   9x + 4
5u + 2 v   7a + 3

4 a) 2x + 12   b) 7a – 28   c) 11r – 11s
5a + 5b   6a + 9   12v + 24w

5 a) 5 (a + b)   b) 3 (u + v)   c) 5 (x + 3)
7 (p – q)   10 (r – s)   11 (x – 2)

6 a) x = 5   b) x = 6   c) x = 8   d) x = 9

7 a) x = 5   b) x = 9

8 a) x = 1   b) x = 10   c) x = 11   d) x = 2

9 a) x = 2   b) x = 1   c) x = 2   d) x = 4

10 0,60 + 0,40x = 2,20
Sie hat vier Becher Joghurt gekauft.

11 Gleichung: x + x + 3,50 = 12,50
Lösung: x = 4,50
Torben hat 4,50 €. Lisa hat 8 €.

12 7x – 17 = 3x + 19
x = 9

13 Gleichung: 2x + 2 (x + 6) = 28
Lösung: x = 4
Eine Seite ist 4 cm lang, die andere ist 10 cm lang.

zu Seite 53

1 a) 13x + 101   b) 18y – 22z
15a – 10b   – 7x + 3

c) 9u – 29v   d) a^2 + 11a + 24
p + 24 b^2 – 8b – 9

e) x^2 + 2x – 8
– y^2 + 2y + 15

Lösungen zu den Ausgangstests

2 a) $x^2 + 10x + 25$
$\quad\;\; y^2 - 6y + 9$

    b) $a^2 - 36$
$\quad\;\; b^2 - 4$

  c) $9z^2 + 6z + 1$
$\quad\;\; 25v^2 - 70v + 49$

    d) $25x^2 + 20xy + 4y^2$
$\quad\;\; 81a^2 - 36ab + 4b^2$

  e) $36u^2 - 60uv + 25v^2$
$\quad\;\; 81x^2 + 198xy + 121y^2$

    f) $16p^2 - 9q^2$
$\quad\;\; 49s^2 - 121r^2$

3 ① Vorzeichenfehler beim zweiten Summanden
② Vorzeichenfehler beim dritten Summanden
③ Vorzeichenfehler bei beiden Summanden
④ falsche Vorzahl beim zweiten Summanden

4 a) $(x + 5)^2$
$\quad\;\; (x - 12)^2$

    b) $(2x + 5)^2$
$\quad\;\; (3x - 1)^2$

5 a) $x = 4$ b) $x = -6$ c) $x = 1$

6 a) $x = -1$ b) $x = 7$ c) $x = -10$

7 a) $(x - 5)(x + 7) = 0$ $L = \{5, -7\}$
    b) $(x + 7)(x - 1) = 0$ $L = \{-7, 1\}$
    c) $(x + 6)(x - 2) = 0$ $L = \{-6, 2\}$

8 a) $D = \mathbb{Q}\setminus\{1\}$ $L = \{10\}$
    b) $D = \mathbb{Q}\setminus\{-3\}$ $L = \{1\}$

9 $8(x + 5) = 4(x + 8)$
$\qquad\qquad\;\; x = -2$

10 Gleichung: $x + x + 5 + x - 3 = 80$
Lösung: $x = 26$
Die Seite $\overline{AB}$ ist 26 cm lang, die Seite $\overline{BC}$ ist 31 cm lang und die Seite $\overline{AC}$ ist 23 cm lang.

11 Gleichung: $2x + x - 1000 + x = 13\,000$
Lösung: $x = 3500$
Frau Stein erhält 3500 €, Frau Jahnke 7000 € und Frau Dams 2500 €.

12 Gleichung: $4(x + 5) = 120$
Lösung: $x = 25$
Die Seiten waren ursprünglich 25 cm lang.

zu Seite 70

1 a) $u \approx 88$ cm   b) $u \approx 28{,}3$ cm   c) $u \approx 26{,}40$ m

2 a) $A \approx 1810$ m²   b) $A \approx 31\,416$ dm²   c) $A \approx 30{,}19$ m²

3 $A \approx 456$ cm²

4 $A \approx 9{,}05$ m; $u \approx 12{,}34$ m

5 $A \approx 93{,}65$ cm²; $u \approx 37{,}5$ cm

6 $A\,(\text{Restfläche}) \approx 85{,}84$ cm²

7 2,042 km

zu Seite 71

1 a) $u \approx 33{,}9$ cm; $A \approx 91{,}6$ cm²   b) $u \approx 24{,}5$ cm; $A \approx 47{,}8$ cm²
    c) $u \approx 58{,}43$ m; $A \approx 271{,}72$ m²

2 $A \approx 129{,}31$ m²

3 $A \approx 1228{,}36$ m²; $u \approx 149{,}97$ m

4 $A \approx 12868$ m²

5 $m \approx 44{,}179$ kg

6 $A\,(\text{Restfläche}) \approx 81{,}17$ cm²

7 $r \approx 8{,}00$ m

zu Seite 94

1 $P\,(\text{rot}) = \frac{8}{20} = \frac{2}{5}$, $P\,(\text{weiß}) = \frac{5}{20} = \frac{1}{4}$, $P\,(\text{blau}) = \frac{3}{20}$,
    $P\,(\text{schwarz}) = \frac{4}{20} = \frac{1}{5}$

2 $P\,(\text{keine Mängel}) = \frac{1275}{5400}$, $P\,(\text{leichte Mängel}) = \frac{875}{5400}$,
    $P\,(\text{erhebliche Mängel}) = \frac{3250}{5400}$

3 a) rot: 4 Ausschnitte, grün: 3, gelb: 2, blau: 3
    b) $P\,(\text{blau}) = \frac{1}{4}$

Lösungen zu den Ausgangstests

4 a) S = {1, 2, 3, 4, ... 24, 25}

b) E_1 = {5, 10, 15, 20, 25}; $P(E_1) = \frac{5}{25} = \frac{1}{5}$
E_2 = {13}; $P(E_2) = \frac{1}{25}$
E_3 = {1, 2, 3, ..., 24, 25} = S; $P(E_3) = 1$
E_4 = { }; $P(E_4) = 0$
E_5 = {3, 5, 6, 9, 10, 12, 15, 18, 20, 21, 24, 25}; $P(E_5) = \frac{12}{25}$

c) E_7: Die Zahl ist durch 6 teilbar. $P(E_7) = \frac{4}{25}$

E_8: Die Zahl ist größer als 18. $P(E_8) = \frac{7}{25}$

5 a) S = {Freilos, 5-€-Gewinn, 50-€-Gewinn, 200-€-Gewinn, Niete}
$P(\text{Freilos}) = \frac{200}{2000} = \frac{1}{10}$, $P(\text{5-€-Gewinn}) = \frac{50}{2000} = \frac{1}{40}$,
$P(\text{50-€-Gewinn}) = \frac{20}{2000} = \frac{1}{100}$, $P(\text{200-€-Gewinn}) = \frac{1}{2000}$,
$P(\text{Niete}) = \frac{1729}{2000}$

b) E_1 = {5-€-Gewinn, 50-€-Gewinn, 200-€-Gewinn};
$P(E_1) = \frac{71}{2000}$

E_2 = {Freilos, 5-€-Gewinn, 50-€-Gewinn, 200-€-Gewinn};
$P(E_2) = \frac{271}{2000}$

E_3 = {50-€-Gewinn, 200-€-Gewinn}; $P(E_3) = \frac{21}{2000}$

E_4 = {Niete, Freilos, 5-€-Gewinn}; $P(E_4) = \frac{1979}{2000}$

zu Seite 95

1 a) $P(\text{höchstens 30 € Taschengeld}) = \frac{84}{100}$

$P(\text{mindestens 25 € Taschengeld}) = \frac{70}{100}$

2 a) Die gezogene Zahl ist durch 5 teilbar. $P(E_1) = \frac{5}{25}$

b) Die gezogene Zahl ist eine Primzahl. $P(E_2) = \frac{9}{25}$

c) Die gezogene Zahl ist größer als 25. $P(E_3) = 0$

d) Die gezogene Zahl ist größer als 0. $P(E_4) = 1$

3 Es gibt 2 · 3 = 6 Möglichkeiten. Die Wahrscheinlichkeit beträgt $\frac{1}{6}$.

4 a)

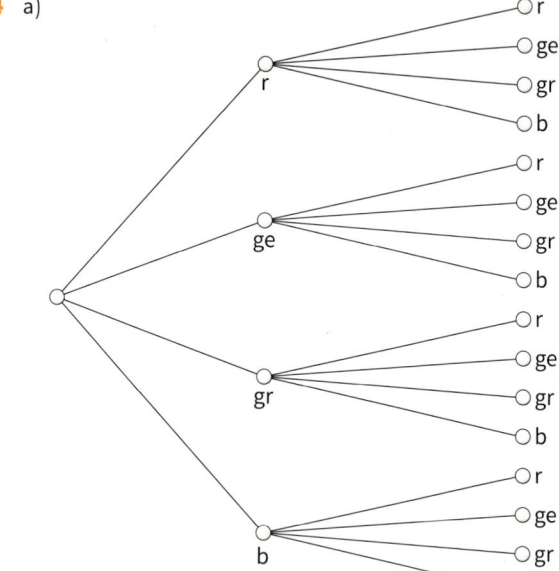

S = {(r, r), (r, ge), (r, gr), (r, b), (ge, r), (ge, ge), (ge, gr), (ge, b), (gr, r), (gr, ge), (gr, gr), (gr, b), (b, r), (b, ge), (b, gr), (b, b)}

b) E_1 = {gr, gr}; $P(E_1) = \frac{1}{16}$

E_2 = {r, ge), (r, gr), (r, b), (ge, r), (gr, r), (b, r)}; $P(E_7) = \frac{6}{16}$

E_3 = {(r, r), (r, ge), (r, gr), (ge, r), (ge, ge), (ge, gr), (gr, r), (gr, ge), (gr, gr)} = S; $P(E_3) = \frac{9}{16}$

zu Seite 118

1 A_O = 126,3 cm², V = 95 cm³

2 a) A_O = 6282 cm²; V = 29 970 cm³
b) A_O = 311,04 cm²; V = 244,944 cm³

3 a) $A_O \approx$ 1407,4 cm²; V ≈ 4021,2 cm³
b) $A_O \approx$ 5629,7 cm²; V ≈ 32 169,9 cm³

4 a) $A_O \approx$ 1145,1 cm²; V ≈ 2968,8 cm³
b) $A_O \approx$ 254,85 m²; V ≈ 262,39 m³

5 92 106 m³ Erde

6 a) V ≈ 460 cm³;   b) 3359,78 m²

Lösungen zu den Ausgangstests

zu Seite 119

1 $A_O = 120{,}96 \text{ cm}^2$; $V = 62{,}208 \text{ cm}^3$

2 –

3 $V \text{(Rest)} \approx 772{,}57 \text{ cm}^3$; $p \% \approx 21{,}5 \%$

4 $V = 7680 \text{ cm}^3$; $m = 148\,224 \text{ g} = 148{,}224 \text{ kg}$

5 $V = 750{,}075 \text{ m}^3$

6 $m \approx 192{,}8 \text{ kg}$

zu Seite 146

1 a) ja, eindeutige Zuordnung
   b) ja, eindeutige Zuordnung
   c) nein, keine eindeutige Zuordnung

2 a) $f(x) = 2x + 17$ b) $g(x) = 3x - 11$ c) $h(x) = x^2 + 5$

3 a) $f(2) = 2$, $f(2{,}4) = 3{,}6$, $f(-2) = -14$
   b) $g(0{,}5) = 3{,}5$, $g(-8) = -5$, $g(-3{,}2) = -0{,}2$

4
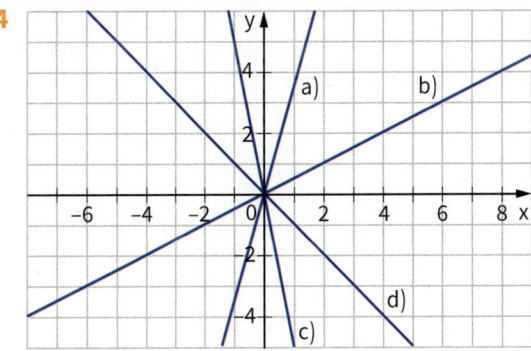

5 $f(x) = 3x$, $g(x) = 0{,}25x$, $h(x) = -2x$

6
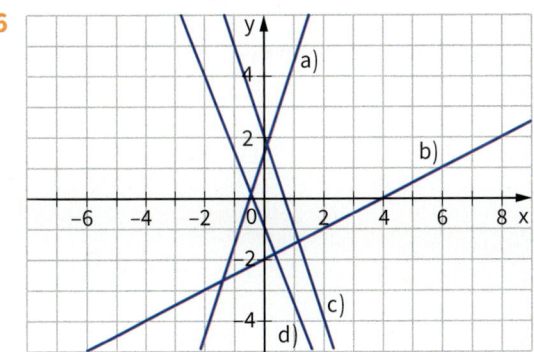

zu Seite 147

1
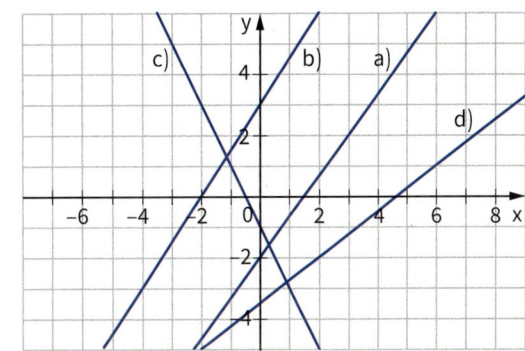

2 $y = 1$, $x = 4$; $y = 2$, $x = 6$; $y = -0{,}5$, $x = 1$; $y = 0$, $x = 2$;
   $y = 1{,}5$, $x = 5$

3 $f(x) = x + 1$, $g(x) = 0{,}25x$, $h(x) = -0{,}5x - 1$

4 a) $x = -1{,}5$ b) $x = 2{,}5$ c) $x = 6$ d) $x = -4{,}5$

5 a) $f(x) = 2x - 1$ b) $f(x) = -3x - 4$

6 a)

Betriebsdauer (h)	5	12	20	160
Kosten Energiesparlampen (€)	0,42	1,01	1,68	13,44
Kosten LED-Lampe (€)	0,17	0,40	0,67	5,38

b) Energiesparlampen: $y = 0{,}084x$
   LED-Lampe: $y = 0{,}0336x$

c)
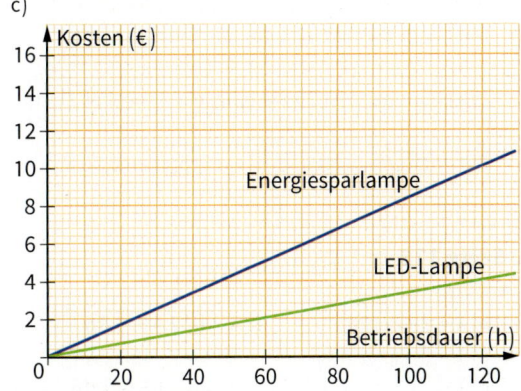

7 a)

Jahresverbrauch (kWh)	1000	2000	4000	5000
Gesamtkosten (€)	348	648	1248	1548

b) $y = 0{,}30x + 48$

Lösungen zu den Ausgangstests

c)

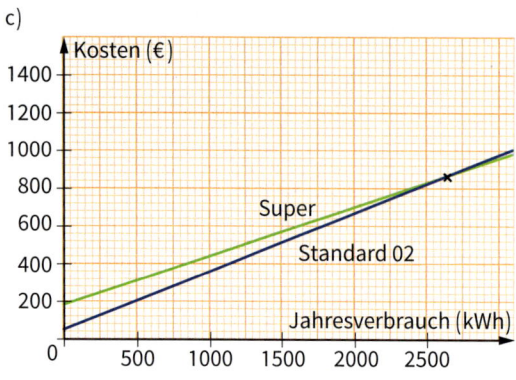

d) Ab 2640 kWh ist der Tarif Super günstiger.

5 Für 100 BRL werden 31,50 € berechnet, für 100 ARS 9,50 €.

6 Der Preis für 1 m³ Wasser beträgt 4,74 €, die Zählergebühr 65 €.

7 Die Zählergebühr beträgt 39,60 €, der Preis für 1 m³ Erdgas 0,616 €.

zu Seite 174

1 a) S(−1|2,5) b) S(4|−2,5)
c) S(−3|−3,5) d) S(−2|−3)

2 a) L = {(4|23)} b) L = {(12,5|11)}
c) L = {(−11,5|8,5)} d) L = {(−13,4|17,6)}

3 a) L = {(−11|14)} b) unendlich viele Lösungen
c) L = {(−5,5|6,5)} d) L = { }

4 a) Die erste Zahl ist 15, die zweite 14.
b) Die erste Zahl ist 25, die zweite −10.
c) Die erste Zahl ist 12, die zweite 10.

5 Die Länge beträgt 52,5 cm, die Breite 37,5 cm.

6 Die Grundseite ist 25 cm lang, ein Schenkel 21 cm lang.

7 Ein Joghurt kostet 0,40 €, ein Brötchen 0,50 €.

zu Seite 175

1 a) L = {(−22|26)} b) L = {(12,4|−6,8)}
c) L = {(−3,4|−4,6)} d) L = {(−15,2|9,4)}
e) L = {(−3,5|−2,5)} f) L = {(1,5|−1,5)}

2 a) L = { } b) L = {(−19|26)}
c) unendlich viele Lösungen d) $L = \left\{\left(\frac{2}{3}\middle|-\frac{1}{3}\right)\right\}$

3 Die längere Seite ist 13,5 cm lang, die kürzere 10,5 cm.

4 Die ursprüngliche Länge beträgt 36 m, die ursprüngliche Breite 20 m.

Formeln und Gesetze

Prozentrechnung

$$\frac{W}{G} = \frac{p}{100}$$

Berechnen des Prozentsatzes $\qquad p\,\% = \frac{W \cdot 100}{G}\,\%$

Berechnen des Prozentwertes $\qquad W = \frac{G \cdot p}{100}$

Berechnen des Grundwertes $\qquad G = \frac{W \cdot 100}{p}$

Zinsrechnung

Berechnen des Zinssatzes $\qquad p\,\% = \frac{Z \cdot 100}{K}\,\%$

Berechnen der Jahreszinsen $\qquad Z = \frac{K \cdot p}{100}$

Berechnen des Kapitals $\qquad K = \frac{Z \cdot 100}{p}$

Berechnen der Tageszinsen $\qquad Z = \frac{K \cdot p}{100} \cdot \frac{n}{360}$

Rationale Zahlen

Kommutativgesetz $\qquad a + b = b + a \qquad\qquad a \cdot b = b \cdot a$

Assoziativgesetz $\qquad a + (b + c) = (a + b) + c \qquad a \cdot (b \cdot c) = (a \cdot b) \cdot c$

Distributivgesetz $\qquad a \cdot (b + c) = a \cdot b + a \cdot c \qquad a \cdot (b - c) = a \cdot b - a \cdot c$

Beschreibende Statistik

$$\text{relative Häufigkeit} = \frac{\text{absolute Häufigkeit}}{\text{Anzahl der Daten}}$$

$$\text{arithmetisches Mittel} = \frac{\text{Summe aller Daten}}{\text{Anzahl der Daten}}$$

Wahrscheinlichkeit für gleichwahrscheinliche Ergebnisse

$$P\,(E) = \frac{\text{Anzahl der günstigen Ergebnisse}}{\text{Anzahl aller Ergebnisse}}$$

Geometrie

Rechteck

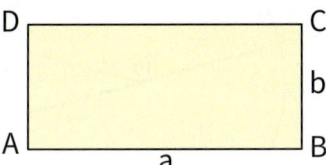

Quadrat

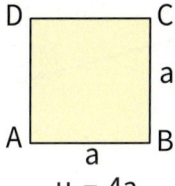

Umfang: $\qquad u = 2a + 2b \qquad\qquad\qquad\qquad u = 4a$

$\qquad\qquad\quad u = 2\,(a + b)$

Flächeninhalt: $\qquad A = a \cdot b \qquad\qquad\qquad\qquad\quad A = a^2$

Parallelogramm

$A = g \cdot h$

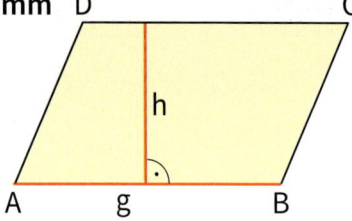

Dreieck

$A = \dfrac{g \cdot h_g}{2}$

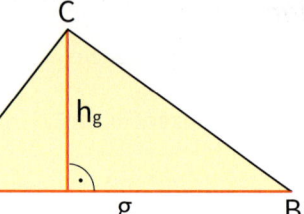

Trapez

$A = \dfrac{(a + c) \cdot h}{2}$

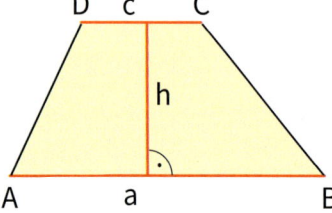

Drachen

$A = \dfrac{e \cdot f}{2}$

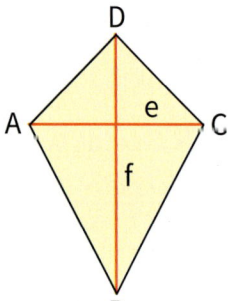

Raute

$A = \dfrac{e \cdot f}{2}$

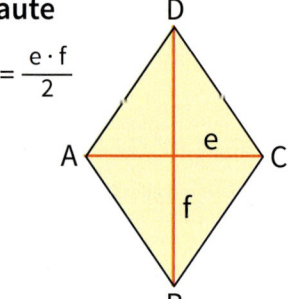

Kreis

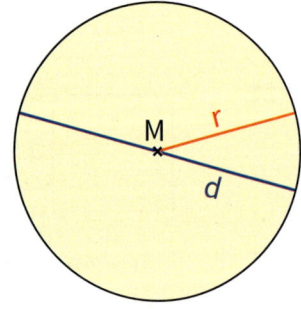

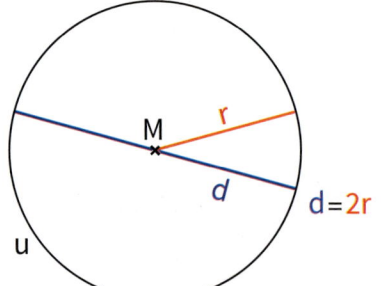

$d = 2r$

Flächeninhalt: $A = \pi \cdot r^2$

$A = \pi \cdot \left(\dfrac{d}{2}\right)^2$

Umfang: $u = \pi \cdot d$

$u = 2 \cdot \pi \cdot r$

Quader

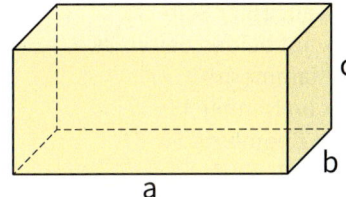

Würfel

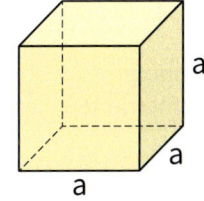

Oberflächeninhalt: $A_O = 2 \cdot a \cdot b + 2 \cdot b \cdot c + 2 \cdot a \cdot c$
$A_O = 2(a \cdot b + b \cdot c + a \cdot c)$

Volumen: $V = a \cdot b \cdot c$

$A_O = 6 \cdot a \cdot a$

$V = a \cdot a \cdot a$

Prismen

$V = A_G \cdot h_k$
$A_M = u \cdot h_k$
$A_O = 2 \cdot A_G + A_M$

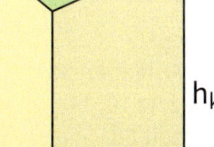

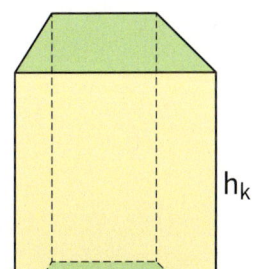

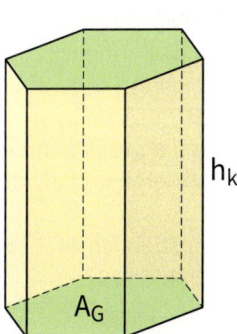

Zylinder

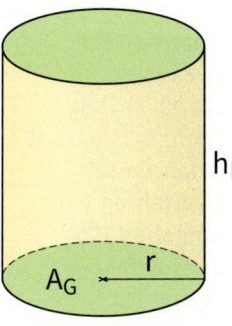

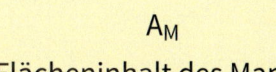

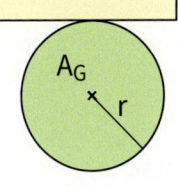

$u = 2 \cdot \pi \cdot r$

Volumen: $V = A_G \cdot h_k$
$V = \pi \cdot r^2 \cdot h_k$

Flächeninhalt des Mantels: $A_M = u \cdot h_k$
$A_M = 2 \cdot \pi \cdot r \cdot h_k$

Oberflächeninhalt: $A_O = 2 \cdot A_G + A_M$
$A_O = 2 \cdot \pi \cdot r^2 + 2 \cdot \pi \cdot r \cdot h_k$
$A_O = 2 \cdot \pi \cdot r \cdot (r + h_k)$

Register

Register

Bildquellennachweis

|Adam Opel AG, Rüsselsheim: Axel Wierdemann 153. |akg-images GmbH, Berlin: 62, 77. |Arco Images GmbH, Lünen: C. Steimer 117. |artvertise fotodesign gbr, Gütersloh: 9. |Bildagentur Schapowalow, Hamburg: Guenter Graefenhain 5, 96. |BilderBox Bildagentur GmbH, Breitbrunn/Hörsching: 173. |Boyn, Günther, Bad Iburg: 141. |Bridgeman Images, Berlin: Ancient Art and Architecture Collection 69. |Bundesministerium der Finanzen, Berlin: 223. |Caro Fotoagentur, Berlin: Angerer 84. |CASIO Europe GmbH, Norderstedt: 224. |Colourbox.com, Odense: Marco Rubino 97. |ddp images GmbH, Hamburg: M. Latz 114. |Deutsches Museum, München: 68 (2). |dreamstime.com, Brentwood: Klorklor 117. |Druwe & Polastri, Cremlingen/Weddel: 4, 20, 40, 41, 49, 50 (2), 54, 55 (2), 56 (4), 57 (2), 67, 68 (2), 76, 78, 79, 84, 88 (3), 93 (6), 102, 106, 108, 109 (2), 113, 115, 117 (2), 121, 122 (4), 123, 150, 172, 179 (2), 181 (3), 186 (3), 195, 200, 217, 225 (3). |Evonik Industries AG, Konzernarchiv, Hanau/Marl: 43. |Fotex Medien Agentur GmbH, Hamburg: Titel. |fotolia.com, New York: Alexandra Gnatush 97; alisseja 58; euthymia 121; Igor Lubnevskiy 135; Kara 181; L. Klauser 121; M. Schuppich 4; Marie-Thérèse GUIHAL 19, 135; Max Topchii 49; petrsalinger 121; pic3d 67; pics 99; qphotomania 97; selensergen 121; Sergii Figurnyi 220; stefan1179 136; Tim Aßmann 96; Visions-AD 124. |Getty Images, München: Francis Miller 62. |Hensel, Manfred, Wolfsburg: 116. |Heumann, Stadthagen: 60. |Imago, Berlin: UPI Photo 117. |iStockphoto.com, Calgary: art-siberia 124; cinoby 151; cmspic 67; IS_ImageSource 182; nullplus 181; ollo 43; pixel1962 124; Rawpixel Ltd 187; Sjo 153; svetikd 4; Teddy Leung 150; teddyleung 143; Tramino 153; Trevor Smith 153. |Jochen Tack Fotografie, Essen: 59. |JOKER: Fotojournalismus, Bonn: Paul Eckenroth 116. |Kertesz, Janos, München: 117. |Keystone Schweiz, Frankfurt/M.: Fabian Matzerath 78. |Kruszewski, Marek, Braunschweig: Titel. |Küchenberg, Frank, Solingen: 122. |Kuhlmann, Karl-Heinz, Bielefeld: 116 (2). |Lüdecke, Matthias, Berlin: 135. |mauritius images GmbH, Mittenwald: Hackenberg 96; imagebroker.net 106; imagebroker/bilwissedition.com 62; Simon Katzer 89. |Nurda-Hausbau GmbH, Burgwedel: 99. |OKAPIA KG - Michael Grzimek & Co., Frankfurt/M.: Sandhofer/LADE 176. |Panther Media GmbH (panthermedia.net), München: tom sch 121. |photothek.net GbR, Radevormwald: Jochen Eckel 115; Thomas Imo 98. |Picture-Alliance GmbH, Frankfurt/M.: akg-images 62; Angelika Jakob/SZ Photo 182; Arco Images 182; chromorange 97; CITYPRESS24 205; dpa 183; dpa/dpaweb 150; Rolf Kosecki 182. |Pitopia, Karlsruhe: Anita Medjed 71. |Shutterstock.com, New York: cheyennezj 89; crystal51 136; Denis Vrublevski 91; Fingerhut 143; Nikifor Todorov 136; Oliver Hoffmann 99; pbombaert 121; Tuja 59; Zonda 136. |Speidel Tank- und Behälterbau GmbH, Ofterdingen: 117. |ullstein bild, Berlin: Schmitt 117. |vario images, Bonn: Ralph Kerpa 142; Wilfried Wirth/imageBROKER 97. |Wandmacher, Ingo, Bad Schwartau: 176. |Wefringhaus, Klaus, Braunschweig: 84 (4). |Zoonar.com, Hamburg: gero.b 115.

Alle Illustrationen: Matthias Berghahn, Bielefeld
Technische Zeichnungen: Technische Grafik Westermann (Hannelore Wohlt), Braunschweig